[제2판]

건강가정론

윤경자 · 김정옥 · 현은민 · 전영자 · 유계숙 · 김은경

KNOWLEDGE COMMUNITY 공동체

개정판 머리말

"모든 행복한 가족들은 서로 서로 닮은 데가 많다.
그러나 모든 불행한 가족은 그 자신의 독특한 방식으로 불행하다."

— 톨스토이

건강가정기본법이 제정된 지 벌써 10여 년이 흘렀고 건강가정론 첫판이 나온 지도 10년이 되었다. 그동안 우리 사회는 많은 변화를 겪었는데, 저출산·고령화 현상은 더욱 심화되어 세계 최저출산율을 기록하고 1인 가구가 전체 가구 중 가장 높은 비율을 나타내고 있다. 만혼과 이혼은 더욱 보편화되어 인구정책에서의 다양한 문제점과 연관되어 있다. 그러나 우리는 당면한 많은 가족문제를 겪으면서도 여전히 사랑을 하고, 결혼을 하며, 출산을 한다. 가족이란 존재는 인간의 최후의 보루로, 때로는 슬픔과 고통의 원천으로서 인간의 가장 기본적인 감정과 직결되어 있다. 필자는 가족문제를 해결하기 위해 분투하는 가족들을 대할 때마다 '건강한 가족'을 만드는 일은 추구할 만한 매우 가치 있는 일이라는 것을 깨닫게 된다.

건강가정기본법의 시행으로 건강가정지원센터는 2004년 3개소에서 2019년 현재 다문화가족지원센터를 포함하여 251개소로 확대되어 전달체계는 대폭 확충되었다. 처음에 건강가정지원센터에서 출발하여, 농어촌 지역을 중심으로 다문화가족지원센터가 설립되었고, 현재는 건강가정·다문화가족지원센터로 통합되는 추세이다.

이 책은 2009년 초판 이래 발생한 이러한 사회현상과 관련 법의 개정 등을 반영하기 위해 집필하게 되었다. 그 과정에서 주제에 따라 최신 연구내용이 추가되거나 기본 제도의 변화와 관련된 부분이 수정되었고 일부 주제는 제외되기도 하였다. 각 장의 설명은 첫판의 머리말에 자세히 나와 있으며 부족한

부분은 다음 판에서 보완하고자 한다. 첫판에서와 마찬가지로 이 책은 건강한 가족을 만들기 위해 현장에서 활동하는 전문가들, 특히 건강가정사로서 필요한 지식과 역량을 준비할 수 있도록 집필되었다. 건강가정지원센터에서 건강가정사로서 일하는 전문인력은 가족학, 사회복지학 혹은 여성학 등 다양한 배경을 가지고 있으며 전공에 따라 가족에 대한 전문지식의 습득과 경험이 다채롭다. 이 책은 건강가정사들이 전공 분야에 상관없이 건강한 가족에 대한 이론적 접근과 실천 영역에서 기본 역량을 갖추도록 구성되었다. 이 책은 크게 건강가정의 이론적 기초, 가족의 건강성, 실천적 접근 및 과제 등 네 부분으로 이루어져 있다.

이 책을 완성하기 위해 많은 프로젝트를 수행하면서도 동시에 저술을 완성하신 교수님들께 감사드린다. 또한 이 책이 나오기까지 세심한 지원을 해주시고 오랫동안 기다려 주신 도서출판 공동체의 김동훈 사장님과 김진경 부장님을 비롯한 직원들께도 감사드린다.

2019년 8월

저자들을 대표하여 윤경자, PhD

머리말

"이 세상에 태어나 우리가 경험하는 가장 멋진 일은 가족의 사랑을 배우는 것이다."

— George MacDonald

가족을 연구하는 학자로서, 현장에서 다양한 가족문제를 경험하는 전문가로서 이미 20여 년 이상 가족문제를 해결하고자 노력해 왔다. 가족 간 불화, 부부갈등과 이혼, 자녀양육 문제 등 가족문제는 매우 역동적이고 복합적이어서 시간이 흐를수록 저절로 문제가 해결되는 경우가 적다. 필자는 가족전문가로서 이러한 문제를 해결하려고 노력할수록 가족문제는 사후치료보다는 예방이 필요하다는 것을 절감하게 되었으며 이런 생각은 '가족'이라는 분야와 사랑에 빠진 이래 전문가로서의 활동을 지지해 온 이상(Ideal)이었다. 가족들은 문제의 초기단계에서 그 가족들이 가진 강점과 자원을 활용하도록 얼마간의 지원을 받으면 고통을 덜 겪으며 자신들의 문제를 해결하고 성장해 나간다.

국내에서도 가족의 건강성 강화에 관한 연구가 축적되었고 무엇보다도 가족정책의 근간이라고 할 수 있는 건강가정기본법의 시행으로 건강가정지원센터가 전국적으로 설립되어 예방적 관점에서 가족을 위한 실천영역이 그 어느 때보다도 활성화되었다. 이 분야는 짧은 기간 동안 양적·질적으로 많은 변화가 있었는데 2004년 3개 소의 건강가정지원센터가 2008년 12월 83개 소로 성장하였다. 이에 따라 이 책의 저자들은 건강가족에 대한 이론 및 실천에 관하여 실제적이고도 종합적으로 접근하는 안내서가 필요하다는 데 의견을 같이 하고 공동집필을 하게 되었다.

이 책은 건강한 가족을 만들기 위해 활동하는 전문가들, 그중에서도 특히 건강가정사가 되고자 준비하는 현재와 미래의 전문가들을 위해 건강한 가족이란 무엇이며 건강가정사가 되기 위해 필요한 지식과 준비는 무엇인지를 학습하도록 집필되었다. 이 책은 크게 건강가족의 이론적 기초, 가족의 건강성, 실천적 접근 및 과제 등 네 부분으로 이루어져 있으며 각 장을 집필한 저자는 다음과 같다. 제1부는 건강가족의 이론적 기초로서 건강가족의 개념(현은민 교수)과 건강가족의 이론적 관점(김정옥 · 현은민 교수)으로 이루어져 있으며, 제2부는 가족의 건강성을 생애주기별(유계숙 교수)로 살펴보고 다양한 가족의 건강성(김은경 · 현은민 교수)에 대해 알아보았다. 제3부는 건강가족을 위한 실천적 접근으로서 건강가정을 위한 제도적 기반(유계숙 교수), 건강가정을 위한 다양한 전달체계(윤경자 · 현은민 교수), 건강가정사의 역할과 자격(전영자 교수), 건강가정사를 위한 실천기술(전영자 교수), 건강가정사업과 프로그램(윤경자 교수), 건강가정지원을 위한 네트워크 연계(김은경 교수)로 이루어져 있다. 제4부는 건강가정을 위한 과제와 전망(김정옥 교수)으로 이루어져 있다. 건강가정사를 비롯한 필드(Field) 전문가들이 현장에서 사업을 수행하면서 실제적으로 도움이 될 수 있도록 실천적 영역의 세부사항까지 포함되도록 하였다. 그럼에도 불구하고 부족한 부분은 피드백을 통해 앞으로 계속 보완하고자 한다.

이 책은 전반적으로 이론과 실제가 서로 연관되어 실제적 영역까지 다루어지도록 역점을 두었으나 동시에 이 책의 주 독자층과 지면 등의 현실적 측면을 고려하여 가능한 한 핵심영역이 포함되어 학술적으로나 강의에 도움이 되도록 노력하였다. 이 책을 통해 독자들이 건강가족의 중요성을 깨닫고 전문가로서의 이론적 · 실제적 소양을 쌓으며 더 나아가 필자와 같이 이 분야의 매력에 빠져 전문가로서의 길을 걷는 데 여정을 같이 한다면, 필자에게는 커다란 기쁨과 보람이 될 것이다.

이 책을 완성하기 위해 학기 중에 전국의 동서남북 지역에서 회의를 하면서 집필방향과 내용에 대해 의논하고 각자 두세 가지 이상의 프로젝트를 동시에 수행하면서도 저술을 완성하신 교수님들께 감사드린다. 또한 촉박한 일정 중에도 좋은 책이 나올 수 있도록 세심한 배려를 해주신 도서출판 공동체의 김동훈 사장님과 김영애 실장을 비롯한 직원들께 감사드린다.

2009년 2월

저자들을 대표하여 윤경자 씀

Contents

제1부

건강가족의 이론적 기초

제1장 건강가족의 개념

제2장 건강가정에 관한 이론적 틀

제 1 장 건강가족의 개념

현은민

개요

급속한 사회의 변화에 따라 가족에 대한 개념과 구조, 기능도 변화되어 왔다. 가족의 기능이 약화되고 가족문제가 부각되면서 가족의 건강성, 이른바 건강가족에 대한 관심과 의미가 증대되고 있다. 변화하는 사회에서 우리가 지향해야 할 건강한 가정은 어떠한 가정이며 가정을 건전하게 성장·발달시키기 위해서 무엇을 어떻게 해야 하는가의 실천적 과제에 대한 이해가 요구된다. 본 장에서는 건강가족의 개념 및 필요성, 건강가족의 특성에 대해 살펴본다.

1. 건강가족의 정의

인간사회의 기초는 가족에서 출발하며 건강한 가족은 인간의 삶의 질과 행복의 관건으로서 사회의 안정을 유지하기 위해서도 건강가족에 대한 연구와 실천에 국가적 차원에서 과감한 투자를 해야 하는 시점에 와있다.

원래 건강이라는 개념은 신체적 건강에 더 적합하고 익숙한 개념이나 건강과 웰빙에 대한 관심이 전 세계적으로 확산되면서 건강이란 단지 질병이 없고 허약한 상태가 아닌 신체적, 정신적, 사회적으로 온전히 양호한 상태를 말한다. 세계보건기구(WHO)는 건강을 다섯 가지의 신체적, 정신적, 정서적, 사회적, 영적 건강을 성취한 상태로 정의하면서 웰빙과 동일한 개념으로 사용하고 있다. 또한 웰니스 패러다임(wellness paradigm)에서 주장하는 건강이란 신체적, 지적 및 정신적, 정서적, 영적 건강의 네 가지 영역의 균형을 강조하고 있다(김정옥, 2008). 따라서 건강은 전인적, 총체적 건강의 의미를 가지며 개인의 건강은 건강한 가정, 건강한 사회의 지표로서 중요할 뿐만 아니라 개인의 삶의 질 향상과 가족의 안녕 및 가정의 대 사회적인 기능수행을 위해서도 필수적이다(조희금 외, 2018)

건강가족은 건강과 가족의 합성어로서 개인의 건전한 성장과 성공을 위해 건강한 가족의 역할이 얼마나 중요한가를 인식하면서 제기된 개념이며 건강한 사회와 국가의 안녕을 위해서도 가족의 건강성이 필수적임을 강조하고 있다. 즉, 건강한 가족은 건강한 개인을 성장시키는 근원적 환경으로서 반드시 필요하며 사회의 기본 단위로서 건강한 가족이 건강한 사회의 초석이 됨을 강조한다.

건강한 가족은 1962년 처음으로 Otto에 의해 연구되기 시작하였다. 가족의 부정적이고 역기능적인 측면보다는 긍정적 측면에서의 가족에 대한 관심이 대두되면서 Stinnett(1979)와 Beavers(1977) 등이 건강가족에 대한 연구를 체계화시켰다. 이러한 건강가족의 개념은 강한 가족(strong family), 기능적 가족(functional family), 탄력적 가족(resilient family), 최적의 가족(optimal family), 균형 있는 가족(balanced family), 건강한 가족(healthy family) 등의 다양한 용어로 사용되었으며, 2000년대 초반에 Olson과 DeFrain에 의해 '건강가족적 관점(family strength perspective)'이 제시되었다.

건강가족에 대한 개념을 살펴보면 다음과 같다. Otto(1962)는 건강한 가족이란 긍정적인 가족정체감을 형성하고, 가족원 간에 만족스러운 상호작용을 증진시키며, 가족의 개인적 잠재력을 북돋우는 사회심리적 특성을 가지고 있는 관계유형이라 정의하였고, 건강가족의 강점은 가족생활주기를 거치면서 변화되며 가족성원들에게 풍부한 경험을 제공할 수 있는 능력이라고 하였다. Pratt(1976)는 가족원이 서로 다양하고 규칙적인 상호작용을 하며 가족원이 적극적으로 참여하여 사회와 강한 유대를 맺고 있고, 가족원의 개별성과 자율성을 부여하여 문제를 창조적으로 해결하고 적극적으로 대처해 나가는 가족이라고 정의하였다. Stinnett과 Sauer(1977)는 가족원 모두 부부관계에서나 부모-자녀관계에서 행복도가 높고 서로의 요구를 충분히 만족시켜 주는 가족이라고 하였고, Olson과 Stinnett(2002)은 가족원 간의 상호작용의 질이 개개인의 심리적 안녕에 기여하는 가족이라고 정의하였다. Olson과 DeFrain(2003)은 모든 가족은 잠재적인 성장영역을 가지고 있다는 의미에서 건강성을 가지고 있으며,

가족의 건강성은 가족의 구조나 형태를 말하는 것이 아니라 기능을 말하는 것이라고 강조함으로써 이혼가족이나 무자녀가족, 재혼가족 등 외형적으로 전통적인 가족이 아니더라도 가족관계가 원만하고 어려운 문제를 함께 극복해 가며 가족기능이 긍정적이면 건강가족이라고 할 수 있다고 하였다.

우리나라에서 건강가정에 대한 연구는 유영주(1991)에 의해 시작되었고 초기연구 단계에서 '건전가정'과 '건강가족'의 개념구분 없이 혼용해서 사용하였다. 2004년 건강가정기본법이 제정되면서, '건강가정'이라는 용어로 점차 통일되었다(정지영 외, 2016). 먼저 '건전가정'에 대한 정의에서 유영주(1991)는 가정의 유지 및 발전을 위하여 가정의 기능을 잘 수행하고 있는 가정이라고 하였고, 서병숙(1994)은 가족원 개개인의 성장을 도모하고 가족원 간의 상호작용이 활발하며 가족가치관과 가족체계를 잘 유지시켜 나가는 가정이라고 정의하였다. 지영숙과 이영호(1996)는 가족은 애정으로 맺어진 인간관계의 결합이지만 가정생활은 인간관계의 협력체계와 물질체계의 통합관계에서 이루어지므로 '건전'하다는 의미는 건강을 포함하여 각 체계 간의 조화와 균형을 유지하는 단계적 개념으로서 보다 큰 의미를 갖는 것으로 정의하였다.

'건강가족'에 대한 정의를 살펴보면 유영주(1994)는 건강가족이란 개인적 차원에서 개개인의 성장과 발달을 도모하고, 가족관계 차원에서 가족원 간의 상호작용이 기능적으로 원만하며, 가족체계가 잘 유지되면서 가족가치관을 지속적으로 발전시키는 가족이라고 정의하여 가족체계 내에서의 개인 및 관계적 측면을 강조하였다. 옥선화(1995)는 가족의 기능을 잘 수행하는 가족이라고 하였고, 어은주와 유영주(1995)는 가족원 상호 간의 규칙적이고 다양한 상호작용을 통하여 가족의 공동체적, 정서적, 도덕(가치)적 관계향상을 도모하는 가족으로 정의하였다. 허봉렬(1996)은 가족의 전체 체계가 가족의 공동욕구를 충족시키고, 개개인의 성장과 발달을 도와주며, 가족구성원의 정신적인 안식처를 제공하고 나아가 건강한 사회의 일원이 되도록 하는 기본적인 목표를 잘 달성하고 있는 가족이 건강가족이라고 하였다. 유계숙(2004a)은 가족구성원의 긍정적인 상호작용과 건강한 정신을 소유하며 공동체로서 동고동락하는 가족이 건강가족을 의미한다고 하였다. 이선미(2011)는 가족원 개인의 건강한 발달을 도모하고 가족원 간의 원만한 상호작용을 통해 집단으로서 가치체계를 공유하며, 가족 이외의 친족 및 사회체계와도 원활한 상호작용을 이루며 생활하는 것을 가족건강성을 위한 핵심적 특성으로 정의하였다. 최연실 외(2012)는 가족 내 의사소통의 중요성, 문제에 대해 변화하려는 의지를 가졌는지의 여부, 개별성뿐 아니라 함께함의 균형, 지역사회에 개방적이고 나눔을 지향하는지의 여부 등이 가족의 건강성을 구체화하는 가족이미지로 규정하였다. 곽인숙(2013)은 가족구성원들이 체계적으로 원활한 기능을 수행할 수 있는 의사소통체계와 의사결정능력, 문제대응능력, 가족일체감, 가족역할과 관련된 정체감 등의 수준이 높은 경우를 의미한다.

건전가정과 건강가족의 개념에서 살펴보았듯이 두 개념이 유사하게 사용되고 있으나 '건전가정'은 건강가족을 포함하는 상위개념으로, '건강가족'은 건전가정을 유지하기 위한 하위개념으로 볼 수 있어 두 개념 간의 명확한 개념설정이 연구와 실생활에의 적용에 이르기까지 적절할 수 있다.

'건강가족'과 유사한 개념으로 혼용해서 사용되는 '기능적 가족'이란 스트레스와 가족의 문제에 효율적인 방식으로 대처할 수 있고, 가족체계 내・외적으로 다양한 대처자원을 소유하고 활용할 수 있으며, 스트레스와 가족문제를 효과적으로 극복함으로써 적절한 응집성과 적응성 및 만족도를 유지할 수 있는 가족을 말한다(Olson, 1986; 유계숙, 2004a 재인용). 일반적으로 '건강가족'은 가족강점 관점에 기초하여 가족의 병리적 측면보다 건강한 가족의 특성을 파악하는 데 초점을 두어 가족문제를 예방하고 가족생활을 증진하는 가족생활교육과 가족향상 분야에서 보다 활용되며, 한편 '기능적 가족'은 가족체계론에 기초하여 가족의 문제를 진단하고 치료하는 가족상담 및 치료분야에서 많이 사용되는 개념이다.

'건강가족'과 '건강가정'에 대한 개념구분도 엄밀히 살펴보면 '가족'이라는 개념 속에는 가족을 구성하는 구성원 사이의 가족관계나 가족의 정서적 지지 및 유대감이나 돌봄과 같은 기능 측면이 강조되며, 이에 비해 '가정'이라는 용어는 가족원의 일상생활이 영위되는 장소이자 삶의 인적, 물적 토대가 되는 생활공동체로서의 개념이 강조된다. 그러나 일상생활에서 가족이라는 용어와 가정이라는 용어는 크게 구분되지 않고 혼용되는 경우가 많다.

2004년 제정된 건강가정기본법은 가족구성원의 모든 욕구가 충족되고 인간다운 삶이 보장되는 가정을 '건강가정'으로 정의하고 있다. 건강가정기본법에서 '가족'은 혼인·혈연·입양으로 이루어진 사회의 기본단위로, '가정'은 가족구성원이 생계 또는 주거를 함께하는 생활공동체로 구성원의 일상적인 부양·양육·보호·교육 등이 이루어지는 생활단위로 정의하고 있다. 본 법에서는 제도 및 관계로서의 가족과 생활단위의 가정이라는 가족과 가정 두 개념을 모두 사용하고 있고, 가족이라는 용어는 그 개념이 확대되어 생활공동체의 의미를 포함하고 있으므로(조희금 외, 2005) 본 장에서 건강가족과 건강가정은 같은 의미로 사용한다.

살펴본 바와 같이 여러 학자들의 다양한 견해를 종합해 보면, 건강가족은 다차원적 개념으로서 심리사회적이고 관계적 개념을 강조하고 있으며, 가족 개개인이 신체적, 정서적, 사회적으로 건강하고 가족원 서로 간의 의사소통, 문제대처능력의 상호작용이 효율적으로 이루어져서, 가족 전체의 공동체적 가치체계를 공유하며 정서적, 도덕적 관계향상을 도모하는 가족이라고 정의할 수 있다.

2. 건강가족의 필요성

1) 가족의 변화와 다양한 가족의 증가

현대사회의 가족변화의 주요 특징으로 핵가족화 및 저출산으로 가족규모가 축소되고 세대구성이 단순화되고 있으며(장혜경 외, 2013), 다양한 형태의 가족이 증가하고 있다. 특히 젊은층의 결혼에 대한 선택의식 증가로 인한 비혼 트렌드, 혼밥, 혼술이 대수롭지 않은 1인 가구 증가, 노인가구의 증가와 여성의 경제활동에 기인한 만혼화, 저출산, 돌봄기능 약화 등은 가족의 기능을 사회로 전이하는 기제가 되고 있으며(김승권 외, 2013; 최돈민 외, 2013), 또한 개인주의 확산과 세대 간 부양의식 약화 등 가족에 대한 가치관도 변화되고 있어 가족환경의 큰 변화를 맞이하고 있다. 이러한 가족의 변화에 따라 가족이 담당했던 기능적 과부하에 직면하여 결혼연기 및 포기, 이혼 증가 등 가족해체 현상이 가속화되고 있으며(최돈민 외, 2013), 전통적으로 가족이 담당했던 자녀 재생산, 가족돌봄 기능 등이 약화되고 있다.

이와 같은 한국가족의 변화에서 가족의 기능 상실이나 약화로 인한 가족문제뿐 아니라 이혼율의 증가로 인한 한부모가정과 재혼가정의 증가, 다문화가정의 증가, 공동체 가족 등 다양한 유형의 가족이 증가하면서 전통적인 가족의 의미가 변화되고 있어 일반적으로 인식하고 있는 가족의 개념으로 가족의 건강성을 논의할 수 없게 되었다. 전통적 의미의 가족이 혼인, 혈연, 입양에 의해 형성되는 것으로 보았다면 현대적 의미의 가족은 가족기능에 우선순위를 두고 다양한 형태와 생활양식을 포함하여 가족 정의의 폭이 확대되어 비정형가족을 적극적으로 포용하는 규정으로 되어있다(윤경자, 2008). 따라서 변화하는 사회, 변화하는 가족에서는 전통적 개념의 가족(the family)에서 가족의 다양성을 인정하고 수용하는 현대적 가족(the families)의 개념으로 재개념화가 요구된다.

다양한 가족에 대한 논의에도 불구하고, 가족의 근간이 되는 '관계적', '상호작용적' 기능은 더욱 강화되었고, 이것이 충족되지 않았을 때 가족은 불안정해지며, 가족이 인간 개개인의 사랑과 안정, 소속감의 욕구를 충족시키는 전문적 기능을 갖고 그 욕구가 인간 본질의 욕구와 부합되는 한 인간의 성장을 위해서는 건강한 가족이 필수적이다(정지영 외, 2016). 다양한 가족유형이 증가하는 현실에서 각 가족마다 가족건강성이 무엇인지 어떠한 방식으로 건강가족으로 기능할 수 있는지에 더 많은 관심을 가져야 할 시점이다(이선형·임춘희·강성옥, 2018).

또한 가족변화의 영향은 매우 포괄적이고 광범위한 영역에서 진행되고 있으나 우리 사회의 가족변화 관련 대부분의 정책이 가족변화의 최근 양상을 반영하지 못하고 있으며, 특히 가족단위 정책이 매우 부족하고 개인단위 정책에 치중하여 정책의 효과성이 미흡하다는 비판을 받고 있다. 증가하는 가족문제를 예방하고 해결하기 위한 개인과 가족의 능동적 노력과 더불어 사적 영역으로 인식되던 가족문제에 국가와 사회가 가족의 건강성을 유지하여 사회문제 해결의 근본으로 책임을 지려는 인식이 확산되어 제도적 지원정책을 강화하게 되었으며 그 중심에 건강가족이 있다. 이러한 필요에 의해 제정된 건강가정기본법은 국가의 책임을 명백히 하고, 가정문제의 적절한 해결방안을 강구하여, 가족구성원의 복지증진에 이바지할 수 있는 지원정책을 강화하여, 다양한 가족의 욕구충족을 통한 건강가족 구현에 기여하는 것을 목적으로 하고 있다.

2) 가족의 중요성에 대한 인식 증대

가족은 역사적으로 볼 때 모든 사회의 가장 중심적인 제도임에 분명하고 인간이 출생하면서 발생하는 일차적인 집단이라 할 수 있으며 인간의 삶에서 가장 큰 영향력을 지닌 중요한 기초 터전이라 볼 수 있다.

가족에 의해 수행되는 고유한 기능은 사회의 존속을 위한 필수요건이며 가족이 모든 사회에 보편적으로 존재하게 되는 이유이다. Murdock(1949)은 가족은 성적 기능, 재생산의 기능, 경제적 기능, 교육의 기능을 갖고 있으며 성적 기능과 재생산의 기능이 수행되지 않으면 사회 자체가 존재할 수 없고, 경제적 기능이 없으면 생활이 지속될 수 없으며, 교육적 기능 없이는 문화라는 것이 존속되지 못하므로 결국 사회가 존속·유지될 수 없다고 하였다.

현대사회에서 사회, 경제, 문화 전반에 걸친 변화는 가족의 변화를 야기했으나 가족의 변화를 바라보는 관점에서 가족변화에 따른 세분화된 양상은 가족의 붕괴, 해체라기보다 사회변화에 도전하는 새로운 가족생활(기틴스, 1997)의 형태이고 가족주의 효력이 약화되면서 한국가족은 개인의 다양한 욕구에 부합되는 형태로 가족을 구성하는 경향이 강하게 나타나면서 그 어느 때보다 가족관계의 질이 강조되고 있다. 이 과정에서 전통적으로 담당해 온 가족의 기능들이 약화되거나 축소되고 교육적, 종교적, 생산적 기능이 사회의 전문기관으로 이관되었지만 가족원의 정서적 욕구충족 및 휴식처로서의 기능은 더욱 중요시되고 가족생활에서 가족구성원들 간의 관계적이고 상호작용적인 기능은 더욱더 강화될 것으로 보여진다(유영주, 1999). 가족의 소외현상으로 많은 사회병리 현상이 일어나고 있는 현대사회에서 가족의 교육, 보호, 휴식, 오락, 종교의 기능은 신체적, 심리적, 정신적, 문화적 측면에서 사회 안정화의 기능에 대단히 중요한 역할을 담당한다(유계숙, 2004b; 조추용 외, 2001).

특히 인간 소외현상이 심화되고 있는 정보화 사회에서 가정의 중요성은 보다 중요시될 것이다. 현대사회에서 가족규모의 축소와 가족의 변화는 가족이 수행해 온 돌봄이 가족외부로 이양될 수 밖에 없어 돌봄의 탈가족화 정책이 진행되고 있으나 돌봄의 탈가족화에만 초점 맞추는 접근은 가족돌봄의 특성을 반영 못하는 한계를 가지고 있다(김승권 외, 2013). 컴퓨터와 기계가 자동화할 수 없는 가족유대, 가족돌보기 차원은 여전히 가정의 역할로 남게 된다. 돌봄은 단지 가족에서 수행해 온 기능이나 노동일뿐 아니라 가족의 존재의미이기도 하다. 가족구성원은 돌봄을 통해 가족으로서의 생활과 정체감을 공유한다. 이처럼 개개인의 다양성을 존중하면서도 세대 간에 그리고 부모-자녀간에 정서적 유대와 일체감을 경험하는 일은 다른 기관에 의해 대체될 수 없는 가정의 고유한 기능이 될 것이다. 가정이 인간 개개인의 사랑과 안정, 소속감의 욕구를 충족시키는 전문적 기능을 갖고 그 욕구가 인간본질의 욕구와 부합되는 한 가정은 계속 유지될 것이고 인간의 건전한 성장을 위해서는 건강한 가정은 필수적이다(유영주, 2001). 건강한 가족 내에서 구성원들이 개인적인 문제나 병리적인 문제를 만들지 않을 수 있으며, 개인이나 가족이 가진 문제를 건강가족을 추구함으로써 가족병리와 개인문제의 예방과 감소에 영향을 미칠 수 있다(이선형 외, 2018).

가족에 대한 연구들은 가족의 제도성 약화에도 불구하고 한국인의 삶에서 가족은 여전히 비중을 차지하고 확대가족 이데올로기에 기반한 가족가치관이 강하게 유지되고 있음을 보여준다(김승권 외, 2013; 김은지, 2017).

3) 가족의 건강성 회복을 위한 국가적 지원의 필요성

현대가정의 다양한 문제들은 개인과 가족원의 힘만으로 해결할 수 없는 사회구조적인 문제들이 많아 복합적인 양상으로 나타나고 있다. 이 현상은 가족갈등과 문제를 조기에 해결하지 못하는 가족의 대처자원이 부족한 상황에 기인하기도 하지만 가족을 지원해 주는 국가의 제도적인 지원대책이 미흡한 데도 원인이 있다. 가정문제는 가족구성원 개인과 가족의 문제일 뿐 아니라 사회문제이기 때문에 가정문제해결은 더 이상 국가나 사회문제와 분리되어 생각할 수 없고 가정문제의 해결을 가정 내부의 문제로만 접근하는 것은 한계를 가질 수밖에 없다.

따라서 건강한 사회를 만들고 그 속에서 개인이 건강하고 행복한 삶을 살 수 있도록 하기 위해서는 가족의 건강성을 회복하는 것이 무엇보다 중요한 과제이다. 가정은 사회적 자본의 근본이 된다는 점에서 공공재적 성격을 갖기 때문에 가정문제의 예방과 치료, 그리고 가족의 건강성을 유지·발전시키기 위해서는 국가와 사회가 적극적으로 개입해야 한다.

현대가족의 변화는 어느 시기보다 복잡하고 다양화, 다원화하는 양상으로 전개되고 있어 사회의 각 분야와 연계, 협력을 통한 대응이 요구되는 상황이다(최돈민 외, 2013). 지금까지의 우리나라의 가족복지정책은 가족을 한 단위로 지원하기보다 아동, 청소년, 여성, 한부모, 노인, 장애인 등 요보호 개인을 대상으로 사후복지 중심의 선별적, 협의의 접근이 주를 이루고 있으며, 가족복지 신진국이 지향하는 보편적, 광의의 접근은 미흡한 실정이다. 가족제도의 보호와 유지 및 가족의 건강성 증진을 위해 국가가 개입할 필요성에 대한 인식이 확산되면서 2004년 건강가정기본법이 제정되었다. 건강가정기본법은 기존의 개별적, 사후치료적 복지서비스에서 벗어나 가족을 단위로 가정문제의 예방 및 해결에 기여하고 가정의 건강성을 증진하기 위해 새로운 패러다임으로 접근하는 통합적인 법이다. 건강가정기본법은 변화하는 사회에서 가정의 건강성을 강화하기 위한 건강가정지원사업과 전문인력 양성 및 전달체계를 제도화하여 통합적 복지정책의 틀과 방향을 제시하고 있다.

3. 건강가족의 의미와 가치

인간의 삶에서 행복을 체험하게 하는 최고의 장은 바로 가족이다. 건강하고 행복한 가정은 가족들이 세상을 살아갈 힘의 원동력이 되며 가족 각자가 걸어갈 삶의 이정표가 된다. 가족 간의 사랑, 수용, 지지 등은 인간이 가질 수 있는 가장 풍요로운 경험이며 우리 삶의 축복이 아닐 수 없다.

건강한 가정은 가족구성원에게 건전한 가족의 가치관과 가족문화를 전달하며 사회구성원으로서의 책임있는 공동체 의식을 길러주어 개인의 성장과 발달에 매우 중요한 영향을 미치는 1차적 환경이 된다. 이와 같이 건강한 가정은 개인과 사회 간의 중간적 위치에서 개인과 가족 그리고 사회가 유기적으로 상호연결되고 상호의존하면서 통합적으로 유지되고 발전하는 토대를 제공하여 건강한 개인 − 가정 − 사회를 발전시키는 순기능을 담당하는 의미를 갖는다. 유영주(2000)는 현대가족이 개인 · 가족 · 사회가 톱니바퀴처럼 서로 맞물려 돌아가는 체계임을 강조하고 개인과 사회의 중간에서 가족이 대내적 기능을 잘 수행하면 개인의 성장 · 발달에 기여하고, 대외적 · 대사회적 기능을 잘 수행할 경우 사회와 국가의 발전과 안정에 기여하게 된다고 하였다.

현대사회에서 가족을 둘러싼 내적 · 외적 환경의 변화로 인해 많은 가족문제들이 발생하고 심각한 사회문제가 증가함에 따라 가족의 가치에 대한 비판적인 시각과 가족존속의 위기의 징후로 보는 시각도 증가하지만 결혼과 가족제도는 여전히 존재하고 있다. 사회의 병리적 문제가 심각해질수록 건강한 가정의 중요성이 더욱 커져서 가족체계를 건강하게 유지시키는 방안이 중요한 실천적 과제가 될 것이다.

4. 건강가족의 특성

건강한 가족이 증가하는 것보다 인간의 삶을 행복하게 하는 것은 없다.

— David R. Mace

아마도 많은 학자들이 가족을 연구하는 궁극적인 이유는 우리에게 가장 친밀하고 영향력이 강한 가족 안에서 보다 더 조화롭고 더 행복하고 더 성공적으로 살아가기 위함일 것이다. 기존의 가족을 연구하는 많은 학자들이 '왜 가족이 실패할까?'라는 질문에 대답하기 위해 가족이 지니는 역기능적이고 부정적인 측면에 초점을 맞추어 가족이 갖는 문제의 원인을 밝히고 해결하는 데 중점을 두어왔다면, 21세기를 살아가고 있는 우리는 '앞으로는 어떻게 하면 성공적인 가족이 될까?'라는 질문에 해답을 찾기 위해 노력하는 것이 보다 더 행복하고 성공적인 삶을 유지하는 데 도움이 될 것이다.

역기능적이고 건강하지 못한 가족은 가족 스트레스나 가정폭력 또는 가족원의 심리적 불안과 우울 등과 같은 문제들을 발생시킨다. 이러한 건강하지 못한 가족이 지닌 문제들을 해결하여 건강한 가족으로 만들기 위해서 가족관련 기관과 국가에서 다각적으로 노력을 하고 있는 실정이다. 따라서 건강하지 못한 가족원의 상호작용과 역동성의 측면에 초점을 맞춘 기존의 연구에서 이제는 건강한 가족이 지닌 특성을 밝히는 연구가 활성화되어야 할 시점이다.

개별가족이 그 가족이 속한 사회나 문화로부터 영향을 받아 가족문제나 가족행동이 다르게 표출될 수 있다면 같은 맥락에서 건강한 가족이 지니는 일반적인 특성을 도출해 내는 것도 가능할 것이다. 궁극적으로 건강한 가족이 지니고 있는 다양한 특성들을 밝히고 그들이 지닌 공통된 특성들을 정리하여 건강한 가족이 되기 위한 지침서로 삼아야 할 것이며 건강하고 성공적인 가족이 되기 위한 노력을 해야 할 것이다.

세계적으로 건강가족에 대한 연구는 지난 40년이라는 비교적 짧은 기간 동안에 진행되어 왔음에도 불구하고, 건강가족에 대한 다양한 연구와 모델이 국내외 여러 학자들에 의해 제시되어왔다. Otto, Curran, Olson, Stinnett과 Defrain

등이 대표적인 학사들로서 가족이 기능적으로 잘 유지되는 건강한 가족의 특성들을 밝힘으로써 건강가족의 모델을 제시하고 있다.

1) Otto의 건강가족 특성

건강가정에 대한 연구는 1962년 Otto가 건강가정에 영향을 미치는 가족구성원 간의 상호작용패턴에 초점을 맞추어 연구하면서 시작되었다. 그는 27개 가족을 대상으로 '우리 가족의 중요한 강점들은 무엇인가?'라는 질문에 대한 답변을 바탕으로 다음의 11가지 건강한 가족의 특성을 밝혔다.

- 가족의 신체적·정서적 그리고 정신적 요구들을 위해 제공되는 지각
- 가족구성원들의 욕구에 대한 민감한 능력
- 의사소통 능력
- 지원, 지지, 격려를 제공하는 능력
- 가족 내외에서 성장·발달할 수 있는 관계를 설립하고 유지하는 능력
- 이웃, 학교, 지역사회, 정부와 건설적이고 책임감 있는 공동체 관계를 창조하고 유지하는 능력
- 자녀들과 함께, 자녀들을 통해서 성장·발달할 수 있는 능력
- 자립능력과 아울러 필요할 때 적절하게 도움을 받을 수 있는 능력
- 가족역할을 융통성 있게 수행할 수 있는 능력
- 가족성원들의 개인성에 대한 상호존중
- 가족의 단합, 충성, 상호협조에 관한 관심

살펴본 바와 같이 Otto(1962)는 건강한 가족의 강점이란 가족원들의 개별적인 자원과 잠재력의 발달을 북돋우며, 가족생활이 가족원들에게 매우 만족스럽고 충만하도록 하는 힘과 역동적인 요소들로 규정하였다.

2) Curran의 건강가족 특성

Curran(1983)은 건강가족의 특성이라고 할 수 있는 15가지 속성을 제시하였다.

- 의사소통이 잘 되고 상대방의 말을 잘 들어준다.
- 서로 긍정적이며 협조적이다.
- 타인에 대하여 존경심을 갖는다.
- 서로 신뢰한다.
- 놀이와 유머에 대한 감각이 있다.
- 공동적인 책임의식을 갖는다.
- 옳고 그름에 대한 인식을 가르친다.
- 의식과 전통을 존중하는 가족관념을 가지고 있다.
- 구성원들 간에 균형 잡힌 상호작용이 있다.
- 공통적인 종교를 가지고 있다.
- 서로의 개인생활을 존중해 준다.
- 타인들에게 봉사하는 것을 귀하게 여긴다.
- 가족들이 같이 식사하는 시간과 이야기하는 시간을 갖는다.
- 여가시간을 같이 즐긴다.
- 문제가 생기면 이웃끼리 서로 도와주고 도움을 받는다.

3) Olson의 건강가족 특성

Olson과 동료들(1989)은 순환모델을 개발하여 가족의 기능을 사정하였고, 응집성과 적응성 그리고 의사소통을 가족이 기능적인가 아닌가를 결정하는 중요한 특성으로 보았다. 순환모델(circomplex model)은 체계요소 간의 역동적인 상호작용을 통해 체계의 전체성을 이루고 체계의 평형상태를 유지한다는 것을 기본으로 하여 가족과정(family process)에 초점을 두며, 가장 바람직한 가족의 모습으로 적응력과 응집력이 어느 한쪽으로 극단적인 치우침이 나타나지 않은 균형이 맞는 상태이다(유영주 외, 2009). 건강가족의 세 가지 속성과 그에 따른 특성은 <표 1-1>과 같다.

〈표 1-1〉 건강가정 속성에 따른 특성

응집성 (cohesion)	• 가족구성원들이 서로에게 가지는 정서적 유대 • 가족원 간의 친밀감과 유대감을 나타내는 결속의 수준과 가족원 각자의 자율성을 나타내는 분리의 수준 • **응집성의 범위** : 단절(disengaged), 분리(separated), 연결(connected), 밀착(enmeshed) – **단절된 가족** : 가족원 개인의 자율성을 최대한 누리고자 하며, 가족 내에서 자신을 동일시하려는 노력은 전혀 하지 않음 – **분리된 가족** : 가족의 자율성을 중요시하기는 하지만, 가족의 통합과 정체감을 느끼기도 함 – **연결된 가족** : 가족은 친밀감을 중요시하고 좋아하며, 가족원의 자율성 발달 또한 인정하는 돕는 경향이 있음 – **밀착된 가족** : 가족의 친밀성을 지나치게 강조하여 가족원들의 자립과 자율성의 발달을 방해하는 경향이 있음
적응성 (flexibility)	• 가족체계가 안정을 추구하는 수준과 변화를 지향하는 수준 • 가족이 생활주기와 발달적 또는 상황적 스트레스에 대응하여 자체의 권력구조, 역할관계, 관계적 규칙을 변화시킬 수 있는 가족체계의 능력 • **적응성의 범위** : 혼돈(chaotic), 융통적(flexible), 구조화(structured), 경직(rigid) – **혼돈된 가족** : 가족생활의 문제와 규칙이나 역할구조 등이 정해져 있지 않기 때문에 문제가 발생했을 때 특별히 달라지는 것이 없음 – **융통적 가족** : 가족들은 문제가 생길 때 규칙이나 역할의 변화를 인정하고, 적절히 대처함으로써 문제를 해결하는 능력을 가짐 – **구조화된 가족** : 가족은 역할이나 규칙의 변화가 덜 이뤄짐 – **경직된 가족** : 가족원들은 역할이나 규칙 바꾸기를 꺼려, 변화를 피할 수 없는 상황이 일어났을 때에만 마지못해 약간의 변화를 수용함
의사소통 (communication)	• 촉매역할을 하는 요소로 응집성과 적응성을 확인하고 수행하는 수단 • 듣기 기술, 말하기 기술, 자아노출, 명료성, 주제에 집중하기, 존경과 배려

출처 : 유영주 · 이인수 · 김순기 · 홍성혜 · 최희진(2009). 건강가족의 이해, pp. 47-49 재구성.

4) Stinnett과 DeFrain의 건강가족 특성

Stinnett과 DeFrain은 20년 동안 미국의 10,000여 가족의 건강성과 세계 20개국의 가족건강성 관련 자료를 수집하여 건강가족의 특성을 밝혔고 건강가족의 연구들에서 가장 많이 인용되고 있으므로 자세히 살펴보기로 한다.

Stinnett과 DeFrain의 건강가족 모델은 Olson 등(1989)의 순환모델과 개념적으로 비슷하다. 오랜 기간 동안 두 모델은 각각 독립적으로 발전됐지만 매우 유사하다. Olson 등의 응집력은 Stinnett과 DeFrain의 헌신, 함께하는 시간과 관련되어 있고, Olson 등의 적응성은 Stinnett과 DeFrain의 위기와 스트레스에 대처하는 능력과 영적 복지와 연결되어 있다. 그리고 Olson 등의 의사소통은 Stinnett과 DeFrain의 긍정적인 의사소통과 감사, 애정과 관련이 있다. Stinnett과 DeFrain(1985)은 헌신, 함께하는 시간, 스트레스와 위기에 대처하는 능력, 영적 복지, 긍정적인 의사소통, 감사와 애정의 여섯 가지 건강가족의 질적인 특성을 제시하였다.

(1) 헌신

건강한 가족의 가족구성원들은 서로에게 헌신한다. 가족과 함께하는 활동에 시간과 에너지를 투자하고 다른 일을 가족의 상호작용보다 더 중요시하지 않는다. 그러나 가족들이 서로 구속한다는 의미는 아니며, 각자의 목표를 달성할 수 있도록 자유롭게 해주고 격려해 주며(유영주 외, 2009), 가족을 인생에서 가장 중요한 존재로 인식하고 가족과 함께하는 시간과 활동에 우선순위를 둔다는 것이다(이선형 외, 2018).

특히, 부부관계에서 헌신의 중요한 요소는 성적 충성심이다. 결혼생활 초기에 외도 사건을 경험하는 사람들은 그러한 사건이 건강한 가정을 이끄는데 위기를 가져온다고 믿는다. 그러나 한편 중대한 위기는 결혼생활을 강하게 할 수 있다. 결혼생활에서 성적인 충성심을 갖는 것은 결국 부부 각자의 정직함을 반영한다. 헌신과 관련된 건강가족의 특성은 신뢰, 정직, 상호의존, 충실함, 나눔 등이다.

(2) 함께 시간 보내기/ 즐거운 시간 공유

행복한 가족은 함께 시간을 보내고 그 시간을 질적으로 즐기는 가족이다. Nebraska의 성직자인 Judi Dye는 미국 문화에서 '바쁨의 폭력성'을 언급했다. 미국인들이 사회활동에 과도하게 매여 있어 가족과 함께 저녁식사를 하거나 단순히 가족으로서 편안히 즐길 시간을 찾지 못하여 정신적 건강과 가족관계 그리고 영적 복지가 손상된다고 지적했다. 건강한 가족은 많은 양의 질적 시간을 갖는다. 우리가 일의 세계에서 성공하기 위해서는 시간과 노력을 투자해야 하듯이 가족에게 우리의 관심과 시간을 투자하기를 원하지 않는다면 성공적인 가족이 되기를 기대하기 어렵다.

많은 사람들의 기억 속에 남아있는 자신의 어린시절 가장 행복했던 추억은 항상 가족과 함께했던 활동이 중심이 된다. 또한 어릴 적 가장 유쾌한 시간은 단순히 많은 돈이 필요하지 않은 활동이 중심이 된다. 돈은 행복을 살 수 없다. 그러나 가족에 대한 사랑은 행복을 가져온다. 함께 시간 보내기와 관련된 건강가족의 특성은 충분한 질적 시간 보내기, 좋은 일에 시간 보내기, 서로의 친구들과 어울리기, 즐거운 시간 함께하기 등이다.

(3) 스트레스와 위기에 대처하는 능력

건강한 가족은 위기나 문제가 일어나기 전에 사건을 예방하는 데 성공적이다. 그러나 건강한 가족도 삶의 위기를 경험하게 되고 삶의 어려움과 스트레스는 다양한 형태로 나타난다. 건강한 가족은 스트레스를 경험하는 과정에서 가능한 한 효율적으로 문제를 해결하고 스트레스로 인한 손상을 줄이는 노력을 하게 됨으로써 탄력적으로 그러한 도전에 직면한다. 따라서 위기와 어려움으로 가족이 해체되는 것이 아니라 오히려 어려움을 극복하는 과정에서 스트레스를 효율적으로 관리하는 능력을 발달시키게 된다. 불가피한 위기상황에서 사용하는 전략은 서로 함께 문제를 해결하고 가족구성원 개개인이 따로 떨어지지 않고 함께 위기를 헤쳐 나간다는 사실이다. 아이들도 역할을 분담하고 더 긍정적이고 관리적인 전략을 사용해서 위기상황을 극복하는 방법을 알고 있다. 또한 건강한 가족은 그들 스스로 해결할 수 없는 상황에서 외부의 도움을 구한다. 스트레스와 위기에 대처하는 능력과 관련된 건강가족의 특성은 적응력, 위기를 도전과 기회로 보기, 위기를 통해 함께 성장하기, 변화에 대한 개방성, 탄력성 등이다.

(4) 영적 복지/ 영적 안녕

영성은 사람마다 의미하는 바가 다르나 영적 복지, 영적 안녕이라 부르기도 하고 신, 희망 혹은 낙관적인 삶에 대한 믿음으로 간주하기도 하며 세상과의 일치감을 느끼는 것을 의미하기도 한다. 영성은 결혼생활에 있어 개인의 가치관 형성에 중요한 역할을 하며 서로 사랑과 헌신, 돌봄의 상호작용을 돕고 가족생활의 의미와 목적을 부여한다. 자기희생과 용서는 대부분의 영적 가치체계의 핵심이며 개인의 차원을 넘어 도덕적이고 윤리적 행위에 대한 공통적 기준을 제시하므로 결혼의 영속성과 동반자 관계, 서로의 역할과 책임에 대한 지침을 제시한다. 가족원의 영성은 서로 사랑하고 하나라는 감정을 충만하게 하며 지지와 돌봄을 받고 있다는 느낌을 갖게 한다. 건강한 가족은 역경의 시기에 영적 자원으로 서로를 지지하고 보살핌으로써 가족을 유지하는 힘을 얻는다. 영적 복지와 관련된 건강가족의 특성은 희망, 신앙심, 유머, 열정, 공유된 윤리적 가치, 인류와의 하나됨 등이다.

(5) 긍정적 의사소통

건강한 가족의 중요한 특성은 긍정적인 의사소통이다. 가족구성원끼리 의사소통 중에 서로 충돌하기도 하지만 서로에 대해 비난 없이 직접적이고 솔직하게 이야기하며 각자 다르다는 것을 인정하려 노력한다. 반면에 건강하지 못한 가족은 서로 논쟁을 피하며 문제를 부인한다.

건강한 가족의 의사소통 특성 중 경청은 중요한 요소이다. 신은 우리에게 두 배로 더 들으라고 하나의 입과 두 개의 귀를 주었다는 비유가 중요성을 말해준다. 또한 유머도 건강한 가족 상호작용의 중요한 요소이다. 건강한 가족은 삶을 관조할 때, 놀 때, 긴장을 줄여줄 때, 따뜻함을 표현할 때, 다른 사람을 편안하게 하기 위해, 대화를 용이하게 하기 위해, 근심을 줄이기 위해, 다른 상황에 적응을 돕기 위해 유머를 사용하곤 한다. 건강한 가족은 부정적으로 유머를 사용하지 않고 일상에서 빈정대고 혹평하는 것은 하지 않는다. 긍정적 의사소통과 관련된 건강가족의 특성은 감정공유, 칭찬하기, 비난하지 않기, 협상능력, 의견불일치 인정 등이다.

(6) 감사와 애정

건강한 가족은 서로를 깊게 배려한다. 서로에 대한 감사의 표현을 함으로써 가족원 상호간의 긍정적인 감정을 주고받는다. 한 건강한 가족을 예를 들면, 다른 구성원을 비판할 때 부정적인 말에 10가지 긍정적인 애정과 감사의 표현을 포함한다고 한다. 가족 간의 긍정적인 감사와 애정의 교환은 눈덩이와 같은 효과가 있다. 어머니의 애정과 감사가 아버지에게 전달되면 아버지는 자녀들에게도 따뜻하고 친밀하게 대하게 될 것이다. 감사와 애정과 관련된 건강가족의 특성은 상호배려, 우정, 개성존중, 오락, 유머 등이다.

<표 1-2>는 외국학자들이 밝힌 건강가족 특성을 요소별로 정리한 내용이다.

〈표 1-2〉 건강가족의 특성

연구자	응집력	융통성	의사소통	기 타
Barnhill(1979)	• 상호성 • 명확한 부모-자녀 경계 • 개별화(개체화)	• 융통성 대 경직성 • 분명한 역할	• 분명한 의사소통	
Beavers & Hampson (2003)	• 친밀감 • 부모의 연합 • 자율성 • 낙관적임 • 개인행동에 책임질 수 있음	• 평등적 권력 • 목표지향적 협상 • 갈등해결 능력	• 표현의 명확성 • 감정의 범위 • 타인의 말에 대한 개방성 • 감정이입 • 이해	
Billinsley (1986)	• 강한 가족연대			• 강한 종교지향 • 교육적 열망/성취
Curran(1983)	• 함께하기 • 존중과 신뢰 • 여가생활 공유 • 개인생활에 대한 가치 인정하기 • 식사시간 함께하기	• 책임감 공유 • 가족 공유	• 의사소통 • 서로 확인하기	• 종교적 사랑 • 유머

Krysan, Moore & Zill(1990)	• 가족에의 몰입 • 시간 함께하기 • 개개인에 대한 격려	• 적응성 • 분명한 역할	• 의사소통 • 감사함 표현하기	• 종교지향 • 사회적 연관성
Lewis(1989)	• 건강한 결혼 • 가족의 친밀함 • 자율성 촉진	• 권력분배 • 바람직한 문제해결 • 변화에의 개방성	• 감정표현 • 바람직한 의사소통	• 긍정적 가치
Olson, et al.(1989)	• 건강한 결혼 • 높은 가족응집력	• 적당한 가족융통성 • 스트레스와 위기에의 효율적인 대처	• 부부 및 가족의 긍정적 의사소통	
Stinnett & DeFrain(1985)	• 몰입 • 시간 함께하기	• 스트레스 대처능력 • 정신적 안녕	• 의사소통 • 감사와 애정	

출처 : Olson & DeFrain(1994). Marriage and the Family : Diversity and Strengths.

우리나라의 건강가족의 연구는 초기의 건강가족 개념과 특성 및 요소를 밝히는 연구에서 실천적 적용 연구로 지속적으로 진행되고 있다. 가족의 건강성은 문화적이고 가치적인 특성을 반영하고 있기 때문에 우리나라 가족의 건강성은 우리 사회의 문화와 가치 특성을 지닌 건강가족이 되어야 할 것이다.

어은주와 유영주(1995)는 한국인의 가치관에 적합한 측정도구를 개발하고자 한국가족의 건강성 측정도구를 제시하였다. 가족학 전공자 18명과 일반 주부 107명을 대상으로 건강한 가족의 특성에 대해서 질문지법을 사용하여 연구를 한 결과, 가족원 간의 원활한 대화(대화 시간과 질, 대화 분위기, 대화할 때의 기쁨)를 우선순위로 두었으며, 가정생활의 화목, 가족원 간의 애정, 어른에 대한 공경, 함께 시간 보내기 등으로 나타났다.

유영주(2004)는 건강가족의 특성과 가족건강성의 의미와 내용을 조사하여 가족원에 대한 존중, 유대의식, 감사와 애정, 긍정적 의사소통, 가치관 공유, 역할충실, 문제해결능력, 경제적 안정과 협력, 그리고 사회와의 유대의 9가지 요소를 밝혔다.

유계숙(2004b)은 건강가족을 위한 가족의 기능과 특성에 관한 성인의 인식에 대해서 조사하였는데 건강가족이 되기 위해서 갖추어야 할 특성으로 '헌신'을 가장 중시하였고, '감사와 애정', '긍정적인 의사소통', '스트레스 대처능력', '질적 시간 공유', '정신적 안녕'의 순으로 필요성을 인식하였다.

서종선(2007)은 건강가정에 대한 일반인들의 인식이 아직 상당히 낮고 건강가정의 특성으로서 남편은 경제적 안정, 생활조건과 같은 현실적인 면을 중시하였고, 아내는 사랑, 배려, 화목, 대화 등의 조화롭고 이상적인 조건을 중시하는 인식의 차이를 밝혔다.

최선희(1999)는 가족 관련 전문가집단과 일반인을 대상으로 건강한 한국가족의 특성 분석을 통해 가족의 건강성 영역을 밝혔다. 전문가집단이 밝힌 가족건강성 영역으로 의사소통, 애정과 사랑, 자율성, 신뢰와 지지, 경제적 안정과 신체적 건강, 문제해결능력, 유연성, 신념체계, 역할수행, 공동여가, 부모역할 순으로 제시되었다. 일반가족들이 인식하는 가족건강성 영역은 애정과 사랑, 신뢰와 지지, 의사소통, 자율성, 역할수행, 유연성, 문제해결능력을 꼽았다. 전문가와 일반가족 조사를 종합하여 한국가족은 애정과 사랑, 신뢰와 지지 등 정서적인 측면을 매우 중시하며 의사소통이 조화를 이루면 건강한 가족이 된다고 할 수 있다. 의사소통은 가족의 응집력과 적응력의 활성화 기능을 하며 의사소통이 잘 되는 가족은 문제해결을 잘할 수 있다.

유영주 외(2013)은 기존 '한국형 가족건강성 척도'의 문제점을 수정 및 보완하여, 여러 연령층과 다양한 사람들을 대상으로 하는 '가족건강성' 측정 및 관련 연구에 사정 및 평가의 기초 도구로 활용할 수 있도록 '한국형 가족건강성척도Ⅱ(KFSS-Ⅱ)를 개발하였다. 20~60대 남녀 500명을 대상으로 연구한 결과, 가족탄력성, 상호존중과 수용, 질적 유대감, 경제적 안정과 협력, 가족문화와 사회참여 등의 5가지 영역으로 나타났다.

〈표 1-3〉 한국 가족이 지각한 건강가족의 특성

연구자	내 용
어은주 · 유영주 (1995)	• 대화(양, 질, 분위기)가 잘 이루어지는 가족 • 가정생활이 화목한 가족 • 서로 사랑하며 가정 내 사랑이 충만한 가족 • 부모와 웃어른을 공경하는 가족 • 함께 많은 시간(여가, 식사 등)을 보내며 그것을 즐기는 가족 • 가족 공통의 가치관과 가훈이 있는 가족 • 상호 이해가 이루어지는 가족 • 사생활을 존중해 주는 가족 • 규칙적인 생활을 여행하는 가족 • 문제를 잘 해결하는 가족 • 가족원으로서의 역할에 충실한 가족 • 건전하고 긍정적인 사고방식을 가진 가족
유영주(2004)	• 가족원에 대한 존중 • 가족원 간의 유대의식 • 감사와 애정, 정서적 안식처 • 긍정적 의사소통 • 가치관 목표 공유 • 역할충실 • 문제해결능력 • 경제적 안정과 협력 • 신체적 건강 • 사회와 유대
유계숙(2004b)	• 헌신 • 감사와 애정 • 긍정적 의사소통 • 스트레스 대처능력 • 질적 시간 공유 • 정신적 안녕
조희금 · 박미석(2004)	• 경제적 안정 • 함께 열린 대화 • 안정적인 의식주생활 • 민주적 평등 • 건강한 시민의식 • 여가 공유
정혜정 · 오윤자(2005)	• 가족원의 역할 충실 • 경제적 안정과 협력 • 신체적 건강

서종선(2007)	• 남편 – 경제적 안정과 생활조건과 같은 현실석인 면 • 부인 – 사랑, 배려, 대화, 화목 등의 조화롭고 이상적인 조건
한국건강가정진흥원(2010)	• 가족관계 – 소통과 친밀감 • 자원관리 – 가치와 가족자원관리 • 외부관계 – 일·가장균형과 지역사회관계
김혜신·김경신(2011)	• 의사소통 • 가족유대 • 가치공유 • 문제해결능력
최은경(2011)	• 신념 • 역할유연성 • 결속력 • 의사소통 • 문제해결 • 가족강점
유영주·이인수·김순기·최희진(2013)	• 가족탄력성 • 상호존중과 수용 • 질적유대감 • 경제적 안정과 협력 • 가족문화와 사회참여

외국과 우리나라의 건강가족의 특성을 살펴보면 애정, 존중, 긍정적 의사소통과 같은 개인적인 측면의 요소가 공통적으로 나타나고 있으나 가정의 화목, 가족원의 역할충실, 가족원의 신체적 건강, 경제적 안정과 협력은 우리나라 사람들이 건강가족의 중요한 특성으로 인식하였다. 이러한 차이점은 사회문화적 차이에서 비롯된 것으로 우리나라 가족의 건강성을 강화하기 위한 연구와 실생활에 적용되어야 할 것이다(유영주, 2001).

이상에서 살펴본 바와 같이 건강한 가정은 건강–비건강의 단순한 이분법적인 분류가 아니라 통합적이고 복합적인 개념으로, 여러 요소들의 조합을 고려한 연속선의 개념으로 보아야 할 것이다. 즉, 모든 형태의 가정은 어느 정도의 건강성은 가지고 있으며, 또 모든 가정은 어느 영역에서 부족함이 있을 수 있다.

조희금 외(2005; 2013; 2018)는 건강가정의 특성을 바탕으로 다음과 같이 건강가정의 요소를 밝혔다.

① **경제적 토대** : 가정의 경제적인 안정과 안정적인 의식주생활
② **가족관계** : 민주적이고 양성평등한 가족관계, 열린 대화, 휴식과 여가 공유
③ **가정역할** : 자녀의 성장·발달 지원, 합리적인 자원관리, 가족역할 공유
④ **사회와의 관계** : 일과 가정의 조화, 건강한 시민의식과 자원봉사활동, 지역사회활동 참여
⑤ **가정문화** : 건강한 가정생활문화의 유지 및 창조

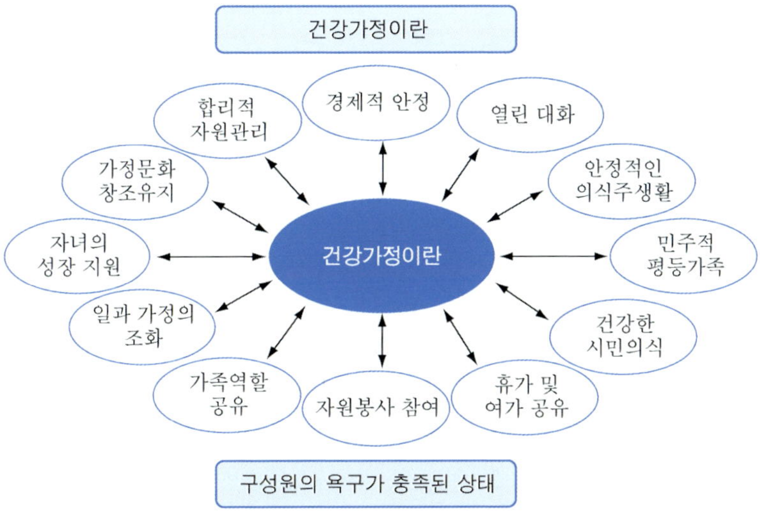

| 그림 1-1 | 건강가정의 구성요소

출처 : 조희금 외(2013). 건강가정론.

〈표 1-4〉 가족건강성 척도(Korea Family Strengths Scale Ⅱ : KFSS-Ⅱ)

문항사항	결코 그렇지 않다	별로 그렇지 않다	그저 그렇다	대체로 그렇다	항상 그렇다
1. 우리 가족은 각자의 역할을 잘 수행한다.					
2. 우리 가족은 자기 입장을 표현할 기회를 준다.					
3. 우리 가족은 어려운 문제를 함께 해결한다.					
4. 우리 가족은 서로 잘 돕는다.					
5. 우리 가족은 서로에게 감사와 사랑하는 마음을 표현한다.					
6. 우리는 서로의 이야기를 주의 깊게 듣는다.					
7. 우리 가족은 상황에 따라 유연하게 대처한다.					
8. 우리 가족은 서로 신뢰한다.					
9. 우리 가족은 가족구성원으로서 소속감이 있다.					
10. 우리 가족은 서로 터놓고 이야기한다.					
11. 우리 가족은 삶에 대해 긍정적인 태도를 가지고 있다.					
12. 우리 가족은 서로를 존중하고 수용한다.					
13. 우리 가족은 함께하는 활동(외식, 여가, 취미생활 등)을 즐긴다.					
14. 우리 가족은 여러 가지 이슈에 대해 논의하는 것을 중요시한다.					
15. 우리 가족은 함께하는 시간을 많이 가진다.					
16. 우리 가족은 함께 대화하는 것을 즐긴다.					
17. 우리 가족은 먹고 살 만한 수입이 있다.					
18. 우리 가족은 미래의 경제적 안정을 위해 준비하고 있다.					
19. 우리 가족은 여가와 문화생활을 할 만한 경제적 여유가 있다.					
20. 우리 가족만의 전통과 문화가 있다.					
21. 우리 가족은 사회활동(봉사, 모임 등)에 참여한다.					
22. 우리 가족은 지역 사회에서 일어나는 일에 관심이 있다.					

출처 : 유영주 · 이인수 · 김순기 · 최희진(2013). 한국형 가족건강성척도 Ⅱ (KFSS-Ⅱ) 개발 연구.

영 역	문 항	점 수
가족탄력성	1~7	
상호존중과 수용	8~12	
질적 유대감	13~16	
경제적 안정과 협력	17~19	
가족문화와 사회참여	20~22	

제 2 장 건강가정에 관한 이론적 틀

김정옥 · 현은민

개요

본 장에서는 부부와 가족을 이해하는 방법이나 모델의 다양성을 기술할 수 있는 개념적 틀을 설명하고자 한다.

1. 가족체계이론(Family Systems Theory)

가족체계이론은 가족 구성원 개개인의 모든 것, 즉 어떤 것도 가족 모두에게 영향을 미친다고 보는 관점이다. 이 이론은 부부와 가족들의 관계상의 문제를 작업하고 있는 가족 치료가들에게 상당히 인기 있는 이론이 되고 있다. 가족치료의 선구자인 Carl Whitaker(1979)는 "이 세상에는 개인 한 사람만으로는 있을 수 없다. 개인은 가족의 한 부분일 뿐이다"(There is no individuals in the world - only fragments of families)라고 하였는데, 인간은 그들의 가족에 얽혀있다는 것이다. 개인의 생각과 행동 등은 그들의 가족으로부터 깊이 영향을 받고 있기 때문에 한 개인에 대한 이해는 그들의 가족을 이해하게 되면 이해된다는 것이다. 한 개인은 그들의 가족이 변하면 가장 효율적으로 변화할 수 있다고 보는 관점이다.

1) 가족체계이론의 발달

가족체계이론은 일반체계이론에 근거를 두고 있으며, Bertalanfy(1968)가 그 개념적인 틀을 개발하였다. 일반체계이론에서 체계란 유기체 전체 또는 조화를 이루기 위해서 긴밀하게 연결되어 있는 일련의 것이고, 전체는 상호작용하고 있는 부분으로 이루어지고 있다고 정의하고 있다. 가족치료가들은 이러한 아이디어를 결혼과 가족생활에 적응시켜 왔다. 가족치료가들은 여러 해 동안 고통받고 있는 개인들을 치료한 결과, 자녀 개인만의 치료가 단기간 동안 다소의 변화는 있을지언정 장기간의 변화는 일어나지 않았다는 것을 밝혔다. 그리고 그들은 문제가 있는 아이들을 그 아이만 치료한 후 어느 정도의 진전은 있었을지라도 가족의 변화 없이는 다시 문제 행동이 되풀이되며, 문제가정에는 문제아이가 있었다는 것을 밝혔다. 이러한 현상은 자녀의 행동에 가족체계가 엄청난 영향력을 끼친다는 것을 의미한다.

2) 가족체계관점의 주요 개념

가족체계관점의 주요 개념들은 일반체계이론가들이 개발한 아이디어와 용어들을 확장시킨 것이므로 일반체계의 개념들을 검토하면서 가족체계와 연결해 볼 것이다.

(1) 복합체계의 수준(Multiple System Levels)

한 체계(system) 내에서는 다른 체계들이 함께 존재한다는 것이다. 만약 부부라는 체계를 보면, 가족이 상위체계가 되고 하위체계는 두 개인이 된다. 핵가족인 경우는 상위체계는 확대가족이 되고, 하위체계는 부부가 되거나 부모, 자녀가 된다.

(2) 경계(Boundaries)

체계들은 경계를 통해서 다른 시스템으로부터 분리되고 연결되기도 한다. 즉, 경계는 상호 연결된 시스템의 위계이고, 각 시스템은 눈에 보이지 않는 경계가 있어 작고 큰 시스템으로부터 분리되고 있다(Goldenberg & Goldenberg, 2002).

인간체계는 상이한 많은 체계의 수준을 가지고 있으며 이것은 동심원의 한 세트의 원으로 특징지을 수 있다. 즉, 중심의 가장 작은 원은 개인이고, 개인을 둘러싼 원은 부부 또는 두 사람의 가족체제, 가족을 둘러싼 원은 지역, 이웃, 학교 등이고 이것을 또 다시 둘러싼 원은 시, 도, 국가, 세계가 된다. 따라서 가족은 광역체계의 한 부분이므로 진공상태에서는 기능할 수 없다. 그러므로 어느 특정 가족체계를 이해하기 위해서는 그 가족체계에 영향을 주는 다양한 체계들의 수준을 고려하여야 할 것이다.

(3) 전체성(Wholeness)

전체의 개념은 부분의 합보다 더 크다. 가족체계의 관점에서 보면 전체 가족은 개인구성원의 합보다 크다는 것이다. 한 개인을 안다고 해서 단순히 그 가족을 안다고 할 수 없다. 왜냐하면 각 개개인들은 가족 밖에서는 달리 행동하기 때문이다(Goldenberg & Goldenberg, 2002).

이처럼 어떤 사람이 직장에서는 직장인으로서의 어떤 정체성(identity)을 가졌지만, 집에 돌아오면 가족과 함께하는 다른 정체성(identity)을 가질 것이다. 결혼한 한 여성을 생각해 보면 그녀는 집에서는 아내, 주부, 어머니 그리고 며느리 등의 역할을 하며 가족의 전체성을 이끌어 내기 위해 가족 내에서의 역할을 하게 될 것이다.

예컨대 맛있는 나물무침을 만들기 위해서 깨, 마늘, 파, 참기름, 간장 등의 양념을 넣고 무친다. 각 양념들은 각각의 향을 가지고 있지만 무쳐진 양념은 하나하나 분리된 양념의 성분과는 다른 그 이상의 것이 된다.

(4) 부분의 상호의존(Interdependence of Parts)

시스템의 각 요소들의 부분은 한 부분이 변화하면 다른 부분이 변화하게 되어 각 부분들은 상호 연결되어 있다(Goldenberg & Goldenberg, 2002). 이들 부분의 상호의존을 이해하기 위해서는 모빌을 생각해 보자. 모빌은 공중에 매달린 균형된 요소들로 만들어진 예술적 창작물이다. 모빌의 각 요소들은 미세한 바람결이나 부드러운 접촉에도 쉽게 움직일 수 있어 튼튼한 어떤 곳도 이러한 자극들이 가해지면 균형을 벗어날 수 있다. 이러한 점에서 건강한 가족들은 이 모빌과 같다고 할 수 있다. 즉, 가족 개개인들은 그들의 유일한 방법으로 전체를 꿰어 맞추어서 전체의 아름다움(美)을 더하게 된다. 그리고 한 개인 구성원이 좋게든 나쁘게든 변화하게 되면 그것은 가족 전체에 영향을 미치게 된다.

이러한 측면에서 볼 때 가족체계이론은 가족을 상호 연결된 구성원들이 진행하는 시스템에 초점을 두고 있으며 결혼과 가족생활을 이해하는 데 가장 인기 있는 이론적인 틀이다.

2. 가족강점의 틀(The Family Strengths Framework)

가족강점 관점은 결혼이나 가족이 왜 실패하는가보다 어떻게 성공하는가(DeFrain & Stinnett, 2002)에 관심을 가진다. 가족의 병리적, 부정적 측면보다 가족의 긍정적 측면에 초점을 두어 모든 가족은 나름대로의 가치있는 잠재력, 자원, 기술, 동기, 목표를 가지고 있다고 보는 관점이다(Olson & DeFrain, 2003). 모든 가족은 강점을 가지고 있으며 도전과 잠재적 성장의 역량을 지니고 있으므로 문제 자체에 대한 관심보다 해결책을 찾고 가족강점을 강화하는 데 초점을 두고 있다.

가족강점 관점의 장점은 가족 내에 무엇을 발견하는가의 본질을 바꿀 수 있다는 점이다. 즉, 가족에게서 문제만 본다면 결혼이나 가족의 문제점만 찾아낼 것이고 강점에 관심을 가진다면 강점을 발견할 것이라는 사실이다. 가족의 강점들이 규명된다면 이러한 강점은 가족의 지속적인 성장과 변화의 기초가 될 것이다.

가족의 강점(family strengths)에 대한 가장 광범위한 일련의 연구는 Stinnett와 Defrain 그리고 그의 동료들에 의해 수행되어 왔다. Stinnett와 Defrain은 건강한 가족의 일반적인 특성으로 헌신, 긍정적 커뮤니케이션, 영적 복지, 감사와 애정, 가족과 함께하는 즐거운 시간, 스트레스와 위기에 대처하는 능력을 주요 특성이라고 지적하였다.

이러한 가족의 강점들은 서로 연결되어 있고 어느 정도는 중복되며 서로 상호작용한다. 서로 간에 감사와 애정이 많은 가족은 구성원들이 함께 시간 보내는 것을 더 좋아하게 되고 함께하는 이러한 시간을 갖는 것은 긍정적인 커뮤니케이션을 더 많이 갖게 한다. 이는 가족 간의 헌신을 더 높이고 함께하는 시간을 더 갖게 한다. 영적인 안녕감은 위기 때 신뢰감을 주고, 위기에 대처하는 능력을 발휘함으로써 구성원들이 서로에게 감사하도록 한다. 따라서 가족 강점은 크고 복잡한 퍼즐과 같이 서로 연결되어 있다.

Marsh(2003)는 가족치료자나 상담자들이 가족문제에 개입하는 데 가족강점이 도움이 되는 것을 밝혔다. 많은 가족전문가들은 가족의 문제를 해결하는 것만으로 충분하지 않고 문제를 겪고 있는 가족들이 앞으로 나아갈 수 있는 목표 또는 본보기로서 건강가족의 발달모델을 제시할 필요가 있다고 하였다.

강점관점의 기본가정은 다음과 같다.

첫째, 인간은 성장과 변화를 위한 개별적인 잠재능력을 가지고 있다.

둘째, 모든 개인, 집단, 가족과 지역사회는 강점을 가지고 있다.

셋째, 외상이나 학대, 질병 등은 상처가 되기도 하지만 도전과 기회의 근원이 될 수 있다.

넷째, 개인과 집단, 지역사회의 성장과 변화의 능력에 상한선을 두지 말아야 한다.

다섯째, 내담자와 협력함으로써 더 잘 도울 수 있다.

여섯째, 모든 환경에는 자원이 존재한다.

가족강점 관점은 부부와 가족을 문제점보다 그들의 긍정적인 관점에 초점을 두고 있기 때문에 보다 수용적이며 최근 관심의 대상이 되고 있는 이론적인 틀이다.

3. 가족탄력성 관점(Family Resilience Framework)

1) 가족탄력성 관점의 발달

가족탄력성 관점은 강점관점에 기초하여 가족의 부적응이 아닌 고위험 가족의 성공적인 적응을 탐색하는 접근법이다. 가족학자들은 고위험과 스트레스 상황에서조차 매우 긍정적인 적응을 하는 일단의 가족들을 발견하고 요인이 무엇인가에 주목하게 되었다. 그 연구과정에서 외국에서 90년대 후반 가족탄력성(family resilience) 개념이 새롭게 이론적 접근법으로 나타나게 되었다.

가족탄력성 연구는 탄력성에 대한 초기 연구들이 탄력성 관련 요인을 개인적 특성에서 부모와 가족의 특성 측면으로 관심을 확대함에 따라 시작되었다. 개인탄력성은 높은 위험요인을 지녔음에도 불구하고 발달상의 문제를 보이지 않고 성공적으로 적응하고 있는 아동들의 중요한 특성에 주목하기 시작하였다. 초기연구는 탄력성 관련 요인을 개인적 특성에 초점을 두었으나 고위험이나 스트레스 상황의 아동과 청소년들의 성공적인 적응을 원조하는 보호요인으로서 부모양육과의 상호작용에 관심을 확대하였고, 이후에는 개인, 가족, 환경 측면에서 시간의 흐름에 따라 위험요인과 보호요인의 상호작용으로 탄력성을 보게 되었다(Walsh, 2003). 가족은 개인에게 보호 혹은 위험요소로서 작용하게 되지만 개인에게 가족이 어떻게 보호적인가에 대하여 전체로서의 가족에 관심을 갖게 되었고 지속적으로 고위험 상황에서도 적응하는 가족에 대한 초점 전환에 의해 가족 스트레스와 강점을 기반으로 한 연구들이 이루어져서, 결과적으로 가족탄력성 연구의 기반을 이루게 되었다(Dehaan, Hawley & Deal, 2002, 안양희, 2006 재인용).

가족탄력성 접근은 전통적인 결핍모델 시각에서 큰 변화를 가져와서 손상당한 심각한 위험에 처한 가족(distressed family)이라는 시각으로부터 성장과 재생의 잠재력을 가진 도전받고 있는 가족(challenged family)이라는 방향으로 시각을 전환시킴으로써 위기상황에서 취약한 부부와 가족을 강화하는 목적을 가진 연구와 개입, 예방적 접근에 있어서 개념적 지도(conceptual map)로서 가치를 지니고 있다(Walsh, 2002).

2) 가족탄력성 관점의 주요 개념

(1) 탄력성 개념

탄력성(resilience)이란 라틴어의 resiliens에서 유래된 용어로서 원래 물체의 신축성 또는 탄성체가 외부의 힘에 대항하여 본래의 형태로 되돌아가려는 힘을 의미한다. 탄력성은 무생물과 생물에게 같이 쓰이고 있으며 사람에게 쓰일 때는 질병, 충격, 우울, 역경 등으로부터 빨리 회복하는 힘이라고 할 수 있다. 탄력성의 사전적 의미는 '다시 돌아오는 경향', '회복력', '탄성'이며 그것이 상처받지 않음을 의미하는 것은 아니다. 즉, 개인이 역경을 겪으면서 자신의 힘과 능력을 잃었지만 이전의 적응 수준으로 돌아오고 회복할 수 있는 능력을 의미한다. 사람들 중에서는 환경적 스트레스의 부정적 영향에 잘 대처하고 심각한 위험에 처하게 될 때도 성공적으로 적응할 수 있는 사람들을 탄력적 혹은 탄력성을 지니고 있는 사람이라고 할 수 있다.

따라서 탄력성의 중심 개념은 회복력과 스트레스 이전의 적응수준으로의 복귀능력이며 탄성력 또는 복원력, 회복력, 적응유연성의 용어와 혼용해서 사용되고 있다. Luthar, Cichetti 그리고 Becker(2000)는 탄력성의 두 가지 조건으로서 첫째, 심각한 위험이나 역경에 노출되어 있고, 둘째, 그 위험이나 역경에 크게 곤란을 겪으면서도 발달과정 속에서 긍정적 적응을 한다는 점을 제시하였다. Stewart와 동료들(1997)은 탄력성이란 중대한 변화, 역경, 또는 위험에 직면하여 성공적으로 대처하기 위한 개인의 능력이며 이 능력은 시간의 흐름에 따라 변하고 개인과 환경의 보호요인에 의해 향상된다고 정의하였다. 즉, 탄력성은 역경이나 어려움 속에서 긍정적 적응을 해나가는 역동적 과정으로 정의된다. 가족탄력성 관점의 가치는 가족자원으로서 스트레스가 되는 생활사건의 영향을 완충하고 가족위기에도 가족의 회복력을 촉진시킨다는 것을 강조하는 것이다(McCubbin, et al. 1996).

(2) 가족탄력성 개념

가족탄력성(family resilience) 개념은 탄력성의 개념이 가족에 적용된 것으로, 특히 주요한 역경에 노출된 가족에게 있어서 적응의 과정을 강조하는 스트레스 모델에 이론적 기반을 두고 있다(Patterson, 2002; 양옥경 · 김연수, 2003 재인용).

가족탄력성은 가족이 위기와 스트레스에 적응하고 역경으로부터 회복하는 능력으로 정의되며 가족이 기능적 단위로서 역경에서 긍정적인 적응을 이루는 역동적인 과정을 포함한다. 즉, 가족탄력성은 고위험에 직면한 상황에서도 성공적으로 적응하는 가족을 설명하는 개념으로 위기상황에 직면하여 적응적이 되고, 변화에 직면하여 혼란에 저항하며 보다 기능적인 가족이 되도록 돕는 가족의 특징, 차원, 속성으로(McCubbin & McCubbin, 1988), 가족에게 스트레스 상황이 닥치게 되면 가족의 잠재력과 가능성으로 다시 일어설 수 있다는 것을 의미한다(유영주 외, 2009). NNFR(The National Network for Family Resiliency, 1993)은 가족탄력성을 삶의 도전에 긍정적으로 대응하는 강점을 구성하는 가족의 능력이라고 정의한다. Wolin과 Wolin(1993)은 실패에서 회복하며 곤경으로부터 스스로를 복원할 수 있는 능력이라고 정의하고 있다. Valentine과 Feinauer(1993)는 역경을 극복하고 스트레스에서 생존하며 불리한 조건에서 일어나는 능력이라고 하였다. Walsh(1998)는 기능적 단위로서 가족 안에서 경험하는 대처와 적응의 과정을 의미하며, 적응이나 회복 여부만이 아니라 적응과 회복의 개념을 포함하여 기능상 이전 상황보다 발전의 가능성이 내포되어 있다고 보았다.

이러한 정의에서 공통적으로 나타나는 특성은 다음과 같다.

첫째, 탄력성이 곤경에 직면하여 표면화된다는 점이다. 즉, 가족탄력성은 가족이 위기를 경험할 때 가족의 평형상태를 유지하도록 하는 자질이다. 이것은 체계의 변화(morphogenesis)개념과 유사하다.

둘째, 탄성의 속성을 가진 개념이다. 실패로부터 회복할 수 있는 능력은 가족이 스트레스 상황에 있어도 위기 이전 수준으로 되돌아가서 다시 시작할 수 있다는 것을 의미한다.

셋째, 병리보다는 건강 및 강점관점으로 가족을 조명한다. 따라서 가족이 왜 실패하는가가 아니라 어떻게 성공하는가에 직접적 관심을 둔다(Hawley & Dehaan, 1996).

3) 가족탄력성 요인

가족탄력성 요인은 학자들마다 다양하게 제시하고 있다.

Silliman(1994)은 가족탄력성 요인을 위임, 의사소통, 응집력, 적응성, 연결성, 시간공유, 효율성으로 제시하고 있다. Single과 Power(1993)는 유연한 의미해석, 균형 잡힌 대처, 유연한 상호의존을 구성요소로 보았다. Cowen과 Hetherington (1991)은 응집력, 유연성, 공개적 의사소통, 문제해결과 신념체계를 제시하였다. McCubbin과 McCubbin(1993)은 가족형태, 가족 스키마, 가족자원, 가족기능, 문제해결과 대처, 사회적 지지를 지적하였다. Walsh(1998)는 신념체계, 조직패턴, 의사소통과정을 가족탄력성 요인으로 규정하고 있다.

〈표 2-1〉 가족탄력성 요인

학 자	가족탄력성 요인
Silliman	위임, 의사소통, 응집력, 적응성, 연결성, 시간 공유, 효율성
Singer & Power	유연한 의미해석, 균형잡힌 대처, 유연한 상호의존
Cowen & Hetherington	응집력, 유연성, 공개적 의사소통, 문제해결, 신념체계
McCubbin	가족형태, 가족스키마, 가족자원, 가족기능, 문제해결과 대처, 사회적 지지
Walsh	신념체계, 조직패턴, 의사소통과정

4) 가족탄력성 모델

가족탄력성은 대표적으로 McCubbin과 McCubbin(1993)이 double ABCX 모델을 발전시켜 개발한 가족탄력성 모델과 가족이 스트레스에 견디고 위기에서 회복되는 과정을 밝힌 Walsh(1998)의 가족탄력성 모델이 중요한 이론적 틀을 제공한다.

(1) McCubbin의 가족 스트레스, 조정, 적응 탄력성 모델(The Resiliency Model of Family Stress, Adjustment, and Adaptation)

Hill의 ABCX 모델과 FAAR 모델을 기초로 McCubbin과 McCubbin(1993, 1996)에 의해 개발되었다. 이 모델은 다섯 가지의 기본 가정을 제시하고 있다 첫째, 가족은 예측 가능한 가족생활주기상에서 변화와 곤경을 경험한다. 둘째, 가족은 구성원과 가족 전체가 성장하고 발달하도록 한다. 셋째, 가족은 변화에 직면하여 강점을 가지고 있으며 비규범적 스트레스원과 긴장으로부터 회복에 도움을 주고 보호할 역량을 개발한다. 넷째, 가족은 특히 가족 스트레스와 가족위기 상황에서는 지역사회 내의 관계망에 기여하고 또한 도움을 받는다. 다섯째, 위기상황에 직면한 가족은 질서, 균형, 안녕을 되찾기 위하여 노력한다.

McCubbin과 McCubbin의 가족탄력성 모델은 조정(adjustment)과 적응(adaptation)의 2개의 중요 단계로 구성된다.

① 조정단계

가족은 스트레스 요인이 발생했을 때 조정을 시도하고 일상생활을 영위하기 위해 형성해 온 상호작용패턴, 역할, 규칙을 유지하고자 한다. 조정단계에서 가족의 기능유형, 가족자원, 스트레스에 대한 가족의 상황적 평가, 문제해결과 대처전략에 의해 잘 조정되어 스트레스가 중재되면 가족의 어려움은 나타나지 않는다. 그렇지 못할 경우 가족위기를 초래하며 이러한 상황에 대한 적응을 시도하는 단계로 변화된다.

여기서 가족의 기능유형은 가족체계가 어떻게 전형적으로 기능하는가 혹은 대처하는가를 설명하는 가족행동유형 세트이다. 이렇게 형성된 기능유형은 가족체계의 조화와 균형획득 또는 유지에 중요한 역할을 한다. 가족자원은 가족의 물질적, 정신적, 관계적 내적 자원과 사회적 지지망과 같은 외부적 자원으로 구성되어 있다. 가족의 상황적 평가는 가족이 상황에 부여하는 의미 또는 해석을 말한다. 문제해결과 대처는 스트레스원과 관련된 어려움을 감소시켜 가족의 균형과 조화를 복원하거나 유지하기 위한 가족의 노력과 관리능력을 말한다.

② 가족위기

가족 스트레스가 가족의 요구와 가족능력의 불균형에 의해 초래되는 긴장 상태인 반면에 가족위기는 가족체계의 불균형, 부조화, 그리고 해체의 상태를 의미한다. 여기에서 위기는 실패 또는 역기능을 의미하는 것이 아니라 발전하고 변화하기 위해 필요한 요인이다. 따라서 위기는 가족생활에서 자연스러운 하나의 부분이며 변화와 적응을 위한 발전적 과정에 반드시 필요한 것이다.

③ 적응단계

가족적응은 이 모델의 중심개념으로서 적응단계는 가족의 요구가 누적됨에 따라 가족취약성이 증가하기 때문에 시간의 흐름에 따라 위기상황을 극복하기 위한 가족의 노력에 초점을 둔다. 가족은 위기를 해소하기 위하여 가족의 기능유형에 따라 다양한 방식으로 상호작용하며, 가족스키마, 응집력, 가족내구력 등의 요소가 상황에 대한 평가를 하고 문제해결과 대처라는 전략을 수립하게 된다. 이러한 전략에 따라 효과적 적응과 부적응으로 결과가 산출된다.

가족스키마란 가족의 기능유형을 변화시키려고 보이는 중요한 노력의 하나로 가족이 기본적으로 가지고 있는 가치, 신념을 말한다. 가족 스키마는 가족탄력성의 핵심 요소로서 높은 가족스키마를 보이는 가족은 어려운 상황을 극복할 수 있는 힘이 있다. 응집력은 가족의 결속을 말하며 가족내구력은 가족체계의 내적 강점과 관련된 것으로 생활 속에서 어려움을 이겨내고 변화를 통해 성장하는 가족의 강인함을 나타낸다.

적응기간에 새롭게 형성된 가족의 기능유형, 개인, 가족, 지역사회 수준에서 획득된 새로운 사회적 지지자원, 새로운 문제해결전략과 대처, 가족평가의 변화는 가족의 강점과 탄력성, 역량이 될 수 있다. 따라서 이 모델에서 탄력성이란 개인과 가족의 스트레스 상황에서의 긍정적인 행동패턴과 기능적 역량으로 설명한다.

스트레스원은 변화를 가져오는 하나의 도전으로 간주되며, 이러한 스트레스원을 극복하도록 힘을 부여하는 가족강점과 능력강화에 가족탄력성의 초점이 있다. 즉, 가족이 역경에 처하게 될 때, 가족탄력성은 다양한 요소들을 변화시키고 조절하며, 필요하면 가족의 능력을 개발하여 적응한다고 보았다. 이 과정은 성공적인 적응이 될 때까지 순환하며 그 과정에 일련의 상호작용하는 구성요소들이 관련된다.

(2) Walsh의 가족탄력성 모델(Family Resilience Model)

Walsh(2002)의 가족탄력성 모델은 체계적, 생태학적, 발달적 관점에서 접근하였다. Walsh는 가족탄력성 모델의 핵심 과정을 신념체계(belief system), 조직패턴(organizational pattern), 의사소통과정(communication process)으로 구성하였고 이 세 가지 구성요인이 상호작용하면서 가족탄력성의 시너지 효과를 갖는다고 하였다.

① 신념체계(belief system)

신념체계는 경험에 의미를 부여하고 삶의 과정에서 세계를 바라보는 렌즈로서 가치, 확신, 태도, 가정 등을 포함한다. 신념체계는 가족에게 응집력을 제공하고, 가족원들이 위기상황과 역경을 해석하고 행동을 결정하는 데 큰 영향을 미친다. 신념은 행동과 상호의존적인 것으로서, 신념은 행동을 유발하며, 행동의 결과는 다시 신념을 강화시키거나 변화시키게 된다(양옥경 · 김연수, 2003).

가족탄력성의 핵심 신념체계는 역경에 대한 의미부여, 긍정적 시각, 초월과 영성으로 구성된다. 첫째, 역경에 대한 의미부여 능력은 가족들의 위기상황을 어떻게 해석하고 의미를 부여하는가에 대한 것으로 탄력성에 있어 매우 중요하다. 탄력적인 가족은 위기를 하나의 도전으로 인식하여 도전에 따른 변화의 필요성을 더 잘 수용할 수 있다.

둘째, 긍정적 시각은 역경으로부터 회복하고 견디는 데 필요한 인내, 용기, 희망과 같은 강점을 말한다. 따라서 역경에 대한 긍정적 시각을 가진 가족은 강점과 잠재력에 초점을 두고, 가능성을 인정하며 미래에 대한 희망을 가지고 참고 인내하는 노력의 자세와 동시에 변할 수 없는 것에 대해 수용하고 인정하는 가족을 의미한다.

셋째, 초월과 영성은 더 큰 가치와 목적을 지향하며 역경을 통하여 배우고 성장한다는 자세를 갖는다. 탄력적인 가족은 도움이 필요할 때 자기 안에서만 문제를 해결하려 하지 않고 종교나 생명과 힘의 근원인 영성에 의지해 희망을 갖는다.

② 조직패턴(organizational patterns)

조직패턴은 가족구성원이 위기와 도전을 극복하는 데 필요한 안정성과 변화에 따른 균형을 이루고자 하는 가족조직 능력을 의미한다(이은희, 2018). 즉, 가족이 하나의 단위체계로서 통합되어 있는 정도를 의미하며, 위기와 역경을 다루기 위해 자원을 동원하고, 스트레스를 중재하며, 변화하는 가족의 내·외적 상황에 적합하도록 가족의 구조를 재조직하는 능력을 의미한다(양옥경·김연수, 2003).

조직패턴은 역할안정성과 융통성, 연결성, 가족의 사회·경제적 자원을 포함한다. 첫째, 역할안정성과 융통성이란 가족이 조직과정에서 안정성(homeostasis)과 변화(morphogenesis) 사이의 역동적인 조화를 통해 생활도전에 반응하며 변화를 허용하는 안정된 가족구조를 유지하고자 하는 것이다. 여기서 안정성이란 예측가능하고 일관성 있는 규칙, 역할, 상호작용 유형을 의미하며, 융통성이란 필요할 때 변화할 수 있는 능력을 의미한다. 따라서 탄력적인 가족은 스트레스나 긴장이 유발되는 상황이나 사건에 직면했을 때 가족원 간의 역할분담을 통하여 위기를 슬기롭게 대처할 수 있다. 역경을 극복하기 위해 가족의 역할을 분담하거나 변화하는 융통성의 능력은 탄력적인 가족이 되기 위한 중요한 요소이다.

둘째, 가족의 연결성은 응집력의 개념과 유사한 것으로 가족구성원의 서로에 대한 정서적 결합을 의미한다(Olson, 1993). 기능적 가족은 구성원 사이의 명확한 경계를 유지하며, 구성원들은 자신의 사고, 감정, 행동에 책임을 갖고 개인의 강점과 관심을 잘 조직할 수 있다.

셋째, 가족의 사회·경제적 자원은 가족이 내적, 외적 환경자원을 얼마나 잘 조직하고 있는가와 관련된다. 기능적 가족은 개방체계를 유지하며, 구성원들은 활동적으로 세상에 참여하고, 낙관적이고 희망적이어서 외부로부터 유용한 자원을 끌어들인다. 따라서 탄력적인 가족은 가족 주변의 다양한 사회・경제적 자원을 적절히 사용할 수 있어야 한다.

③ 의사소통과정(communication processes)

의사소통과정은 명확한 의사소통과 솔직한 감정표현으로 가족이 직면한 문제와 갈등을 해결해 나가는 소통과정이다(이은희, 2018). 가족탄력성에서 중요한 핵심적 요소로서 의사소통의 명확성, 개방된 감정표현, 상호협조적인 문제해결과정으로 구성된다.

첫째, 의사소통의 명확성은 많은 연구에서 효율적인 가족기능의 본질적인 요소로 지적되고 있다(Beavers & Hampson, 1993; Olson 1993). 의사소통의 명확성은 말과 행동에 있어서 분명하고 일관된 메시지를 말한다. 불명확한 의사소통은 불안과 혼돈을 증가시키고 의사소통의 부재나 차단은 관계에 대한 장벽을 만들어 낸다. 특히, 위기나 스트레스하에서 가족원 상호 간에 상황에 대한 명료한 의사소통을 하는 것이 불확실한 현실과 역경에서 일관성 있는 목표를 제시할 수 있으므로 매우 도움이 된다(신미숙, 2013). 즉, 가족구성원이 갖는 스트레스 상황에 대한 공유된 이해와 인정은 가족적응과 대처에 매우 중요하다.

둘째, 개방적인 감정표현을 할 수 있는 가족은 즐거움, 희망뿐만 아니라 고통이나 공포 등의 광범위한 감정을 공유할 수 있다. 또한 이러한 가족은 서로의 차이를 인정하고 상호 감정이입이 가능하며 가능한 한 비난은 피하고 자신의 감정과 행동에 대한 책임을 질 수 있다. 여기에 유쾌한 상호작용인 유머가 있다면 가족탄력성 유지에 매우 긍정적이다.

셋째, 상호협력적인 문제해결은 특히 갑작스러운 위기나 지속적인 도전을 다루어야 하는 가족기능에 있어 매우 중요한 요소이다. 탄력적인 가족의 특성은 문제가 없는 것이 아니라 갈등을 잘 다룰 수 있는 능력이다. 상호협력적인 문제해결을 위해서는 문제에 관여되어 있는 사람이나 잠재적 자원을 가진 사람과의 의사소통을 통하여 결정된 의견을 공유하고 갈등을 다루어 효율적으로 문제를 해결해야 한다.

〈표 2-2〉 가족탄력성의 주요 요소

구 분	가족탄력성 요소
가족신념체계	• 역경에 대한 의미부여 • 긍정적 시각 • 초월과 영성
조직패턴	• 역할안정성과 융통성 • 연결성 • 사회적 · 경제적 자원
의사소통과정	• 명확성 • 개방적 정서표현 • 상호협력적 문제해결

4. 가족발달의 틀(The Family Development Framework)

개념적 틀로서의 가족발달은 시간이 경과함에 따라 부부와 가족이 어떻게 변화하는지에 관심을 두고 있어 이들의 변화의 과정을 설명하고 기술하도록 설계되어 있다. 가족발달의 틀에 근거하여 종사하고 있는 연구가들과 임상가들은 생활주기의 다양한 단계를 진행함에 따라 결혼과 가족 내에서의 스트레스적이고 도전적인 발달적인 과업과 다양한 역할을 부모와 가족구성원들이 어떻게 관계하는지에 주로 관심을 가졌다. 가족 내에서의 스트레스적이고 도전적인 역할과 가족의 발달적 과업은 <표 2-3>과 같다.

〈표 2-3〉 전통적 가족생활주기단계와 발달적 과업

가족생활주기	가족에서의 위치(지위)	발달과업
1. 신혼기 부부 가족	아내 남편	• 상호 만족스러운 결혼생활을 확립함 • 임신에 적응하고 출산을 준비함 • 친척들과 어울림
2. 자녀 출산 및 양육기 가족	아내/ 어머니 남편/ 아버지 갓난아기	• 자녀 출산 및 자녀 양육에 적응함 • 부모와 자녀들에게 만족을 주는 가정을 확립함

3. 유아기 가족	아내/ 어머니 남편/ 아버지 딸/ 자매 아들/ 형제	• 유아원 아이의 요구에 적응하기 • 부모역할로 개인 사생활이 부족하고 에너지가 고갈되는 데 대응하기
4. 학동기(아동기) 가족	아내/ 어머니 남편/ 아버지 딸/ 자매 아들/ 형제	• 지역사회에 짜맞추기 • 자녀의 교육적인 성취를 격려하기
5. 청소년기 가족	아내/ 어머니 남편/ 아버지 딸/ 자매 아들/ 형제	• 책임감과 자유에 대해 균형감 갖기 • 부모 후기에 관심 확립하기
6. 진수기(독립기) 가족	아내/ 어머니/ 할머니 남편/ 아버지/ 할아버지 딸/ 자매/ 고모 아들/ 형제/ 삼촌	• 청년에서 성인으로 독립시킴 • 원가족에서의 지원을 유지하기
7. 중년기 가족	아내/ 어머니/ 할머니 남편/ 아버지/ 할아버지	• 부부관계에 재집중하기 • 노인 세대와 젊은 세대들과의 친족관계를 유지하기
8. 노년기 가족	과부/ 홀아비 아내/ 어머니/ 할머니 남편/ 아버지/ 할아버지	• 죽음과 혼자 사는 것에 대응하기 • 은퇴 적응하기

가족발달적인 틀은 가족이 이들 과업들을 보다 효율적으로 완성하면 할수록 다양한 가족 구성원들의 발달은 더욱 성공적이 될 것이라고 주장하고 있다. 가족발달적 접근의 창시자인 Evelyn Duvall은 Reuben Hill과 함께 가족발달적인 틀의 이점을 기술해 왔다(Duvall & Miller, 1985). 한 예를 들면, 시간이 경과함에 따른 개인과 가족에서의 발달과 변화에 초점을 맞추고, 과정에 열중하게 한다. 이들은 가족을 고정되고 변화하지 않는 집단이 아니라 역동적인 체제로 접근하게 한다. 가족생활주기의 단계를 나누는 숫자를 두고 다소 논쟁이 되고 있다. Duvall은 8단계로 나누고, 다른 가족 학자들은 4단계에서 24단계로 나눈다(Rodgers & White, 1993). 일련의 단계는 가족에 한 자녀가 있을 때는 분명하고 용이하다. 그러나 자녀가 한 사람 이상이거나 이혼한 부부와 재혼한 부부일 때는 복잡하게 생활주기의 단계가 증가된다.

가족발달적인 틀은 가족의 과업을 설명하는 데 있어서는 매우 유용하나, 가족생활주기의 단계에만 초점을 두는 것은 가족체제의 복잡성을 설명하는 데는 한계점이 있다고 지적되고 있다.

5. 상징적 상호작용의 틀(The Symbolic Interaction Framework)

상징적 상호작용의 틀은 의미를 나누고 상호작용을 하는 것에 근간을 두는 것으로서 상징에 초점을 두며 언어적, 비언어적 커뮤니케이션에 기초하고 있다. 이 틀은 우리 사회에서 커뮤니케이션하는 것을 어떻게 배울 것인가를 설명하는 데 도움을 준다. Ernest Burgess는 가족을 상호작용하는 인성의 단위로 보고, 성장 · 진전하는 집단을 만들어 내는 데에는 가족의 상호작용이 중요함을 강조하였다.

1) 주요 개념

(1) 역할(Role)

주어진 사회적 범주 내에서의 집단이나 개인에게 기대되는 행동이다. 예컨대, 남편, 부인, 선생, 슈퍼바이저 등으로 가족은 누구나 때에 따라 다양한 역할을 한다. 즉, 한 남성은 부모도 될 수 있고, 배우자도 될 수 있고, 직장에서는 야구팀의 코치도 될 수 있다. 젊은 여성은 딸도 되고, 학생도 되고, 음악가가 될 수 있다.

(2) 역할취득(Role Taking)

새로운 역할을 만들어 내거나 기존의 역할을 수정하는 것이다. 역할취득 과정은 역할을 수행하고 타인으로부터 피드백을 받음으로써 정확하게 역할취득하는 방법을 배우게 된다. 예컨대, 부부관계가 남편리드에서 보다 평등한 관계로 변화한다면, 배우자들은 서로 상호작용하는 방법에 있어서의 변화를 필요로 한다. 상징적 상호작용의 몇 가지 가정들을 이해하면 이들 가치들이 가족의 행복에 기여하는 바를 알 수 있다(SaRossa & Reitges, 1993).

(3) 의미(Meaning)

의미는 사람들 간의 상호작용의 과정에서 일어나며, 함께 나눈 의미는 사람들이 서로를 이해하는 데 도움을 주고 다양한 역할을 하는 방법을 배우는 데 도움을 준다.

(4) 상황에 대한 정의(Definition of the Situation)

우리는 주어진 상황을 주관적으로 해석하게 된다. 서로 다른 사람들은 서로 다른 방법으로 상호작용이나 상황을 해석할 것이다. 이러한 사실이 결혼에 대한 상이한 지각이 왜 종종 있는지에 대한 이해에 도움이 될 것이다. 즉, 그의 결혼("his" marriage)이나 그녀의 결혼("her" marriage)이 될 수 있다(Jessie Bernard, 1970).

(5) 거울에 비추어지는 자기(Looking Glass Self)

타인과 상호작용하는 것이 근간이 되어 개인의 자아개념이 발달되어 자신들에 대해서 배우게 된다. 초기 이론가인 Charles Cooley(1864~1929)는 거울에 비추어지는 자기(looking glass self)에 대한 개념을 전개시켰다. 거울에 비추어지는 자기라는 아이디어는 나의 행동에 반응을 나타내는 타인으로부터 받는 피드백에 의거해서 자신에 대하여 배운다는 개념이다. 바꾸어 말하면, 자신에 대한 타인의 느낌들(your feelings)은 타인이 나 자신에게 어떻게 반응하느냐에서 비롯된다.

George Mead(1863~1931)는 아동기에 자아개념이 어떻게 발생하는지에 대하여 설명하였다. 한 예로서 소꿉놀이의 하나로서의 역할놀이는 아이들이 어떤 역할을 부여받고 놀이를 하는데, 여기서 일반화된 타인의 역할을 취득하는 것을 배우고 심지어 타인의 감정을 예측하는 것을 배우게 된다. 이러한 놀이는 타인의 감정을 이해할 수 있게 하기 때문에 상당히 가치있는 놀이라고 생각된다.

즉, 상징적 상호작용 틀(symbolic interaction framework)은 가족구성원들이 우리 사회에서 역할과 규칙을 어떻게 배우는가에 관심을 두고 검토하는 개념적인 틀이다.

6. 사회구성주의 틀(The Social Construction Framework)

사회구성주의 틀에 의하면, 인간은 사회적 세계에 깊이 관여되어 있다고 본다. 이 세상에 대한 이해와 세상에 대한 신념들은 사회적 산물이라고 본다. 사회구성주의 이론가들은 자아는 사회적 과정의 산물이므로 자기 자신 개인만으로는 발전될 수 없다고 본다. 우리는 사회적 환경에 살고 있기 때문에 우리의 정체감은 상호 경험을 통해 세월이 거듭되면서 만들어진다. 타인으로부터 받는 특별한 사람으로서 타인에 의한 인식은 정체감 형성에서 필수적인 부분이 된다(Boughmer, Davis, Spencer & Mims, 1998). 그리고 "구속받지 않는(자유로운) 개인은 어느 곳에도 결코 존재하지 않는다"(McGowan, 1991).

한 사람의 페르소나, 즉 자아는 그 개인을 둘러싼 주변으로부터 끊임없이 밀려오고 빠져나가는 사회화 과정에 의해 매우 영향을 받게 된다. 사회구성주의 이론 틀은 포스트모더니스트와 다문화적 지적 운동(multicultural intellectual movements)과 조화를 이루면서 오늘날 관심을 받고 있다. 포스트모더니즘은 진실에 대한 질문, 의미와 역사적 해석에 대한 질문에 전적으로 회의를 품고 있다(Norris, 1990). 인간의 이성은 세상에 대한 우리의 관점이 발전하는 데 있어서의 주 견인차 역할을 한다. 포스트모더니즘은 우리는 복잡한 세계에 살고 있고 다양한 전망과 진실들은 서로 간의 갈등과 부단한 상호작용의 결과임을 강조한다. 그렇다면 포스트모더니즘의 시대에서는 단호히 보여주는 객관적이고 보편적인 진실은 없다. 오히려 우리가 살고 있는 특정한 하부문화에 의해 형성된 주관적 진실의 집합(a collection of subjective truths)이라고 볼 수 있다.

시각의 변화는 감정의 변화를 낳는다. 즉, 얼마 전에는 감탄을 했던 동일한 특성을 놓고 지금은 비난을 퍼붓기 시작하기도 한다. 자발적이고 자유분방하다고 말한 성격을 지금은 경솔하다든지, 신중하지 못하다든지, 변덕스럽다고 비난한다. 이와 같이 시각이 바뀌자 아내가 완전히 다르게 보였다.

결혼한 후 남편이 옛날부터 가지고 왔던 가치에 따라 아내를 평가하게 되자 결점투성이로 비추어졌다. 아내 역시 남편을 보는 관점이 바뀌어 평소 매력적이라고 느꼈던 남편의 자질이 자신의 자발성을 질식시킬 위협으로 작용한다는 사실을 깨달은 뒤부터 완전히 다른 각도에서 보기 시작했다. 과거에는 문제에 대해 논리적이고 지적으로 접근하던 남편에게 흥미를 느꼈지만 이제 답답하게 여겨졌다. '그가 옆에 있으면 내가 설자리가 없어. 만사를 즐기기는커녕 분석하려고만 해'라고 결론을 내리고, 남편의 존재에 점차 불편과 염증을 느끼기 시작했다.

즉, 사고가 감정에 어떤 영향을 미치는지 잘 알 수 있었다. 서로 상대방을 긍정적으로 지각할 때는 사랑을 느꼈지만, 서로 가치를 떨어뜨릴 때는 분노를 느꼈다. 이러한 원리는 약 2000년 전의 스토아학파 철학자 Epictetus의 "인간은 사물에 의해 평정을 잃는 것이 아니라, 자신이 취하는 관점 때문에 평정을 잃는다"는 말이 잘 설명하고 있다.

우리가 세상을 바라볼 때, 우리는 우리 자신의 특별한 세계에서 개발되어 온 우리 자신의 신념과 가치에 의해 채색된 렌즈를 통해 보고 있다. 어떤 "진실된 진술(truth statement)"은 관찰자에 관한 진술이고 관찰된 것에 대한 진술이다(Gergen, 1982, 1985, 1991; Watglawick, 1984). 우리가 만나는 삶에 대한 다양한 관점들에 관한 지식의 입장이다. 한 지식의 입장이 특정 문화권에서 다른 사람들보다 더 힘을 얻게 될 때, 우위를 차지하게 된다. 어쨌튼 세상을 여행하면서 이 나라 저 나라에서 헤아릴 수 없는 사실들이 있다는 것을 발견하게 된다. 심지어 특정한 나라 내에서 또는 특정한 가족 내에서 매우 다른 진실의 브랜드가 있다.

사회구성주의 틀(social construction framework)은 점점 인기 있는 틀이 되었으며, 이들은 부부와 가족성원들은 사회에 영향을 받아 고유의 한 사람으로 만들어지며 우리들 각자는 상이한 생활경험을 가지고 각 개인들의 역사는 상이하다고 본다. 사회구성주의는 개인 내면에 존재하는 것으로 간주되는 이론적 차원의 개인역동보다는 대인상호작용, 그리고 그러한 관계에 침투하여 그 같은 관계를 활성화시키는 사회문화적 영향들을 보다 강조한다.

7. 웰니스 패러다임 모델(Wellness Paradigm Model)

Albert Einstein은 1905년 상대성이론을 소개하였다. 모든 물질은 에너지이다. 모든 물질은 원자보다 작은(양성자, 전자 따위) 수준에서 연결되어 있으며 연결부분이 없는 실체는 어느 것도 존재하지 않는다고 하였다. Einstein의 관점에서 보면 우주는 거대한 시계가 아니고 "살아있는 연결망"이라고 하였다.

Descartes의 이론에서는 마음과 몸은 완전히 분리되어 있어서 일종의 살아있는 체계(living system)가 아닌 분리된 것으로 다루었다.

그러나 최근 의학 연구자들은 정서가 면역체계를 지배하고 있다는 것(과거에는 상상도 못하고 우스꽝스러운 생각으로 봄)을 인식하고 신체가 기계와 같이 시계처럼 움직인다(body-as-clock mentality)는 생각과는 달리 인간 유기체에 관한 플라시보 효과(placebo effect)와 같은 이슈가 완전히 재검토되고 있는 실정이다. 그리하여 최근에는 건강패러다임(health paradigm)으로 Einstein의 이론과 상당히 유사한 소위 "웰니스 패러다임(wellness paradigm)"이 소개되었다(김정옥, 2008; Seaward, 2002).

이 모델에서는 총체론적 건강(total wellness)이란 신체적, 지적, 정신적, 정서적, 영적인 면의 균형이라고 제안하고 있다. 총체적 건강(well-being)의 네 가지 구성요소는 그 연결이 매우 밀접하여 서로 얽혀져 있어서 실질적으로 분리는 불가능하다는 것이다. 이들 요소들은 Einstein의 우주관에서 가정한 것처럼 서로 연결된 살아있는 체제라고 할 수 있다.

건강(health)이란 말은 원래 영어의 hal에서 유래되었고, 그 의미는 치유하다, 병을 낫게 하다(to heal), 전체적으로 구성되다(to be made whole), 성스러움(to be holy)을 뜻한다. 전체(wholeness)는 원으로 상징화되어 왔다. 즉, 건강시스템인 건강철학(wellness philosophy)은 전체는 부분의 합보다 크고 모든 부분은 하나의 시스템으로 보아야만 된다고 강조하고 있다.

따라서 전체론적인 관점에서 볼 때 웰니스 패러다임(wellness paradigm)의 모든 영역에 동등하게(똑같이) 역점을 두고 다루고 교육해야 할 것이다. 그러므로 건강을 위해서는 정신적 · 지적, 신체적, 영적, 정서적 건강이 함께 고려된 전체론적인 건강가족체계가 구축되도록 노력해야 할 것이다. 세계보건기구(WHO)는 "건강이란 단순히 질병에 걸리거나 허약하지 아니한 상태뿐만 아니라 신체적 · 정신적 · 사회적으로 양호한 상태(well-being)"라고 언급하였다.

웰니스 패러다임 모델은 **|** 그림 2-1 **|** 과 같다.

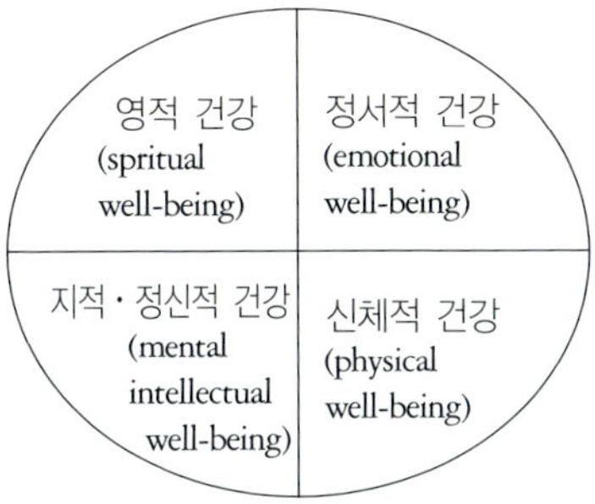

| 그림 2-1 **|** **웰니스 패러다임 모델**

지적 · 정신적 건강(mental intellectual well-being)은 정보를 수집하고, 처리하고 회상(recall)해 내고, 교환하는 능력이다. 회상(recall)능력은 건전한 의사결정을 할 때 필요한 능력이다. 신체적 건강(physical well-being)은 몸의 중요한 생리적 체계, 즉 심장혈관, 소화기계, 생식계 등에 대해 최적으로 기능하는 것을 말한다.

정서적 건강(emotional well-being)은 인간의 전체 영역에 걸진 삼정을 표현하고 느끼는 능력이며, 인간의 감정에 지배당하기보다 조절할 수 있는 능력을 말한다. 분노와 공포는 포괄적인 정서로 작용하고 있으며 이러한 정서는 감정회로에 과부하를 실을 수 있어 결과적으로 정신적으로 무기력해져 종종 우울의 상태가 올 수 있다. 영적 건강(spiritual well-being)은 자아와 타인의 양면에서의 건강한 양육의 관계를 통해 높은 자아의식을 지닌 성숙함을 말한다. 건강한 가치체계의 발달, 의미 있는 삶 등이 여기에 포함된다.

웰니스 패러다임 모델(wellness paradigm)은 총체론적 건강, 즉 신체적 건강, 지적·정신적 건강, 정서적 건강, 영적인 건강은 매우 밀접하게 서로 얽혀 있어 이들 4요소를 서로 연결된 살아있는 체제로 보는 관점이다.

제2부

가족의 건강성

제 3 장 생애주기별 가족의 건강성

유계숙

1. 체계로서의 가족

가족체계는 성원들 간의 상호작용을 통해 나타나며, 가족원 간의 상호작용이 없다면 가족체계는 존재할 수 없다. 가족체계이론은 인간체계가 자기성찰적 특성을 지니고 있다고 가정한다. 따라서 가족은 외부환경에 대한 개방성과 가족 내 성원들 간의 상호작용으로 변화하는 상황이나 요구에 민감하게 반응하며, 안정성과 평형상태를 유지하기 위하여 일련의 상호작용 패턴을 형성하고, 가족원의 행동을 규제하는 규칙을 갖는다. 이처럼 가족학자들은 가족을 전체 사회체계 내에 존재하는 하위체계 중 하나로 보며, 유기체적 관점에서 가족이 우리의 신체 각 부분처럼 상호 영향을 미치는 동시에 전체에도 영향을 미친다고 본다.

가족이 체계라는 사실은 가족 내 한 쌍의 관계가 제3자의 존재 여부에 따라 변화될 수 있음을 시사한다. 예컨대, 남편은 아내가 있을 때에는 걸음마를 하는 자녀에게 이야기를 적게 하는 경향이 있으며(Stoneman & Brody, 1981), 아내는 남편이 있을 때 어린 아들과 함께 하는 시간이 더 적은 경향이 있다(Belsky, 1981). 이와 마찬가지로 어머니와 청소년기 아들 사이의 상호작용은 아버지가 있을 때보다 갈등이 적다. 반면, 아버지와 아들의 상호작용에 어머니가 관여하게 되면 아버지는 아들의 활동에 덜 관여하는 경향이 있다(Gjerde, 1986).

가족체계의 원리는 전체성(holism)에 입각하고 있기 때문에 개인의 문제를 고립적이고 개별적인 현상이 아니라 가족원의 상호관계와 전체 분석을 통해 이해된다고 본다. 즉, 전체는 부분의 합보다 크며, 각각의 요소를 합친다고 해서 체계가 산출되는 것은 아니다. 부부관계의 질은 부모－자녀의 관계에 영향을 미칠 수 있으며, ❙그림 3－1❙과 같이 가족 내 모든 2인 관계는 상호작용을 통하여 제3자나 다른 관계에 영향을 미치게 된다. 부모는 자녀에게 영향을 주며, 자녀는 부부관계에 영향을 미친다. 물론, 부부관계 또한 자녀에 대한 양육이나 자녀의 행동에 영향을 미칠 것이다. 이렇듯 가족은 복잡한 사회체계이기 때문에 가족원이 늘어나게 되면, 가족 내 영향 패턴은 재도식화 될 것이다(Belsky, 1981).

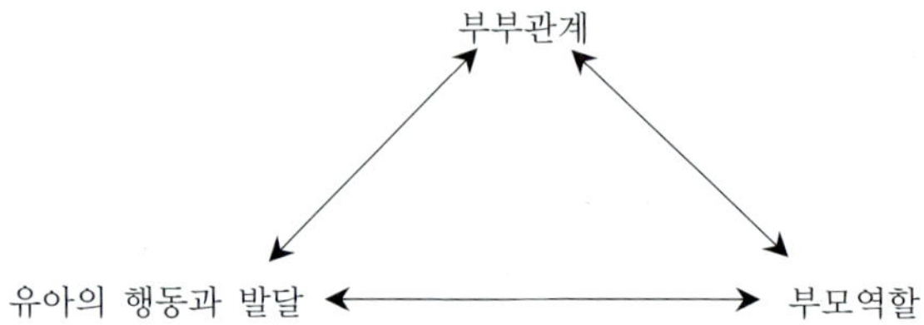

❙그림 3－1❙ 체계로서의 가족모델

2. 가족생활주기

가족은 자녀 출산이나 진수 등으로 인해 끊임없는 변화를 겪는다. 그리고 가족 내 성원 개인뿐만 아니라 부부관계, 부모－자녀관계, 형제－자매관계 역시 시간의 흐름에 따라 체계적 발달과정을 거쳐 간다. 이와 같은 개인이나 관계의 변화는 가족이 하나의 체계이기 때문에 가족 전체 역동에 영향을 미치게 된다. 즉, 가족은 그 자체가 발달적 유기체이다.

가족을 발달적 체계로서 연구하는 가장 보편적인 방법은 부부의 혼인부터 사망까지의 기간 동안 가족의 구성·역할·관계의 연속적인 변화를 나타내는 가족생활주기를 살펴보는 것이다. 가족학자인 Evelyn Duvall(1977)은 <표 3－1>과 같이 8단계의 가족생활주기를 제시하였다. 이러한 가족생활주기의 각 단계에서 성원들은 고유의 역할과 발달과업을 이행해야 한다. 예컨대, 신혼기에는 부부 간 만족스러운 관계를 형성하고, 자녀출산기에는 부모로서의 역할을 수행해야 하며, 자녀진수기에는 자녀의 독립시기를 정하는 등의 과업이 수반된다.

〈표 3-1〉 가족생활주기의 단계

단 계	역 할
1. 가족형성기	아내 남편
2. 자녀출산기(첫 자녀 출산~30개월)	아내 – 어머니 남편 – 아버지 영유아기의 딸, 아들
3. 미취학 아동기(첫 자녀 30개월~6세)	아내 – 어머니 남편 – 아버지 딸 – 자매 아들–형제
4. 학동기(첫 자녀 7~12세)	아내 – 어머니 남편 – 아버지 딸 – 자매 아들 – 형제
5. 청소년기(첫 자녀 13~20세)	아내 – 어머니 남편 – 아버지 딸 – 자매 아들 – 형제
6. 진수기(첫 자녀 진수~막내 진수)	아내 – 어머니 – 할머니 남편 – 아버지 – 할아버지 딸 – 자매 – 숙모 아들 – 형제 – 삼촌
7. 중년기(빈둥지~은퇴)	아내 – 어머니 – 할머니 남편 – 아버지 – 할아버지
8. 노년기(은퇴~죽음)	아내 – 어머니 – 할머니 남편 – 아버지 – 할아버지 사별노인

한편 20세기 이후의 사회변화로 인하여 이상과 같은 전형적인 가족생활주기의 모습은 바뀌게 되었고, 가족원들의 경험에도 변화가 초래되었다(Aizenberg & Treas, 1985; Glick, 1984b; Nock, 1987; Norton & Moorman, 1987; Rossi, 1986; Sweet & Bumpass, 1987). 이를 구체적으로 살펴보면 다음과 같다.

첫째, 독신자의 증가 : 과거에 비하여 독신가구가 증가하였다(참고 3-1 참조). 그러나 젊은이들의 약 90%가 언젠가는 결혼을 할 것이라고 생각하기 때문에 조만간 결혼이 사라질 것이라는 생각은 성급한 것이다(Norton & Moorman, 1987).

둘째, 만혼화 경향 : 많은 성인들이 결혼 자체를 거부하기보다 학업이나 직업상의 목표달성을 위하여 결혼을 지연시키고 있으며, 초혼 연령도 늦어지고 있다(Nock, 1987).

셋째, 저출산 현상 : 오늘날 대부분의 가정에서 첫 자녀 출산시기가 지연되고 있으며, 출산율 또한 감소하고 있다. 앞으로 평생 동안 자녀를 낳지 않는 젊은 여성의 수가 점점 늘어날 것이다. 그리고 더욱 우려되는 점은 자녀가 있는 부부들이 이상적인 자녀의 수를 두 명으로 제한하고 있다는 것이다.

넷째, 취업여성의 증가 : 급격한 사회변화로 자녀가 있는 여성을 포함하여 대부분의 여성들이 경제활동에 참여하고 있다. 자녀양육과 가사의 책임을 여성이 여전히 담당하고 있으면서도 전일제직업을 갖는 어머니들이 점점 늘어나고 있다.

다섯째, 이혼과 재혼 및 한부모 가족의 증가 : 과거에 비하여 이혼율이 높아졌고, 이혼의 증가로 인해 재혼 또한 늘고 있다. 재혼가정은 새로운 부모나 자녀를 받아들이면서 가족을 재형성하게 되는데, 각자의 자녀가 있는 부부가 재혼하는 경우도 있다(Santrock, Warshak, Lindbergh, & Meadows, 1982). 한편 급증한 이혼으로 인하여 한부모 가족의 자녀도 증가하였다.

여섯째, 빈둥지 기간의 연장 : 오늘날 평균수명의 연장, 자녀양육시간 단축, 이혼한 사람(재혼하지 않는 경우)들로 인해 독신이나 무자녀 부부로 생활하는 기간이 길어지고 있다. 과거에는 '빈둥지' 기간이 그리 길지 않았으며, 조부모는 손자녀 출생 이전에 사망하는 경우가 대부분이었다. 그러나 오늘날에는 조부모기가 연장되고 있으며, 미국의 경우, 자녀가 있는 노인의 절반 정도는 조부모뿐만 아니라 증조부모가 되어 살아가고 있다(Shanas, 1980).

참고 3-1] '1인 가구'가 대한민국을 바꾼다

여성 회사원 이모(28)씨는 얼마 전 서울 강남의 오피스텔로 이사를 했다. 혼자 사는 이씨는 이사한 집에서 커튼과 액자를 달려다 포기했다. 콘크리트 벽이라 망치로 못을 박기가 어려웠다. 이씨는 바로 대행업체에 전화를 했다. 잠시 후 찾아온 대행업체 직원은 천장과 벽에 못을 박아 주고 2만 원을 받고 돌아갔다. 이씨는 "여자 혼자 살다 보니 힘을 쓰는 일은 대행업체를 이용하고 있다"고 말했다.

지난 달 26일 오후 6시 경기도 하남시 덕풍동 대형 할인점인 이마트 하남점. 대용량을 싸게 파는 할인점이지만 주요 코너에는 소용량 상품이 가득 차 있다. 50g짜리 후추부터 115g짜리 장조림까지 소용량 상품이 진열대를 차지하고 있다. 이곳에는 기존 용량의 절반으로 줄인 '실속형 대파(300g)'뿐만 아니라 회가 6~7조각 들어 있는 '1인용 생선회(40~70g)'까지 등장했다. 올 4월까지만 해도 이곳에서는 생선회는 성인 세 명이 먹을 수 있는 200~250g짜리만 판매했다. 5월부터 판매한 1인용 생선회는 전체 생선회 매출의 10%를 차지하며 빠르게 성장하고 있다.

이마트 마케팅담당 이갑수 상무는 "소용량 상품을 선호하는 1~2인 가구가 계속 늘고 있기 때문에 이들을 대상으로 한 상품을 늘리고 있다"고 말했다.

1인 가구가 한국 사회를 바꾸고 있다. 혼자 사는 사람을 위해 가족 역할을 대신해 주는 대행업이 성행하고 대형 할인점은 양이 적은 다양한 상품을 내놓고 있다. 4인용 식탁을 줄이는 대신 혼자 오는 고객을 위한 바 모양의 식탁을 갖춘 식당이 성업 중이다.

2000년대 들어 하루 평균 400여 가구씩 1인 가구가 생기고 있다. 통계청이 집계한 1인 가구는 1995년에는 164만 가구였다. 2007년에는 두 배가 넘는 330만 가구가 됐다. 전체 가구에서 차지하는 비중도 12.7%에서 20.1%로 높아졌다. 통계청은 2030년에는 1인 가구가 471만 가구(23.7%)가 될 것으로 전망했다. 부모에게서 독립한 젊은 층처럼 통계에 잡히지 않는 사람을 포함하면 1인 가구는 600만~650만 가구에 달할 것으로 전문가들은 추정하고 있다. 2030년이 되면 1~2인 가구가 전체 가구에서 차지하는 비중이 51.8%에 달할 전망이다.

서울대 사회학과 박경숙 교수는 "결혼이나 부모 부양 등 '가족 동거'의 끈이 느슨해지고 있는 것이 1인 가구 증가의 주 원인"이라고 말했다. 1인 가구의 형태도 다양하다. 결혼을 미루는 젊은 층과 혼자 사는 노인이 대표적이다. 배우자가 있으나 직장, 자녀 유학 등을 이유로 혼자 사는 사람은 36만여 명 정도로 추산된다.

혼자 사는 사람들은 동호회 등을 활용해 가족을 대신할 만한 인적 네트워크 구축에 힘을 쏟는다. 혼자 사는 이연욱(37·학원 운영)씨는 모임에서 만난 싱글 몇 명을 '패밀리'라 부르며 가족에게나 털어놓을 만한 각종 고민을 얘기한다. 이씨는 "공감대가 넓어 시간이 나면 같이 공연을 보거나 여행을 다니며 가족과 다름없이 지낸다"고 말했다. 인터넷 포털 네이버의 동호회가 최근 5년 새 60배로 늘어난 것(8,187개 → 49만 1164개)은 1인 가구의 영향을 무시할 수 없다.

경제·산업 구조에도 변화가 일고 있다. 삼성경제연구소는 1인 가구를 겨냥한 제품을 생산하는 싱글 산업 시장이 2004년 기준으로 6조 원대에 이를 것으로 추정했다. 애완동물 시장도 2조 원대로 성장했다. 특히 고령화 사회의 그늘인 독거노인은 새로운 시장을 만들고 있다. 노인 돌보미 시장은 올해 8,400억 원, 2010년에는 1조 6,911억 원으로 급증할 전망이다. 업계에서는 전체 1인 가구 관련 시장이 수십조 원에 달할 것으로 추산하고 있다.

삼성경제연구소 최숙희 수석연구원은 "1인 가구 증가로 산업구조가 소품종 대량 생산에서 다품종 소량 생산으로 바뀌고, 규모도 커지고 있다"고 말했다(중앙일보, 2008/09/08).

이상과 같은 사회적 변화의 핵심은 가족이 과거보다 더욱 다양한 모습으로 변해가고 있다는 것을 의미하며, 생계부양자인 아버지와 전업주부인 어머니, 그리고 미혼자녀로 이루어진 핵가족을 전형적인 가족의 모습으로 여기는 것은 고정관념이라는 것을 말해 준다. 즉, 가족은 사라지는 것이 아니며, 맞벌이 가족, 한부모 가족, 재혼가족, 무자녀 가족 등 다양한 모습의 가족에 대해 폭넓은 이미지를 가져야 한다.

3. 생애주기별 가족의 건강성

1) 가족형성기의 가족의 건강성

일반적으로 성인의 90% 이상이 결혼을 하며, 젊은이들은 사랑의 결실로 결혼에 이르곤 한다. 결혼은 인생에서 새로운 단계로 이행하는 변화로서 남편 혹은 아내라는 새로운 역할을 수행하며, 부부로서의 삶에 적응해야 한다. 사람들은 결혼을 축하해주며 부부가 된 사람들이 행복하길 바란다. 하지만 청소년기에 자율성을 획득하지 못한 성인은 결혼을 한 후에야 상대방에 대한 존중과 배려에 대해 깨닫게 된다. Huston과 동료들(Huston, McHale, & Crouter, 1986)은 신혼기를 굉장히 짧은 기간으로 보았다. 이들이 100쌍의 신혼부부를 대상으로 실시한 종단적 연구결과를 살펴보면, 결혼 후 3~15개월부터 부부관계는 악화된다고 하였는데, 대표적인 예가 결혼생활이나 성생활에 대한 낮은 만족도이다. 이밖에도 부부는 서로에 대한 사랑표현이나 칭찬의 횟수가 적어지고, 자신의 감정을 그대로 드러내는 경향이 있으며, 일을 하는 데 보다 많은 시간을 보내고, 대화하는 시간이 줄어든다. 최악의 관계를 가진 부부는 시작부터 서로의 단점만을 보고 서로에 대해 비난만 하는 사람들이다.

비록 Huston과 동료들이 대부분의 부부가 신혼기가 끝난 뒤에도 관계를 만족스럽게 여긴다고 하였으나, 이들의 연구결과를 통해 부부가 결혼생활에 적응하는 과정에서 약간의 긴장이 존재함을 알 수 있다. 즉, 친밀한 관계가 지속적으로 유지되는 한편으로는 그 반대의 모습도 있는 것이다. 이는 아마도 부부가 결혼 전에는 보지 못했던 배우자의 단점을 보게 되고, 상대방에게 좋은 모습만 보이려 했던 노력을 줄이게 되었기 때문일 것이다. 이유가 무엇이든 결혼관계는 그 시작과 함께 변화함을 알 수 있다(참고 3-2 참조).

참고 3-2] 여자 체중은 남자 하기 나름 …… 5단계 변화

여자의 몸무게가 바뀌는 유일한 이유는 남자 때문이라고 영국의 데일리메일 인터넷판이 16일 보도했다.

신문에 따르면 체중관리회사인 '슬렌덱스.컴'(www.slendex.com)이 여자 3천 명을 대상으로 조사한 결과 여자의 일생에서 체중이 확연하게 변하는 시기는 연애기간 또는 가족사정 등에 직접 관련이 있다는 사실이 밝혀졌다.

조사결과 여자가 일생 내내 일정한 체중을 유지하기가 매우 어렵다는 사실도 확인됐다.

응답자의 절반은 자신들의 체중변화가 특정한 시기에 얼마나 행복하느냐에 달렸다고 말했고 70% 가량은 가장 중요한 행복의 요인은 (남자와의) 관계라고 강조했다.

슬렌덱스.컴은 여자들의 몸무게 변화를 5단계로 분류했다.

여자들은 연애 초기에 상대방에게 잘 보이려고 다이어트에 돌입해 평균 5.3파운드 가량을 감량하고(1단계), 관계가 수년 동안 지속하는 동안 긴장이 풀리면서 평균 10파운드 정도 불어난다. (2단계)

이어 결혼식 날 아름다운 몸매를 보여주고자 평균 8파운드의 몸무게를 줄이고(3단계), 출산 후 육아에 몰두하느라 몸무게에 아랑곳하지 않기 때문에 14.3파운드 증가하며(4단계), 자녀가 성장하고 외모에 신경 쓰면서 평균 10.4파운드 감량에 성공한다. (5단계)

남자도 비슷한 결과가 나왔는데 남자는 결혼 후 체중이 불어나는 경향을 보였다고 신문은 전했다.

(연합뉴스, 2008/10/16)

2) 자녀출산기의 가족의 건강성

대부분의 부부는 결혼 후 몇 년 이내에 아이를 갖는다. 일반적으로 첫 자녀 출산은 부부에게 긍정적·부정적 영향을 모두 미치게 된다. 대부분의 부모는 자녀를 가짐으로써 자신들의 삶이 개선되었다고 생각한다. 즉, 자녀는 부부에게 또 하나의 새로운 즐거움이 되며, 부모는 자녀로 인해 더욱 성숙해진 느낌을 갖는다(Hoffman & Manis, 1979). 그러나 보다 자세히 살펴보면, 자녀출산으로 인해 어머니나 아버지로서의 역할을 추가적으로 수행해야 하며, 일-가정 양립의 어려움을 겪게 된다. 특히 여성의 경우, 어머니의 역할은 더 큰 부담으로 다가온다. 예컨대, 첫 자녀 출산으로 자녀양육과 관련한 일이 많아지고, 부모는 잠을 줄여야 하며, 자녀양육 방법에 대한 고민도 늘어나게 된다. 뿐만

아니라 자신을 위한 시간은 감소하고, 가계재정에 대한 부담은 증가하게 된다. 그 결과 첫 자녀 출산으로 인해 부부는 종종 스트레스 상황에 놓이게 된다. 이러한 상황에서 평소 가사를 분담하던 평등적인 부부도 전통적인 방식으로 역할을 구분하게 되는 경향이 있다. 즉, 여성은 자녀의 주 양육자가 되고, 가사에 대한 책임도 커지는데, 이로 인해 퇴사나 근무시간 단축도 고려해야 한다. 반면 남성의 경우, 경제적 부양자로서의 책임이 증가하게 된다. Belsky와 동료들(Belsky, Lang, & Rovin, 1985)의 연구결과에 따르면, 부부가 첫 자녀 출산을 전후하여 결혼만족도가 감소하는 것이 일반적이다. 즉, 자녀출산을 계기로 부부가 서로 가까워진다는 통념은 모순되는 것이다. 결혼만족도의 감소는 남성보다 여성에게서 상대적으로 크게 나타나는데, 이는 여성에게 자녀양육에 대한 책임이 전적으로 맡겨지기 때문이다. 그러나 여성의 경우 자녀출산으로 스트레스가 증가하기도 하지만, 이로 인한 기쁨도 더 크게 느낀다(Wilkie & Ames, 1986). 즉, 남성에 비하여 여성에게 '부모'로서의 변화가 더 큰 영향을 주는 것 같다.

부모역할 수행에서는 개인차가 존재한다. 어떤 사람들은 부모됨을 긍정적인 변화로 받아들이지만, 다른 사람들에게는 힘든 경험이 될 수 있다. 이러한 개인차는 자녀출산이라는 발달적 사건 자체의 특징과 이를 다루는 개인의 능력, 그리고 개인이 가지고 있는 자원에 의하여 영향을 받는다. 발달적 사건 자체의 특징이란 앞서 기술한 바와 같이 조용하고 사교적인 아이에 비하여 예민하고 까다로운 아이를 다루는 것이 더 어려운(Sirignano & Lachman, 1985; Wilkie & Ames, 1986; Wright, Henggeler, & Craig, 1986) 경우 등이다.

일부 부모는 자신에게 주어진 여러 역할들 간의 갈등을 다루는 방법에 대하여 잘 알고 있다. 이러한 부모들은 첫 자녀가 태어남으로써 자신의 역할을 재정립하는 방법을 찾고자 한다(Myers-Walls, 1984). 또한 나이가 많고 결혼 후 자녀를 갖고자 계획하였던 부모는 젊고 자녀양육에 적응하는 데 많은 시간이 필요한 부모에 비해 훨씬 쉽게 부모기를 보내는 경향이 있다(Belsky, 1981). 그리고 어릴 적 부모가 무관심했던 사람에 비해 애정을 많이 받은 사람일수록 첫 자녀 출산으로 인한 부모역할을 보다 원만하게 수행한다(Belsky & Isabella, 1985).

외부의 자원 또한 부모역할 수행에 영향을 준다. 외부자원 중 가장 중요한 것은 배우자의 지지이다. 예를 들어, 남편과의 관계가 좋고, 평소 남편과 자녀양육이나 가사분담을 하는 경우, 자녀출산 이후 어머니로서의 역할 수행은 훨씬 수월해진다(Tietjen & Bradley, 1985). 반면, 남편이 없거나 지지 받을 곳이 없는 여성에게 부모역할 수행은 힘든 경험이 될 수 있다. 친구나 친척 등 사회적 지지 또한 부모역할 수행에 도움을 준다(Stemp, Turner, & Noh, 1986). 그러므로 긍정적인 성격을 가지고 있고, 배우자나 주변 친구·친척으로부터 지지를 받는 사람일수록, 그리고 다루기 쉬운 성격의 자녀를 가진 사람일수록 부모기로의 변화에 더욱 잘 적응하게 된다.

부부가 둘째(이상) 자녀를 갖게 되거나 자녀가 성장하면서 겪게 되는 일은 또 다른 스트레스원이다(Kreppner, Paulsen, & Schuetze, 1982). 부모는 둘째 자녀가 태어나면서 자녀에게 많은 시간을 할애해야 하며, 동시에 첫째 자녀도 함께 돌보아야 한다. 이처럼 하는 일이 많아지기 때문에 남성 또한 자녀양육에 더 많은 시간을 할애해야 한다. 한편 둘째 자녀의 출산으로 인해 결혼만족도는 다소 낮게 유지된다(Rollins & Feldman, 1970). 이는 때때로 학동기 자녀가 있는 저임금 근로여성에게서 나타나는데, 이는 여성이 너무 많은 책임을 떠안고 있기 때문이다(Schumm & Bugaighis, 1986). 또한 두 명의 남아를 양육하는 어머니가 여아를 양육하는 어머니나 자녀가 없는 여성에 비하여 결혼생활 만족도가 더 낮게 나타난다(Abbott & Brody, 1985)는 연구결과도 있다.

대부분의 부부들은 결혼생활에 만족하고 자녀와의 관계에서 기쁨을 느끼며, 남성과 여성 모두 부부·부모로서의 역할을 중요하게 생각한다(Whitbourne, 1986). 그러나 자녀의 유아기부터 대학교 등록금까지 모든 것이 부모의 책임이 됨에 따라 때로는 부모의 삶이 힘들어지는 경우도 있다. 자녀양육에 쏟는 시간과 에너지는 부부관계에 영향을 미치고, 자녀는 부정적인 영향을 주기도 한다.

3) 유아기 자녀를 둔 가족의 건강성

(1) 어머니 – 유아관계

자녀는 출생하기 전부터 부모에게 영향을 미친다. 출산을 앞둔 부모들은 아기의 이름을 짓고, 아기 방을 꾸미며, 더 넓은 곳으로 이사하고, 퇴직이나 이직을 하는 등 부모로서 향후 계획을 세운다(Grossman, Eichler, Winickoff, & Associates, 1980). 어머니－유아관계가 아버지－유아관계보다 더 많은 관심을 받는 데에는 간단한 이유가 있다. 전통적으로 여성은 자녀의 주 양육자 역할을 수행해왔다. 어머니가 온정적이고 유아의 요구에 민감할 때 유아는 부모에게 안정적인 애착을 형성하게 된다(Ainsworth, 1979). 유아는 자신과 즐겁게 상호작용하며, 자신의 신호를 이해하고, 그 신호에 적절하면서도 신속하게 반응해주는 어머니(또는 주 양육자)와 안정적 관계를 형성할 가능성이 크다. 이렇게 형성된 안정적 애착관계는 또래와의 관계나 세상에 대한 호기심, 인지발달 등에 긍정적인 영향을 미친다(Bradley, Caldwell, & Elardo, 1979; Cassidy, 1986; Waters, Wippman, & Sroufe, 1979).

한편 어머니가 유아에게뿐 아니라 유아도 애정적인 어머니에게 신뢰감을 준다. 예컨대, 사회적으로 유능한 어머니일지라도 끊임없이 우는 자녀를 사랑하는 것은 어려운 일이다. 특히 '다루기 쉬운' 유아를 양육하는 것은 쉬운 반면, 까다로운 기질의 유아들은 종종 자녀에게 애정이 없는 어머니를 만들기도 한다(Greene, Fox, & Lewis, 1983). 요컨대, 어머니는 유아의 발달에 중요한 영향을 미치는 존재이지만, 어머니와 유아의 관계는 쌍방적 노력 정도에 따라 상이한 결과를 가져온다.

(2) 아버지 – 유아관계

일찍이 발달론자들은 가족체계적 관점에 따라 아버지도 역시 가족의 일부임을 인식하였다. 아버지와 어머니의 역할에 차이가 있는지, 아버지는 자녀의 발달에서 어떠한 부분에 기여하는지 이해하려면, 먼저 자녀양육능력에 성차가 있는지 생각해볼 필요가 있다.

성역할과 관련된 연구결과들에 따르면, 유아와의 상호작용방식에서 남녀 간의 차이점보다는 유사점이 더 많다. 남성과 여성이 자신의 영아기 자녀에게 우유를 먹이는 모습을 관찰한 연구(Parke & Sawin, 1976)결과에 따르면, 남성도 여성처럼 자녀에게 안정적으로 우유를 먹였으며, 배고픔에 대한 자녀의 신호에 민감하게 반응하는 능력 또한 부족하지 않았다. 남성 또한 여성처럼 영아기 자녀의 애착대상이 될 수 있으며, 자녀를 달래는 방법을 알고, 자녀가 의사의 진찰을 받는 동안 안전하게 보조역할을 수행하였다(Lamb, 1981). 그러나 여성을 자녀양육의 적격자로 한정짓고, 남성은 유아를 돌보기에 부적합하다는 관점이 일반적이다. 또한 자녀양육에 능숙한 남성일지라도 자녀의 삶에서 여성과 동등한 역할을 수행하기는 어렵다. 이는 남성과 여성의 양육이 질적, 양적으로 차이가 있기 때문이다.

여성은 양적 측면에서 남성보다 더 많은 시간을 자녀와 보낸다(Parke & Tinsley, 1984). 반면, Rebelsky와 Hanks(1971)는 출생한 지 2주~3달된 영아 10명에게 마이크를 부착하고, 아버지와 의사소통하는 시간을 측정한 결과, 아버지와 영아자녀의 하루 평균 의사소통시간은 총 40초, 2.7회 정도에 불과한 것을 발견하였다. 그러나 경제활동에 참여하는 기혼여성이 점차 증가하면서 남성의 자녀양육 참여도 과거보다 증가하였다. 특히 비전통적인 사고를 가지고 있으며, 맞벌이 가정의 남편은 그렇지 않은 경우에 비하여 자녀양육에 보다 많이 참여한다(Barnett & Baruch, 1987). 그럼에도 불구하고 남성의 가사 및 양육 참여 증가속도는 매우 더디다. 미국의 경우, 기혼취업여성의 급격한 증가에도 불구하고 1975년의 기혼남성은 10년 전인 1965년의 기혼남성에 비하여 자녀양육 및 가사에 참여하는 비율은 크게 증가하지 않았다(Coverman & Sheley, 1986). 즉, 여성이 가사활동이나 자녀양육에 참여하는 시간은 감소하였지만, 남성은 이를 보완하지 못한 것이다. 이러한 현상은 현재까지도 지속되고 있으며, 결국 남성에 비해 여성의 양육시간이 확연히 많음을 알 수 있다.

한편 자녀양육의 질적 측면을 살펴보면, 부모가 유아와 상호작용하는 방식에서 성차가 나타난다. 여성은 음식을 먹이거나 기저귀 갈기, 코 닦아주기 등의 돌봄에 대부분의 시간을 보내며 주 양육자 역할을 하는 반면, 남성은 보조자 역할을 많이 한다. 그러나 남성의 경우에는 여성에 비하여 자녀와의 '놀이'에 더 많은 시간을 보낸다(Parke & Tinsley, 1984). 그리고 유아와 함께 놀이를 즐기는 아버지의 놀이방식은 어머니의 그것과 차이가 있다. 아버지는 어머니에 비해 자녀에게 더 많은 신체적 자극을 주며, 예측 불가능하거나 특별한 놀이를 하는 경향이 있다(Lamb, 1981). 예컨대, 아버지는 유아를 들어올리거나 놀래키는 놀이를 하는 반면, 어머니는 유아를 안고 이야기를 하는 등 차분한 놀이를 하는 경향이 있다. 이밖에도 아버지와 어머니 간에 차이가 나타나는 것은 남아와 여아를 다루는 방법이다. 아버지는 종종 딸보다 아들과 더 많은 시간을 보내며(Barnett & Baruch, 1987; Parke, 1979), 아들에게 남성적인 장난감을 권하고, 딸에게는 여성적인 장난감을 권하는 경향이 있다. 심지어 자녀가 1살일지라도 성별에 따라 놀이를 구분하는 경향이 있다(Snow, Jacklin, & Maccoby, 1983). 이처럼 아버지는 자녀의 성별에 따라 양육방식에 차이를 두는 반면, 어머니는 자녀의 성에 관계없이 동등한 양육방법을 사용하는 경향이 있다.

다음으로 아버지가 양육을 통해 유아의 발달에 기여하는 부분을 살펴보면, 어머니가 자녀양육에 둔감하고 거부적인 경우, 아버지는 유아에 필요한 안정을 제공해주는 중요한 역할을 하게 된다. Main과 Weston(1981)에 따르면, 대부분의 유아가 부모 모두에게 안정적인 애착을 형성하지만, 일부 유아는 어머니에게만 애착을 형성하고, 또 일부는 아버지에게만 애착을 형성하는 것을 발견하였다. 이 경우, 부모 중 최소한 한쪽과 안정적인 애착을 형성한 유아는 어느 쪽 부모와도 애착을 형성하지 않은 유아에 비하여 사회성이 발달할 것이다(Main & Weston, 1981). 아버지가 유아와 친밀한 관계를 형성하고 있다면, 분명히 자녀의 발달에 긍정적인 영향을 줄 것이다.

자녀양육에 아버지가 참여하는 것은 장기적 관점에서 보았을 때 자녀의 사회적·지적 발달에 긍정적인 영향을 미친다. 예컨대, 냉정하고 무관심한 아버지보다 온정적이고 애정적인 아버지의 아들이 남성의 역할을 보다 잘 수용하는 경향이 있으며(Hetherington & Frankie, 1967), 아버지는 딸보다 아들의 성역할 발달에 더 큰 영향을 미치지만(Stevenson & Black, 1988), 딸의 성역할 형성, 즉 여성스러움에도 영향을 미친다(Lamb, 1981). 또한 아버지가 자녀양육에 참여하는 경우, 그렇지 않은 경우에 비하여 자녀의 학업성취에 긍정적 영향을 주는 것으로 나타났다(Belsky, 1981; Lamb, 1981). 결론적으로 아버지는 유아를 양육할 만한 능력을 충분히 가지고 있으며, 자녀양육에 적극적으로 참여함으로써 유아의 발달에 긍정적인 영향을 미칠 수 있다.

(3) 유아기 자녀를 둔 가족의 건강성

가족체계적 관점에서 볼 때, 어머니와 유아의 관계에서 아버지의 존재를 고려해야 하며, 아버지-유아의 상호작용 역시 어머니의 영향을 고려해야 한다. 부부가 서로에게 미치는 영향은 자녀에게도 간접적으로 전달된다. 즉, 어머니-유아관계나 아버지-유아관계는 제3자에 의해서 영향을 받는다.

어머니-유아관계에 아버지가 간접적인 영향을 미치는 예로서 불안정한 결혼생활을 하는 부부를 생각해볼 수 있다. 이 경우 아내에 대한 남편의 부정적인 행동은 아내의 유아 양육행동에 영향을 미치게 될 것이다(Belsky, 1981). 부부싸움이 많은 가정의 부모는 그들의 자녀에게 둔감하며, 거부적으로 대할 가능성이 있다(Pedersen, Anderson, & Cain, 1977).

한편 가족 내에서 2인 관계에 대한 제3자의 간접적 영향이 긍정적인 경우도 있다. 예를 들어, 자녀양육에서 아버지의 역할을 중시하는 여성의 남편은 그렇지 않은 여성의 남편에 비하여 자녀양육에 보다 많이 참여하는 경향이 있다(Palkovitz, 1984). 또한 남편의 참여는 부부가 자녀에 대해 많은 이야기를 할수록 증가하는 경향이 있고(Belsky, Gilstrap, & Rovine, 1984; Lamb & Elster, 1985), 여성이 남편의 자녀양육 참여를 촉진시킴으로써 아버지-유아관계에 간접적인 긍정적 영향을 미친다. 그러므로 부부가 서로에게 상호지지와 격려를 제공할 때 자녀에게는 가장 좋은 영향을 미칠 수 있다(Crnic, Robinson, Ragozin, Robinson, & Basham, 1983).

4) 아동기 자녀를 둔 가족의 건강성

(1) 자녀양육방식

2~3세가 된 자녀가 있는 부모는 여전히 양육자 그리고 놀이친구로서의 역할을 수행하지만, 한편으로는 자녀의 교육에 대해서 이전보다 더 많은 걱정을 하고, 특정한 양육방식과 훈육법을 사용한다. 그리고 아동기 자녀에게 형제·자매는 사회적 동료로서 서로의 경험에 중요한 일부가 된다.

Ogbu(1981)는 특정 문화에서 '유능한' 부모라 할지라도 다른 문화에서는 그렇지 않을 수 있음을 강조하였다. 예를 들어, 도시빈민층 부모는 자녀에 대한 애정이 깊을지라도 종종 혹독하고 비일관적인 훈육방식을 사용하는 경향이 있다. 이를 중산층의 시각에서 바라보면 잘못된 훈육이 될 것이다. 더구나 대부분의 연구자들은 자녀를 체벌하기보다 온정적이며 일관적인 규칙의 사용을 강조한다. 그러나 Ogbu에 의하면, 빈민층에서 사용하는 혹독하고 비일관적 훈육방식은 오히려 빈민층 아동에게 필요한 적극성과 주체성 등을 갖출 수 있도록 도울 수 있다. 그러므로 '바람직한 양육방식'이란 자녀가 향후 살아갈 특정 문화에서 필요한 것을 갖출 수 있도록 돕는 것임을 명심해야 한다.

부모의 양육방식은 일반적으로 애정과 통제의 두 가지 차원(온정적/적대적, 허용적/구속적)으로 구분된다(Maccoby & Martin, 1983; Schaefer, 1959). 온정적인 부모는 아동이 잘못을 했을 때에도 사랑을 표현하며, 잘 웃어주고, 칭찬을 아끼지 않는다. 반면 적대적이거나 거부적인 부모는 아동을 비판·처벌하고 무시하며, 자녀를 사랑할지라도 상호작용이 극히 드문 경향이 있다. 한편 구속적인 부모는 규칙을 정하고 아동이 이를 지키도록 많은 것을 강요하며, 감시한다. 그러나 허용적인 부모는 아동을 통제하기보다 자녀의 자율권을 존중하여 스스로의 행동을 결정할 수 있도록 한다. 이상과 같은 두 가지 차원을 조합하면, 온정+구속, 온정+허용, 적대+구속, 적대+허용의 네 가지 양육방식으로 구분할 수 있다.

대부분의 부모는 독재적인 방식보다 애정적인 양육방식을 더 선호할 것이다. 부모의 애정은 자녀의 건강한 사고 형성과 사회·정서 발달에 많은 도움을 준다(Maccoby & Martin, 1983). 자녀는 자신이 사랑하는 부모를 기쁘게 하기 위하여 부모의 기대에 맞는 행동을 하고 자극을 받는다. 반면 '원치 않는' 임신으로 낳은 아동들은 부모가 '원해서' 낳은 아동과 비교할 때, 자신의 부모와 불안정한 관계를 갖고 있거나 정서적 불안을 느끼고, 절망적이며 저항적인 행동을 하는 경향을 보였다. 또한 또래집단에게 인기가 적고, 문제행동으로 주의를 받는 경우가 많았다(Matejcek, Dytrych, & Schuller, 1979). 이러한 연구결과는 아동이 부모로부터 거부당할 때 건강한 성장을 하기 어려움을 시사한다.

Baumrind(1967, 1977)는 아동에 대한 부모의 통제방식과 관련하여 다음과 같은 세 가지 양육방식을 제시하였다. 첫째, 독재적인(authoritarian) 양육방식은 부모가 자녀에게 많은 규칙을 강요하며, 절대적인 순종을 기대한다. 또한 자녀가 규칙을 따라야 하는 이유에 대해 설명을 하는 경향이 있으며, 종종 체벌도 사용한다. 둘째, 권위 있는(authoritative) 양육방식은 보다 유연한 양육방식으로, 부모는 자녀에게 명확한 규칙을 설정함과 동시에 상당한 자유도 허용한다. 또한 자녀가 지켜야 할 규칙이나 하지 말아야 하는 행동에 대해 이유를 설명하고, 규칙에 일관성이 있다. 또한 자녀의 관점과 욕구에 민감하다. 셋째, 허용적 양육방식은 부모의 요구가 상대적으로 적고, 자녀가 감정과 욕구를 표현하도록 격려하며, 자녀의 행동에 대해 거의 통제하지 않는다.

Baumrind(1967)는 이러한 세 가지 양육방식과 각각의 방식을 통해 성장한 취학 전 아동의 특성을 관련시켜보았다. 그 결과, 권위 있는 양육방식이 자녀의 긍정적인 성장과 가장 밀접한 관련이 있음을 발견하였다. 권위 있는 부모의 자녀는 밝고, 신뢰할 수 있고, 주체적이며, 성취지향적이다. 또한 또래뿐만 아니라 성인들과도 협력적이다. 반면, 독재적인 부모의 자녀는 충돌이 잦고, 저항적인 경향이 있다. 이러한 아동은 겉으로 보기에 침울하고 불행해 보이며, 쉽게 화를 내고, 목표가 없으며, 불만이 많다. 그리고 허용적인 부모의 자녀는 종종 충동적이고 공격적인데, 특히 남아일 경우 으스대고, 자기중심적인 경향이 있으며, 반항적이고, 자제력이 부족하였다. 또한 목표가 없고, 독립심과 성취심이 아주 낮은 특성을 보였다. Baumrind(1977)는 아동이 8~9세가 되었을 때에도 재조사를 실시하였는데, 그 결과, 권위 있는 부모의 자녀가 여전히 지적 차원(즉, 독창성을 보여주고, 높은 성취동기를 갖고, 지능적인 도전을 좋아하는)과 사회적 차원(예를 들면, 사교적이고 외향적이며, 그룹활동에 적극적으로 참여하고, 리더십을 발휘하는) 모두에서 또래보다 우세하게 나타났다. 한편 권위 있는 양육방식으로 길러진 아동의 강점은 청소년기에도 동일하게 나타났다(Maccoby & Martin, 1983).

Baumrind에 의하면, 대부분의 부모는 적대적이기보다 온정적이고, 애정적이라고 한다. 그러므로 적절한 통제와 함께 부모가 애정을 보여주는 경우(극도로 독재적 혹은 허용적인 양육방식과 복합된 애정이 아니며, 그와 상반되는 경우) 아동의 발달에 긍정적인 영향을 주었다. 아동에게는 애정과 동시에 통제도 필요하다. 아동에게 어떠한 통제도 없다면, 아동은 스스로를 통제할 수 없게 되어 이기적이며, 제멋대로 행동하게 될 것이고, 명확한 목표도 갖지 못할 것이다. 그러나 주의할 점은 자녀가 지나친 통제를 받는다면, 이후에 주체성을 갖지 못해 자기결정 능력이 떨어지고 자신감도 부족한 사람이 될 것이다(Grolnick & Ryan, 1989).

아동에게 가장 바람직하지 않은 부모의 양육방식은 극도로 독재적이거나 허용적인 방식과 적대적인 방식이 복합된 상황이다(Becker, 1964; Schaefer, 1959). 독재적인 부모의 자녀는 매우 수줍어하고, 내성적이라고 알려져 있는데, 이러한 아동은 때때로 자살하려는 태도를 보이기도 한다. 이는 독재적이고 적대적인 부모가 자녀에게 불안과 분노의 감정을 억압하도록 하였기 때문이다. 그와 대조적으로 허용적인 부모의 자녀는 적대적이고 반항적인 경향이 있으며, 술·마약 중독이나 범죄자가 될 가능성이 있다(Patterson & Stouthamer-Loeber, 1984; Pulkkinen, 1982). 이러한 아동은 돌봐주고 보살펴주지 못하는 부모에게 반항적인 행동으로 분노를 표출하게 된다. 요컨대 극단적인 독재나 허용적인 양육방식으로 인한 부정적 결과는 부모가 냉담하거나 무관심할 때 더욱 가중되어 나타난다.

일반적으로, 부모는 자녀가 성숙함에 따라 점차 통제를 줄이고, 자녀 스스로 결정할 수 있도록 돕는다(Schaefer & Bayley, 1963). 부모가 자녀의 모든 결정을 대신하고 아동에게 기회를 적게 준다면, 아동은 의사 및 행동에 대한 결정방법을 배울 수 없게 된다. 따라서 부모는 아동이 성장하면서 통제적 방식에서 허용적 방식으로 변화해야 한다.

(2) 형제관계

부모와 첫 자녀로 구성된 가족체계는 새 자녀가 태어나면서 다소 혼란스러워지고, 또 다시 새로운 체계를 형성하게 된다. Dunn과 Kendrick(1982)은 동생이 태어났을 때 아동의 적응을 연구한 결과, 그리 긍정적인 적응을 보이지 않았다. 어머니의 경우에는 대개 새로운 자녀가 태어났을 때, 첫째 자녀에 대한 관심이 다소 약화된다(Stewart, Mibley, Van Tuyl, & Salvador 1987). 따라서 첫 자녀는 자신의 지위를 불안정하게 느끼게 되고, 대개 부모에게 지나친 요구를 하거나 의존적인 모습을 보이고, 종종 잠자리나 식사시간, 배변 등에서 문제를 일으키면서 부모를 곤란하게 만든다. 이러한 문제의 원인은 대부분은 어머니와의 관계에서 비롯되는데, 일부 아동은 동생을 때리거나 꼬집는 등의 행동을 보이기도 한다. 아동은 동생이 생기면 그동안 부모에게 의존했던 행동으로부터 자기 스스로 해보려는 등의 긍정적인 측면을 보이기도 한다. 그러나 대체로 첫 자녀는 동생에게 쏠린 부모와 주위의 관심으로 인해 전적으로 기뻐하지만은 않는 게 사실이다. 첫째 자녀는 부모의 관심을 잃은 것 때문에 고집스러운 행동을 보이기도 하는데, 이는 부모와의 관계를 더욱 소원하게 만든다.

아동에게 형제 간 라이벌의식은 종종 동생이 태어나자마자 시작된다. Dunn과 Kendrick(1982)은 둘째 자녀가 태어나기 전 부모와 아동 사이에 긍정적 관계가 형성되어 있다면, 동생과의 관계에 대한 아동의 적응과정은 훨씬 수월해짐을 발견하였다. 따라서 부모는 둘째 자녀가 태어나더라도 첫째 자녀와 긍정적인 관계를 유지하고자 노력해야 하며, 무관심하게 대하지 않도록 주의해야 한다. 부모는 첫째 자녀가 여전히 소중하며 사랑받고 있음을 느낄 수 있도록 해야 한다. 또한 첫째 자녀의 생활이 가능하면 동생이 태어나기 전과 똑같이 유지될 수 있도록 노력해야 한다. 한편 Dunn과 Kendrick(1981)은 첫째 자녀에 대한 부모의 과도한 관심이 오히려 동생에 대한 부정적 태도를 증가시킴을 발견하였다. 따라서 부모는 새로 태어난 자녀에 대한 관심과 동시에 동생으로 인해 자신의 사랑을 빼앗겼다고 생각하는 첫째 자녀에 대해서도 너그러운 태도를 가지는 것이 필요하다.

아동기의 형제관계에서 대부분의 첫째 자녀는 처음에 보였던 문제행동을 곧 멈추고, 새로 태어난 동생에게 빠르게 적응한다(Dunn & Kendrick, 1982). 동생에 대한 첫 반응이 상대적으로 애정적인 아동은 동생에 대해 적대적인 아동에 비해 이후의 동생에 대한 애정이 더 큰 것으로 나타났다(Stilwell & Dunn, 1984). 그러나 형제가 좋은 관계를 유지하고 있더라도 갈등은 일상적인 일이다. 동생이 18~24개월 정도 되었을 때, 다툼이 잦아지고 격렬하게 되며, 동생은 손위형제를 때리거나 짓궂은 행동을 하고, 부모에게 손위형제의 잘못을 일러 보복하기도 한다(Dunn & Munn, 1985). 질투나 갈등, 승부, 소리 지르기 등의 경쟁은 유년시절 전반에 걸쳐 지속될 것이다.

형제관계는 가장 친밀함과 동시에 갈등을 가지고 있기 때문에 매우 역설적인 관계로 볼 수 있다. Furman과 Buhrmester(1985a, 1985b)는 아동기의 형제관계(특히 성별이 같은 경우)가 다른 시기의 형제관계보다 더욱 돈독하고 친밀하지만, 그만큼 갈등도 많은 시기(특히 성별이 다른 경우)라고 하였다. 더욱이 형제는 자신들의 관계가 부모나 조부모 혹은 친구와의 관계보다 갈등이 많고 덜 만족스럽게 생각한다. 그러면서도 아동들은 자신들의 형제관계가 친구관세보나 휠씬 중요하고 의지가 된다고 생각한다. 이는 실제 형제관계에서 적대적이고 갈등적인 모습보다 서로 친밀하며 애정적인 모습이 일반적이라는 사실을 통해 충분히 이해된다(Abramovich, Corter, Pepler, & Stanhope, 1986; Baskett & Johnson, 1982).

형제·자매가 아동의 발달에 기여하는 가장 중요한 역할 중 하나는 정서적인 도움을 준다는 것이다. 형제·자매는 서로 믿고 보호해주며, 힘든 일을 겪을 때 위로해준다. 취학 전 아동은 어머니가 없을 때나 낯선 사람들이 나타났을 때 어린 동생을 안심시키고자 한다. 그리고 첫째 자녀들은 동생을 위해 보호자 역할을 하기도 한다. 실제로 186개 사회를 조사한 연구결과에 따르면, 57%의 첫째 자녀들이 영아기 동생을 위해 주 보호자 역할을 한다고 한다(Weisner & Gallimore, 1977). 마찬가지로 우리 사회에서도 손위형제, 특히 여자아이들이 동생을 돌보는 베이비시터 역할을 하는 모습을 볼 수 있다.

결국 손위형제는 동생에게 선생님이 된다(Summers, 1987). 영아기의 동생은 손위형제의 행동을 살피고, 이를 따라 하기도 하며, 손위형제가 가지고 놀다 버린 장난감을 갖고 놀기도 한다(Abramovich, Corter, Pepler, 1980). 손위형제는 유년시절 이후에도 모델로서의 역할을 지속한다. 게다가 형제가 함께 학교를 다니기 시작하면서 손위형제는 동생에게 알파벳 읽기 등을 가르쳐주며, 동생의 '읽기' 속도는 빨라진다(Norman-Jackson, 1982).

지금까지 논의된 바에 의하면, 동생은 형제관계에서 모든 이점을 다 받고 있는 것처럼 보인다. 그러나 교사나 교수는 가르치는 것이야말로 가장 좋은 배움이라고 하였다. 실제로 어린 동생을 가르치는 아동은 학업성취도에서 높은 점수를 얻는 것으로 나타났다(Feldman, Devin-Sheehan, & Allen, 1976). 게다가 동생이 여대생인 경우, 손위자매의 SAT점수가 더 높은 것으로 나타났다(Paulhus & Shaffer, 1981). 그러므로 손위형제가 '선생님'으로서의 역할을 할 때, 형제 모두의 학습에 도움이 됨을 알 수 있다.

5) 청소년기 자녀를 둔 가족의 건강성

(1) 세대차

대부분의 사람들은 청소년기 자녀가 있는 가족의 생활이 스트레스가 많고, 부모와 자녀 사이에 큰 차이가 존재한다고 생각한다. 청소년기 자녀가 있는 시기를 부모-자녀 간 갈등의 시기로 바라보는 사람들 중 일부는 문제가 세대 간 가치와 태도의 차이에 의한 결과, 즉 세대차에 있다고 생각한다. 세대차가 존재하는 것은 분명한 사실이지만, 생각만큼 크지 않다(Steinberg, 1985). 중년기 부모와 청소년기 자녀의 가치관이나 사고에 차이가 나는 것은 당연한 결과인데, 이는 두 세대가 서로 다른 생애주기의 단계에 있으며, 이에 따라 서로 다른 발달적 이슈를 경험하기 때문이다. 예를 들어, 청소년기 자녀는 향후 자신이 살아갈 삶에 초점을 두지만, 중년기 부모는 미래보다 지나온 과거에 초점을 두는 경향이 있다. 10대는 미래에 대해 이상적인 희망을 가지는 반면, 부모는 모든 것을 현실적으로 바라보는 경향이 있다. 게다가 부모-자녀

관계를 떠올릴 때, 이들이 서로 다른 코호트(cohort)에 살았고, 서로 다른 경험을 했다는 사실을 명심해야 한다. 예를 들어, 오늘날의 청소년 세대는 부모세대에 비해 여성의 사회진출에 대해 개방적인 태도를 가지고 있는데, 이를 이해하기 위해서는 부모세대가 조금 더 전통적인 사회에서 성장하였다는 것을 고려해야 한다(Helmreich, Spence, & Gibson, 1982).

이렇듯 부모와 자녀는 서로 다른 생애주기단계에 있고, 서로 다른 시대에 살았기 때문에 몇 가지 문제에 대한 가치관에서 다소 차이가 날 수 있다. 그러나 부모－청소년 자녀관계가 일반적으로 생각하는 것만큼 나쁘지는 않다. 청소년기 자녀는 교육이나 직업과 관련한 사항들에 대해서 부모의 영향을 많이 받는 편이다. 그러나 옷이나 사회활동 등 동료의 영향력이 더 큰 부분에서는 부모와의 마찰이 생길 수 있다. 하지만 이를 가지고 부모와 청소년기 자녀의 관계가 나쁘다고 해석해서는 안 된다. 왜냐하면 이러한 문제는 이들 사이에 존재하는 근본적인 사항에 비하여 지극히 일상적인 것에 속하는 문제이기 때문이다.

(2) 청소년기의 부모－자녀관계

부모－자녀관계를 관찰한 대부분의 연구들은 청소년기 자녀가 부모와 거리를 두고, 부모에 대한 존경심이 적으며, 어린 시절에 비해 부모에 대한 애정이 적다고 결론을 내린다. 그러나 이는 청소년기의 부모－자녀관계에서 세대차가 상당히 크다는 편견과 별반 다르지 않다.

Offer, Ostrov와 Howard(1981)의 연구결과에 의하면, 대부분의 10대는 자신의 가족관계에 대해 긍정적으로 묘사하는 것으로 나타났다(표 3－2 참조). 즉, 연구에 참여한 대부분의 고등학생들은 자신의 부모와의 관계에 대하여 긍정적으로 평가하였으며, 성과 연령에 따른 차이는 나타나지 않았다.

〈표 3-2〉 자신의 가족관계에 대한 청소년기 자녀의 묘사

묘사 문장	%			
	남 자 13~15세	남 자 16~18세	여 자 13~15세	여 자 16~18세
나의 부모님은 대체적으로 관대하다.	84	79	80	76
나는 대부분의 시간을 부모님과 함께 할 수 있다.	78	76	74	77
가족의 의사결정에 내 의견도 반영된다고 느낀다.	71	72	70	73
부모님이 엄격하여 내가 화가 나더라도 부모님이 옳다고 생각한다.	54	54	58	58
부모님을 이해하는 것은 힘거운 일이다.	18	17	21	18
나는 아버지가 나쁘다는 생각을 자주 한다.	16	17	18	16
나는 어머니가 나쁘다는 생각을 자주 한다.	11	12	12	10

출처 : Offer, Ostrov, & Howard(1981).

이를 통해 자녀가 청소년기라고 해서 부모와의 관계가 특별히 달라지지는 않는다는 것을 알 수 있다. 즉, 부모와 청소년 자녀의 관계는 사람들이 생각하는 것만큼 세대차가 크지 않으며, 대부분의 청소년기 자녀는 부모와 부모의 관계에 대해서 긍정적으로 평가하고 있다. 그러나 자녀가 청소년기를 지내는 동안 부모-자녀관계가 변화하는 것은 사실이다. 이러한 변화를 이해하기 위하여 청소년들이 성인기로 변화해 가는 과정에서 무엇을 얻는지 살펴볼 필요가 있다.

대부분의 발달론자들은 청소년기의 주요 발달과업으로 자율성 획득을 꼽는다. 여기서 자율성이란 정서적 자율성(부모에게 의존하기보다 자신의 감정에 보다 충실해지는 것)과 행동적 자율성(독립적 의사결정이나 자기돌봄, 자기애의 증가 등)으로 이루어져 있다(Steinberg, 1985). 그렇기 때문에 청소년이 자율성을 획득하고 성인이 되는 시기에 있다면, 감정적으로 위안을 받기 위하여 부모에게 의존하거나 자신의 모든 스케줄을 부모와 상의하며 의존하는 행동 등은 지양해야 한다. 부모는 청소년 자녀가 보다 자율적으로 행동하길 원하며, 청소년기 자녀는 자율성을 취득하고 자유를 가지길 원한다.

청소년기 자녀가 신체적·인지적으로 성숙해지고, 자율성을 획득하는 과정에서 나타나는 대표적인 일 중 하나가 바로 부모-자녀 간 갈등이 더욱 빈번해진다는 것이다. Steinberg(1981)는 사춘기에 접어든 아들과 부모의 관계를 관찰하였다. 연구 결과, 10대 아들은 자기주장이 강해지고 부모가 말하는 도중 끼어드는 경향이 있었는데, 이는 자녀가 사춘기에 완전히 접어들었을 때 가장 심화되었다. 이와 유사한 경향이 청소년기 딸과 부모 간 상호작용에서도 나타났다(Brooks-Gunn & Zahaykevich, 1988; Hill, Holmbeck, Marlow, Green, & Lynch, 1985; Steinberg, 1988). 부모와 청소년기 자녀 간의 갈등은 대개 심각하지 않고, 자녀의 반항적인 행동(학교숙제나 집안일을 하지 않는 경우 등)으로 인해 말다툼이 생기는 정도이다(Montemayor, 1982).

Steinberg(1981)에 의하면, 청소년기의 남아는 부모와의 갈등을 통하여 가족 내에서 권력을 획득하는 경향이 있다고 하였다. 비록 가족 내에서 아버지만큼 영향력을 가지는 것은 아니지만, 어머니와 동등한 수준의 권력을 획득하게 된다. 즉, 청소년기 자녀가 자신의 주장이 강해지고 부모의 영향력이 작아짐에 따라 부모-자녀관계는 부모 우세에서 자녀와 부모가 동등해지는 방향으로 변화하게 된다(Feldman & Gehring, 1988; Steinberg, 1981; Youniss & Smollar, 1985). 이러한 변화는 청소년기 자녀의 발달을 촉진하는데, 상호지지적인 가족 분위기 속에서 부모와의 갈등이 적어질 때 청소년기 자녀는 심리적으로 성숙하게 된다(Grotevant & Cooper, 1986).

과거에는 대부분의 학자들이 청소년 자녀의 '자율성 획득'을 '부모와의 분리'와 동일시하였다. 그러나 현대사회에서 청소년기에 취득해야 할 두 번째 주요 과업은 바로 청소년기 자녀가 부모로부터 독립할 준비가 되었다하더라도 가족과의 애착을 유지하는 것이다(Grotevant & Cooper, 1986; Youniss & Smollar, 1985). 이때 부모가 수행해야 하는 과업 또한 청소년 자녀와 유사한데, 이는 청소년기 자녀와 긍정적인 관계를 유지하는 동안 자녀의 자율성이 더욱 성숙해지기 때문이다. 즉, 자율성과 애착(혹은 독립과 상호의존)은 바로 청소년기 자녀를 둔 가족에서 부모와 자녀가 수행해야 할 과업인 것이다. 따라서 청소년기 자녀가 자율성을 획득하기 위하여 부모와 정서적으로 분리될 필요는 없다

(Ryan & Lynch, 1989). 부모와 분리되는 것을 중시하는 청소년에 비하여 자율성의 긍정적 측면(자기통제에 대한 탐색)을 중시하는 청소년의 경우, 자아존중감이 높고 심리적으로 더욱 성숙한 경향을 보였다(Moore, 1987).

청소년을 대상으로 인터뷰를 한 Youniss와 Smollar(1985)는 청소년기에 접어든 자녀에 대한 부모의 구속은 감소하지만, 여전히 자녀의 행동을 감시하고 규칙을 정해주는 행동은 지속된다고 하였다. 즉, 자녀가 친구와 보내는 시간이 많아지면서 부모로부터 멀어지는 것을 수용하면서도 자녀의 생활에 대해서는 여전히 끊임없이 지켜보고 있는 것이다. 부모가 청소년기 자녀를 성숙한 인격체로서 바라보게 되면서 부모는 자녀에게 자유를 허용할 뿐만 아니라 이전보다 많은 것을 요구하게 된다. 반면 청소년기 자녀는 더 이상 자신의 부모를 전지전능한 인물로 여기지 않게 되며, 부모의 요구에 무조건적으로 응하지 않는다. 그러나 중요한 점은 자녀는 여전히 부모를 존경하며 부모의 승낙을 원한다는 것이다. 간단히 말해서, 청소년기 자녀가 있는 동안 부모와의 끈은 변화해가는 것이지 완전히 끊어지지는 않는 것이다(Youniss & Smollar, 1985, p.92).

청소년기 자녀는 부모가 지지하고 격려해 줄 때, 그리고 충분히 자신의 상황에 대해 설명해 줄 때 더욱 자율적으로 될 것이다(Kandel & Lesser, 1972). 다시 말해서, 청소년 자녀를 둔 가족에서 최상의 부모-자녀관계는 지나치게 강압적이고 구속적이지 않은 부모의 훈육방식과 따뜻한 애정으로 이루어질 수 있는 것이다. 앞서 기술한 바와 같이 Baumrind는 이러한 부모를 권위 있는 양육방식으로 분류하였다. 권위 있는 부모는 자녀의 건강한 발달에 도움을 주는 통제방식을 사용하고, 이를 통하여 청소년기 자녀는 부모의 지원을 받으면서도 독립심을 기를 수 있다.

청소년기 자녀가 반항적이고, 부모와의 갈등이 생기는 경우는 부모가 자녀의 행동을 지나치게 통제하거나 관여하는 훈육방식을 사용하였을 경우이다(Balswick & Macrides, 1975). 물론 청소년기의 부모-자녀관계는 서로 상호 영향을 주는 것임을 명심해야 하는데, 그렇기 때문에 자녀의 반항적인 행동의 책임을 전적으로 잘못된 부모의 훈육방식에 두어서는 안 된다. 책임감 있는 청소년일수록 자신의 부모를 애정이 많고 합리적으로 만들 수 있으며, 이러한 부모의 특징은 청소년의 자율성에 긍정적인 영향을 미치게 된다. 반대로 청소년기 자녀와 사사건건 부딪히는 부모의 행동은 자녀가 반항적이고 적대적인 행동을 하게 할 가능성을 증가시킨다.

부모와 청소년기 자녀의 관계는 쌍방의 상호협력에 의해 변화가 가능하다. 대부분의 부모와 청소년기 자녀는 겉으로 보기에 세대차가 없는 듯 하며, 서로에게 좋은 감정을 가지고 있는 것처럼 보인다. 그러나 부모-자녀관계가 보다 공평해지기 위해서는 부모-자녀관계를 재정립할 필요가 있다.

6) 빈둥지 시기의 가족의 건강성

자녀가 모두 성장하여 사회생활을 시작하면서 부모는 자녀를 떠나보내야 한다. 빈둥지 시기는 막내 자녀의 출가로 시작된다. 빈둥지 시기는 부모에게 삶의 방식 혹은 역할이 변화되기를 요구하는데, 이 경우 자녀양육이 인생의 전부였던 여성에게 변화는 더욱 크게 다가온다.

빈둥지 시기가 부모에게 미치는 영향은 상당히 긍정적이다. 즉, 자녀의 출산으로 인해 감소된 결혼생활만족도가 자녀의 출가로 인해 증가하게 된다(Glenn, 1975; Lee, 1988; Olson & Lavee, 1989; Rollins & Feldman, 1970). 빈둥지 시기 이후 부모는 자신의 결혼과 배우자에 대해 긍정적으로 평가하는 경향이 있는데(Menaghan, 1983), 이러한 경향은 특히 여성에게서 두드러진다(Harkins, 1978; McLanahan & Sorenson, 1985; Neugarten, 1970). 기혼여성을 대상으로 출가한 자녀가 다시 집으로 돌아왔을 때의 기분을 인터뷰한 결과, "그건 싫어요", "끔찍한 일이에요", "나는 또 아이를 기다려야 하는 것에 지쳐요"라는 응답들이 나왔다(Aldous, 1985, p. 131). 이는 과거 대부분의 발달론자들이 빈둥지 시기로 인해 부모가 공허함을 느낀다는 주장을 뒤엎는 결과이다.

일부 부모는 빈둥지 시기에 불안함을 느끼지만, 또 다른 부모들은 양가감정을 느끼기도 한다. 예를 들어, 빈둥지 시기를 '휴식'으로 받아들이는 여성(자녀가 떠나기는 하였지만, 이는 잠시 동안이라고 받아들이는 경우)은 더욱 부정적인 감정을 갖게 되고(Harkins, 1978), 결혼생활이 행복하지 않았으나 자녀와는 친밀한 관계를 가졌던 남성에게 이 시기는 굉장히 고통스럽게 받아들여진다(Lewis, Freneau, & Robertm, 1979). 그러나 자녀의 독립보다 자녀출산이 더 많은 스트레스를 준다는 사실은 여전히 부정할 수 없다.

대부분의 부모가 빈둥지 시기에 긍정적으로 반응하는 이유는 아마도 그동안 수행해왔던 역할과 책임감에서 벗어나게 되고, 그 결과 스트레스나 긴장이 줄어들었기 때문일 것이다. 그러나 빈둥지 시기의 부부가 함께 더 많은 시간을 보내고, 좋은 관계를 가지고 있다는 것을 이해하기 위하여 자녀양육기를 굳이 나쁘게 평가할 필요는 없다. 일반적으로 결혼만족도는 부부가 사회적으로 고립되어 있을 때보다 함께 하는 활동이 많은 빈둥지 시기에 가장 높다(Orthner, 1975). 또한 부부는 빈둥지의 의미를 자신들의 최종 과업을 성취한 것으로 해석하는 경향이 있다. 이들은 자녀가 성인이 되길 원하며, 이를 통해 자신의 과업을 잘 수행했다고 여기고 이에 기뻐한다.

빈둥지 시기를 미리 잘 준비한 44세의 한 여성은 이미 직업도 가지고 있고, 상담사 자격증을 취득하기 위하여 입학도 하였다. 또한 20년 이후를 계획하며 살고 있었는데, 인터뷰를 하는 도중 Erik Erikson이 중년기에 획득해야 한다고 주장한 '생산성'의 개념을 발견할 수 있다.

> "나는 아주 멋진 5명의 딸이 있었다. 지금의 이 아이들이 있기까지 나는 많은 시간을 투자했다 …… 이제 나는 보상을 받고 있다."

위의 여성은 빈둥지의 의미를 중요한 목표의 획득과 부부로서, 그리고 개인으로서 또 다시 새로운 목표를 갖는 중요한 시기로 바라본다.

7) 조부모기의 가족의 건강성

조부모의 다양한 모습은 Cherlin과 Furstenberg(1986)가 10대들을 대상으로 한 '조부모에 대한 국가비교 연구'에 잘 나타나 있다. 이들은 조부모의 유형을 다음과 같이 세 가지로 구분하였다.

첫째, 멀리 떨어져 있는 조부모 : 멀리 떨어져 있는 조부모(조사대상의 29%)는 손자녀와 가끔씩 만나는 관계로 이미지가 그려진다. 이는 물리적뿐만 아니라 심리적으로도 10대 손자녀들과 떨어져있기 때문일 것이다.

둘째, 친구 같은 조부모 : 조부모의 가장 일반적인 유형이다(55%). 친구 같은 조부모는 손자녀와 자주 만나고, 이들과 함께 활동을 한다. 이 경우 조부모는 손자녀에 대해 조부모 역할을 하기보다 즐거움을 함께 공유하는 존재가 된다. 게다가 대부분의 조부모는 손자녀 문제에 거의 간섭을 하지 않는데, 이는 이들이 이미 자녀양육에 대한 책임에서 벗어났기 때문이다.

셋째, 관여형 조부모 : 조부모의 16%는 10대 손자녀들에게 부모로서의 역할을 수행하고 있었다. 이들은 친구 같은 조부모처럼 손자녀와 자주 만나고, 함께 놀고, 손자녀를 돌보거나 조언을 한다. 이러한 조부모 중 일부는 손자녀와 함께 살기도 하는데, 이는 딸이 결혼하지 않았거나 이혼 혹은 직장으로 인해 집에서 떨어져 있는 경우이다.

이상에서 살펴본 것처럼 다양한 유형의 조부모가 있으며, 대부분의 조부모들은 자신의 조부모 역할에 만족해 한다(Cherlin & Furstenberg, 1986). 세 가지 유형 중 멀리 떨어져 있는 조부모가 가장 낮은 만족감을 보였는데, 이는 그들이 손자녀와 보다 가깝게 살기를 원하고, 더 자주 보기를 원하기 때문일 것이다. 또한 할머니가 할아버지보다 더 만족하는 경향이 있고(Thomas, 1986) 조모와 손자녀관계가 조부와 손자녀관계보다 더 가까운 경향이 있다(Matthews & Sprey, 1985). 이는 전형적인 성역할로 설명될 수 있다. 즉, 여성은 가족 내에서 '친족 유지자'의 역할을 하기 때문이다.

조부모 역할에서 고려해야 할 점 중의 하나는 이 역할이 비자발적이라는 것이다. 성인은 자녀출산 시기를 선택하여 부모가 되는 시기를 자발적으로 결정하지만, 조부모가 되는 것은 자녀가 아이를 갖게 되면 자동적으로 수행해야 하는 역할이기 때문에 자발적으로 조부모됨을 결정하지 못한다. 어떤 여성은 10대의 딸이 자녀를 출산함으로써 20~30대에 할머니가 되기도 한다. 이러한 여성은 적기에 할머니가 된 사람에 비하여 할머니로서의 역할 수행에 덜 열정적인 경향이 있다(Hagestad & Burton, 1986). 성인자녀의 삶이 변화하면 노부모의 역할 또한 크게 변화한다. Hagestad(1985)는 조부모를 '가족의 수호신'이라고 지칭하였는데, 이는 조부모가 가족에 위기가 있을 때마다 도움을 주기 때문이다. 예를 들어, 자녀가 이혼한 경우 조부모는 자녀(대개 딸)가 이혼, 수입 감소, 자녀양육문제를 극복하는 것을 돕기 위하여 더 많은 도움을 주려고 한다(참고 3-3 참조). 그러나 만약 자녀에게 도움을 주지 못하면 손자녀와의 만남이 적어지는데, 이는 조부모에게 고통이 될 것이다.

참고 3-3] 祖孫가정 급증, 지원대책 절실 …… 월평균 소득 70만 원, 일반 근로자 5분의 1 수준

조손가정 월평균 소득

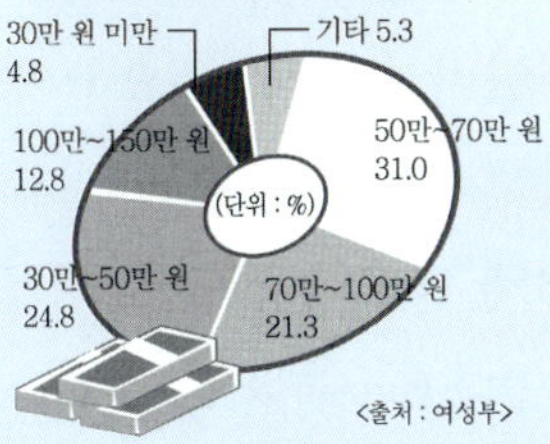

연도별 조손가정 추이

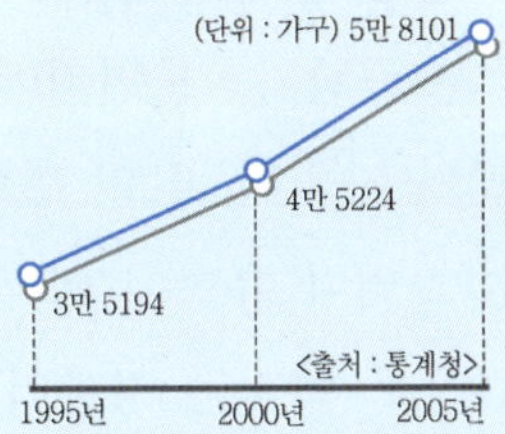

부모가 아닌 할머니, 할아버지가 손자녀를 양육하는 '조손(祖孫)가정'의 월 평균소득이 70만 원으로 도시근로자 월 평균소득의 5분의 1 수준에 불과해 대책 마련이 시급한 것으로 나타났다.

7일 여성부가 연구기관인 인포서치에 의뢰해 전국의 조손가족 600가구, 600명의 조부모와 800명의 손자녀를 대상으로 실시한 '2007 조손가족 실태조사 및 지원방안 연구'에 따르면 조손가족의 월 평균소득은 평균 70만 원이었다. 이는 2007년도 도시근로자 월 평균소득(4인 가족 기준) 367만 5,453원에 비해 크게 저조한 수준이다.

본 보가 입수한 연구 보고서에 따르면 월 평균소득이 50만 원 이상~70만 원 미만인 가구가 31.0%로 가장 많았으며 30만 원 이상 50만 원 미만이 24.8%, 70만 원 이상~100만 원 미만이 21.3%였다. 30만 원 미만인 경우도 4.8%인 것으로 조사됐다. 이와 함께 조손가족 중 정부지원금을 받고 있는 가족은 465가구로 전체의 77.5%에 불과했으며, 금액도 평균 41만 원 정도로 낮았다.

손자녀를 양육하는 조부모의 절반 가량은 70대 이상 고령인 것으로 나타났다. 70세 이상 47.6%, 60대 43.2%, 50대 이하 9.2%였다. 조부모가 아이들을 양육하게 된 주 이유는 친부모 이혼 등 가족해체가 45%로 가장 많았다. 다음으로 친부모 사망으로 맡은 경우가 20.2%, 친부모의 가출 및 실종에 따라 맡은 경우가 18.3%였다.

이처럼 여러 가지로 열악한 환경임에도 불구하고 조부모들은 손자녀들이 소중한 존재이며, 힘들더라도 보육기관에 맡기거나 입양을 희망하는 경우는 거의 없는 것으로 조사됐다. 조부모의 71.3%는 "손자녀로 인해 열심히 살아야 할 목표가 생겼다"고 답했다. "아이를 보면 자랑스럽다"는 응답도 69.7%에 달했다. 향후 손자녀 양육 의사를 묻는 질문에 응답자의 67.7%가 "손자녀가 성인이 될 때까지 내가 키우겠다"는 의지를 보였다. 보육기관(0.8%)에 맡기거나 입양(0.2%)을 희망하는 경우는 거의 없었다.

인포서치 관계자는 "독거노인 가정 등 다른 경우에 비해 사각지대에 있는 조손가정에 대한 정부 지원을 점차 확대할 필요가 있다"고 말했다(국민일보, 2008/05/07).

조부모의 역할은 손자녀가 변화함에 따라 변화한다. Cherlin과 Furstenberg (1986)는 손자녀가 어린 시절에 조부모가 손자녀의 삶에서 차지하는 비율이 높고, 함께 즐겁게 보낼 수 있는 시기라고 하였다. 이는 조부모의 연령이 상대적으로 낮아서 완전한 노년기의 조부모처럼 딱딱하게 대하지도 않고, 손자녀와 더 많은 즐거움을 추구하고자 하기 때문이다(Neugarten & Weinstein, 1964). 하지만 시간이 지남에 따라 손자녀와 조부모와의 만남은 줄어든다. 손자녀가 성인이 되어 가족을 떠나게 되면서 오늘날 조부모는 종종 증조부모가 되기도 한다. 비록 증조부모가 4세대 가족에 대한 자부심을 가질 수는 있지만, 이들은 증손자녀에게 미치는 영향이 거의 없다(Cavanaugh, 1990; Cherlin & Furstenberg, 1986).

조부모의 역할은 중년기·노년기에 있어서 매우 중요하며, 조부모의 유형은 거주지나 개인의 가치관, 삶의 변화 등 여러 가지 요인에 따라 다양한 모습으로 나타난다. 그러나 유형이 어떠하든 대부분의 손자녀들은 조부모를 삶에서 중요한 사람으로 여기는 경향이 있다(Furman & Buhrmester, 1985). 이처럼 3세대는 서로 가까운 관계를 유지하면서 상호 이득을 얻는 것이다.

4. 생애주기에 따른 가족관계 및 가족 건강성의 변화

1) 부부관계

가족의 생애주기에서 부부관계의 변화를 살펴보면, 대부분의 부부는 결혼 시점에서 둘의 관계에 매우 만족하지만, 신혼기 이후부터 지속적으로 감소하여 자녀양육기 내내 감소추세를 이어가다가 자녀 청소년기 및 진수기 이후부터 회복세를 보이는 것이 일반적이다. 또한 전통적으로 여성은 자녀양육에 대한 책임이 남성보다 크기 때문에 생애주기에 따른 결혼만족도의 낙폭이나 변화의 폭도 상대적으로 크다.

그러나 우리가 가족생활주기의 각 단계를 이해한다고 해도 이것만으로 결혼생활만족도를 정확히 예측할 수는 없다. 즉, 부부의 건강성과 관련된 추가적 요인들을 고려해야 하는 것이다. 행복한 결혼생활을 하고 있는 사람은 불행한 결혼생활을 하고 있는 사람에 비하여 자신감, 사회적 성숙, 타인을 돌보는 능력 등 긍정적인 성격을 가지고 있는 경향이 있다(Skolnick, 1981). 또한 부부 간의 성격도 유사한 경향을 보이는 반면, 불행한 결혼생활을 하는 사람들은 결혼 전 자신과 반대되는 상대방의 특징을 매력으로 느꼈지만, 결혼 후 부부문제를 겪으면서 예전의 매력이 성격차이임을 발견하게 된다(Skolnick, 1981). 행복한 결혼생활을 하는 부부들은 서로를 성심껏 좋아하며, 배우자의 친지나 동료와도 즐거운 시간을 갖는다. 그들은 편해서 함께 사는 것이 아니라 자신들이 결혼생활에 평생 헌신해야 하며, 그렇게 하는 것이 자녀에게 최상이라는 신념을 가지고 있다(Lauer & Lauer, 1986; Skolnick, 1981).

부부관계가 성인의 생애주기에서 핵심적이면서 중요한 부분임은 의심의 여지가 없다. 만족스러운 결혼생활을 영위하는 성인은 자신의 삶에 대해서도 긍정적으로 평가한다(Campbell, 1981). 친밀하고 헌신적인 관계를 유지하는 건강한 부부관계는 생애주기 전반에 걸쳐 부모 자신뿐만 아니라 자녀에게도 긍정적인 영향을 주며, 부부의 이혼은 부모와 자녀 모두에게 어려움을 줄 수 있다.

2) 형제관계

성인기의 형제·자매는 만나는 횟수가 줄어들게 되는데(Dunn, 1984; Goetting, 1986), 이는 사회적 관계가 넓어지고, 결혼을 하게 되면서 다른 지역으로 옮겨가기 때문이다. Cicirelli(1982)에 따르면, 성인기의 형제·자매들은 1년에 가끔씩 만나거나 전화 혹은 편지로 서로의 안부를 묻는다고 하였다. 이들 중 대부분은 서로의 속 깊은 이야기는 하지 않고, 정말 힘든 일이 아닌 이상 서로를 직접 돕는 경향은 덜 하다. 즉, 성인기의 형제-자매관계는 아동기나 청소년기에 한집에서 살면서 친밀하게 지내던 시기에 비해 친밀도가 상대적으로 낮은 경향이 있다.

흥미로운 것은 아동기의 형제-자매관계에서 종종 나타나는 양가감정이 성인기까지 지속된다는 것이다. 이는 성인이 된 형제·자매가 자주 만나지 않더라도 서로에 대한 돌봄과 친밀감이 여전히 존재하기 때문이다(Gold, 1989).

성인기의 형제·자매의 경우 나이가 들수록 가까워지는 경향이 있는데, Cicirelli (1982)의 연구결과에 따르면, 중년기 성인의 68%, 노년기 성인의 83%가 자신의 형제·자매와의 관계를 '가깝다' 혹은 '매우 가깝다'고 응답한 것으로 나타났다. 그러나 이러한 친밀함 외에 경쟁의식 또한 여전히 존재한다. 성인기의 형제·자매 간 갈등이 비록 아동기만큼 빈번하지 않더라도 이들의 관계에서 갈등은 여전히 존재한다.

Ross와 Milgram(1982)이 22~93세 성인을 대상으로 인터뷰를 실시한 결과에 따르면, 성인기의 형제－자매관계는 생애주기에서 특정 사건에 따라 더욱 좋아지기도 혹은 나빠지기도 하는 것으로 나타났다. 일반적으로 지리상 가깝거나 아플 때, 이혼 혹은 사별로 배우자를 잃었을 때 형제－자매관계는 가까워진다. 반면 이사를 가게 되어 거리상으로 멀어지거나 결혼할 때, 교육적·직업적 위치나 가치가 다를 때에는 형제－자매관계가 소원해지기도 한다. 또한 노부모가 아프거나 사망하였을 때, 형제－자매관계는 더욱 친밀해지기도 하고, 한편으로는 적대적인 관계가 되기도 한다. 아동기에 친밀한 관계를 유지했던 형제·자매는 시간이 지나고 성인이 되어 여러 가지 사건이 생기더라도 대체로 우호적인 관계를 유지한다. 그러나 아동기에 소원한 관계를 가졌던 형제·자매는 성인이 되어서도 특정 사건에 대해서는 더욱 경쟁적인 관계가 될 수 있다.

결국 형제－자매관계는 생애주기 전반에 걸쳐서 매우 오랫동안 지속되는 관계인데(Goetting, 1986), 이러한 관계는 친밀할 수도, 적대적일 수도 혹은 이 둘 모두를 경험할 수도 있다. 노년기에 들어 형제－자매관계가 친밀한 사람은 자신의 삶이나 스스로에 대해서 더욱 긍정적으로 평가하는 경향이 있다 (Cicirelli, 1989).

3) 세대관계

가족 내의 다양한 세대관계는 친밀하며 애정적인 관계로 구성된다. 자녀가 성인이 되어 집을 떠나게 되는 것은 부모와의 관계가 단절되었다는 의미는 아니다. 오히려 성인기의 부모와 자녀는 이전의 '부모', '자녀' 역할에서 벗어나 새로운 관계를 형성하면서 더욱 친밀해지는 경우도 있다(Greene & Boxer, 1986; Richard, Bengtson, & Miller, 1989). Kenneth와 Sullivan(1980)이 대학 입학 후 집에서 통학하는 자녀와 집을 떠나 생활하는 자녀를 비교한 결과, 집을 떠나 객지에서 생활하는 자녀는 집에서 통학하는 자녀보다 부모와 더 친밀한 경향을 보였다. 특히 어머니의 경우는 자녀에 대하여 보다 많은 애정과 관심을 보였다. White와 Speisman, Costos(1983)의 연구에서도 이와 유사한 결과가 나타났는데, 성인이 된 자녀 중 일부는 자신이 성장하면서 가졌던 '부모'의 이미지보다 자신과 동등한 한 개인으로서 부모를 바라보는 경향이 나타났다. 특히 결혼한 딸은 아들에 비하여 어머니와의 관계를 새롭게 조정하는 경향을 보였다. 이와 관련하여 연구에 참여한 한 여성은 다음과 같이 말했다.

> "나는 이제서야 어머니를 이해할 수 있게 되었다. 나는 내 삶의 모든 것을 어머니 탓으로 여겼던 생각을 멈추고, 이제 진정으로 어머니를 이해하기 시작했다. 예전에 나는 어머니를 싫어했다. 그러나 지금의 나는 어머니를 한 개인으로 이해할 수 있다 …… 아직 나에게 어머니는 '어머니'로 받아들여지기도 하지만, 한편으로는 비로소 어머니를 한 개인으로 이해할 수 있게 되었다(White, Speisman, & Costos, 1983, p. 73)."

이상과 같이 성인기의 부모와 자녀가 서로를 새로운 방식으로 이해하게 된다면 자녀를 진수한 빈둥지 시기 이후에라도 부모-자녀관계는 보다 친밀해질 수 있다. 대다수 노인들이 노년기에 사회적으로 고립되고 외로울 것이라는 통념과 달리 상당수의 노인들은 자녀를 포함한 그들의 가족과 친밀한 관계를 유지하고 있기 때문에 외롭지 않다. 미국의 노인들은 자녀와 함께 살거나(18%) 10분 거리 내에서 따로 사는 노인들(34%)이 절반 정도였으며, 3/4은 자녀가 1주일에 최소 한 번 이상 부모를 방문하는 것으로 나타났으며(Shanas, 1980), 중년기의 자녀들 역시 자신의 노부모와 매우 가깝다고 느꼈다(Belsky, 1990; Richards, Bengtson, & Miller, 1989).

현대의 가족형태는 고립된 핵가족도, 그리고 전통적인 확대가족도 아니다. 대신 핵가족 형태로 각기 거주하면서 친족들과 빈번한 의사소통과 상호작용을 유지하는 수정확대가족의 형태를 취하고 있다(Litwak, 1960). 대다수의 노인들이 이러한 가족형태를 선호하며, 가능하다면 자녀와 한집에서 동거하는 것을 원하지 않는다(Brody, Johnsen, & Fulcomer, 1984; Okraku, 1987).

한편 성인기의 세대관계는 친밀하고 애정적일 뿐만 아니라 공평하기도 하다. 즉, 성인기의 세대관계는 상호호혜적이라고 할 수 있다. 예컨대, 멕시코계 미국인의 세대관계는 서로 주고받는 상호호혜적 관계가 일반적이다(Markids, Boldt, & Ray, 1986). 노년기의 부모는 중년기의 자녀로부터 개인적 문제에서 집안 수리까지 도움을 받고, 중년기의 자녀는 노년기의 부모로부터 삶의 지혜나 조언을 얻는다. 이와 마찬가지로 가족 내의 다양한 세대관계는 상호 도움을 주고받는다. 부모세대는 자녀세대에게 가치나 태도를 전수해주며, 자녀세대 또한 부모세대의 가치와 태도를 본받게 된다(Glass, Bengtson, & Dunham, 1986). 그러므로 가족 내 세대관계는 전 생애를 통해 지속적으로 상호 영향을 주고받는다.

한편 중년기의 자녀세대는 위로 노년기의 부모세대와 아래로는 자녀세대에게 그들로부터 받는 것보다 더 많은 사회적 지지와 실제적 도움 등을 제공한다. Brody(1981, 1985)는 이들 세대를 '샌드위치 세대'라고 표현하였다. 즉, 중년기 세대가 윗세대와 아랫세대 사이에서 너무 많은 부담을 지고 있다는 뜻이다. 예를 들어, 직장생활을 하고 있는 47세의 기혼여성은 자녀의 대학입학으로 인한 재정문제, 가족 부양, 폐경기 등 다양한 사건들을 동시에 처리해야 한다. 이러한 이유로 중년기 세대는 '샌드위치 세대'로 혹은 '낀 세대'로 묘사되는 것이다(참고 3-4 참조).

참고 3-4] 시부모 모시며 명절 음식 '나홀로 준비'…… 50~60세 어머니, 설에 더 골병

서울 잠원동에 거주하는 송모(56·여)씨는 이번 설이 두렵다. 송씨의 딸(32)은 2년 전 결혼해 출가했지만 직장생활을 하는 대부분의 '미시족'이 그런 것처럼 찬거리를 직접 만드는 일이 드물기 때문에 송씨가 매주 김치와 마른반찬을 만들어주는 등 먹거리를 일일이 챙겨줘야 한다. 집 안에서도 노환이 있는 시아버지와 시어머니를 돌보느라 비지땀을 흘리고 있다.

이처럼 딸 뒷바라지와 시부모 병수발로 평소에도 가사가 힘든 상황에서 설 기간까지 닥치면 송씨는 차례음식 준비와 손님맞이로 완전히 녹초가 된다. 이 때문에 송씨는 명절이 지나고 나면 꼭 1주일 정도 앓아누워야 한다. 송씨는 5일 "옛날 같으면 며느리 밥상 받을 나이지만 지금은 시부모와 자식들 틈에 끼여 명절 때면 심신이 더 피곤해진다"고 하소연했다.

전남 곡성에 사는 권모(55·여)씨 사정도 비슷하다. 권씨는 설 연휴 때 서울에서 직장생활을 하는 아들 3형제를 오랜만에 볼 수 있다는 생각에 가슴이 설렌다. 그러나 올해에도 홀로 설음식을 만들어야 한다는 생각만 하면 눈앞이 캄캄해진다. 장성한 세 아들 중 첫째는 35살, 둘째는 32살이나 됐는데도 요즘의 만혼 추세를 반영하는 듯 아직까지 둘 다 결혼할 생각이 전혀 없다.

노총각 아들들을 둔 탓에 권씨는 시집온 후 30년 동안이나 혼자 해온 설 준비를 올해도 며느리 없이 반복해야 한다. 권씨는 "명절이면 며느리들과 함께 오순도순 음식을 만들며 즐거운 시간을 보내는 상상을 해보지만 당분간 이런 소망이 이뤄지기는 어려울 것 같다"고 한숨지었다.

평균수명이 길어지고 자녀들의 결혼 시기가 늦어지면서 50~60대 '낀세대 어머니'들 상당수가 극심한 명절 스트레스와 가사 노동에 시달리고 있다. 예전 같으면 손자 재롱이나 보면서 편하게 명절을 보내야 할 나이지만, 고령의 시부모를 모시고 자녀들 밥상까지 직접 챙기느라 '명절 준비 홀로하기'가 큰 고역이 된 것이다.

한국양성평등교육진흥원 이상화 팀장은 "결혼연령이 높아진 반면 평균연령은 늘어 예전 같으면 노년에 해당하는 어머니들이 혼자 설 준비를 하느라 골병드는 사례가 많아지고 있다"며 "특히 젊은 사람들에 비해 50~60대 어머니들은 '설 명절은 이래야 한다'는 고정관념에 매여있어 각종 설맞이 준비로 더 고생하는 측면이 있다"고 설명했다.

이밖에 여성 두 명 중 한 명이 경제활동을 하고 있고 이 중 70%가 비정규직이라는 사회구조적 문제도 낀세대 어머니들의 명절 가사부담을 가중시키는 주요 원인이다. 이 팀장은 "설을 준비하기 위해서는 장보기, 집 청소, 음식 만들기 등 손이 많이 필요하지만 비정규직 종사 여성들은 정규직들의 휴가 공백 또는 명절 세일과 같은 특별근무 때문에 평일보다 더 바빠져 어머니를 도울 틈이 없다"고 지적했다.

(국민일보, 2008/02/05)

이상에서 살펴본 바와 같이 가족 내 세대관계는 성인기 동안 가까운 관계를 유지하며 상호 도움을 주고받는다. 이전에 부모에게 의존적이었던 자녀는 성인기에 부모와 상호의존하는 파트너가 될 수 있다. 이처럼 부모-자녀관계의 질은 생애주기를 따라 변화를 거듭한다.

제4장 다양한 가족의 건강성

김은경 · 현은민

개요

우리 사회의 빠른 변화와 함께 가족도 급속한 변화를 겪고 있다. 그동안 한국사회에서 가족을 지배하는 가치관은 개인의 행복보다는 가족의 안정성이 더 우선순위에 있었으나 급속한 산업화와 개인주의의 확산 그리고 여성의 노동시장 참여 등에 따라 성역할 및 가족가치관이 변화하면서 개인의 행복이 가족가치에 의해 희생될 수 없다는 인식이 확산되면서 가족이 개인에 우선하는 가치가 아니라 개인에 의해 선택되는 상대적인 가치로 변하고 있다(김혜영, 2006). 이와 더불어 한국가족의 특성이었던 부계혈연 중심성이 약화되고 개인주의적 가치나 자아실현이 강조되면서 개인의 자발적인 선택에 의해 결혼과 가족의 형태와 구성이 다양하게 변화되고 있고, 결혼의 필요성이나 가족의 형성과 관련된 개인적 · 사회적 인식 또한 변화되고 있다(홍승아 외, 2016). 우리 사회에서 이상적인 가족형태라고 생각했던 2세대와 3세대 직계가족과 가장 보편적인 또는 가장 전형적인 가족유형이라고 생각하는 부부와 미혼자녀로 구성된 핵가족은 각각 1980년 전체 가구의 10.34%와 52.99%였으나 지속적으로 감소하여 2000년에는 6.62%와 48.15%, 그리고 2017년에는 3.45%와 31.31%로 전체 가구의 1/3에 불과한 실정이다(통계청, 2019). 즉, 2017년 기준 우리 사회의 전체 가구는 2/3(65.24%)는 '비정상적 가족' 또는 '문제가족'이라고 여겼던 다양한 유형의 가족들로 이루어져 있다. 전형적인 가족유형이라고 여기고 있는 핵가족이 가족유형의 1/3도 채 되지 않는 상황에서도 여전히 핵가족을 전형적 가족으로 여기고 있는 우리 사회에는 전형적 가족의 틀에서 벗어나는 다양한 가족에 대한 심리적 차별이나 편견이 존재하고 있다. 우리 삶의 중요한 부분들이 너무 많이 추정(assumption)에 의해 좌우되며, 너무 많은 추정들이 존재해서 우리는 그러한 생각들이 추정이라는 것조차 의식하지 못한다는 Tseng, McDermott과 Maretzke(1977)의 주장처럼 다양한 가족을 바라보는 우리의 시각도 이들 가족유형이 우리가 생각하는 전형적인 가족유형과 다르기 때문에 더 많은 문제를 가지고 있을 것이라는 잘못된 추정에 기인하는 것일 수도 있다. 다양한 가족유형에 대한 사회적 편견을 해소하고 이들이 우리 사회에서 건강하게 자리잡을 수 있도록 돕고, 우리 사회의 가족에 대한 개념을 확대해 나가기 위해 이 장에서는 다양화된 모습으로 재구성되고 있는 우리 사회의 가족유형들 중에서도 최근 급속하게 증가하고 있는 분거가족, 한부모가족, 재혼가족, 조손가족과 다문화가족의 실태 및 특성과 다양한 유형의 가족들의 건강성을 살펴보고 이들이 건강성을 유지하기 위해 필요한 사회적 지원이 무엇인지에 대해 알아보고자 한다.

1. 분거가족(맞벌이 분거가족을 중심으로)

산업화와 함께 사회의 전반적인 변화와 더불어 가족가치의 변화, 구조적인 변화 및 가족의 기능상의 변화가 나타났고, 비동거 가족이라는 새로운 유형의 생활양식이 대두되었다. 학업이나 취업 등의 다양한 이유로 인한 비동거 가족이 점차 증가함에 따라 가족을 정의할 때 전통적으로 중요시되던 개념 중의 하나인 동거 여부의 중요성은 점차 쇠퇴되어 가고 있다.

2018년 사회조사 결과에 의하면 배우자 중 한 명이나 미혼자녀가 다른 지역에 떨어져 살고 있는 분거가구는 20.1%로 전체 가구의 1/5 정도에 해당된다(통계청, 2018). 분거가족의 증가는 떨어져 사는 배우자 중 한 명이나 자녀가 대부분 1인 가구를 형성한다는 점에서 최근 급속하게 증가하고 있는 1인 가구(2017년 기준 28.56%)의 증가와도 밀접한 관련을 띠고 있는 것으로 볼 수 있다.

분거가구는 그 형태와 내용이 시대별로 다른 양상을 띠고 있다. 1960년대에는 이농현상으로 인한 일시적 분거가족의 형태를 취했고, 1970년대에는 중동의 건설붐으로 인한 노동력의 해외수출로 일 년 이상의 장기적인 분거가족이 주류를 이루었다(박숙자, 1994). 1980년대에는 보다 복잡한 양상으로 변모하여 지방산업의 활성화로 가족의 일원이 지방의 산업현장에 근무하는 경우나, 자녀 교육문제로 인하여 남편은 지방에 근무하고 자녀와 어머니가 대도시에 남는 형태를 취하는, 즉 남편의 직업에 의해 분거를 결정한 주말가족 또는 월말가족이 증가하게 되었다(박숙자, 1994). 최근에는 자발적으로 분거를 선택하는 별거왕래형의 주말부부, 즉 남편의 직업이 아닌 아내의 취업으로 인한 맞벌이 분거가족이 증가하고 있는데 이들 가족의 분거는 주로 기혼여성이 자아실현을 위해 선택한 것으로 개인적 만족감이 주된 동기를 이루고 있으며 다른 비용을 치르더라도 부부 개개인이 가지고 있는 직업적 가치관을 포기하지 않으려는 경향에서 기인하는 것으로 보이며 그렇기 때문에 아내가 전문직, 기술직 또는 관리직에 종사하는 경우가 많은 것으로 나타난다(곽인숙, 2003; 옥경희, 1999). 따라서 배우자 분거가족은 초기의 비자발적인 남편 외유형에서 최근에는 부부가 서로가 원하는 직장을 위해서 비동거, 즉 분거를 선택한 부부왕래형 또는 자발적 배우자 분거가족으로 변화되고 있다(곽인숙, 2003).

1) 분거가족의 현황

가족이 함께 살지 않고 떨어져 사는 분거가족의 분거의 실태와 분거의 이유는 무엇인지와 분거 관련 요인들을 2018 사회조사 통계 중 가족과 관련된 통계자료를 분석하여 파악한 결과는 다음과 같다.

(1) 분거가족의 실태 및 분거의 이유

2018년 사회조사는 전국 25,843 표본가구 내에 상주하는 만 13세 이상 가구원 약 39,000명을 대상으로 조사를 실시하였고 그 결과 2018년에 배우자나 미혼자녀와 떨어져 살고 있는 가구는 20.1%였다. 가족이 따로 사는 이유의 첫 번째는 배우자(67.3%)와 미혼자녀(57.3%) 모두 직장 때문이었다. 분거의 두 번째 이유는 배우자의 경우 2010년까지는 자녀교육지원과 보육이었으나 최근에는 가족 간 불화(16.2%)가 자녀교육지원(4.6%)보다 세 배 이상 더 높은 비율을 나타내고 있다. 미혼자녀의 경우는 분거의 이유는 직장(57.3%), 학업(35.6%), 군대(8.7%)의 순으로 나타났는데 최근으로 올수록 직장으로 인한 분거의 비율이 높아지는 반면 학업으로 인한 분거비율은 낮아지는 것으로 나타났다.

〈표 4-1〉 분거가구-따로 살고 있는 이유와 기간 (단위 : %)

년도	분거가족 가구비율	대 상	비율	따로 사는 이유						
				직장	학업	가족간 불화	건강	자녀교육 지원, 보육	군대	기타
2008	16.5	배우자	3.8	70.7	1.5	9.5	5.6	10.8	0.7	1.2
		미혼자녀	14.1	48.4	42.2	4.1	0.4	0.8	12.0	0.7
2010	15.1	배우자	4.4	67.5	5.9	7.5	5.8	9	1.8	2.6
		미혼자녀	12.5	47.9	44.7	3.0	0.8	–	11.4	1.1
2012	19.6	배우자	5.7	72.3	1.5	8.7	6.1	6.1	0.7	4.6
		미혼자녀	16.3	53.5	38.2	3.7	0.7		10.8	1.0
2014	18.7	배우자	5.7	68	1.4	10.1	8.6	5.6	0.1	6.2
		미혼자녀	15.3	52.7	37.2	4.2	0.8	–	9.6	2.2
2018	20.1	배우자	6.2	67.3	1.2	16.2	8.0	4.6	–	4.3
		미혼자녀	16.4	57.3	35.6	3.9	0.5	–	8.7	1.5
		분거 맞벌이 부부	41.9	94.0	0.8	0	1.2	3.0	0	1.0
		분거 비맞벌이 부부	43.0	63.7	1.6	0	20.3	8.0	0	6.4

배우자 및 미혼자녀와의 분거기간

구분	년도	6개월 미만	6~12개월 미만	1~2년 미만	2~3년 미만	3~5년 미만	5년 이상
배우자	2008	22.4	20.3	28.0	11.9	6.4	11.0
	2010	16.5	19.8	24.0	12.4	12.8	14.4
	2012	22.1	18.7	19.9	11.4	10.9	17.0
	2014	24.6	20.3	19.7	10.3	9.3	15.8
	2018	19.2	17.4	21.2	12.2	10.5	19.5
미혼자녀	2008	14.9	13.7	27.2	17.4	16.3	22.7
	2010	14.3	16.1	24.2	16.1	15.6	26.1
	2012	15.5	15.1	22.6	13.7	15.1	28.8
	2014	15.4	14.5	22.6	14.0	13.4	30.3
	2018	11.5	11.0	18.5	13.1	14.0	32.0

* 한 가구주당 배우자 및 여러 명의 자녀가 동시에 타지에 살고 있는 경우가 있으므로 「미혼자녀와의 분거기간」의 각 합이 100%를 넘음.
* 2018의 결과는 통계청 2018 사회조사의 마이크로데이터를 분석한 결과임.

출처 : 통계청, 2008, 2010, 2012 사회통계결과(http://www.kosis.kr).

가족이 따로 산 기간은 배우자와 미혼자녀가 다른 양상을 나타내는데 배우자의 경우 2008년에는 1~2년 미만이 28%로 가장 높았고, 다음으로 6개월 미만과 6~12개월 미만이 각각 22.4%와 20.3%로 전체 분거부부의 70.7%가 떨어져 지낸지 2년이 채 되지 않았다. 그러나 최근으로 올수록 2년 이상 분거하고 있는 부부의 비율이 높아지고 있으며(2008년 29.3%에서 2018년 42.2%로 증가), 5년 이상 분거하고 있다는 비율도 높아지고 있어서 부부의 분거가 장기화되고 있음을 유추해 볼 수 있다. 미혼자녀의 경우 배우자와는 달리 2008년을 제외하고는 분거기간이 5년 이상이라는 응답의 비율이 가장 높고 그 비율이 계속 증가하는 것으로 나타나서 학업이나 직업으로 인해 독립해 나간 미혼자녀의 경우 한 번 독립을 하면 독립이 지속됨을 알 수 있다.

배우자와 따로 살고 있는 분거가구에 대한 2018 사회조사 결과를 맞벌이 여부에 따라 분석해 보면 가족 분거의 이유가 맞벌이 여부에 따라 차이가 있는 것으로 나타났다. 맞벌이 배우자 분거가구의 경우 분거의 첫 번째 이유가 직장(94.0%) 때문이었으며 다음으로 높은 이유는 자녀교육 지원 3.0%로 나타난 반면 비맞벌이 배우자 분거가구도 분거의 첫 번째 이유는 직장이었으나 그 비율은 맞벌이 부부에 비해 훨씬 낮은 63.7%에 불과하였으며 맞벌이 분거가구와는 다르게 분거의 이유가 다양한 것으로 나타났다. 비맞벌이 배우자 분거가구의 다양한 분거 사유를 구체적으로 살펴보면 분거 이유 중 두 번째로 높은 것이 건강(20.3%)으로 나타났는데 이는 맞벌이 배우자 분거가구에 비해 17배 가까이 높았으며, 자녀교육지원 때문에 분거를 한다는 비율도 8.0%로 맞벌이 배우자 분거가구의 3.0%에 비해 세 배 가까이 높게 나타났다.

(2) 배우자 분거 관련 요인

배우자 분거가구의 분거이유는 연령과 소득에 따라 차이가 있는 것으로 나타났다. 배우자와 떨어져 사는 비율이 높은 연령대는 40~60대였는데 이 중 50대의 배우자 분거 비율이 가장 높은 것으로 나타났다. 분거의 이유를 연령에 따라 살펴보면 연령대가 높아질수록 직장으로 인한 분거는 줄어들었으며, 20~30대에 비해 40~60대가 자녀교육지원을 위한 분거비율이 높았으며, 40대부터는 가족 간 불화로 인한 분거가 증가했고, 60대에는 건강으로 인한 분거가 급속하게 증가였다. 건강으로 인한 분거는 50대까지는 4% 이하였으나 60대에는 24.3%로 6배 이상 증가하여 배우자 분거 이유 중 직장으로 인한 분거 다음으로 높은 비율을 차지하는 것으로 나타났다.

가족 분거의 사유는 소득에 따라 차이가 있는 것으로 밝혀졌는데 건강이 분거이유의 1순위로 나타난 100만 원 이하를 제외하고는 모든 소득구간에서 직장이 배우자 분거사유 중 가장 높은 비율을 차지하였다. 소득이 낮을수록 '건강'과 '가족 간 불화'로 인한 배우자 분거의 비율이 높았고, 소득이 600만 원 이상인 배우자 분거가구의 11.1%가 자녀교육지원을 가족의 분거 이유로 들고 있는데 이 비율은 400만 원대의 3.9%에 비해 2.8배, 500만 원대의 4.9%에 비해 2.3배나 높은 비율이다. 배우자 분거가구 중 국외분거의 비율은 100~199만 원 소득을 가진 가구를 제외하고는 500만 원 이상의 소득을 가진 가구에서 높게 나타났는데 표에는 나타나 있지 않지만 국외거주자의 분거이유를 분석한 결과 국외거주 분거가구의 79.9%가 직장 때문에 분거를 하고 있다고 응답하였으나 가구소득 500만 원 이상인 가구들에서 국제 분거의 이유로 자녀교육지원의 비율이 높게 나타났다. 이처럼 소득이 500만 원 이상인 가구에서 자녀교육지원을 위한 국내나 국외 배우자 분거비율이 높은 것은 국내나 국외의 타 지역으로 자녀를 유학 보내고 배우자가 자녀의 뒷바라지를 위해 함께 국외로 떠나거나 국내에서 따로 가구를 형성해서 거주할 수 있을 만큼 소득이 충분한 경우에 분거를 선택하기 때문으로 보인다.

〈표 4-2〉 배우자 분거가구의 연령, 소득에 따른 분거 이유 (단위 : %)

연령 및 소득	배우자 분거 가구	지역		따로 사는 이유					
		국내	국외	직장	학업	가족 간 불화	건강	자녀 교육 지원	기 타
20~29세	0.6	85.7	14.3	85.7	0	0	14.3	0	0
30~39세	9.1	87.0	13.0	88.0	1.9	5.6	0.9	1.9	1.9
40~49세	25.7	89.2	10.8	78.8	0.3	14.1	2.3	3.9	0.7
50~59세	35.7	94.4	5.6	73.6	1.6	13.2	4.0	6.8	0.7
60세 이상	29.0	96.2	3.8	41.0	0.6	21.4	24.3	3.8	9.0
100만 원 미만	12.7	95.4	4.6	19.9	1.3	31.1	37.7	4.0	6.0
100~199만 원	18.0	91.2	8.8	56.3	0.9	23.3	11.2	4.2	4.2
200~299만 원	20.3	95.5	4.5	69.0	0.8	15.7	7.0	4.1	3.3
300~399만 원	18.0	93.0	7.0	80.0	0.5	11.2	2.8	2.8	2.8
400~499만 원	12.8	92.2	7.8	85.6	1.3	7.2	0.7	3.9	1.3
500~599만 원	6.8	91.4	8.6	85.2	1.2	3.7	2.5	4.9	2.5
600만 원 이상	11.3	89.6	10.4	79.3	1.5	4.4	2.2	11.1	1.5

* 이 표는 2018 사회조사의 마이크로데이터를 분석한 결과임.
출처 : 통계청(2019) 2018 사회조사결과.

분거가구의 실태와 분거의 이유 등을 살펴본 결과 우리 사회는 가족 간의 동거가 규범화된 사회이지만 <표 4−1>에 나타난 것처럼 자녀나 배우자와 분거하는 비율이 점차 증가하고 있다. 자녀의 학업이나 직장으로 인한 독립으로 인한 분거는 점차 당연시되고 있고 부부 또한 직업으로 인해 배우자 중 한 명이 타 지역으로 이전을 해야 할 경우 가족 모두가 이주를 하기보다는 주말부부로 사는 불편을 감내하고 분거를 결정하는 가족들이 늘어나고 있다(성미애・최여진, 2015). 실제로 수도권 과밀을 해소하고 지역균형발전을 위해 2004년 국가균형발전 특별법이 제정된 이후 지난 10년간 112개의 공공기관이 10곳의 혁신도시로 이전하였는데 지역별 가족동반 이주현황은 2018년을 기준으로 39.9%에 불과한 것으로 나타났다(매일경제, 2018. 9. 3).

가족 간의 동거에 대한 가치관의 변화와 직업 환경의 변화, 수도권에 남아 있는 공공기관의 추가 지방이전의 추진 요구(전북일보, 2018. 8. 5) 등으로 인해 직장으로 인한 배우자 분거가구는 계속해서 증가할 것으로 예상되므로 이 절에서는 분거가구 중에서도 2018년도 전체 맞벌이 가구 중 5.41%, 배우자 분거가구 중 41.9%를 차지하는 맞벌이 분거가족에 대해 알아보고자 한다.

2) 맞벌이 분거가족의 특성과 어려움

(1) 맞벌이 분거가족의 정의 및 특성

Gerstel(1982)은 맞벌이 분거가족을 서로 다른 지역에 직업과 거주지를 가지고 일주일에 3일 이상을 떨어져 살면서 자신들의 직업적 목표를 추구하는 동시에 결혼생활을 유지하려는 사람들로 정의한다. 맞벌이 분거가족은 그 가족형태가 가지는 특이성에 의해 통근결혼(commuter marriage), 두 지역 가족(two-location family) 또는 결혼한 독신(married single) 등의 다양한 이름으로 불린다(Gross, 1980). 과거의 주말가족은 경제적인 이유 또는 남편의 직장 때문에 원하지 않아도 분거를 할 수밖에 없었으나 맞벌이 분거가족은 경제적 목적보다는 부인의 직업적 성취와 자아실현이 중요하며 주말부부의 선택이 자발적인 결정이라는 점에서 이전의 주말가족과는 차이가 있다(Gerstel & Gross, 1982). 따라서 맞벌이 분거가족은 직업적 성취와 자아실현을 자녀교육보다 중요시하는 부부가 선택하는 생활양식이라고 여겨진다(이기숙, 1999).

우리나라 기혼 여성의 경제활동 참가율은 1960년대 이후 지속적인 증가율을 보이고 있다. 1990년 3.6%에 불과했던 전문·관리직 종사 여성의 비율도 계속해서 증가하여 2017년에는 6배 가까이 증가한 23.2%에 달한다(통계청, 2017). 또한 기혼여성의 취업과 직업이동성이 증가하면서 직업적 성취를 위해 가족과 떨어져 주말과 휴일에만 가족과 만나는 맞벌이 분거가족은 계속적으로 증가할 것으로 예상된다.

(2) 맞벌이 분거가족의 어려움

부부가 각자 다른 도시에 취업을 해있기 때문에 주중에는 배우자와 떨어져 지내는 맞벌이 분거가족은 일상생활과 가족생활에서 동거가족과는 다른 여러 가지 적응상의 어려움을 겪게 된다. 맞벌이 분거가족이 겪게 되는 적응상의 어려움은 크게 다음의 여섯 가지로 요약될 수 있다.

첫째, 부부간에 상대방에 대해 비현실적인 기대를 가지기 쉽다.

부부가 일상생활을 함께할 기회가 줄어듦에 따라 서로에 대한 친밀감이 줄어들기 때문에 함께했을 때 상대방에 대한 비현실적인 기대를 가지기 쉽다.

둘째, 친구, 동료 및 친지와의 접촉 기회가 줄어든다.

맞벌이 분거가족의 경우 서로가 만날 수 있는 시간이 제한되어 있으므로 주말에 함께 있는 시간 동안 서로에게 충실하기 위해 사회적 관계나 만남을 줄이게 되고, 주중에는 기혼도 미혼도 아닌 상태여서 독신자들과 친구관계도 맺기 어려우며 기혼자 친구나 동료들과의 만남도 줄어들기 때문에 사회관계망이 축소되는 것으로 나타난다(Gertsel & Gross, 1982). 특히 전문직 여성의 경우, 대부분의 동료들이 남성이므로 직장 동료와도 친밀한 관계를 맺기 어렵다. 주말에 배우자를 방문하는 배우자의 경우에는 친구를 만날 수 있는 시간인 주말에는 배우자가 있는 도시로 떠나기 때문에 사회적 관계망은 더욱 축소되는 것으로 밝혀졌다(Gertsel & Gross, 1984).

셋째, 자녀가 있는 경우 자녀를 부양해야 하는 배우자와 따로 사는 배우자의 역할에 큰 차이가 있다.

가족과 따로 거주하는 배우자는 주중에 독신과 같은 생활을 하는 반면 자녀를 부양하는 배우자는 주중에는 한부모가 되어 가정생활과 직장생활을 양립하는 이중역할을 수행함으로써 항상 갈등과 긴장의 연속에 있다. 따라서 한 배우자의 장점이 다른 배우자에게는 단점으로 작용하게 되는 복잡한 양상이 나타난다(채옥희, 1998).

넷째, 맞벌이 분거가족의 경우 가족관계나 역할의 롤 모델이 없어 갈등을 겪게 된다.

맞벌이 분거가족은 가족구조 자체가 아내의 역할이 남편의 역할에 종속되는 전통적인 결혼에서의 역할과는 다르다. 그럼에도 불구하고 전통적으로 수행되었던 부부역할, 부모역할과 성인자녀로서의 역할이 그들이 결혼생활에서 모델로 삼을 수 있는 유일한 역할이기 때문에 전통적인 가족생활에 자신들의 가족생활을 적용시킴으로써 발생되는 갈등을 안고 있다(Gross, 1980; Winfield, 1985). 선행연구에 의하면 부모가 자녀들과 함께 생활하고 돌봐주어야 한다는 규범을 높게 지닌 맞벌이 분거 남편의 경우 부모역할 갈등이 높았으며(옥경희, 1999), 가정생활에서 중요한 의사결정 시 자신이 중요한 역할을 행사했다고 믿는 남편이 결혼만족도가 높은 것으로 나타났다(김은경, 1999). 최정혜(2002)에 의하면 맞벌이 분거가족의 남편은 부모역할 다음으로 자녀역할로 인한 스트레스를 받고있는 것으로 나타났는데 이는 핵가족화 등 많은 외적인 변화에도 불구하고 남편의 의식 속에는 주말부부라는 한계 때문에 자신의 부모에게 효도하지 못한다는 자책감을 가지고 있기 때문으로 보인다. 즉, 맞벌이 주말가족은 남편과 아내가 직업적 성취를 위해 분거를 선택한 매우 진보적인 가족유형임에도 불구하고 이 가족유형에 속한 배우자 개개인이 가부장적 가치관의 영향에서 탈피하지 못한 경우 많은 갈등을 겪게 되는 것으로 보인다(김은경, 1999).

다섯째, 자녀양육의 문제이다.

맞벌이 분거가족의 부부가 수행해야 할 다양한 역할 즉, 부모역할, 부부역할, 자녀역할과 직업역할 중에서 부모역할에 대한 갈등이 가장 크게 나타났는데(옥경희, 1999; 최정혜, 2002; 허영숙, 1993), 남편보다 부인의 부모역할 갈등이 더 높았다(옥경희, 1999). 이는 자녀 교육 및 진학과 생활의 책임을 일차적으로 어머니에게 전가하는 우리나라의 문화적 특성 때문으로 볼 수 있는데(성미애·최여진, 2015) 부모역할에 대한 긴장이나 갈등은 개인의 심리적 갈등을 높이거나 자아존중감을 낮추고(전영자, 1997), 직장인으로서의 역할에도 부정적인 영향을 미치는 요인으로 나타난다(허영숙, 1993). 또한 자녀의 양육이나 교육적 환경은 맞벌이 분거부부가 주거주지를 어디로 선택할 것인지를 결정하는 주요요인으로 나타난다(곽인숙, 2003). 주말부부의 자녀양육과 관련된 어려움에 영향을 미치는 요인으로 밝혀진 것은 자녀의 수, 연령과 성별 그리고 아버지의 방문 지속일수로 나타났는데 자녀의 수가 많고, 자녀의 연령이 어릴수록, 그리고 자녀의 성별이 남자인 경우 어려움이 더 큰 것으로 밝혀졌으며(박희선, 1999; 이기숙, 1999; 채옥희, 1998), 아버지의 방문 지속일수가 짧을 때 양육스트레스가 더 높았다(한유미, 2003).

여섯째, 부부가 함께 사는 가족에 비해 지출이 많다.

맞벌이 분거부부가 겪는 또 다른 어려움들은 가족이 떨어져서 생활하기 때문에 생활비가 많이 들고 이동을 위한 교통비의 소모가 많으며, 시간과 에너지의 소모 또한 한 곳에서 생활하는 가족에 비해 부담이 큰 것으로 밝혀지고 있다(곽인숙, 2003).

3) 맞벌이 분거가족의 건강성

지금까지 맞벌이 분거가족에 대한 선행연구들은 가족형태에서 생겨나는 갈등과 비용의 부분에서 주말부부가 일반부부보다 더 많은 문제를 가지고 있다는 시각에서 수행되어 왔다. 그러나 교환이론의 관점에서 본다면 맞벌이 분거가족의 증가는 분거를 선택함으로 인해 지불해야 하는 비용만큼 얻어지는 보상이 있기 때문이라고 해석할 수 있다(곽인숙, 2003). 맞벌이 분거가족은 전통적인 가족형태가 아니고 부부가 함께 살지 않기 때문에 많은 어려움을 겪는다. 그럼에도 불구하고 얻어지는 보상은 무엇인지 맞벌이 분거가족의 장점을 살펴보면 다음과 같다.

(1) 맞벌이 분거가족의 장점

① 부부 각자가 자신의 직업과 관련된 경력을 추구하여 자아실현을 할 수 있다.
② 주중에 자신의 일에 좀 더 집중할 자유가 있다.
③ 주중에 헤어져 있다가 주말에 재회했을 때의 기쁨이 있다.
④ 독립의 기회와 자율성을 획득할 수 있다.
⑤ 역할의 공평한 분담이 가능하다.

⑥ 주중에 혼자서 자녀를 양육하고 직장생활도 해야 하므로 집안의 대소사에서 면제를 받을 수 있다.

⑦ 부부갈등의 정도가 낮고 가족이 화목하다.

⑧ 함께 있는 시간이 적기 때문에 사소한 갈등으로 인한 감정 소모가 적다.

⑨ 함께 있지 않은 대신 전화나 이메일 등으로 연락을 취하기 때문에 의사소통의 기회가 많다.

⑩ 남편이 주중에 함께 해주지 못해서 주말에 가사와 자녀양육을 적극적으로 도와준다.

⑪ 함께 있을 때 서로의 소중함을 느끼게 된다.

Groves & Horm-Wingerd(1991)에 의하면 맞벌이 분거부부들은 사회적 통념만큼 자신들의 상태를 부정적으로 보지 않고 주말가족이라는 가족유형을 받아들이고 있다고 한다. 또한 맞벌이 분거가족의 경우 일반적으로 분거기간 동안 혼외관계의 가능성이 증가할 수도 있을 것이라는 우려와는 달리 떨어져 지내는 동안 혼외관계는 증가하지 않았으며(Gerstel, 1979), 결혼생활을 지속하기 위해 많은 시간과 돈과 노력을 기꺼이 투자하고 있는 것으로 보고된다(Gerstel & Gross, 1984).

⑫ 부모－자녀관계가 더욱 가까워진다.

김태현과 박숙자(1992)에 의하면 맞벌이 분거부부가 가장 어려운 점으로 느끼고 있는 것이 자녀양육과 교육의 문제인데 실제로 분거 이후 떨어져서 생활하는 남편과 자녀와의 관계가 더 나빠진 경우는 24%밖에 되지 않으며 나머지는 달라진 점이 없거나 전보다 더 가까워진 것으로 밝혀졌다.

⑬ 자녀의 독립성이 발달된다.

맞벌이 분거부부가 자녀교육에 대해 걱정하는 것과는 달리 자녀의 경우 스스로 자신의 과제를 챙기고 동생을 돌보아 주는 등 독립적이고 책임감 있게 성장할 수 있다는 장점도 가지고 있는 것으로 나타난다(곽인숙, 2003).

(2) 맞벌이 분거가족의 건강성 관련 요인

맞벌이 분거부부의 결혼만족도를 조사한 연구결과에 의하면 남편과 아내 모두 중간점수보다 높은 만족도를 나타냈으며 남편의 만족도가 아내의 만족도에 비해 높은 것으로 드러났다(김은경, 1999; 이기숙, 1999). 맞벌이 분거부부의 결혼만족도와 가족건강성을 조사한 최정혜(2005)의 연구결과에 의하면 주말부부 남편과 아내가 인지한 가족건강성은 5점 만점에 남편은 3.75점, 아내는 3.77점으로 중간 이상으로 높게 나타나서 주말부부라는 가족의 형태가 일반부부에 비해 가족불안정성이 클 것이라는 사회적 편견과는 달리 아내와 남편 모두가 자신들의 가족을 가족원 간의 상호작용이 원만하여 가족체계가 잘 유지되는 가족으로 평가한 것을 알 수 있다. 남편과 아내가 모두 이동할 경우, 그리고 매주 만나는 맞벌이 분거부부가 가족건강성이 높은 것으로 나타났다. 또한 옥경희(1999)는 맞벌이 분거가족 중 비동거 이후 떨어져서 생활하는 남편과 자녀와의 관계가 전보다 더 가까워졌다고 주장하여 단순히 동거 여부가 부모-자녀관계와 부부관계에 부정적인 영향을 미치는 것은 아님을 알 수 있다.

선행연구를 통해 밝혀진 맞벌이 분거가족의 건강성에 영향을 미치는 요인은 다음 아홉 가지로 나타났다.

① 부부 각자의 자신의 직업에 대한 강한 동기

② 아내의 직업추구에 대한 남편의 지지

③ 높은 수입

④ 지리적 근접성

⑤ 자녀양육의 책임이 최소한인 경우

⑥ 부부관계만족도

성미애·최여진(2015)은 부부관계의 만족도는 배우자의 물리적, 시간적 부재를 상쇄하면서 관계적 유대와 공감에 대한 요구를 충족시키는 중요한 자원이기 때문에 분거상황에서 기혼여성의 스트레스를 해소하는 요인으로 작용한다고 보고하였다. 따라서 배우자와의 분거상황 자체보다는 배우자와의 관계가 분거가족의 건강성에 중요한 영향을 미치는 요인임을 알 수 있다.

⑦ 분거의 기간이나 만남의 규칙성

주말마다 만나는 부부는 분거하는 결혼생활에 비교적 잘 적응하며, 분거가 장기화되더라도 상호친밀성과 부부관계를 유지하기 위해 주말에 재회했을 때 가족을 위해 자신들의 시간을 투자하는 것과 같은 책략을 개발하기 때문에 매주 만나는 분거부부가 그렇지 않은 부부에 비해 분거에 효과적으로 적응하는 것으로 밝혀지고 있다(Gerstel & Gross, 1984; MacKlin, 1987).

⑧ 아버지의 방문횟수와 방문기간

아버지의 방문이 빈번하고, 방문기간이 길 경우 어머니의 자녀양육의 어려움은 감소하는 것으로 나타났다(박희선, 1999; 성미애 · 최여진, 2015). 빈번하게 방문하고 방문기간이 긴 아버지가 자녀와 시간을 함께 보냄으로 인해 어머니의 양육의 어려움이 덜어지기 때문이다. 또한 부부간의 빈번한 만남이 분거 상황에서 신뢰를 쌓을 수 있는 전제조건이 되므로 각 배우자가 생활사건을 혼자 결정하는 어려운 상황의 가능성을 낮추어 실제적인 생활문제를 해결하는 데 도움을 줄 수 있기 때문으로 보인다.

⑨ 맞벌이 분거부부가 인지하는 사회적 지원

주말부부에게는 다른 어떤 지원보다도 이들이 주말가족으로 살아가는 생활양식에 대한 지지 정도에 따라 결혼만족도(김은경, 2000)와 부모역할 갈등(옥경희, 1999)에 유의미한 차이가 있는 것으로 나타났다. 이는 맞벌이 분거부부가 새로운 삶의 유형을 선택했음에도 불구하고 문화적으로는 아직 정착되지 않은 생활양식이기 때문에 이들과 긴밀한 관계를 맺는 타인으로부터의 이해와 지원이 이들의 가족생활에 중요한 영향을 미치기 때문으로 보인다(옥경희, 1999).

참고 4-1] 공기업 지방 이전 10년 …… '기러기 직장인'의 설움

윤희은 기자 soul@hankyung.com

서울의 한 금융공기업에 다니다 본사 이전 탓에 부산에 둥지를 새로 튼 이모씨는 말 못할 고민이 하나 생겼다. 세 살이 다 돼가는 딸이 아직도 '아빠'란 말을 하지 못하면서다. 아빠 얼굴을 볼 기회가 거의 없어 그럴 만도 했다. KTX를 타고 주말마다 서울과 부산을 오가지만 딸이 아빠를 살갑게 느끼는 건 그때뿐이다. 그는 "안정적이고 연봉도 높은 공기업에 다닌다는 점을 자랑스럽게 생각하지만, 본인 의지와 관계없이 지방에 홀로 떨어져 '기러기 생활'을 한다는 게 큰 부담"이라고 토로했다.

2008년부터 시작된 공기업 지방 이전 행렬이 올해 햇수로 10년째에 접어들었다. 본의 아니게 지방에서 근무하는 공기업 직원이 늘면서 남모를 설움도 갈수록 깊어지고 있다. 지방에 본사를 둔 일반 기업 직원들도 사정은 비슷하다. 홀로 '기러기' 생활을 하는 김 과장 이 대리들의 사연을 들어봤다.

아빠는 왜 '현대' 안 다녀?

울산의 한 공공기관에 다니는 김 과장은 '기러기는 절대 안 된다'는 소신으로 아내와 자녀를 설득해 2년 전 울산으로 집을 옮겼다. 하지만 소신은 현실 앞에서 무너졌다. 가족들이 연고가 없는 지역에서 적응하지 못한 채 큰 어려움을 겪으면서다. 결국 김 과장은 최근 가족들을 원래 살던 경기 부천으로 돌려보냈다.

"아이들이 어느 날 아빠는 왜 현대에 다니지 않느냐고 묻더라고요. 울산은 현대자동차나 현대중공업 등 큰 기업과 연관된 사람들이 똘똘 뭉쳐 지내는 곳이라 가족들이 새로 적응하는 게 쉽지 않았습니다. 결국 기러기 생활을 자처하기로 했죠."

여러 이유로 기러기 생활을 하는 직장인의 애로사항 중 하나는 상사와 한곳에서 살아야 하는 불편함이다. 최근 경남 진주 본사로 자리를 옮긴 이 과장은 상사와 한 사원아파트에 살면서 언젠가부터 자신이 '하인'으로 전락했다는 느낌까지 받고 있다. 그는 "회사에서 하루종일 얼굴을 맞대는 것도 불편한데 아침밥까지 같이 차려 먹고 함께 출근하려니 영 피곤한 게 아니다"고 토로했다.

상황이 이렇다 보니 스스로 자리를 박차고 나오는 경우도 있다. 전북 전주로 본사를 옮긴 공기업에서 5년간 자금 운용역으로 근무한 박모씨는 최근 한 자산운용사로 자리를 옮겼다.

회사를 따라 전주로 자리를 옮긴 뒤 적응하지 못해서다. 서울과 왕복 다섯 시간이 걸리는 탓에 해외 주요 투자자를 마음껏 만나 일하기가 어려웠다. 네 살배기 딸을 매일 볼 수 없는 '강제 기러기'가 돼야 한다는 점도 불만이었다. 그는 "같은 이유로 퇴사를 고민하고 있는 직원이 꽤 있는 것으로 안다"고 귀띔했다.

부산에서 살지만 '부산댁'은 NO

지방에서 일하는 '화려한 싱글'도 힘들기는 마찬가지다. 서울의 한 금융공기업에서 근무하다 본사 이전에 따라 부산에 내려와 살고 있는 김 대리의 가장 큰 고민은 결혼이다. 서울에서 만난 남자친구와는 장거리 연애 끝에 헤어졌다. 이후 부산 출신 남자친구와 2년간 연애했지만 결국 결혼 문턱에서 이별했다. '부산댁'이 될 용기가 없어서다.

"막상 부산댁이 될 생각을 하니 숨이 턱 막히더라고요. 그렇다고 직장이 서울에 있는 사람을 쉽게 만날 수 있는 것도 아닌데, 여러 가지로 난감하기만 합니다."

전남 나주로 본사를 옮긴 공기업에 근무하는 김모씨는 요즘 틈틈이 법학전문대학원 시험 준비를 하고 있다. 법조인이 되는 게 오랜 꿈이기도 했지만, 더 큰 이유는 서울로 터전을 옮기고 싶은 마음 때문이다. 서울 토박이로 살다가 돌연 나주로 옮긴 뒤 우울증까지 생겨 견딜 수가 없었다고 한다. 무엇보다 대학생 때부터 이어오던 밴드 생활을 할 수 없게 된 게 가장 큰 불만이었다. "무인도에 혼자 떨어져 있다는 느낌이 들어 도저히 버틸 수가 없었어요." 김씨의 말이다.

피할 수 없으면 즐겨라

마음고생을 겪는 이들과 달리 지방 근무를 통해 다른 즐거움을 찾는 김 과장 이 대리들도 있다. 대구로 이전한 한 공기업의 정 과장이 그런 경우다. 퇴근 후면 사내 농구 동아리 회원들과 인근 대학 농구장으로 향해 실컷 땀을 흘린다. 집에 돌아와서는 TV 야구 중계를 시청하는 게 하루 일과다. 서울에서 맞벌이 중인 아내와 함께 네 살짜리 아들을 키울 땐 상상도 못한 일이다.

"지방에 내려오고 나서 오히려 '나만의 삶'을 다시 찾은 듯한 기분이 들어요. 주말엔 더 애틋한 마음으로 가족들과 만날 수 있고요. 육아와 집안일도 열심히 돕고 있습니다."

기러기 생활로 오히려 더 사이가 좋아졌다는 부부도 있다. 박모씨는 지난해 근무하던 회사가 강원 원주로 옮기면서 가족을 서울에 두고 혼자 이사했다. 출퇴근 문제에 아이들 교육까지 고려해 주말부부를 선택한 것이다. 처음에는 가족과 떨어져 생활하는 것에 대한 걱정이 많았지만, 지금은 오히려 만족해하고 있다.

"서울에 있을 때는 아내와 싸움도 많이 하고 육아 때문에 갈등도 많았는데, 떨어져 지내면서 오히려 다툼이 줄었어요. 3대가 공을 쌓아야 주말부부가 된다는 말도 있는데 최대한 즐기려고 노력하고 있습니다."

(한국경제, 2017. 12. 23)

4) 맞벌이 분거가족을 위한 지원

Kim(2001)은 맞벌이 분거부부들은 현재의 가족분거형태를 바꿀 생각이 없는 것으로 나타나므로 이들 가족이 지닌 자원을 최대한 활용하여 행복을 유지할 수 있도록 가족과 사회가 지원을 하여야 한다고 주장한다. 선행연구를 통해 맞벌이 분거가족의 건강성과 행복 유지를 위해 필요한 것으로 나타난 지원은 다음과 같다.

(1) 자녀양육을 위한 지원

맞벌이 분거가족이 가장 어려움을 느끼는 분야가 자녀양육이고 주거주지 결정 시에도 가장 중요한 영향을 미치는 것이 자녀양육으로 나타나기 때문에 자녀양육을 위한 지원은 매우 중요하다. 이는 모든 맞벌이 부부에게 필요한 사항이지만 혼자서 자녀양육을 감당해야 하는 맞벌이 분거배우자의 경우에는 필수적인 요구사항이다. 자녀양육을 위한 지원에는 영아를 위한 탁아시설의 확충 및 질적인 개선과 직장보육시설의 확충을 위한 제도적인 개선이 필요하다.

(2) 가부장적 성역할 규범을 바꾸기 위한 문화적 노력

전문직 맞벌이 분거부부를 대상으로 심층면접 조사를 실시한 곽인숙(2003)에 의하면 전문직 맞벌이 분거가족의 경우 자신들이 처한 어려움을 극복하기 위해 집단적인 노력보다는 개인적 노력에 의한 능력 배양이나 경쟁력 확보와 같은 전략을 사용하여 기존의 사회문화적 구조에 적응한 것으로 나타났다. 그러나 이들의 가장 큰 고민거리인 직장·가정 양립의 문제 및 이중역할에 따른 갈등의 근본원인은 공·사 영역 구분에 따른 성역할 규범의 문제이기 때문에 가부장적 성역할 규범을 바꾸려는 문화적 노력이 성공한다면 현재 여성들이 당면하고 있는 문제는 상당 부분 해소될 것이라고 주장하고 있다. 주말부부 가족이 직면하고 있는 다양한 문제의 해결을 위해서는 구조적인 변화와 더불어 제도적인 보완이 필요한데 무엇보다도 기본적으로는 기존의 남성

위주의 사회문화와 전통적 성역할 규범에서 벗어나 양성평등 조직문화와 가족문화를 구축하려는 사회적 노력이 요구된다.

(3) 가족친화적인 직장문화의 정착 및 확대 필요

맞벌이 분거가족의 경우 가족 간의 빈번한 만남이 부모와 자녀 그리고 배우자 간의 신뢰형성과 관계 형성에 중요한 역할을 하는 것으로 밝혀졌으므로 주말에는 가족이 함께 시간을 보낼 수 있도록 근무시간을 조정하고 지원하여야 한다. 또한 근로자의 성에 관계없이 자녀를 양육할 수 있도록 가족친화적 직장문화 정착을 위해 노력하여야 하며 근로자가 원할 경우 배우자가 있는 타 시도로의 전출을 지원하고 보장해 주는 시스템의 확립 또한 요구된다. 더불어 기업뿐만 아니라 학교의 시스템 또한 가족 친화적으로 변화되어야 한다. 유치원이나 초등학교 자녀의 경우 학부모 회의, 운동회, 단기방학 등 많은 일정이 근무를 하는 평일에 실시되기 때문에 혼자서 자녀 양육을 책임져야 하는 주말 맞벌이 부부의 경우는 스케줄 조정이나 참석에 많은 어려움을 겪게 된다. 따라서 직장과 학교 등 사회 전반의 가족 친화적인 문화를 정착시켜 사회 전체가 자녀양육의 문제를 해결하기 위해 힘을 모아야 할 것이다.

(4) 맞벌이 분거가족의 의식변화를 위한 가족생활교육 프로그램의 개발과 실시

맞벌이 분거가족은 산업화와 더불어 나타난 새로운 가족의 형태로 부부 스스로가 선택한 진보적인 가족유형이지만 전통적인 가족관계에서 수행하던 아내, 어머니, 아버지와 아들의 역할을 수행하지 못하는 것에 대한 죄책감을 가지고 있는 것으로 나타났다. 이 같은 이중적인 가치관은 이들의 삶의 다양한 측면에서 스트레스를 유발하게 된다. 따라서 가부장적 성역할 규범을 바꾸기 위한 노력과 더불어 주말 맞벌이 가족의 경우 자신들이 선택한 생활유형에 맞는 의식의 변화가 필요하므로 건강가족지원센터가 중심이 되어 다양한 가족들을 위한 가족생활교육 프로그램을 개발하고 실시할 필요가 있다.

(5) 맞벌이 분거가족을 바라보는 사회적 인식의 변화

맞벌이 분거부부의 결혼만족도나 역할갈등에 친구나 동료의 가족유형에 대한 지지가 중요한 영향을 미치는 것으로 밝혀짐에 따라 사회적 지원이 맞벌이 분거가족이 느끼는 갈등을 성공적으로 극복하는 자원이 됨을 알 수 있다. 맞벌이 분거부부는 여성 고등교육 기회의 증가, 자아실현 욕구의 증가, 가사노동량의 감소, 기혼여성의 취업의 증가 및 개인중심의 사고와 가치관의 증가와 함께 지속적으로 증가될 것으로 보인다. 따라서 다양한 삶의 유형을 인정하고 지지할 수 있도록 사회적 인식의 변화가 필요하다. 또한 맞벌이 분거가족의 아내들이 가지고 있는 역할과중의 문제를 해결하기 위해 여성들 스스로가 가지고 있는 가치관이나 가족규범을 변화시키려는 노력과 함께 일하는 여성에 대한 배려와 정당한 평가, 사회적 역할과 기여도에 대한 의식의 변화와 더불어 가부장적 성역할 규범이나 가족규범을 바꾸기 위한 사회적 노력 또한 필요하다(김승권, 2004).

2. 한부모가족

1) 한부모가족의 개념

현대가족의 두드러진 변화는 다양한 형태의 새로운 가족의 증가현상으로 볼 수 있으며, 특히 한부모가족이 빠르게 증가하는 가족형태로 나타나고 있다. 한부모가족이란 이혼, 별거, 사망, 유기 등 여러 가지 사유로 양친 중의 한쪽과 그 자녀로 이루어진 가족을 말한다. 따라서 자녀의 보호를 누가 맡느냐에 따라 모가 주 양육자이면 여성 한부모가족 또는 모자가족으로, 부가 주 양육자이면 남성 한부모가족 또는 부자가족으로 불리게 된다(장혜경 외, 2001). 한부모가족의 생활 안정과 복지 증진을 위해 제정된 한부모가족지원법에서는 <참고 4−2>와 같이 정의를 하고 있다.

참고 4-2] 한부모가족지원법에서의 정의 (제1장 제4조)

1. "모" 또는 "부"란 다음 각 목의 어느 하나에 해당하는 자로서 아동인 자녀를 양육하는 자를 말한다.
   가. 배우자와 사별 또는 이혼하거나 배우자로부터 유기(遺棄)된 자
   나. 정신이나 신체의 장애로 장기간 노동능력을 상실한 배우자를 가진 자
   다. 교정시설·치료감호시설에 입소한 배우자 또는 병역복무 중인 배우자를 가진 사람
   라. 미혼자[사실혼(事實婚) 관계에 있는 자는 제외한다]
   마. 가목부터 라목까지에 규정된 자에 준하는 자로서 여성가족부령으로 정하는 자

1의2. "청소년 한부모"란 24세 이하의 모 또는 부를 말한다.

2. "한부모가족"이란 모자가족 또는 부자가족을 말한다.
3. "모자가족"이란 모가 세대주[세대주가 아니더라도 세대원(世代員)을 사실상 부양하는 자를 포함한다]인 가족을 말한다.
4. "부자가족"이란 부가 세대주[세대주가 아니더라도 세대원을 사실상 부양하는 자를 포함한다]인 가족을 말한다.
5. "아동"이란 18세 미만(취학 중인 경우에는 22세 미만을 말하되, 병역법에 따른 병역의무를 이행하고 취학 중인 경우에는 병역의무를 이행한 기간을 가산한 연령 미만을 말한다)의 자를 말한다.

한부모가족은 주로 배우자의 사망에 의해 발생되었지만 최근에는 이혼과 별거의 증가, 미혼부모의 발생으로 인한 증가추세를 나타내고 있다. 특히 30대와 40대의 비율이 높게 나타나고 있고 질병이나 사고로 인한 중년남성의 사망률 증가와 자녀와 가족에 대한 가치관의 변화와 이혼에 대한 태도 역시 30대 젊은 연령집단부터 급격하게 바뀌고 있어 급증하는 이혼율을 고려할 때 한부모가족은 지속적으로 증가할 것으로 예측할 수 있어 한부모가족의 적응과 문제해결을 위한 다양한 접근이 요구된다.

2) 한부모가족의 현황

우리나라 한부모가족 현황을 보면 한부모가구 수는 2000년 1,124,000가구로 7.9%였으나, 2010년에는 9.2%(1,594,138가구), 2015년에는 9.9%(1,886,362가구)를 차지하고 있다. 한부모가족 형성 원인으로는 2000년 사별 44.7%, 이혼 21.9%, 미혼 10.9% 등이었으나, 2015년에는 이혼 37.3%, 사별 27.1%, 미혼 11.4% 등으로 나타나 한부모가정의 비율 중 사별가정의 비율은 감소하고 있는 반면

이혼가정의 비율은 증가하고 있는 것을 볼 수 있다. 구체적인 현황은 <표 4-3>과 같다.

〈표 4-3〉 한부모가족 형성요인별 현황 (단위 : 1000가구, %)

연 도	총 가구 수	유배우[1]	사 별	이 혼	미 혼	계	한부모가구 비율[2]
1985	9,571	254 (30.0)	443 (52.2)	50 (5.9)	101 (11.9)	848 (100)	8.9
1990	11,355	227 (25.5)	498 (56.0)	79 (8.9)	85 (9.6)	889 (100)	7.8
1995	12,958	216 (22.5)	526 (54.8)	124 (12.9)	94 (9.8)	960 (100)	7.4
2000	14,312	252 (22.5)	502 (44.7)	245 (21.9)	122 (10.9)	1,124 (100)	7.9
2005	15,887	328 (23.9)	501 (36.6)	399 (29.1)	142 (10.4)	1,370 (100)	8.6
2010	17,339	413 (25.9)	474 (29.7)	523 (32.8)	185 (11.6)	1,594 (100)	9.2
2015	19,013	457 (24.3)	511 (27.1)	702 (37.3)	214 (11.4)	1,886 (100)	9.9

주 : 1) 한부모가구의 혼인상태가 유배우인 경우는 배우자가 가출, 유기, 장기복역 등의 상태임을 의미함.
2) 총 가구 수 대비 한부모가구 수의 비율임.
출처 : 통계청. 인구주택 총조사 각 연도.

한부모가구 구성 현황 <표 4-4>를 살펴보면 2015년 모자가정은 약 77%를 차지하며, 부자가정이 약 23%의 분포를 보이고 있다. 표에 나타난 바와 같이 모자가정의 비율은 지속적으로 감소하는 반면 부자가정의 비율은 지속적으로 더 높은 증가추세로 나타나 모자가정 못지않게 부자가정에 대한 관심과 지원을 기울여야 함을 보여주고 있다.

〈표 4-4〉 한부모가구 구성 현황 (단위 : 1000가구, %)

유 형	2000년	2005년	2010년	2015년
	가구 수(%)	가구 수(%)	가구 수(%)	가구 수(%)
모자가정	904(80)	1083(79)	1247(78)	1374(77)
부자가정	220(20)	287(21)	347(22)	409(23)
총 계	1,124(7.9)	1370(8.6)	1594(9.2)	1,886(9.5)

주 : 전체가구 대비 한부모가구 비율임.
출처 : 통계청. 인구총조사 각 연도 혼인상태별 한부모 가구주 분포.

3) 한부모가족의 문제

이혼이나 사별 등으로 인한 한부모가족은 단순히 한쪽 부모 부재라는 가족 구조의 변화만을 초래하는 것이 아니라 다양하고 복합적인 변화를 가져와서 부모와 자녀 모두에게 여러가지 스트레스를 유발하며 삶의 변화에 적응해야 하는 상황에 놓이게 된다. 한부모가족이 직면한 가정문제는 대체로 경제적 문제, 자녀양육 문제, 심리·정서적 문제, 사회적 문제들로 요약되며 여러 문제가 복합적으로 한부모가족의 적응에 영향을 미친다.

(1) 경제적 문제

한부모가족의 가장 심각한 문제는 경제적 문제이며, 특히 저소득층 계층이 더욱 심각하다. 한부모가족 중 국민기초생활보장수급자 비율은 지속적으로 증가하고 있고 한부모의 84.2%가 취업한부모인 반면, 한부모가족의 가구소득은 전체가구 평균에 훨씬 미치지 못하는 것으로 나타나, 한부모가족의 다수가 근로빈곤층(working poor)에 해당하는 것으로 나타났다(김은지 외, 2018). 가족의 결손은 가족소득을 감소시켜 한부모가구의 자녀양육의 곤란, 빈곤세습을 야기한다(유학주, 2006).

〈표 4-5〉 국민기초생활보장수급자가구 현황 (단위 : 가구, %)

구 분	2001	2005	2010	2015	2016	2017
전체세대	698,075	809,745	878,799	1,014,177	1,035,435	1,032,996
모자세대	70,152 (10.0)	77,985 (9.6)	85,970 (9.8)	123,497 (12.2)	132,277 (12.8)	130,506 (12.6)
부자세대	19,128 (2.7)	19,450 (2.4)	20,879 (2.4)	34,538 (3.4)	37,753 (3.6)	36,675 (3.6)

출처 : 통계청(2019. 6. 1). 국민기초생활보장수급자현황.

〈표 4-6〉 한부모가족 평균소득 (단위 : 만 원, %)

구 분	한부모 월평균소득	전체가구 월평균소득	전체가구 대비 비율 (%)
2018년	219.6	389.0	56.7%
2015년	189.6	327.0	58.0%

출처 : 여성가족부(2018). 2018 한부모가족실태조사.

한부모가족 중 여성이 가장인 경우에는 여성의 사회진출이 어려운 상황에서 생계를 위하여 취업을 하지만 저임금 직종에 종사하는 비율이 높아 경제적인 어려움을 겪고 있고, 주로 장시간 일해야 하는 근로조건인 경우가 많아, 직업역할과 자녀양육 역할에 부담을 느끼게 된다. 또 이혼한 여성의 경우에는 자녀양육비를 지급받을 수 있음에도 불구하고 현실적으로 잘 이루어지지 않아 경제적 어려움을 겪기도 한다. 의료비 충당이 어렵고 만성질환자가 있는 모자가족은 경제적 어려움이 더 가속화된다. 모자가족의 경제적 빈곤과 가계소득의 경제적 불안정 등은 다른 모든 문제와 연관되어 있고 복합적으로 스트레스를 가중시키고 적응을 어렵게 한다.

부자가정의 대다수도 저학력과 저소득으로 인하여 단순노무나 일용직에 취업하고 있어 경제적 빈곤상태에 놓여있고 이러한 불안정한 취업구조는 부자가정의 발생요인이 되기도 한다. 배우자의 부재로 인한 가정생활 변화와 함께 직업생활에 전념할 수 없어 가계와 자녀양육을 균형있게 할 수 있는 직업을 고려하다 보면 불안정한 취업을 초래할 수도 있고 자녀양육비나 탁아비용의 증가, 미숙한 가계관리로 인한 가계생활비 증가 등 간접적 요인에 의해서도 경제적 어려움을 겪고 있다(구차순, 2002).

(2) 자녀양육 문제

한부모가족의 가장 큰 어려움으로 자녀양육과 교육문제를 꼽고 있다. 한부모는 배우자 부재로 인하여 생계유지를 위해 많은 시간을 할애하게 됨에 따라 자녀의 대화 및 접촉 시간이 감소하고 지도감독이 소홀하며, 상호작용을 할 수 있는 시간적 여유가 상대적으로 부족하다(김지선, 2011). 한부모가족의 자녀는 인적자원이 충분하지 않아 돌봐주는 어른이 없이 혼자있는 비율 및 시간이 상당히 높은 것으로 나타나(김은지 외, 2018), 돌봄 공백이 큰데 이는 특히 부자가족에서 더 두드러진다. 2018년 한부모가족 실태조사에 따르면, 한부모가족의 자녀양육 어려움은 전 연령에 걸쳐 한부모 80% 이상이 '양육비, 교육비 부담'의 어려움을 겪고 있고 자녀 연령별 양육 어려움이 차이가 있는 것으로 나타났다. 미취학자녀의 경우 '자녀를 돌봐줄 사람을 구하는 어려움', '자녀를 돌볼 시간의 부족'을 호소하며, 초등자녀는 '양육 스트레스', '양육 및 교육관련 정보 부족', 중등 이상 자녀의 경우 '양육비, 교육비용의 부담', '자녀 진로지도의 어려움', '자녀의 학업성적' 등 교육과 관련된 어려움도 높게 나타났다.

여성 한부모의 경우 생계유지를 하기 위해 일을 해야 하기 때문에 자녀양육에 어려움을 겪는다. 자녀양육 및 교육비 비용 부족의 어려움과 함께 자녀와 보낼 수 있는 시간이 부족하고 정서적, 육체적으로 충분한 보살핌을 기울이기 어려운 것으로 나타났다. 가족 내의 자원의 부족으로 인한 스트레스는 자녀양육에 부정적인 영향을 미치기도 한다(조성연, 2004). 자녀양육에 있어서 더 엄격하거나 감정적이 될 수 있고 이때 자녀를 훈육하는 수단으로 체벌을 더 많이 사용하는 경향이 있어(장혜경・민가영, 2002) 자녀에게 부정적인 영향을 줄 수 있다.

부자가족의 아버지는 자녀양육과 교육을 가장 큰 어려움으로 꼽고 있고 특히 돌봄공백이 가장 크다. 어린자녀의 경우 자녀 돌볼 시간의 부족 및 양육・교육 관련 정보 부족과 모의 부재로 인한 애정결핍으로 정서적 불안을 겪는 자녀에게 감정적 표현과 애정표현에 있어서 많은 어려움을 보인다. 취학자녀나 청소년 자녀와는 대화가 잘 되지 않거나(김은지, 2015) 부자가족이 된 이후 부모-자녀관계가 더 나빠진 경우가 모자가족에 비해 높게 나타나서(문은영, 2011) 아버지 역할과 자녀와의 관계형성의 어려움을 호소한다.

저소득 부자가족의 경우 가사일을 맡아줄 사람을 고용할 여력이 없으므로 성장한 자녀로 하여금 가사일을 돌보게 하여 결국 자녀들이 학업에 전념할 수 없게 하는 요인이 되기도 하고 대리수행자가 없어 자녀를 돌보지 않고 그대로 두는 경우가 적지 않아, 유기 및 방임에 노출되어 있고 더 나아가 아동학대로까지 이어지고 있는 실정이다.

(3) 심리 · 정서적 문제

한부모가족으로의 변화는 가족 내의 역할과 지위의 변화에 적응해야 하는 문제를 야기하며 배우자의 부재로 인해 모의 역할 또는 부의 역할을 수행해야 하는 역할과중과 역할긴장을 유발하여 심각한 정서적 위기를 경험할 수 있다. 한부모가족이 겪는 상실감, 배신감, 분노감, 우울감, 좌절감, 실패감과 같은 심리 정서적 혼란은 적응에 어려움을 준다(Amato, 2000).

2018년 한부모가족 실태조사에서도 한부모의 신체적, 정신적 건강상태가 상당히 열악한 수준으로 나타났고, 특히 우울증상을 경험하는 비율이 높다. 한부모가족의 심리 · 정서적인 문제는 사회적 지원망, 우울감, 자존감, 삶에 대한 통제감, 삶의 만족도, 스트레스 정도 등과 관계가 있고 이러한 심리적 문제는 사별보다 이혼으로 인한 경우가 더 크다.

여성 한부모는 외로움으로 고통을 느끼며 부부중심사회에서 배우자가 없는 데서 비롯되는 스트레스를 자주 경험하게 된다(Fine, Donnelly & Voydanoff, 1986). 배우자와의 이별로 인한 상실감, 가족에 대한 책임감, 슬픔, 죄책감으로 인하여 심리적인 부적응 상태가 나타나며(구정화, 2005) 자신을 둘러싼 환경을 통제할 수 없다는 무력감과 세상에 대한 자신감의 결여, 절망감, 부양자로서의 자신의 역할에 대한 부정적 평가, 자기자신을 무능력하고 부적절한 존재로 느끼는 등의 과정을 통해 우울과 불안, 소외감에 빠져들 수 있다(조흥식 외, 1997).

남성 한부모는 배우자와의 이별 후 사회적 고립, 외로움, 분노, 원망, 절망감을 느끼게 되는데 새로운 가족형태에 적응하는 기간에 있어 모자가족보다 부자가족이 훨씬 더 많은 시간이 소요되는 것으로(권양자, 2000) 나타났고 배우자와의 갈등과 이혼으로 발생되는 우울, 분노, 스트레스는 부모로서의 양육능력을 감소시키고 자녀에게 부정적인 영향을 주게 된다(Lansford 2009). 특히 저소득 남성 한부모들은 경제적 어려움에 과도한 역할과중이 더해져 심리적 고립감과 우울증 등을 갖고 있으며(노정자 · 강기정, 2012) 미래 삶에 대해 비관적이다.

(4) 사회적 문제

한부모가족은 결손가족이라는 사회적 편견으로 인해 어려움을 경험한다. 한부모가족에 대한 사회적 편견과 부모와 자녀들이 겪는 심리, 정서적 측면, 교육적 측면에서 빚어지는 다양한 어려움들은 한부모가족의 적응과 생활만족도에 부정적인 영향을 미치게 된다(김경선, 2012; 황은숙, 2012).

한부모들은 가족해체를 경험하면서 단지 한쪽 배우자만 잃는 것뿐 아니라 배우자와 관련된 사회적 지지망도 잃게 되고 대부분 생계유지를 위해 취업을 해야 하기 때문에 이전의 사회적 관계망을 유지할 수 없어 협소한 지지망을 가질 수밖에 없게 된다. 한부모가족들이 가사나 경제적 상태, 건강, 자녀돌봄 등과 관련해서 어려움을 겪을 때 사회적 지지망이 상당히 취약한 것으로 나타났다(김은지 외, 2015).

가족결손으로 인한 가족환경의 변화, 이사 등의 물리적 공간의 변화로 인한 사회적 관계망의 단절은 자녀들에게도 사회적 지지를 감소시키고 사회적 상호작용의 단절 또는 감소를 초래하여 대인관계상의 문제를 발생시키게 된다.

특히 이혼한 여성 한부모의 경우 사회활동에 참여하거나 대인관계를 형성하는 과정에서 주변사람들의 부정적인 인식을 경험하는 경우가 많으므로 이미 경제적, 정서적, 심리적으로 위축된 여성 한부모가족의 구성원들에게 더욱 열등감과 소외감에 시달리게 만든다(조희선, 1991; 한경혜, 1993). 정서적으로 상처입기 쉬운 취약점을 가진 여성 한부모가 가족, 친구, 동료들로부터 지지를 얻지 못할 경우 더욱 고립되기 쉬우며 비공식적인 네트워크와의 단절은 여성 한부모가족의 사회적 기능수행에까지 악영향을 미치게 된다(최해경, 1997).

남성 한부모가족은 배우자 부재에 대한 원인을 남성의 책임으로 보는 부정적 시각과 편견을 여성 한부모가족보다 더 심각하게 경험하는 것으로 나타났다(황은숙, 2007). 여성 한부모에 비해 오히려 남성 한부모가 한부모가족이 된 후 친척이나 주변인들과 관계가 멀어졌다고 느끼는 비율이 더 높게 보고되었다(문은영 · 김보람, 2010). 한부모가족의 정서적 지지는 공적지지망보다 부모, 형제와 같은 사적지지망이 큰 역할을 하고 있어 사적지지망이 형성되어 있지 않은 남성 한부모가족의 경우 심리적 · 정서적 어려움을 혼자 떠안고 있는 실정이다(한정원, 2014). 남성 한부모가족에 대한 사회의 부정적 시각과 편견으로 인한 사회적 스트레스는 아버지의 불안과 우울에 영향을 미치고(김희정, 2001), 자녀가 사회적으로 적응하는 데도 많은 어려움을 겪게 된다.

4) 한부모가족의 건강성

한부모가족은 경제적, 심리적 어려움을 겪고 있는 경우가 많고 자녀양육과 적응에도 어려움을 겪고 있지만 모든 한부모가족이 동일한 부적응을 경험하는 것은 아니며 어떤 가족은 역경을 극복하여 성공적으로 적응하고 성장해 가는 가족들이 있다. 한부모가족이 되면서 이전의 가족 내 갈등관계가 해소되고 부모-자녀 간 심리적 · 정서적으로 가까워지는 측면이 있음에도 불구하고 가족구조나 경제적 부분에 미치는 부정적 영향이 상대적으로 부각됨으로써 한부모가족으로의 변환기를 거치면서 가족관계가 건강성을 회복할 수 있다는 점은 간과되고 있다(이소영 · 옥선화, 2002; 최희경 · 이인숙, 2005).

(1) 한부모가족의 강점

한부모가족은 가족구조 측면에서 불안정성의 문제를 경험하지만 기존의 사회적 편견과는 달리 건강한 한부모가족은 가족유대와 자율성, 한부모와 자녀의 긍정적 변화, 개방적 의사소통 등 건강한 양부모가족과 비슷한 특성을 가지는 것으로 나타난다. 특히 여성 한부모가족에서 가족의 유대감이나 응집성은 양부모가족과 차이가 없거나 양부모가족보다 더 높게 나타나 어머니와 자녀관계는 매우 건강하다고 볼 수 있다. 여성 한부모가족 자녀는 양부모가족의 자녀보다 '가족원끼리 인정하고 존중한다' 혹은 '가족끼리 서로 믿고 의지한다'는 가족의 응집성에 더 긍정적으로 지각한다. 대부분의 어머니는 여성 한부모가족이 됨으로써 혼자 양육하는 데 필요한 부차적인 책임으로 인해 자녀들과 함께 있는 시간은 줄었지만 자녀와의 친밀성과 자녀에 대한 이해의 영역에 있어 긍정적인 질적 변화를 경험한다(Melissa, 1994, 이애재, 2000 재인용).

또한 여성 한부모가족의 자녀들이 다른 형태의 가족의 자녀들보다 더 높은 수준의 자율성과 독립성을 보이며, 양친이 있는 가족보다 집안일에 있어서도 더 책임을 가지며 성역할에 융통성 있는 태도 및 동등한 실천을 보인다. 가족의 결속력과 더불어 책임의식은 가족 내에서도 개인주의가 팽배해 있는 현실과 비교할 때 한부모가족이 갖는 강점임에 분명하다. 부자가정의 아버지도 자녀의 적응 측면에서 부부불화에서 오는 불안감의 감소로 인해 자녀들이 정서적 안정을 찾아가고 있는 것과 자녀의 독립심이 커진 것을 긍정적 변화로 인식하였다(현은민 · 신상숙, 2007).

건강한 한부모가족의 특성 관련 연구(현은민 외, 2006)에서 한부모들은 건강한 한부모가족의 중요한 특징이나 요소에 대해 1순위로 '의사소통'을 꼽았다. 관련된 내용을 살펴보면 자녀 · 부모와의 대화, 대화로 서로의 의견을 수렴하는 것, 대화를 통한 이해, 솔직한 대화 등을 중요시하였다. 다음으로 '자녀의 적응'으로 자녀들이 동요하지 않고 스스로 할 일을 찾아서 하는 것, 자녀가 밝게 자라는 가족, 항상 긍정적인 자녀의 마음, 자녀의 독립심을 들었다. 세 번째는 '가족유대감'으로 이해 · 감사 · 사랑, 가족의 결속, 존중, 신뢰, 지지, 화합, 화목을 중요한 특성으로 선정하였고, 네 번째로, '문제해결능력'은 어려운 문제가 생겼을 때 도와주는 것, 어려움을 이해하고 해결하는 것, 문제에 대처하는 것이라고 응답하였다.

공선영(2000)은 여성 한부모가족으로서의 어려움을 극복하고 당당하게 생활하는 '건강한 여성 한부모가족'의 공통점 여섯 가지를 제시하였다. 첫째, 사별이나 이혼으로 모는 경제적 자립을 통해 생활의 자신을 얻는 중요한 경험을 하게 되고, 둘째, 자유로운 시간을 통해 새로운 자아를 발견하고 발전시키며, 셋째, 자녀와의 유대감으로 모자가족의 어려움 극복에 도움이 된다고 하였다. 넷째, 역할수행 측면에서 스스로 가장의 역할을 수행함으로써 자신의 능력에 신념을 갖게 되고, 다섯째, 대인관계 측면에서 주위 사람들과 더 가까워지는 좋은 계기가 되며, 여섯째, 어려움이나 문제상황에서 주로 개인적, 적극적 대처전략을 활용한다고 보았다. 이러한 여성 한부모가족의 경험에 대한 긍정적인 평가는 변화에 대처하고 가족 간의 유대감을 강화하는 여성 한부모 가족으로서의 적응적인 측면을 보여주고 있다.

한부모가족의 강점을 현상학적인 측면에서 연구한 Anderson(1994)에 의하면 여성 한부모가 경험하는 내면의 강인함은 자신의 발견과 진정한 자아를 이해하기, 인간관계에서 깊이 새겨두기, 자신과 자녀의 운명을 개척하기 위한 자유를 발견하기, 역경을 극복하고 변화하고 적응하기 위한 탄력성 회복하기, 일상경험의 보편적인 한계를 뛰어넘기에 의해 발달될 수 있다.

(2) 한부모가족의 건강성 관련 요인

한부모가족의 건강성에 영향을 미치는 요인은 크게 개인적 자원과 가족적 자원, 그리고 사회적 자원을 포함하며 상호 영향을 미친다.

① 개인적 자원

개인적 자원인 자아존중감은 한부모가족의 건강성에 큰 영향을 미치는 요인이다. 이는 한부모가 많은 어려움을 극복해 온 자신의 능력이나 가치를 긍정적으로 생각하고 있고 자아존중감은 자신뿐만 아니라 자녀의 복지에도 영향을 미쳐 부모－자녀 간 애착과 자율성이 높은 건강한 상호관계를 유지한다. 또한 내적통제성이 높은 여성 한부모가 경제적으로 어려운 상황에서 보다 바람직한 결과를 얻기 위해 자원 활용에 적극적인 대처행동을 하며, 경제적 자립은 한부모가정의 안정에 광범위하게 영향을 미치는 중요한 요인이다.

② 가족적 자원

가족적 자원으로 중요한 가족탄력성은 한부모가족이 경험하는 스트레스를 완충하는 역할을 하여 스트레스가 가족적응에 미치는 부정적 영향을 감소시킴으로써 가족적응을 증진하는 효과를 가진다. 한부모가족으로서 적응하는 과정에서 가족의 구조적 변화에도 불구하고 부모와 자녀가 서로 유대감이 높고 역할분담을 통하여 가족을 재조직하여 다양한 어려움에 협조적으로 유연하게 대처해 나가며 서로 지지해 주고 가족의 위기상황에서 도구적, 정서적 지원을 제공하는 역할을 하는 사회적·경제적 자원을 잘 활용한다면 건강한 한부모가족이 될 수 있다(현은민, 2007).

또한 한부모-자녀 간 효과적인 의사소통기술과 한부모의 지속적이고 비처벌적 훈육, 부모-자녀관계의 질이 성공적인 한부모가족의 특성에 영향을 준다(Olson & Haynes, 1993; Patterson, 1989). 개방적 의사소통은 한부모와 자녀 모두의 생활만족도에 절대적 영향을 주는 것으로 나타나 한부모와 자녀 간 서로의 이해를 증진시키기 위해서 효율적인 의사소통 교육이 필요하다. 부자가정을 대상으로 한 연구(장덕희·황동섭, 2010; 정지연, 2007)에서도 부자가정의 기능적이며 촉진적인 의사소통은 자녀의 학교적응과 학교생활에 대한 흥미를 돕는 요인으로 나타났다.

가족응집력은 가족원들이 서로에 대해 가지는 정서적 유대감으로 일반가정뿐 아니라 모자가정과 부자가정 자녀의 학교적응을 돕는 가족적 보호요인으로 작용한다(고성혜·한유진, 1995; 이미현, 2005; 장덕희·장경아, 2009; 장덕희, 황동섭, 2010). 가족응집력은 상황적 스트레스와 변화에 보다 잘 적응하게 만드는 요인이므로 위기가정이나 스트레스에 처한 가족들에게는 중요한 지지 자원이다. 양부모 가족, 모자가족, 부자가족 등 가족의 구조적 형태와 상관없이 가족응집력이나 의사소통과 같은 가족적 자원이 자녀를 성장시킨다.

③ 사회적 자원

한부모는 사별이나 이혼으로 인해 사회적 관계망의 축소와 그에 따른 사회적 지원의 감소와 사회활동의 위축 등과 같은 변화를 체험한다(Anderson, 1988). 더욱이 전통적인 친족지원체계가 약화되고 핵가족이 보편화된 현대사회에서 한부모가족의 문제는 가족체계의 자원에 의존할 수 없는 사회적 지원이 요구된다. 우리나라에서 한부모가족이 제공받을 수 있는 사회적 지지는 아직 낮은 편이다. 사회적 지지는 개인에게 안정된 대인관계를 통해 자아정체감, 안정감, 상황에 대한 예측가능성 및 통제감 등을 제공하여 심리적 적응에 영향을 미친다(김영희, 1996). 사회적 지지가 많을수록 가족관계의 건강성을 높게 평가하는 것으로 나타나, 가족의 형태보다 사회에서 제공해 주는 지지가 가족관계의 건강성에 더 영향력이 있다(Hanson, 1986). 특히 여성 한부모의 심리적 적응에 친정부모 · 친구 · 친척 등이 제공하는 사회적 지지는 중요한 역할을 한다.

참고 4-3] 성공적인 싱글맘의 아이들

황은숙(한국한부모가정연구소장)

한부모가정의 자녀들이 사회적으로 적응에 실패하는 것만은 아니다. 한부모가정의 자녀들 중에는 일반 사람들이 생각하지 못할 정도로 우수한 능력을 갖춘 사람들도 많다. 이들이 남들보다 우수하고 성공적인 삶을 살 수 있었던 배경에는 홀로 자녀를 키워온 싱글맘의 지혜가 있었다.

지난 달 베이징 올림픽에서 네 개의 세계 신기록을 세우고 무려 8개의 금메달을 목에 걸었던 '마이클 펠프스'를 우린 기억한다. 동양인으로는 처음으로 금메달을 목에 건 박태환조차도 '펠프스'와 자신을 비교하는 것은 갓난아이와 어른을 비교하는 것과도 같다고 할 만큼 '펠프스'의 능력은 타의 추종을 불허한다 하겠다.

그런 '마이클 펠프스'가 한부모가정에서 성장한 싱글맘의 자녀라는 사실을 아는 이는 별로 없다. 그에 대한 기사는 주로 그가 어린 시절 "주의력 결핍 과다행동장애(ADHD)"를 극복하기 위해 수영을 시작했다는 기사 정도이다. 그러나 그는 한부모가정의 자녀이다. '펠프스'는 한부모가정에서 성장했지만 장애를 딛고 훌륭한 선수로 거듭났다. 그의 뒤에는 주의력이 부족하고 산만한 성격의 자녀를 돌봐 온 싱글맘 '데비 펠프스'가 있었다.

'마이클 펠프스' 외에도 한부모가정에서 성장했지만 훌륭하게 자란 자녀들이 많다. 우리가 잘 알고 있는 한국인 혼혈아 '하인즈 워드', '클린턴' 대통령과 '오바마' 대통령도 싱글맘의 자녀들이다. 이들이 가난과 한부모가정이라는 악조건을 극복하고 세계적인 인물로 성장할 수 있었던 것은 그들이 지치고 좌절하려 할 때, 그들 뒤에서 이들을 지켜보고 격려해 온 싱글맘이 있었기에 가능한 것은 아니었을까.

한부모가정에서 성장한 자녀들이 다른 사람들에 비해 더 성공적인 삶을 살 수 있는 배경에는 싱글맘의 자녀양육이 중요하게 작용했을 가능성이 높다. 이들 어머니의 공통점은 자녀를 사랑하는 어머니요, 자녀를 위해 헌신적인 삶을 살아온 어머니라는 것이다. 또한 한부모가정이 된 이후 현실의 어려움을 극복하기 위해 노력했으며 마음의 상처를 받았을 자녀를 사랑으로 돌봐왔다는 것이다.

한부모가정의 자녀가 성공적인 삶을 영위하기 위해서는 적응의 요인으로 작용하는 싱글맘과 자녀가 서로에 대한 사랑과 믿음을 확고히 하고, 긍정적인 적응의 요인으로서의 역할을 잘 감당할 수 있어야 하겠다.

5) 한부모가족을 위한 지원

증가하는 이혼율과 한부모가족의 문제가 사회문제로 부각되면서 사회와 국가가 어떤 지원을 할 것인가가 중요한 문제로 대두되었고 한부모가족의 건강성을 회복하고 지원할 수 있는 미시적, 거시적인 다양한 측면의 가족지원이 제시되어야 한다.

첫째, 한부모가족의 건강성을 강화하기 위한 상담 및 교육 프로그램을 개발·실시할 필요가 있다. 가족의 건강성은 가족의 구조나 형태에 있는 것이 아니라 가족의 기능에 있으므로 한부모가족을 포함한 모든 가족은 건강성의 잠재력을 가지고 있으며 한부모가족의 노력과 가족의 건강성을 회복하고 강화하는 데 도움을 줄 수 있는 강점관점의 개입이 효과적이라고 본다. 따라서 한부모가족의 스트레스를 감소시키고 부적응을 약화시킬 것인가에 초점을 두기보다 가족탄력성과 같은 강점을 강화하는 개입이 보다 효과적이므로 한부모가족의 스트레스에 완충역할을 하여 적응에 기여하는 가족탄력성의 요인들을 밝혀 가족생활교육과 가족상담 프로그램을 개발하는 데 활용할 수 있다. 프로그램 내용 면에서 가족생활주기별로 또한 가구구성별로 한부모가족이 경험하는 문제가 다르게 나타나기 때문에 가족주기별 특수성과 여성 한부모가족과 남성 한부모가족의 차이를 고려하여 차별화된 프로그램이 효과적이다.

최근 이혼에 따른 한부모가족이 늘어남에 따라 가족상담의 필요성이 커지고 있어 한부모나 자녀를 대상으로 심리적, 정서적으로 지원해 주고 가족문제의 원만한 해결을 통해 한부모가족 전체가 성장하도록 돕는 가족상담 서비스가 확대되어야 하며 전문상담기구가 활성화되어야 한다. 2018년 한부모가족 실태조사에서 우울증을 경험하는 한부모들이 상담 등 전문적인 서비스를 받는 비율은 매우 낮게 나타났다. 따라서, 한부모가 환경에 대한 통제력 및 자존감을 회복하고 가족기능을 강화할 수 있도록 전문적이고 다양한 심리·정서지원 서비스가 개발·제공되어야 할 것이다(김은지 외, 2015).

특히 부자가정이 늘어남에 따라 부자가정의 특성을 고려한 교육과 연속적인 상담 프로그램이 제공되어야 한다. 부자가정의 부와 자녀들은 관계형성이 어렵고 심리적 공허함과 외로움을 많이 느끼므로 개별상담을 실시하고 멘토를 이용한 가정방문 프로그램을 실시하여 심리적 안정을 찾도록 해줄 필요가 있으며, 어머니의 부재로 인한 보호와 관심이 결여된 청소년을 위해 후원자와 자원봉사자의 결연서비스가 확대되어야 한다. 또한 한부모는 심리적 지지와 경제적 어려움으로 인해 재혼도 고려할 수 있기 때문에 이에 대한 상담과 교육도 필요하다.

둘째, 사회적 관계망은 한부모가족의 적응에 큰 영향을 미치므로 가족뿐만 아니라 국가, 지역사회, 학교 등의 관계망은 도움을 주는 좋은 자원이 될 수 있다. 따라서 한부모가족의 자립의지를 북돋아 줄 수 있는 지지모임이나 자조집단의 활성화가 필요하다. 자조모임은 사회적 지지체계가 부족한 한부모들에게 지원망을 만들어 줌으로써 고립감이나 심리적 위축을 해소하는 심리적 안정에 크게 기여하고 있다. 특히 사회적 관계 단절을 경험하는 부자가족의 남성 한부모에게 자조모임은 타인과의 관계를 형성하고 소속감을 느끼게 해주며 어려움을 상담하는 지지체계가 되어주고 있다(김영란 외, 2010).

셋째, 저소득 한부모가족에 대한 국민기초생활보장 수혜 보호수준을 확대하여야 한다. 한부모가족의 경제적 자립을 강화하기 위해 직업훈련 기회를 확대하고 교육기간 동안 생계비를 지원하면서 취업과의 연계성을 모색하거나 취업알선을 체계화하며, 창업을 할 경우 융자금을 저리로 대여하고 지속적으로 관리하여 실질적 지원을 통하여 한부모가족의 경제적 안정을 도모해야 한다. 한부모가족에 대한 생계비·양육비 지원과 시설 및 임대주택 등 주거지원에 대한 욕구가 가장 높으므로(김은지 외, 2015) 특히 여성 한부모가족의 생활안정을 위해서 생계비 지원정책을 확대하여 가족수당제도를 도입하고 소득보장을 통한 자립기반을 조성해 주는 것이 필요하다.

참고 4-4] 양육비 이행관리원

복잡한 절차, 많은 비용, 비양육부모의 고의적 미지급 등으로 상대방으로부터 양육비를 받지 못하여 자녀를 키우는 데 어려움을 겪고 계신 한부모를 지원하기 위하여 여성가족부가 2015년에 설립한 기관으로 비양육 배우자로부터 양육비를 지급받을 수 있도록 당사자 간 협의 및 소송, 채권 추심, 제재 조치 등 맞춤형 종합서비스 지원

▶ 설립근거

- 양육비 이행확보 및 지원에 관한 법률

  제7조(양육비 이행관리원) ① 미성년 자녀의 양육비 청구와 이행확보 지원 등에 관한 업무를 수행하기 위하여 건강가정기본법에 따라 설립된 한국건강가정진흥원(이하 "한국건강가정진흥원"이라 한다)에 양육비 이행관리원(이하 "이행관리원"이라 한다)을 둔다.

- 건강가정기본법

  제34조의2(한국건강가정진흥원의 설립 등) ⑤ 진흥원은 다음 각 호의 사업을 한다.

  4. 「양육비 이행확보 및 지원에 관한 법률」에 따른 양육비 이행 전담기관 운영

▶ 주요 기능

- 비양육부·모와 양육부·모의 양육비와 관련한 상담
- 양육비 청구 및 이행확보 등을 위한 법률지원
- 합의 또는 법원의 판결에 의하여 확정된 양육비 채권 추심 지원 및 양육부·모에게 양육비 이전
- 양육비 채무 불이행자에 대한 제재조치
- 한시적 양육비 긴급지원
- 양육비 이행의 실효성 확보를 위한 제도 등 연구
- 자녀양육비 이행과 관련한 교육 및 홍보
- 양육비 이행상황 모니터링

▶ 홈페이지 : https://www.childsupport.or.kr

저소득 한부모가족은 건강문제를 가지고 있는 경우가 많으며 경제적 어려움으로 인해 치료를 받지 못하면서 일을 해야 하는 어려운 상황에 처해있으므로 질병을 예방하고 조기치료를 받을 수 있는 의료지원 혜택이 필요하다. 취약한부모와 모자가구인 경우, 건강상태가 더 나쁜 것으로 나타나 저소득층 한부모의 경우에는 의료서비스 이용에 대한 비용장벽을 완화하여 적절한 의료서비스를 이용할 수 있도록 해야 한다.

넷째, 자녀양육 및 교육문제는 한부모가족이 당면하고 있는 가장 큰 문제로서 한부모들이 경험하는 자녀양육상의 어려움은 자녀의 연령이나 성장단

계에 따라 상이하므로 미취학자녀 단계에는 양육, 교육 관련 정보 제공이나 자녀돌봄 서비스 지원을, 학령기 단계에는 자녀 진로지도나 부모-자녀관계 지원, 부모역할 지원, 부모 상담 서비스 등을 보다 강화해야 한다. 특히 자녀와의 대화 어려움이나 생활지도의 어려움 등 자녀와의 관계적 측면의 어려움을 경험하는 사례가 많고 이는 부자가족에서 더욱 두드러진다. 따라서 한부모와 자녀 간의 관계를 증진할 수 있는 다양한 여가 프로그램, 상담 프로그램을 발굴·보급하는 한편, 현재 저소득층을 중심으로 제공되고 있는 문화 바우처 등을 청소년기 자녀를 둔 한부모가족에게도 확대지원하는 등 관련 지원 서비스 확충이 이루어져야 한다(김은지 외, 2015).

한부모가족에게 제공되는 자녀양육 지원정책 또한 한부모와 그 자녀의 생애주기와 필요에 따라 보다 세분화되어 제공되어야 하며 경제적 어려움으로 인한 자녀양육 및 교육비 부족으로 인한 빈곤의 대물림을 방지하기 위해 아동과 청소년에 대한 복지정책이 강화되어야 한다.

다섯째, 정보화 사회에서 한부모가족 지원을 위한 전달체계의 효율성이 제고되어야 한다. 정부 각 부처 소관분야별 한부모가족 정책에 관한 협의 및 조정기능을 강화하고 공공과 민간의 상호연계시스템을 구축할 필요가 있으며 한부모가족 지원 종합정보시스템과 지역사회네트워크 구축 등이 이루어져야 할 것이다. 한부모가족의 다양한 복지욕구에 도움을 줄 수 있는 모·부자복지정책 및 서비스 정보에 대한 접근이 용이하도록 전달체계의 활성화가 필요하다.

3. 재혼가족

한국사회에서 이혼의 급속한 증가와 함께 빠르게 증가하고 있는 것이 재혼가족이다. 재혼가족은 부부 중 한 명 이상이 초혼이 아닌 성인남녀의 재결합을 의미하며, 재구성 가족, 계부모가족, 혼합가족 또는 두 개의 핵가족 등으로 부르기도 한다(장혜경·민가영, 2001). 2018년 한 해만 해도 이혼을 한 부부가 10만 8천 7백 쌍이기 때문에 매년 22만 명의 재혼 예비군이 쏟아져 나오고 있다(통계청, 2019). 여기에 배우자와 사별을 한 사람, 이혼자나 사별자와 재혼을 할 사람들의 수까지 합치면 한국사회에서 재혼을 원하는 사람의 수는 결코 적은 수가 아니어서 재혼가족이 21세기 이후에는 보편적인 가족유형이 될 가능성이 크다고 주장하는 학자들도 있다(김효순, 2005; 장혜경 · 박경아, 2002).

1) 재혼가족의 실태

우리나라의 혼인형태별 구성비를 보면 여전히 초혼이 지배적이기는 하지만 지난 10년간 재혼이 전체 혼인의 1/4에 해당하는 22.4~23.8%를 차지하고 있음을 알 수 있다(표 4-7 참조). 2018년 전체 혼인 중 남자재혼(+여자초혼)은 4%, 여자재혼(+남자초혼)은 6.2%였으며, 남녀 모두 재혼은 11.9%로 나타났는데 지난 10년간의 재혼과 관련된 통계에서 주목해야 할 사항은 다음 세 가지이다. 첫째, 재혼 종류별 구성비이다. 재혼 중에서도 부부 모두가 재혼인 남성재혼+여성재혼이 가장 높은 비율을 차지하고 있으며, 일반적인 인식과는 달리 남성초혼+여성재혼의 비율이 남성재혼+여성초혼의 비율보다 높다는 사실이다. 둘째, 평균 재혼 연령이 지속적으로 높아지고 있다. 2018년도의 평균 재혼 연령은 남자 48.9세, 여자 44.6세로 2008년에 비해 각각 3.9세와 4.3세가 증가하여 점차 재혼 연령이 높아지고 있음을 알 수 있다. 평균 재혼 연령의 증가는 평균 초혼 연령과 평균 이혼 연령의 상승에 기인하는 것으로 볼 수 있다. 평균 초혼 연령은 2008년도에는 남자 31.4와 여자 28.3세였으나 2018년에는 33.2세와 30.4세로 높아졌으며, 이혼자의 평균 이혼 연령도 2008년에는 남녀 각각 44.3세, 40.5세였으나 2018년에는 남자는 48.3세, 여자 44.8세로 10년 사이에 각각 4.0세와 4.3세가 상승하였다. 이혼 및 재혼 연령의 상승은 이혼자와 재혼자의 연령이 상승하고 있다는 것뿐 아니라 부모의 이혼과 재혼에 비자발적으로 참여하는 자녀의 수가 증가하게 됨을 의미한다. 셋째, 남녀의 재혼 중 사별 후 재혼은 계속해서 줄어들고 이혼 후 재혼은 증가하고 있다. 이혼 후 재혼의 증가는 이혼과 재혼에 이혼 및 재혼 당사자뿐 아니라 그들의 미성년 자녀 또한 관여될 수 있음을 의미한다. 2018년 남편과 아내의 혼인 종류별 혼인을 분석해 보면 남녀의 재혼 중 이혼 후 재혼이 각각 94.6%와 93.8%를 차지하였고, 2018년 이혼자의 45.4%가 미성년 자녀가 있는 것으로 나타난 것을 볼 때 상당수의 재혼이 미성년의 전혼자녀를 포함하는 유자녀 재혼일 것으로 예상된다.

재혼가족은 부부 각각의 전혼 유무, 전혼 자녀의 유무와 자녀와의 동거 유무에 따라 다양하게 분류될 수 있다. 무자녀 재혼과 유자녀 재혼은 서로 다른 특성을 보인다. 무자녀 재혼은 초혼과 가족구조 면에서 거의 유사하며, 유자녀 재혼에 비해 가족 문제가 적게 발생하지만(김승권, 2004), 유자녀 재혼의 경우 무자녀 재혼에 비해 훨씬 더 복잡한 가족관계 및 구조를 가지고 있다. 따라서 이 절에서는 재혼가족을 함께 살고 있는 전혼 자녀가 한 명 이상 있는 가족으로 제한하여 살펴보고자 한다.

〈표 4-7〉 **부부의 혼인형태별 구성비와 재혼 연령** (단위 : 천 건, %, 세)

구 분		2008	2009	2010	2011	2012	2013	2014	2015	2016	2017	2018
총 혼인건수		327.7	309.8	326.1	329.1	327.1	322.8	305.5	302.8	281.6	264.5	257.6
남(초)+여(초)		76.2	76.5	78.1	78.6	78.6	79.2	78.4	78.7	78.7	77.9	77.6
남(재)+여(초)		4.6	4.5	4.3	4.2	4.1	4.0	4.0	3.9	4.0	4.0	4.0
남(초)+여(재)		6.3	6.1	5.6	5.7	5.8	5.6	6	5.9	5.9	6.1	6.2
남(재)+여(재)		12.9	12.9	12	11.5	11.5	11.2	11.6	11.5	11.4	11.7	11.9
계		100.0	100.0	100.0	100.0	100.0	100.0	100.0	100.0	100.0	100.0	100.0
재혼 연령	남자	45.0	45.7	46.1	46.3	46.6	46.8	47.1	47.6	48.2	48.7	48.9
	여자	40.3	41.1	41.6	41.9	42.3	42.5	43.0	43.5	44.0	44.4	44.6

출처 : 통계청(2019). 2018 혼인·이혼 통계

2) 재혼가족의 특성과 적응문제

(1) 재혼 이유

2018년에 재혼을 한 남성의 94.6%와 여성의 93.8%가 이혼을 경험한 것으로 나타났다. 쓰라린 결혼의 실패를 겪고 힘든 이혼의 과정을 경험했던 이들이 벗어나고자 했던 결혼을 다시 선택하는 이유는 무엇일까? 이혼자들이 재혼을 선택하는 이유를 살펴보기 전에 돌싱(돌아온 싱글)들이 재혼을 망설이는 이유부터 살펴보면 남성은 다시 이혼할까 두려워서(53.1%), 재산손실(21.7%), 자녀(13.8%), 구속(11.4%)의 순으로 응답한 반면 여성들은 자녀(57.1%), 또 헤어질까 봐(24.8%), 그리고 구속(14.2%), 재산손실(3.9%)의 순으로 응답을 하였다(아시아경제, 2015. 5. 13). 한 번 이상 이혼을 한 사람들은 초혼의 실패로 인한 상처를 안고 있고 이것이 이들이 재혼을 망설이게 하는 주요한 사유가 되며 여성의 경우에는 자신의 재혼으로 인해 자녀들의 상황이 더 어렵게 되지 않을까 하는 걱정으로 인해 재혼을 망설이는 것을 알 수 있다. 그러나 이 같은 망설임에도 불구하고 이혼을 경험한 사람들의 재혼은 지속적으로 증가하고 있는데, 2017년 한 재혼정보회사가 전국 '돌싱(돌아온 싱글)' 남녀 512명(남녀 각 256명)을 대상으로 재혼을 하고 싶은 이유를 조사한 결과 성별에 따른 차이가 나타났다. 남성의 경우 '탈혼성(26.2%)'에 이어서 '탈혼밥(22.7%)', '탈살림(16%)'과 '탈고독(12.1%)'의 순으로 재혼 사유를 선택한 반면 여성들의 경우 남성과는 달리 1순위가 '탈고독(31.3%)', '탈곤궁(25%)', '탈혼밥(18%)', '탈혼성(13.7%)'의 순으로 나타났다(인사이트, 2017. 12. 19). 돌아온 싱글들의 재혼 사유를 성별에 관계없이 전체로 보면 가장 높은 비율을 차지한 것은 '탈혼밥'으로 혼자 식사할 때의 쓸쓸함, 직장에서 돌아오면 반겨줄 사람이 없어 혼자 지내야 하는 외로운 일상으로부터의 탈피가 재혼의 중요한 이유로 보인다. 그러나 성별로 나누어 분석을 해보면 안정적인 성생활과 가사문제에 대한 해결이 중요한 재혼의 사유인 남성들과는 달리 관계지향적인 여성들의 경우 재혼을 통해 대화의 상대 및 반려자를 찾으려고 재혼을 하는 것으로 나타나 남녀 간의 재혼의 이유에 차이가 있는 것으로 보인다.

(2) 재혼가족의 특성

재혼가족의 부부는 서로에 대한 사랑 때문에 결혼을 한다는 부분에서는 초혼과 동일하나 재혼, 특히 유자녀 재혼은 초혼과는 다른 다음의 여섯 가지 특성을 나타낸다.

① 가족구조의 복잡성

유자녀 재혼은 초혼가족의 경우와는 달리 강하고 친밀한 부모-자녀관계가 부부관계보다 앞서고 복잡한 친인척 관계를 가지고 있다.

② 가족 경계의 모호성

이혼 후 재혼을 한 유자녀 재혼가족의 경우 이혼을 했다고 해서 전 배우자나 전 인척 등 이전 결혼생활에서의 관계가 완전히 끝난 것은 아니며 이들의 존재가 새로운 결혼에 영향을 미치고 가족의 경계가 또한 모호해지는 문제가 발생된다. 재혼의 경우 초혼과는 달리 가족에 대한 정신적 경계와 육체적 경계가 일치하지 않고, 명확하지 않아 가족의 경계 안에 포함되는 사람과 가족 밖에 속하는 사람이 누구인지가 불명확하다. 자녀들의 경우 새로 형성된 재혼가족의 자녀이면서 동시에 비부양부모의 가족이기도 하고 다수의 조부모를 가지게 되기도 한다. 또한 재혼을 한 배우자도 새로 형성된 재혼가족의 아버지 또는 어머니이면서 이혼을 한 전 배우자가 양육하고 있는 자녀의 아버지 또는 어머니로서 동시에 두 가족에 속해있을 수 있다. 이 상황을 Aaron(1979)은 이중핵가족(binuclear family)의 개념으로 설명하고 있는데 이 같은 상황 때문에 재혼가족은 경계의 모호성의 문제를 내포하고 있다.

③ 가족생활주기와 개인생활주기의 불일치

초혼의 경우 일반적으로 결혼으로 인해 가족이 시작되지만 재혼은 부모-자녀관계가 부부관계보다 먼저 시작될 수도 있는데 청소년기 자녀를 둔 중년 남성과 초혼인 여성이 형성한 재혼가족의 경우가 한 예이다. 이 경우 초혼가족의 경우와는 달리 가족생활주기와 개인생활주기가 불일치하기 때문에 수직적 스트레서와 수평적 스트레서가 중복되어 발생되거나 초혼가족에서 경험하지 못한 독특한 스트레서들을 경험할 수 있어 많은 갈등이 생겨날 수도 있다. 특히 청소년이 있는 재혼가족은 초혼가족보다 가족의 응집을 더 요구하게 되는 재혼가족의 과업과 독립을 요구하는 청소년과의 마찰이 심각해질 수 있으며 이로 인한 친부모자녀나 계부모자녀와의 갈등이 가족의 안정성을 위협할 수도 있는 것으로 나타난다(김효순, 2010).

④ 법적인 보호 장치의 부재

현재의 법에서는 계부모-자녀관계를 인척관계로 규정하여 부모 상호 간의 혼인만 인정하는 상태이다. 즉, 부모가 재혼을 하였다고 하더라도 새아버지, 새어머니와 자녀 사이에 부모-자녀관계가 형성되지 않으며 법적으로는 새아버지는 단순히 엄마의 남편 그리고 새엄마는 아빠의 아내인 것이다. 재혼가족의 법적관계의 부재는 계부모의 계자녀에 대한 통제력을 약화시키고 관계에서의 모호성 또한 증가시킨다(김효순, 2015). 최근에 자녀들이 새아버지나 새형제자매와 성이 달라서 생기는 문제를 해결하기 위해 도입된 성과 본 변경제도나 자녀의 성과 본 변경과 부자관계 형성을 동시에 할 수 있는 친양자제도가 생겨났다. 그러나 재혼 후 재이혼이 늘어나면서 아이들의 성씨가 여러 번 바뀌는 부작용이 생겨나고 있고, 친양자제도는 새부모와 친자관계에 준하는 법률관계를 형성하는 대신에 그 이전의 친족관계는 종료되어 친부와의 법적인 관계는 완전히 단절되는 강력한 법률상의 효력을 가지고 있어서 성본 변경과 친양자 입양이 진정으로 '자녀의 복리를 위한' 것인지에 대한 신중한 판단이 요구된다.

⑤ 새형제자매 관계의 형성 및 문제

재혼유형 중에서도 남성과 여성 둘 다 재혼인 비율이 높아지면서 재혼가족의 자녀가 경험할 수 있는 또 다른 문제는 의붓형제(새형제) 간의 문제이다. 초혼가족의 경우 형성되는 형제자매는 친형제자매 관계 밖에 없지만 재혼가족을 통해서는 친형제, 새형제, 반쪽형제의 세 가지 형제자매 관계가 형성될 수 있다. 초혼가족의 형제자매 간은 연령에 의한 위계가 존재하지만 부모의 재혼으로 형성된 형제자매 관계는 연령에 의한 위계가 존재하지 않으며, 연령이나 성, 유사한 경험이나 가치관을 가지고 있을 경우 좋은 관계를 유지할 수도 있지만 서열의식이 희박할 경우 새형제자매 관계는 서로에 대한 경쟁의식이 생겨날 수도 있다(Walsh, 1992, 김연옥 2004 재인용). 또한 친부모의 별거나 이혼에 대한 분노가 해소되지 않은 경우 새형제 간의 갈등은 더 큰 것으로 나타난다. 새형제 간의 관계는 성공적인 재혼의 중요한 요인으로 밝혀지고 있다. 따라서 이들의 관계가 좋을수록 재혼가족의 전체적인 통합도 좋아지는 것으로 나타난다(Skeen, Covi & Robinson, 1985).

⑥ 재혼가족에 대한 부정적인 시각

재혼가족, 특히 계모가족은 많은 편견에 노출되어 있다. 계모가족은 콩쥐팥쥐나 장화홍련전, 심청전 같은 우리나라의 전래동화뿐 아니라 서양의 동화인 신데렐라, 헨젤과 그레텔 등에서 묘사된 것처럼 사악한 계모에게 구박받는 계자녀라는 편견으로 인해 '문화적으로 불이익을 받는 가족'의 형태이다(Ganong & Coleman, 1997; 임춘희, 1996 재인용). 흥미로운 사실은 헨젤과 그레텔의 원본에서 남매를 숲에 갖다 버린 사람은 계모가 아닌 친부모였으나 친엄마가 아이들을 버린다는 설정은 너무 잔혹하므로 계모로 수정되었다고 한다(https://namu.wiki/w/%ED%97%A8%EC%A0 %A4%EA%B3%BC%20%EA%B7%B8%EB%A0%88%ED%85%94). 이처럼 계모에 대한 부정적인 이미지는 혈연중심의 가족주의를 강화하기 때문에 재혼가족의 경우 재혼가족 자체가 가지고 있는 문제가 아닌 가족구조로 인해 발생되는 가족 외적인 문제, 즉 재혼가족에 대한 사회적 편견, 새엄마에 대한 편견, 재혼가족에 대한 부정적 인식으로 인해 가족형성단계부터 어려움을 겪고 있는 것으로 나타난다(장혜경 · 민가영, 2002). 이는 우리 사회가 가지고 있는 초혼의 핵가족이 가장 보편적인 가족의 형태라는 인식과 가족을 구성하는 가장 중요한 구성요소가 혈연이라는 편견에 의해 계자녀-계부모 관계를 필요 이상으로 부정적으로 보고 재혼가족을 불완전하고 문제있는 가족으로 취급하는 것과도 밀접한 관련을 가지고 있다.

재혼가족은 가족의 재구성이라는 긍정적인 측면을 가지고 있지만 위에서 언급한 재혼가족의 여섯 가지 특성은 재혼가족의 안정성을 위협하는 요인들로 작용될 수 있다. 재혼가족은 본질적으로 초혼가족에 비해 취약성이 있으며 안정성을 위협하는 요인들로 인해 미국의 경우 초혼의 이혼율이 50%인 데 반해 재혼의 이혼율은 67%이고, 세 번째 결혼이 이혼으로 끝나는 경우는 74%에 달하는 것으로 나타난다(Globe2Go, 2016). 우리나라는 재혼부부의 이혼율에 대한 통계는 없지만 이혼상담을 가장 많이 하고 있는 한국가정법률상담소의 통계를 분석해 보면 재혼부부의 이혼상담건수(미상 제외)가 2000년 전체 이혼상담건수의 11.2%였으나 2016년에는 21.8%로 1.5배나 증가한 것으로 나타난다(한국가정법률상담소, 2018). 이는 매년 누적되는 재혼가족의 증가에도 이유가 있겠지만 재혼가족이 가지고 있는 안정성을 위협하는 요인들이 재혼가족의 적응에 부정적인 요인으로 작용하기 때문으로 보인다. 따라서 재혼가족의 적응을 위해서는 재혼가족 스스로의 노력과 함께 다양한 사회적 지원이 요구된다.

(3) 재혼가족의 적응

재혼가족은 재혼가족을 바라보는 사회의 고정관념이나 편견과 같은 가족 외적인 어려움 이외에도 재혼하는 당사자나 부모의 재혼을 받아들여야 하는 자녀 양측 모두에게 여러 가지 생활상의 변화, 적응문제와 스트레스 등 다양한 문제를 초래한다(임춘희, 1996). 재혼을 한 두 배우자는 친밀한 부부관계가 형성되기도 전에 새로운 부모로서 새자녀와 유대관계를 형성하면서 가족역할과 가족관계를 재구성해야 하고 새로운 거주지로 이전하면서 환경적 변화와 경제적인 문제에 직면하기도 하는 등 초혼가족과는 다른 다양한 적응의 문제를 가지고 있다(김효순, 2005; Hetherington & Stanley-Hagan, 1999).

재혼가족이 다양한 적응상의 문제를 가지고 있음에도 불구하고 지속적인 재혼의 증가와 더불어 1980년대 중반부터는 재혼가족이 가지고 있는 문제에 초점을 둔 문제 지향적 접근에서 벗어나 재혼을 이혼자들이 선택할 수 있는 새로운 삶의 형태로 인식하고 재혼가족과 초혼가족의 근본적인 차이를 인정하면서 재혼가족의 다양성과 관계의 복잡성에 초점을 두고 이들의 발달과 적응에 관심을 둔 다양한 연구가 이루어지고 있다. 2000년부터 2013년까지 발간된 재혼에 대한 국내논문의 연구 경향을 분석한 변복수(2014)의 논문을 중심으로 재혼가족의 적응을 가족의 적응, 재혼한 배우자의 적응과 자녀의 적응의 세 가지 차원에서 살펴보면 다음과 같다(변복수, 2014).

① 재혼가족의 적응

재혼가족의 적응에 영향을 미치는 요인으로 밝혀진 요인들은 소득수준, 계부모의 성, 자녀의 나이와 재혼기간, 정서적 지지, 그리고 역할의 명료성 등으로 밝혀지고 있다. 이를 구체적으로 살펴보면 재혼가정의 소득이 높을수록, 계모가족보다 계부가족일때, 자녀의 나이가 어릴수록, 재혼기간이 길어질수록 재혼생활이 안정적이며, 가족 내에서 명료한 의사소통 방식을 사용하고, 계부모가 친부모의 역할을 할 수 있다는 환상에서 벗어나 역할의 명료성을 가지고 있을수록, 그리고 계부모에 대한 사회적 편견을 계부모 스스로가 극복하는 것 등이 재혼가족으로서의 긍정적 적응에 영향을 미치는 요인으로 나타났다(변복수, 2014).

② 재혼한 배우자의 적응

계부모의 성별과 관련하여 일반적으로 계모인 경우 계부인 경우보다 적응이 더 어려워 일반적인 가족의 어머니에 비해 스트레스, 불안, 우울증 또는 분노를 더 많이 경험하는 것으로 밝혀지고 있다(Dainton, 1993; Fine & Schwebe, 1992). 이는 남성보다는 여성에게 부모로서의 역할기대가 더 클 뿐 아니라 친모가 아동양육에서 훨씬 더 이타적이라는 편견과 계모에 대한 부정적인 묘사나 고정관념(이기적, 욕심 많음, 냉정함, 복수심 강함) 등이 계모의 역할적응을 더 어렵게 하고 이로 인해 재혼가족의 여성들이 결혼생활에서 더 많은 스트레스를 받기 때문으로 보인다(Nielsen, 1999). 대부분의 재혼자들은 자녀와의 관계에서 많은 갈등을 경험하고 있었고, 새자녀와 친자녀 간의 갈등으로 인한 어려움을 겪는 것으로 나타났는데 자녀와의 갈등이 줄어들수록 남편과의 갈등해결에도 도움이 되는 것으로 밝혀졌다. 친족과의 갈등도 재혼한 배우자의 적응에 방해요인이 되었는데 친족은 재혼가족의 갈등을 유발하기도 하지만 중요한 지지집단이기도 한 것으로 나타났다.

③ 재혼가족 자녀의 적응

재혼가족의 자녀들 역시 재혼가족원으로서 적응의 문제를 가지고 있는 것으로 나타나는데 선행연구에 의하면 재혼가정의 자녀들이 일반가정의 자녀들에 비해 학업수행에 어려움을 보이고 중도에 학업을 포기하는 비율이 높은 것으로 나타났으며(Rodger & Rose, 2002), 심리사회적으로도 계자녀의 딸이 우울과 분노가 교차하는 증세, 심각한 우울증, 스트레스와 분노의 감정 등을 경험하는 것으로 밝혀졌다(김효순, 2005). 또한 재혼가족의 자녀들은 일반가정의 자녀들보다 공격성, 행동장애와 같은 행동적응의 문제가 더 많이 나타나지만 자녀의 발달주기, 부모의 재혼 시 재혼에 대한 자녀의 의사반영 여부와 자녀가 부모의 재혼과정에 참여하였는지 여부, 의사소통 정도, 자녀의 성과 재혼부모의 성, 가족의 경제수준과 친부모와의 관계에 따라 재혼가족 자녀의 적응은 달라지는 것으로 밝혀졌다. 자녀가 어떤 발달단계에 속해 있는가에 따라 적응의 문제는 달라지는데 청소년기에 속하면 인지적 수행능력, 심리 사회적 적응, 행동상의 적응문제가 나타난다고 한다(김효순, 2005). 청소년 자녀를 가진 재혼가정의 경우 재혼 전 부모들이 재혼의 과정에 자녀들을 참여시켜 새 가족을 소개하는 등 충분히 사전에 재혼가족에 적응할 수 있었을 때 재혼 후 거부감이나 소외감 등이 적고 잘 적응하며, 다양한 가족의 장점을 인식하는 것으로 나타났다. 계부모의 양육태도, 자녀 성별, 역할갈등, 친구나 학교의 지지, 역할 모호성, 가족경계의 모호성 요인 등도 청소년 자녀의 적응에 유의미한 영향을 미치는 것으로 밝혀졌다(김효순 · 하춘광, 2016). 또한 구체적인 의사소통과 자기개방 수준이 높은 의사소통을 할수록 계자녀들이 계부모와의 관계에서 애정적인 관계형성이 이루어지는 것으로 밝혀졌다. 재혼가족 자녀의 성별도 심리사회적 적응에 영향을 미치는 것으로 나타났는데 청소년기 딸들이 계부모에게 덜 우호적이고 갈등적이거나 반항적이며, 문제행동을 할 위험이 커서 정서적 측면과 행동적 측면 모두에서 문제를 경험할 위험성이 큰 것으로 드러났다(김효순, 2010). 또한 청소년기 아들이 새엄마에게 적응하는 것보다 청소년기 딸이 새아빠에게 적응하는 데 더 어색함을 느끼는 것으로 나타났다. 가족의 경제수준도 영향을 미치는데 주거의 불안정이나 경제적 어려움은 재혼가정 자녀의 적응에 부정적인 영향을 나타냈다. 친부모와의 관계도 재혼가정 자녀의 적응에 영향을 미치는 것으로 나타나서 함께 사는 친부모와의 관계가 좋은 재혼가족 청소년이 새부모와의 관계도 좋으며(임춘희, 2006), 재혼 전 부모의 갈등이 심했던 청소년들이 재혼가족에 대해 긍정적으로 평가하는 것으로 밝혀지고 있다.

3) 재혼가족의 건강성

재혼을 불완전한 제도로 보는 부정적인 시각과는 달리 최근에는 재혼을 이혼자들이 선택할 수 있는 새로운 삶의 형태로 인식(변복수, 2014)하는 등 재혼에 대한 사회적 시각의 변화가 나타나고 있다. 그러나 재혼가족은 여전히 가족형태에 대한 우리 사회의 고정관념으로 인해 어려움을 겪고 있으며, 가족관계와 기능 면에서도 매우 불리하고 취약한 상황에 놓여 있다. 그러나 모든 재혼가족이 어려움을 경험하는 것은 아닌 것으로 밝혀지고 있는데 재혼가족이 초혼가족만큼은 아니지만 가족으로서 제 기능을 유지하고 있고 적응해 나간다는 결과들 또한 다양하게 도출되고 있다. 재혼만족도의 경우 시간이 지나면서 감소하기는 하지만 초혼의 경우와 매우 유사하고, 계모의 결혼 행복도와 자신감도 초혼과 다르지 않은 것으로 나타난다(Nock, 1981, 김효순 2005 재인용). 이는 국외뿐 아니라 국내에서도 마찬가지로 나타나는데 재혼남녀 108명을 대상으로 재혼가족의 적응실태를 연구한 장혜경・민가영(2001)에 의하면 남성의 79.1%와 여성의 64.6%가 현재의 재혼생활에 만족하고 있었고, 남성의 76.7%와 여성의 73.8%가 재혼 직전과 비교해 현재의 재혼생활에 만족한다고 응답하여 남성과 여성 모두 재혼하기 전보다 재혼한 생활이 더 만족스러운 것으로 나타났다.

재혼가족의 부모-자녀 간에 존재했던 긴장도 시간이 지남에 따라서 해소되어(Clingempell & Segal, 1986), 약 2년 정도가 지나면 일상적인 가족상태의 구조화가 어느 정도 이루어지는 것으로 밝혀지고 있다(Walsh, 1992). 즉, 재혼가족이 일반가족보다 적응상의 문제를 경험할 가능성이 높지만 모든 재혼가족이 적응의 문제를 경험하는 것은 아니며, 시간이 지남에 따라 적응이 되는 것으로 나타난다(김효순, 2005). 재혼은 결혼이 해체되는 이혼과는 달리 가족의 재구성을 통해 손상된 가족의 기능을 회복하고 가족의 건강과 행복을 도모할 수 있다는 측면에서 보다 긍정적인 인생사건이 될 수 있다(조성혜, 1999). 재혼을 달리 부르는 말로 '새혼'이라는 단어가 국립국어원 '신어'자료집에 수록되어 있다. 새혼은 밝고 건강한 이미지를 위한 재혼의 새 이름으로 '새롭게 시작하는 혼인'을 뜻한다. 이는 지금까지 부정적으로만 바라보던 재혼을 보다 객관적인 차원에서 바라보려는 시도이다. 재혼가족이 직면한 다양한 문제들을 건강하게 해결하고, 사회가 이들을 편견 없이 바라본다면 한부모가족의 어려운 부분을 극복하여 가족의 건강과 행복을 도모할 수 있는 가족이 될 것이다.

참고 4-5] 아이와 함께하는 재혼, '혈연 없는 가족애' 받아들여라

[심층기획] '준비된 가정, 안전한 미래' 〈9〉 재혼 '가족의 재탄생'

조인경 기자

이현우(19) 군이 고등학교에 입학하던 해, 엄마는 현우와 동생을 데리고 재혼했다. 새아빠는 술만 마시면 엄마를 괴롭히고 때리기까지 했다. 그때마다 현우는 새아빠를 막아서며 꽉 잡거나 밀치는 일밖에 할 수 없었다. 어느 날 또다시 술을 마신 새아빠는 급기야 현우마저 때렸고, 정신을 잃고 쓰러진 현우는 뇌에 금이 가 한동안 병원 치료를 받아야 했다. 경찰 조사를 받은 새아빠는 접근근지명령에 이어 아동학대 판결을 받았고, 엄마는 새아빠와 그렇게 갈라섰다. 현우는 심리 상담을 받으면서 조금씩 충격에서 벗어나고 있지만 요즘 들어 부쩍 '이다음에 어떤 아빠가 될 것인가'에 대해 고민하고 있다. 현우는 "엄마와 함께 살았던 그분도 자신이 어른으로서의, 아버지로서의 역할을 배웠다면 나에게 이런 일이 생기지는 않았을 것 같다"고 말했다.

두 번 실패할 수는 없다는 신념은 때론 지나치게 이상적인 가정을 꿈꾸게 한다. 재혼가정에서 부모는 이제 한 가족이 됐으니 부모와 자식 간의 사랑이 싹트리라 오매불망 기대하지만, 자녀는 반대로 전래동화 '콩쥐팥쥐' 속 이야기처럼 새엄마가 자신을 굶기고 괴롭힐지 모른다는 편견에 사로잡히기도 한다.

재혼가정, 특히 자녀가 있는 경우라면 당면하는 현실적인 문제의 난도 자체가 다르다. 앞서 배우자나 부모의 죽음 또는 별거와 같은 가족 상실을 경험했다는 공통점이 있을 뿐, 어태껏 서로 다른 경험과 전통, 가치를 가진 사람들이 이제 막 한집에 한 가족으로 모였기 때문이다. 새 부모와 새 형제・자매 뿐 아니라 새로운 친족 관계가 생겨나고 거주지를 옮기면서 학교를 전학하는 경우까지 자녀 입장에서는 모든 인간관계, 모든 주변 환경이 한꺼번에 변하는 충격 속에 놓이기도 한다.

일반적인 혼인 가정은 부부가 먼저 가정을 이루고 이후 자녀가 생긴다. 하지만 재혼가정은 이미 자녀가 있는 상태에서 부부관계가 맺어지므로 관계나 적응 측면에서도 근본적으로 차이를 보이게 된다. 재혼가정의 구성원들이 경험하게 되는 혼란과 갈등을 제때 해결하지 못하면 이들은 또다시 힘겨운 상황을 맞을 수 있다. 새 가족과의 새로운 관계는 자녀가 친구를 사귀고, 이성친구를 만나고, 사회활동을 하거나 새로운 가정을 꾸리는 데까지 영향을 미친다.

김미옥 경성대 심리학과 교수는 "다양한 사례를 통해 새부모가 친부모와 동등한 입장에서 자녀를 야단칠 수 있게 되기까지 평균 1년 6개월에서 2년 정도 걸린다는 결론을 얻었다"며 "나의 뿌리가 어디이고 난 어디에 소속돼야 하는가 하는 정체성에 혼란을 느낀 아이는 대인관계에서도 완전한 소속감을 느끼지 못하고 겉도는 경우가 많다"고 전했다.

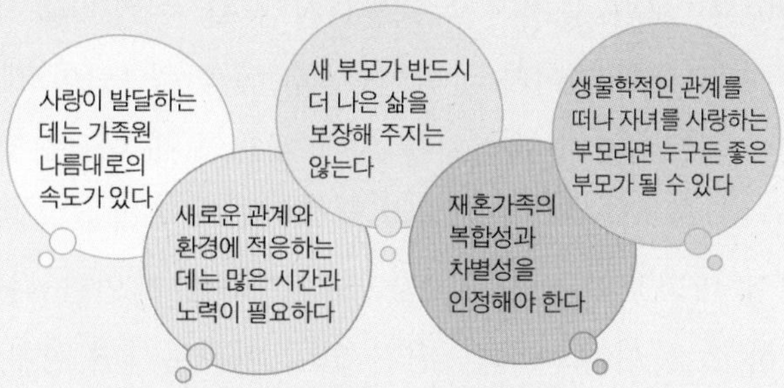

〈재혼에 대한 잘못된 생각 바로잡기〉
(자료 : 육아정책연구소)

전문가들은 새 부모와 새 자녀, 또는 새 형제자매 간에서 생겨나는 갈등이 대부분 서로 다른 생활방식과 양육방식에서 비롯된다고 입을 모은다. 특히 본인의 자녀를 키워보지 않은 상태에서 새 자녀를 맞게 되거나, 또는 본인의 자녀에 대한 나름의 양육 방식이 정립된 상태에서 재혼한 부부가 훈육이나 양육 방식을 일치시키지 않으면 자녀는 어느 쪽 부모의 말을 따라야 할지 혼란을 겪게 된다.

재혼으로 새 자녀가 생기더라도 아주 어렸을 때부터 직접 양육하고 성장과정을 지켜본 경우와 아동기를 거쳐 청소년이 된 새 자녀와 만난 경우는 부모와 새로운 관계를 형성해 나가는 데서 큰 차이가 있다.

변복수 숭실대 부부가족상담연구소 박사는 “일반 가정에서도 한창 예민한 시기인 사춘기 자녀들이 부모에게 대들고 반항하는 일이 비일비재하다. 재혼가정의 경우 새 부모가 아무리 아이들을 공평하게 대하려 해도 사소한 일로 오해나 서운함이 생겨나기 마련”이라며 “새아빠나 새엄마가 직접 훈육하기보다는 일단은 친부모가 훈육하도록 놔두다가, 점차 친밀감이 쌓이면 새 부모가 자녀를 양육하는 방식이 바람직하다”고 설명했다.

반면 재혼가정의 아이들은 동시에 헤어진 부모를 잊지 못하고, 잊으면 안될 것 같은 죄책감에도 시달린다. ‘새엄마를 잘 따르면 친엄마가 섭섭해하지 않을까’, ‘친엄마 생각을 많이 하면 새엄마가 나를 미워하겠지’하는 두려움은 새 가족에 적응하고 소속감을 갖는 데 부정적인 영향을 준다. 부모 입장에서는 이 과정이 생각보다 쉽지 않고 시간이 꽤 걸릴 수도 있다는 점을 받아들여야 한다.

김효순 세종사이버대 상담심리학부 교수는 “부모는 자녀의 불안하고 혼란스러운 감정을 있는 그대로 인정해 주고 최대한 자녀의 입장에서 공감하려 노력해야 한다”며 “새로운 가족 안에서도 친부모가 여전히 자녀를 사랑하고 있다는 것을 아이들이 느낄 수 있도록 가능한 한 자주 표현하라”고 조언했다.

전문가들은 또 우리 사회가 재혼가정의 특수성을 이해하고 받아들이려는 자세가 선행돼야 한다고 지적한다. 재혼가정이 사실은 보통의 혼인 가정과 다를 수밖에 없다는 점을 인정하라는 것이다. 재혼을 결정하기에 앞서 재혼가정에는 어떤 문제가 있고 어떤 장점이 있는지를 알려주고 미리 준비할 수 있도록 해야 한다. 재혼 당사자인 부부뿐 아니라 자녀들도 여러 차례에 걸쳐 전문적인 교육과 상담을 받으며 현실을 이해하고 변화에 적응하도록 하는 방법이 새 가정에 대한 스트레스와 부정적인 정서를 최소화할 수 있다.

김미옥 교수는 “재혼 부부의 유대감이 높고 관계가 안정적일수록 자녀들은 이 가정이 지속될 것이라는 확신과 안정감을 느끼게 된다”며 “재혼 전 자녀의 심리 상태를 이해하고 재혼 후에도 가족 내 갈등과 위기상황에 대처할 수 있게 하는 교육이 필요하다”고 강조했다.

(아시아경제, 2018. 4. 23)

4) 재혼가족을 위한 제안과 지원

재혼가족의 적응을 돕고 건강성을 유지하기 위해 재혼가족 스스로가 준비하여야 할 것과 재혼가족을 위해 사회가 지원해야 할 것들을 알아보면 다음과 같다.

(1) 재혼을 준비하는 가족들을 위한 제안

미국심리학회는 미국사회에서는 재혼가족이 더 이상 일탈적인(aberration) 가정이 아니라 규범적인(norm) 가정이라고 주장하면서 자녀와 함께 재혼하는 가족들이 재혼을 계획할 때 다음의 세 가지 사항을 고려할 것을 제안하고 있다(APA, 2018).

첫째, 경제계획과 주거에 대해 준비를 하여야 한다.

재혼 전에 어디에서 살 것인가와 가정 경제를 어떻게 운영할 것인지에 대하여 사전에 논의를 하여야 한다. 배우자 중 한 명이 거주하던 집에서 재혼가정을 시작하기보다는 새로운 주거지를 찾는 것이 더 나은데, 이는 새로운 환경이 '그들의 집'이 되기 때문이다. 또한 돈을 부부가 따로 관리할 것인가의 여부도 사전에 결정하여야 한다. 일반적으로 재정을 하나로 통합하여 관리하는 재혼자들이 돈을 따로 관리하는 경우보다 가족만족도가 더 높은 것으로 보고되고 있다.

둘째, 이전의 결혼에서의 감정과 문제를 해결하고 출발하여야 한다.

재혼은 이혼을 한 배우자와 자녀들에게 이전 결혼에서의 오래되고, 해결되지 않은 분노와 상처를 불러일으킬 수 있다. 예를 들어, 부모가 재혼을 한다는 소식을 들은 자녀는 부모가 재결합을 하게 될 것이라는 희망을 포기하게 된다. 전남편의 재혼 소식을 들은 여성은 상처와 분노 때문에 관계가 더욱 악화될 수 있고 이러한 관계의 악화는 재혼가족의 적응에 부정적인 영향을 미칠 수 있으므로 재혼 전에 이전 결혼에서의 감정을 정리하고 문제를 해결해야 한다. 그러나 자녀가 친부모에 대해 가지고 있는 감정은 존중하고 인정해야 한다.

셋째, 부모역할의 변화를 예측하고, 새 가족의 규칙을 정하고 전통을 세운다. 재혼 전에 두 배우자는 새로운 배우자의 자녀를 기르기 위한 계부모의 역할을 논의하고 찾아내야 하며 새로 형성하는 재혼가족에서의 규칙을 정하여야 한다. 재혼가족은 초혼가족과는 다르다는 것을 인정하고 두 사람이 함께 자녀를 어떻게 기를 것인지에 대해 논의하며 자신들의 가족상황에 맞는 새로운 계부모의 역할을 찾아내야 한다. 또한 새로 형성된 가족은 이전의 가족과 다르다는 것을 부부와 자녀가 인정하고 함께 합의하여 새로운 가족을 위한 규칙과 전통을 만들어 나가야 한다.

(2) 재혼가족을 위한 지원

① 재혼준비교육과 재혼가족을 위한 가족관계 향상 프로그램의 개발과 실시 필요

재혼가족은 초혼가족과는 성격이 상이하고, 새로운 부부관계, 부모-자녀관계와 형제자매관계 등으로 인해 가족스트레스가 증가하며, 예기치 못한 가족문제가 발생하기도 한다. 또한 재혼가족들만이 수행해야 할 과업들이 존재하고 있고 이 과업이 제대로 수행되지 못하는 경우 재이혼을 초래할 수도 있다(조성혜, 1999). 특히 청소년 자녀가 있는 재혼가족의 경우에는 부모-자녀 간에 갈등적인 상황에 직면하는 경우가 많고, 청소년기 자녀가 정서적 불안정이나 비행 등의 적응상의 문제가 나타날 가능성이 높다. 따라서 재혼생활을 시작하려는 사람들에게 재혼생활에서 겪게 될 다양한 문제들을 알려주는 재혼준비교육과 더불어 재혼가족의 바람직한 적응과 올바른 역할 정립을 돕고 재혼가족이 새로운 가족형태를 이해, 수용 및 적응할 수 있도록 재혼가족의 부부와 부모-자녀를 대상으로 하는 재혼가족교육 프로그램의 개발과 지원 그리고 재혼가족 관계향상을 위한 프로그램의 개발과 실시가 필요하다(김효순, 2016).

② 재혼가족의 친족을 대상으로 하는 프로그램이 요구됨

재혼가족의 친족들이 재혼가족의 지지집단으로 작용하는 것으로 나타나기 때문에 친족들에게 자신들이 재혼가족에 미치는 영향력을 인지시키고 이들이 재혼가족을 위한 지지집단으로 변화될 수 있도록 친족을 대상으로 하는 프로그램의 실시가 필요하다(장혜경 · 민가영, 2001).

③ 재혼부부와 가족을 대상으로 다양한 형태의 가족상담 실시

재혼가족은 자신들이 초혼가족과 다르다는 것을 받아들일 필요가 있고 이 과정에서 가족상담 등 외부로부터의 다양한 지원이 필요할 수 있다. 그러나 재혼가족이 자신들이 재혼가족이라는 사실을 남들에게 알리고 싶어 하지 않는 현실을 고려하여 대면상담뿐만 아니라 전화상담 및 온라인 상담서비스 등을 구축할 필요가 있다(장혜경 · 민가영, 2001).

④ 자조그룹 형성

비슷한 처지에 있는 재혼가족들이 서로가 공유한 문제와 갈등을 표현하고 타인이 유사한 문제에 대처하는 방법을 자신의 문제해결에 사용하고 서로 도울 수 있는 지지그룹의 형성이 필요하다.

⑤ 재혼가족에 대한 인식의 전환과 사회적 배려 필요

이혼 후 재혼의 보편화와 재혼남성+재혼여성 혼인유형의 증가는 가족은 단순히 혈연을 나누는 사이라고 생각하고 초혼 핵가족을 가장 보편적인 가족이라고 보는 우리 사회의 '혈연중심 가족주의'와 '초혼중심주의'를 극복하도록 우리 사회의 가족에 대한 이념과 인식의 변화를 요구한다. 우리 사회의 구성원들이 가족은 혈연으로만 구성되는 것이 아닌 마음과 정을 나누는 사이가 되어야 한다는 것과 건강한 사회는 우리 사회에 이미 존재하고 있는 다양한 가족들을 인정하기 위한 인식의 전환과 함께 이 가족들이 건강성을 유지하고 강화할 수 있도록 지원하고 배려할 때 비로소 이루어지는 것이라는 것을 깨달아야 한다.

4. 조손가족

우리 사회의 장기적인 불황과 경제상황의 악화로 인한 고용불안과 실업률의 증가와 이에 따른 이혼율의 증가로 인해 늘어나고 있는 가족의 형태가 조손가족이다. 최근의 이혼경향을 보면 결혼 20년 이상의 이혼이 지속적으로 증가하고 있기는 하나 2018년 이혼부부 중 미성년 자녀가 있는 부부의 비율이 45.2%로 전체 이혼부부의 반 정도는 이혼 후 미성년 자녀를 누가 부양해야 할 것인가의 문제를 안고 있음을 알 수 있다(통계청, 2019). 이혼가정 중 빈곤층의 경우 생계를 위해 자녀양육을 노년의 부모에게 위탁하는 사례가 증가하면서 조손가족은 지속적으로 증가하고 있다. 조손가족의 증가와 함께 1995년 인구총주택조사에서 처음으로 2세대 가구 중 조부모+미혼손자녀가구를 분리하여 분석을 시작했고, 2010년부터는 조부모+미혼손자녀, 조부 또는 조모+미혼손자녀가구로 세분화하여 분석하기 시작하였다. 인구총주택조사의 자료를 보면 조손가족은 1995년에는 35,195가구에서 2005년에는 58,101가구로 증가하였고, 2015년에는 113,111가구(2005년까지는 조부 또는 조모+미혼손자녀가구를 2세대 기타 가구로 분류하여 급속하게 증가한 것으로 나타났을 수도 있음)로 급속하게 증가하였는데(통계청, 2018), 2035년에는 321,000가구까지 늘어날 것으로 예측된다(보건복지부, 2017). 조손가족은 자녀 양육 능력을 상실한 2세대인 성인 자녀를 대신하여 65세 이상의 조부모가 18세 이하인 3세대 손자녀 양육의 1차적인 책임을 전담하면서 대리부모 혹은 대리양육자의 역할을 수행하는 1세대 조부모와 3세대 손자녀로 구성된 가족을 의미한다(김오남, 2007; 류재중, 2007; 여성가족부, 2010). 조손가족의 증가는 우리나라만의 현상은 아니며 서구에서도 최근 가장 두드러진 인구학적 변화의 하나로 나타나면서 사회문제화되기 시작하였지만 우리 사회에서는 최근에 나타난 새로운 현상은 아니다(한경혜 외, 2008). 경제적·인구학적 현실이 불안정하던 산업화 초기 한국사회에서 다자녀로 인한 과도한 양육부담, 부모의 사망, 경제적 형편의 어려움이나 교육의 목적 등의 다양한 이유로 자녀를 조부모에게 보내어 조부모가 자녀를 양육할 수 없는 부모를 대신하는 안전망의 기능을 하였고 지금과는 달리 그

시절에는 조손가족을 특별히 비규범적인 가족형태로 간주하지는 않았었다(한경혜, 2007).

노인세대는 혈연에 바탕을 둔 가족중심주의를 중요한 미덕으로 인식하고 있어 가족의 문제는 가족 내에서 해결해야 한다는 경향이 강할 뿐만 아니라 혈연에 대한 소속의식이 강하기 때문에 자신의 자녀가 양육할 수 없게 된 손자녀에 대한 혈연적 유대와 정서적 연민에 바탕을 두고, 자신들이 양육을 책임져야 한다는 의무감을 가지고 있다(여성가족부, 2006). 따라서 노인인구의 증가, 전통적인 가족가치관의 변화, 노동시장의 불안 그리고 이혼율의 상승 등으로 인한 가족유형의 구조적 변화와 이 같은 변화를 따라가지 못하는 사회적 안전망의 부족, 그리고 우리 사회에 뿌리 깊게 남아 있는 가부장적 친족관계에 의해 조손가족은 앞으로도 계속해서 증가할 것으로 전망된다(보건복지부, 2017; 이광자, 1988). 그러나 조손가족은 가계 담당자인 고령의 조부모와 미성년 손자녀만으로 이루어진 가족의 구조상 생계 담당 능력이 상대적으로 약해 빈곤의 위험이 높으며 조부모들의 건강상태 악화와 이로 인한 가족내 돌봄과 보호기능이 취약한 문제를 가지고 있으며 사회적 의존인구로 구성된 가족의 형태로 아동문제와 노인문제가 복합된 다양한 제반 문제를 가지고 있기 때문에 안정된 가정생활을 유지하기 위해 많은 도움을 필요로 한다. 조손가족은 이 같은 부정적인 측면과 동시에 가족해체로 인해 돌봄을 필요로 하는 아동을 시설이 아닌 정서적 유대가 존재하는 가족의 범주에 머물게 하면서 돌봄을 제공하여 부족한 공적 지원체계의 역할을 대신한다는 것, 그리고 혈연중심의 한국 조부모세대에게 자신의 자손을 남의 손에 맡기지 않고 돌본다는 것 자체가 보상적인 경험이 된다는 긍정적인 측면도 가지고 있다(정다겸, 2007; 황미진・정혜정, 2014). 이 절에서는 증가하고 있는 조손가족의 실태, 적응의 문제와 건강성을 파악하고 조손가족을 위한 지원을 살펴보고자 한다.

1) 조손가족의 실태

조손가족과 관련된 대부분의 논문이 소수의 조손가족을 대상으로 실시한 결과를 보고한 것이기 때문에 데이터가 조금 오래 되었기는 하지만 조손가족을 대상으로 실시한 전국단위의 조사이고 가장 최근의 대규모 조사인 '2010년 조손가족 실태조사' 결과를 중심으로 조손가족의 실태를 파악하고자 한다(여성가족부, 2010). 2010 조손가족 실태조사는 여성가족부가 65세 이상의 조부모와 18세 이하의 손자녀와 조부모만으로 이루어진 전국의 조손가족 12,750가구를 대상으로 실시한 조사로 2007년 600가구를 대상으로 한 조사에 이은 두 번째 실태조사이다. 조손가족의 실태에서는 조손가족의 현황, 친부모와의 관계, 조손가족의 경제적 상황, 조손가족 조부모의 건강문제와 손자녀의 양육 실태에 대해 살펴보고자 한다.

(1) 조손가족의 현황

손자녀를 양육하고 있는 조부모의 평균 연령은 만 72.6세이며, 만 70세~74세가 35.4%로 가장 많았고, 만 75세 이상이 33.2%, 만 65세~69세는 31.4%였다(여성가족부, 2010). 조부모의 학력은 초등학교 졸업 이하가 82.3%로 거의 대부분이었고, 중졸이 10%, 고졸 이상은 7%에 불과하였다. 손자녀의 연령은 7~12세가 50.3%로 가장 많았고 13~18세가 47%, 6세 이하는 2.7%였으며 평균 연령은 만 13.3세였다. 예상 외로 6세 이하 영유아의 비율이 낮은 것은 조손가족 실태조사가 조부모의 연령을 만 65세 이상으로 제한하였기 때문으로 보인다.

조손가족 손자녀의 양육을 주로 책임지는 사람은 조모가 82.7%, 조부가 17.3%였으며, 조손가족 조부모의 17.1%만이 배우자와 동거하면서 손자녀를 돌보고 있었고, 82.9%는 조부모 중 한 사람만이 손자녀와 생활하고 있었다. 실태조사의 응답자 중 남성노인(2,207명)은 유배우율이 54.6%로 절반 이상이었으나, 여성노인(10,543명)의 경우 9.2%에 불과해 대부분의 조손가족이 조모와 손자녀로 이루어진 한조부모 가족임을 알 수 있다. 양육하고 있는 손자녀와의 혈연관계를 살펴보면 친손자녀가 80.8%이고, 외손자녀는 17.7%로 부계혈연 중심의 가족 특성을 나타내고 있다. 조손가족에서 양육되고 있는 손자녀의 수는 평균 1.4명이었고 1명의 손자녀를 양육하고 있는 가족이 66.2%, 2명 이상의 손자녀를 양육하는 경우도 33.8%나 되었다.

조손가족 형성의 주요 이유는 손자녀의 '친부모의 이혼이나 재혼'이 53.2%로 가장 높은 비율을 차지하였고, '친부모의 가출이나 실종(14.7%)', '친부모의 질병이나 사망(11.4%)', '친부모의 실직이나 파산(7.6%)' 그리고 '친부모의 취업(6.7%)'의 순으로 나타났다. 친부모의 이혼이나 재혼이 조손가족 형성의 가장 주된 이유로 나타난 것을 볼 때 지속적인 이혼과 재혼의 증가로 인해 조손가족은 계속해서 증가될 것이며 친부모의 형편이 월등히 나아지지 않는 한 친부모가 손자녀를 다시 양육할 가능성이 낮기 때문에 조손가족이 장기화될 것으로 예측된다(정은지, 2012).

(2) 손자녀의 친부모와의 관계

친부모의 현황을 보면 친부의 생사를 알지 못하는 경우가 14.5%, 사망이 11.5%였으며, 친모의 경우는 생사를 알지 못하는 경우가 31.8%, 친부모 모두 생사를 알지 못하는 경우도 8.8%로 친모의 생사를 모르는 경우가 친부의 경우에 비해 2배나 더 높았다. 친부모로부터의 양육비 지원 여부를 보면 25.9%가 친부로부터 지원을 받고 있었다. 정기적 지원은 13.3%, 부정기적 지원을 받는 경우가 12.6%였고 7.5%는 생일이나 명절과 같은 특별한 경우에 지원을 받는 정도였고 전혀 지원을 받지 못하는 가구는 66.6%에 달했다. 반면 친모로부터 양육비 지원을 받는 경우는 14.7%에 불과하였다. 손자녀와 친부모와의 연락의 정도를 보면 친부와 연락하며 만나는 경우는 50.8%, 친모는 34.5%, 만나지도 못하고 전화연락도 하지 못하는 경우는 친부 30.0%, 친모 51.5%로 나타났다. 친부모와의 관계를 종합해 보면 친부가 친모에 비해 연락이나 만남도 잦고, 양육비도 더 많이 지원하는 것을 알 수 있다.

(3) 조손가족의 경제적 상황

조손가족이 겪는 가장 큰 어려움은 경제적 문제인 것으로 나타난다. 각종 지원금과 소득을 합한 조손가족의 월평균 소득은 59.7만 원이었는데, 월 소득이 40만 원 이상 80만 원 미만인 가구가 44.1%로 가장 많았고, 40만 원 미만이 20.1% 였으며, 80만 원 이상의 소득은 17.98%에 불과하였다(무응답 17.7%)(여성가족부, 2010). 조손가족의 월 평균 소득은 2010년 통계청이 발표한 전체 가구의 월평균 소득 355만 원의 16.8%, 2011년 노인실태조사 밝혀진 노인가구의 월소득 180만 1,500원의 33.1%(정경희 외, 2012), 그리고 2010년도 2인 가구 최저생계비 85만 8천 원(보건복지가족부, 2009)의 69.6%에 불과해 대부분의 조손가족이 최저생계비 이하의 빈곤층인 것을 알 수 있다. 특히 조손가족의 월평균 생활비는 약 63.5만 원으로 평균소득 59.7만 원에 비해 월 3.8만 원 정도가 더 들어 적자가 누적되고 있는 상태로 판단할 수 있다. 한국복지패널 자료의 분석을 통해 아동빈곤의 동태적 변화 특성을 분석한 연구에 의하면 가구주가 남성일 때 아동이 5년 이상 장기빈곤을 겪는 비율은 4.7%인 반면 모자가정의 장기빈곤율은 41.6%이고 가구주가 65세 이상 노인인 조손가정의 장기빈곤율은 45%로 나타나서 조손가정이 심각한 빈곤위험에 노출되어 있는 것으로 밝혀졌다(김태완 · 이주미, 2017). 조손가족의 대부분은 손자녀의 친부모가 부양자로 등록되어 있어서 기초생활수급대상자에서 제외되지만 손자녀의 친부모로부터 정기적으로 양육비를 지원받는 경우는 30%에도 미치지 못하고 실질적으로는 양육비를 보내지 않는 경우가 대부분이어서 다수의 조손가정이 빈곤상태이다. 이는 조손가족 중 정부의 지원금에 전적으로 의존하는 가구가 46.7%, 조부모 혹은 그 배우자가 가족의 생계를 책임지고 있는 가구는 39.1%, 다른 자녀들로부터 지원을 받고 있는 가구가 7.9%인 것에서도 알 수 있다.

가족의 생계를 책임지고 있는 조부모의 직업은 단순노무직이 20.2%로 가장 많았고 정규직이나 비정규직에 근무하는 경우는 11.2%에 불과하였다. 실제로 조손가족의 76.7%가 가장 큰 고민이 '경제적 어려움'이라고 응답하였고, 66.2%가 손자녀를 돌보면서 가장 어려운 점이 '손자녀 양육에 따른 경제적 문제'라고 답하여 조손가족이 직면하는 최대 현안이 경제적 빈곤으로 나타남에 따라 조손가족에 대한 경제적 지원이 시급하게 이루어져야 함을 알 수 있다.

(4) 조손가족 조부모의 건강문제

조손가족 조부모의 평균 연령은 만 72.6세이며, 만 75세 이상이 33.2%로 조손가족 조부모들이 고령으로 다양한 질병에 걸릴 가능성이 높은데 이들의 건강상태는 손자녀 양육자로서의 역할에 중요한 영향을 미칠 수 있다는 점에서 주목할 필요가 있다. 2010 조손가족 실태조사에 의하면 조부모들의 건강상태는 '6개월 이상 만성질환을 앓고 있는 경우'가 40.8%로 가장 많았고, '크고 작은 잔병에 시달리는 경우'가 33.1%, '질병으로 인해 건강하지 못한 경우'가 73.9%에 달했으며, '나이에 비해 건강한 편'이라는 응답은 16.9%로 상대적으로 매우 적었다. 또한 배우자가 '6개월 이상의 만성질환을 앓고 있다'는 응답이 37.9%, '배우자가 크고 작은 잔병이 많다'는 응답도 39.8%로 나타나서 본인과 배우자가 건강상의 문제를 겪고 있는 조부모들이 손자녀를 돌보고 있음을 알 수 있다. 주관적인 건강에 대한 응답을 조손가족실태조사와 비슷한 시기에 전국 65세 이상 노인들을 대상으로 조사를 실시한 2011 노인실태조사 결과와 비교해 보면 조손가족 노인들에 비해 두 배 이상 많은 39.4%의 노인들이 '건강한 편'이라고 응답하여 조손가족의 조부모들이 일반 노인들에 비해 주관적인 건강상태를 더 나쁘게 인식하고 있음을 알 수 있다. 이는 조손가족의 조부모들이 노화로 인해 건강상의 문제가 나타나는 시기에 손자녀까지 양육하면서 신체적으로 더 많은 어려움을 겪기 때문으로 보인다.

(5) 손자녀 양육 실태

가족 내에서 어린 미취학 손자녀를 주로 양육하는 사람은 '노인 본인이나 배우자'인 경우가 86.6%로 대부분을 차지하였으며 시설을 이용하는 경우에는 70.3%가 어린이집을 이용하고 있는 것으로 나타났다. 조손가족 취학 손자녀들의 경우 97.4%가 정상적으로 학교에 다니고 있었는데 학교에 다니지 않는 1.9% 중 47%는 학교에 적응하지 못해 학업을 중단했고, 40.3%가 특별히 하는 일 없이 지내는 것으로 나타나서 이들이 정상적으로 학령기를 보낼 수 있도록 돕는 지원이 시급한 것으로 보인다. 현재 학교에 다니는 손자녀들의 방과 후 생활실태는 '학원이나 독서실에 다니는 경우'가 32.8%로 가장 많았고, '형제나 친구들과 놀며 소일하는 경우'가 32.6%로 다음으로 높았으며, '가사를 돕거나 동생을 돌보는 경우(5.6%)', 경제활동을 하는 경우가 2.5%로 나타났다.

조부모들이 손자녀를 양육하면서 부딪히게 되는 가장 어려운 문제는 양육(교육)에 따른 경제적 문제(66.2%)였고, 아이의 생활 및 학습지도 문제(11.5%)가 다음으로 나타났다. 조손가족의 조부모들은 손자녀의 친부모로부터 정기적으로 양육비를 지원받는 경우가 30%도 미치지 못하는 상황에서 손자녀의 양육으로 인해 어려움을 겪을 뿐 아니라 아니라 손자녀 양육으로 인한 양육(교육) 비용이 조손가족의 생활에 큰 문제가 되는 상황에서도 손자녀의 지속적인 양육에 대한 의지를 가지고 있는 것으로 밝혀졌다. 손자녀 양육 향후 계획에 대한 질문에 손자녀가 성년이 될 때까지 자신들이 양육하겠다고 응답한 조부모가 63.5%였으며, 29.5%는 친부모가 찾으러 올 때까지 키우겠다고 응답하여 대부분의 조부모가 손자녀의 양육에 대한 의지를 포기하지 않고 있음을 알 수 있다. 따라서 정부와 사회는 조손가족을 일시적 일탈적 가족유형으로 보기보다는 새로운 가족유형의 하나로 인정하고 이들의 특수성을 고려하여 보다 적극적이고 세심한 지원방안을 마련해야 할 것이다.

2) 조손가족의 적응과 어려움

(1) 조부모의 적응과 어려움

조손가족을 대상으로 한 국내・외의 대부분의 연구들은 조손가족 조부모의 건강문제, 경제문제, 심리적 문제나 부양부담감 또는 손자녀의 문제행동 등 조손가족의 문제점에 초점을 두었다(김미혜・김혜선, 2004; 김정은, 2002; 성지혜, 2001; 옥경희, 2005; 이희섭, 2004; Burton, 1992; Roe & Minkler, 1999; Simons & Chao, 1996). 선행연구들에 의하면 손자녀를 양육하는 조부모들은 손자녀를 양육하지 않는 조부모보다 유의하게 높은 우울증상을 보였으며(Minkler, et al, 1997), 아동양육이라는 시간에 어긋난 역할(Seltzer, 1976)에 의해서 스트레스를 받을 뿐만 아니라, 손자녀를 양육함으로써 사회적 고립을 경험하고(Minkler & Roe, 1996), 손자녀의 문제행동으로 인해 심리적으로 부담감을 느끼는 것으로 나타났다(Elkind, 1990). 조손가족 조부모가 겪는 일상적 스트레스 중 하나는 손자녀의 늦은 귀가로 인한 걱정과 훈육인데 손자녀의 학년이 올라갈수록 귀가시간이 늦어지면서 일탈행위 등에 대한 우려로 조부모는 잔소리와 격앙된 감정을 표현하고, 손자녀는 조부모와의 대화를 거부하는 상황이 발생되면서 발생되는 양육스트레스가 조부모의 심리적 안녕에 직접적인 영향을 미치는 것으로 나타나고 있다(이명용 · 김승희, 2014).

(2) 조손가족 손자녀의 적응문제

조손가정 아동들의 경우 부모의 이혼이나 재혼, 실종이나 사망 등 가족의 구조적 결손으로 인해 조부모와 동거하면서 경험하는 다양한 환경적 요인의 변화에 의해 과부하를 느낄 수 있다. 또한 고령의 조부모의 건강악화와 경제적 어려움과 같은 위기상황에서 조부모를 부양하거나 가사를 담당하고 가정을 책임져야 하는 등 조부모를 직간접적으로 지원하는 역할을 수행하기도 한다(이선화 · 최해경, 2012). 성인 보호자의 부재나 무능력 등으로 자신의 발달단계에 맞지 않는 성인역할을 수행해야 하는 조기 성숙의 압력과 역할부담은 조손가족 아동의 적응에 부정적 영향을 미쳐서 한부모 또는 양부모 가족의 아동들에 비해 조손가족 손자녀의 심리사회적 적응 상태가 열악하며 특히 비행이나 공격성향과 같은 외현적 문제행동 양상이 높다는 연구결과들도 제시된다(강윤희, 2014; 박화옥 · 김민정, 2014). 또한 조손가족의 손자녀들은 조부모에게 위탁되면서 부모와 함께 살던 거주지에서 이전함에 따라 익숙했던 어린이집이나 학교를 떠나 새로운 친구와 교사 그리고 학교환경에 적응해야 하는 문제에도 직면하게 된다.

조손가정 아동들의 적응상태에는 주양육자인 조부모의 양육방식이 큰 영향을 미치는 것으로 나타났는데 칭찬과 애정을 표현하고, 아동의 욕구에 민감하게 반응하며 아동의 자율적인 행동을 인정하는 조부모의 양육방식은 아동의 적응에 긍정적인 영향을 미치는 반면 칭찬과 애정표현에 인색하고 아동의 행동에 간섭하며 비일관적인 양육방식은 아동의 적응에 부정적인 영향을 미치는 것으로 나타났다(김예성, 2017).

가정에서 성장과 발달에 필요한 다양한 지지와 학습환경 제공 등이 절대적으로 필요한 십대 손자녀들은 조부모의 제한적인 부모역할과 조부모 건강문제 및 가정환경에 대한 결핍 등으로 인한 어려움을 가지고 있어 한부모가족의 자녀보다 아르바이트를 수시로 하고 있고, 유해업소 출입과 흡연비율도 높게 나타나며, 조부모와 거주하는 가정환경이 열악하여 학습권을 침해받거나 경제적 지원을 받지 못해 오는 다양한 어려움을 호소하고 있다(강진영, 2014; 김미영, 2013; 성윤숙 · 김윤한, 2011).

조손가족의 손자녀는 낮은 일상생활 만족도를 보이고, 개인적인 역량과 능력이 감소되고 환경의 변화에 취약하며 발달지체나 정서적 문제가 일어날 가능성이 높았으며, 사회적 상호작용의 단절이나 감소로 인해 대인관계상의 문제를 경험하는 것으로 나타났고, 사회적 기술이 낮고 친구가 적으며 학교 부적응의 문제도 나타낸다고 한다(김혜선, 2004; Gibbs, 1990). 조손가족 청소년의 경우 성별, 연령, 학교 성적, 비동거 부모와의 관계 등에 따라 문제행동이 달라졌는데 남자의 경우 분노, 속이기, 거짓말, 도벽 등 반사회적 외형적인 문제행동을 보이는 반면 여자는 우울이나 불안 등의 내면적인 문제행동을 일으켰고, 저학년이 고학년보다 우울감을 더 느끼는 것으로 밝혀졌다(김혜선, 2004; 성지혜, 2001; 심희옥, 1997).

조손가정의 손자녀가 직면해야 하는 또 다른 문제점은 조부모 가족에 대한 사회적 편견이다. 조손가족실태조사 결과에서 조손가족 손자녀 중 초등학생의 13.4%가 학교생활을 하면서 가장 바라는 점으로 '선생님이나 친구들이 차별하지 말았으면 좋겠다'라고 응답하였고, 조부모와의 생활을 위한 희망 사항에 15.7%가 그리고 조부모와의 생활을 하면서 가장 바라는 일이 무엇인지에 대해 15.3%가 '주변의 사람들이 차별하지 않았으면 좋겠다'라고 응답하여 조손가족의 손자녀들이 학교와 사회로부터 차별을 경험하고 있고 이로 인해 어려움을 겪고 있음을 알 수 있다.

3) 조손가족의 건강성

조손가족에 대한 이전의 많은 연구나 문헌들은 조손가족의 부정적인 측면에 초점을 두고 조손가족 조부모와 손자녀들이 다양한 스트레스와 우울, 심리적, 정서적 문제를 경험하게 된다는 결과를 발표하면서 조손가족은 '문제가족' 또는 '결손가족'이라는 사회적 낙인이 강화되어 왔고 이에 따라 조손가족에게 잠재되어 있는 강점은 도외시되었다. 그러나 최근에는 조손가족의 돌봄이 가지고 있는 긍정적인 측면에 초점을 맞춘 연구(박경애, 2007)나 자식을 모두 출가시키고 나서 빈둥지에서 고독을 느끼면서 혼자 사는 것보다는 조손의 양육을 통해 긍정적인 효과를 얻을 수 있다는 긍정적인 연구 결과들이 제시되고 있다(Storm & Storm, 2000), 또한 조손과의 관계에 대한 만족이 노년기의 삶에 대한 새로운 의미를 제공하는 등의 긍정적인 영향을 미칠 수 있다는 강점관점의 다양한 연구들이(박미자 · 이창식, 2008; 박충선, 2010; 황명진 2011; Minkler, et al., 1992; Pruchno, 1999) 시도되면서 조손가족이 다양한 긍정적인 측면을 가지고 있고 조손가족 조부모들의 만족감에 사회적 지지가 중요한 영향을 미친다는 결과들이 제시되고 있다. 조손가족에는 조부모의 경제적 빈곤과 조부모-조손 간의 갈등과 같은 부정적인 요소만 있는 것이 아니라 오히려 조손이 새로운 가족, 학교, 사회적 환경에 적응하고, 조부모가 새로운 사회적 임무와 생의 만족감을 느끼면서 조부모-조손으로 구성된 새로운 가족의 유대가 생길 수 있다는 것이다(김미영, 2010).

2010 조손가족 실태조사 결과에 의하면 경제적 어려움에도 불구하고 조부모들은 손자녀 양육에 대한 의지가 강하며, 중고등학생 손자녀의 절반 이상(57%)이 조부모가 돌아가실 때까지 함께 살겠다는 의사를 밝히는 것으로 나타나서 강한 가족유대를 가지고 있음을 알 수 있다. 즉, 제3자의 입장에서는 조손가족을 사회의 문제로 바라보고 있지만 조손가정 내 조부모의 입장에서

는 가족해체의 대안으로 기능하는 지지원으로 본인들의 역할을 인식하고 있음을 알 수 있다. 따라서 조손가족을 바라보는 사회적 시각도 조손가정의 문제점에 초점을 두기보다는 조손가정의 기능을 강화하고 손자녀 양육부담을 경감시켜 궁극적으로 노인의 삶의 질을 높이고, 손자녀의 바람직한 성장발달에 초점을 두는 가족지원을 강화하는 방향으로의 전환이 필요하다. 조손가정의 건강성을 조부모 측면과 손자녀 측면으로 나누어서 살펴보기로 하자.

(1) 조부모 측면에서의 건강성

자녀세대의 육아와 보육을 이미 경험한 조부모세대는 생애주기에 있어서 육체적인 쇠퇴와 경제적인 어려움을 겪을 뿐 아니라 새로운 육아나 교육환경에 대한 지식과 경험이 많지 않아 조손의 양육에 있어서 상당한 부담과 어려움을 느끼기도 하지만(이창식 외, 2010) 자식을 모두 출가시키고 나서 빈둥지에서 고독을 느끼면서 사는 것보다 손자녀의 양육을 통해 새로운 가족연대를 찾고, 가족 간의 유대를 형성하며, 아동의 발달이나 삶의 전반에 대해서 긍정적인 영향을 미치면서 새로운 생의 의미를 찾고, 돌봄 보상감을 느끼는 것으로 나타난다(황명진, 2011; Sands & Goldberg-Glen, 2000; Storm & Storm, 2000).

조손가족의 조부모들의 돌봄 보상감에 대한 연구를 살펴보면 손자녀를 양육하는 조손가정의 조부모들은 손자녀들을 소중한 존재로 인식하고, 손자녀의 성장과 발달을 보면서 보람을 느끼고, 손자녀들을 삶의 목표로 생각하며, 자녀에게 주지 못한 애정을 손자녀에게 제공함으로써 심리적 보상을 받을 뿐 아니라 손자녀의 장래를 기대하며 자랑스럽게 여기고 있는 것으로 밝혀지고 있다(김오남, 2007; 이윤정, 2014; 박현식, 2010).

조부모가 지각하는 긍정적인 정서에는 사회적 지지가 중요한 역할을 하는 것으로 밝혀졌는데 친부모와 접촉이 빈번할수록 손자녀 양육에 대한 만족감이 높게 나타나고 조부모에 대한 사회적 지지가 높을수록 손자녀를 돌보는 역할에 대해 자신감과 자부심을 많이 느끼기 때문에 생활만족도가 높게 나타났다(박지은, 2009; 서지은, 2011). 특히 손자녀를 돌보는 조부모에게 가족이나 친지, 이웃 등 주변으로부터 격려나 공감, 그리고 인정 등과 같은 정서적 지지가 제공되었을 때 손자녀 돌봄이 어려운 경험이기는 하지만 그 가운데서도 기쁨과 보람을 경험하고 있으며, 손자녀를 돌보는 과정에서 부딪히는 어려움을 대처하거나 손자녀의 성장발달에 필요한 교육정보를 쉽게 습득할 수 있도록 도와주는 정보적 지지를 통해 조부모가 손자녀를 돌보는 경험을 긍정적으로 받아들이는 데 영향을 미치는 것으로 밝혀져서(박경애, 2007) 조손가족 조부모에 대한 사회적 지지망의 유지 및 확대가 필요함을 알 수 있다.

(2) 손자녀 측면에서의 건강성

부모로부터 가족해체나 학대 및 방임을 경험한 손자녀들이 조부모의 개입을 통해 심리적 안정과 사회적 적응에 도움을 받았다는 Solomon & Marx(1995)의 연구나 부모로부터 보살핌이나 사랑을 보장받을 수 없는 상황에서 조부모들이 제공하는 안정적이고 우호적인 가족분위기를 통해 손자녀의 부적응이 치료되고 삶이 풍요로워지고 나아질 수 있다는(Brian, 2000) 조손가족 손자녀와 관련된 긍정적인 연구 결과들이 도출되고 있다.

조손가족 실태조사 결과에서도 초등학생 손자녀를 대상으로 자신을 양육하고 있는 조모가 자신을 얼마나 좋아하는가를 묻는 질문에 응답 아동의 70.6%가 '조모가 자신을 좋아하신다'고 하였고 76.2%가 '자신이 조모를 좋아한다'라고 응답하였다. 조부의 경우 57.4%가 '조부가 자신을 좋아하신다'라고 응답을 했고 62.2%가 '자신이 조부를 좋아한다'고 응답하여 조부나 조모가 자신을 좋아한다고 생각하는 것보다 자신들이 조부나 조모를 좋아한다는 응답율이 더 높게 나타났으며, 중고생 손자녀들의 92.2%가 자신들이 꿈꾸는 장래의 희망이 달성될 수 있다고 자신들의 장래를 긍정적으로 보고 있는 것으로 밝혀졌다. 이 결과들은 조손가족의 손자녀들이 더 이상 부모들로부터 사랑이나 보살핌을 받을 수 없고 부모와 관계형성을 할 수 없는 상황에서, 조부모들이 손자녀들에게 필요한 지지적인 가족분위기와 훈육의 제공을 통해 손자녀들이 애정 속에서 긍정적인 삶을 살아가도록 돕고 있음을 보여주고 있다.

또 다른 연구에서는 조손가족의 아동과 청소년들이 가족관계의 질을 긍정적으로 인식할수록 그리고 지역사회의 지지, 즉 가족, 친구나 선생님 외에 민을 수 있는 사람, 힘들 때 도와줄 수 있는 사람, 도움을 받을 수 있는 기관이나 시설을 많이 지각할수록 삶의 만족도가 높아지는 것으로 나타나서 조손가족 아동과 청소년들의 삶의 만족도를 높이기 위해서는 조부모와 관계의 질을 높일 수 있는 사회적 지원과 함께 지역사회의 적극적인 지원의 제공이 필요함을 알 수 있다(중 유, 2014).

참고 4-6] 할머니, 할아버지의 날은 왜 없을까

박한선

O씨의 유년기는 복잡했습니다. 아버지는 무려 네 번 결혼했는데, 어머니는 아버지의 두번째 아내였습니다. 사실 아버지는 유부남이라는 사실을 숨기고 어머니와 결혼한 것이었죠. O씨가 두 살 무렵, 부모는 이혼합니다. 일곱살이 될 무렵 어머니는 다른 남자와 재혼하지만, 몇 년 만에 다시 별거하고 나중에 결국 이혼합니다. O씨는 외할머니에게 보내졌고, 이후 어른이 될 때까지 줄곧 할머니 품에서 자라게 됩니다.

• 할머니, 할아버지의 날?

곧 5월 8일, 어버이날입니다. 많은 아이들은 카네이션을 접어 부모님 가슴에 달아드릴 것입니다. '어머니날'은 세계적인 국경일인데, 미국, 일본을 포함하여 아주 많은 나라에서 5월 초의 하루를 정해 어머니날(Mother's day)로 기념하고 있죠. 대개는 미국처럼 5월의 두 번째 일요일에 몰려 있습니다. 어머니날의 기원이, 약 100여 년 전 앤 자비스라는 미국 여성을 기리는 데서 시작되었기 때문입니다.

재미있게도 대부분의 나라는 아버지날(Father's day)을 따로 정하고 있습니다. 역시 미국에서 시작되었습니다. 하지만 우리나라에는 원래 어머니날밖에는 없었습니다. 1956년에 제정된 어머니날이, 1973년 '어버이날'로 바꾸면서 '아버지'를 슬쩍 끼워 넣었죠. 아버지를 위한 날을 하나 만들어 주어도 좋았을 텐데요. 아무튼 우리나라처럼 하루에 '몰아서', 어버이날로 기념하는 나라는 거의 없습니다.

그러면 할머니나 할아버지의 날은 어떨까요? 미국, 영국, 프랑스, 독일, 호주 등 상당수의 나라에서 조부모의 날(Grandparents' day)을 따로 정해 기념하고 있습니다. 70년대 초반 마리안 맥퀘이드는 미국에서 조부모의 날 제정 캠페인을 벌였는데, 결국 1978년 연방 정부 차원에서 노동절 다음 일요일을 '조부모의 날'로 선포하면서 공식화됩니다. 그리고 많은 주요 국가에서 잇달아 조부모의 날을 제정하게 됩니다. 하지만 안타깝게도 우리나라에는 할머니, 할아버지의 날이 없습니다. 그냥 어버이날에 슬쩍 할머니, 할아버지에게도 감사하자는 식으로 대충 넘어가고 있죠. 할머니, 할아버지 입장에서는 좀 서운한 일입니다.

• 할머니 양육의 진화

할머니의 양육 참여라는 인류학적 관습을 '지속 양육 가설'이라고 합니다. 아기는 어머니 외에도 대행부모, 특히 할머니의 공동 양육을 받을 때, 더 무럭무럭 자랄 수 있도록 진화했습니다. 할머니가 같이 키운 아이들은 그렇지 않은 경우에 비해서 영양 상태도 양호했고 생존율도 더 높았죠. 또 다른 연구에 의하면, 친할머니와 외할머니 모두 동일하게 아기의 생존 및 발달에 도움을 주었습니다.

하지만 이는 어디까지나 공동 양육의 기반 내에서만 그렇습니다. 정확한 비율은 알 수 없지만, 진화적인 맥락에서 보면 아마 어머니, 외할머니, 친할머니, 기타 가족 순서로 양육에 참여했을 것입니다. 친족

집단, 즉 마을 전체가 같이 키우는 것입니다. 전적인 할머니의 단독 양육은, 전통 사회에서 거의 일어나기 어려운 일입니다.

심지어 여성이 남성보다 더 오래 사는 이유가, 바로 할머니 양육에 기인한다는 가설이 있습니다. 오래 사는 할머니가 손주에게 적응적 이득을 주었을 것이고, 이를 통해서 보다 장수하는 여성의 유전자가 선택되었다는 것이죠. 논란이 분분한 가설이지만, 상당히 설득력이 있습니다. 사실 인간의 긴 노년기가 가지는 진화적인 목적은 아직 확실하지 않습니다. 사실 60세 이후는 퇴행이 지속되는 비기능적인 기간이며, 단지 종결까지 좀 시간이 걸리기 때문에 노년기가 존재하는 것일 수 있죠. 하지만 노년기도 자연선택에 의해서 선택된, 즉 적합적 이득을 위한 기간이라는 주장이 만만치 않습니다.

어떤 의미에서 여성은 필요 이상으로 오래 삽니다. 다른 포유류는 대개 마지막 출산 이후, 수명의 10%만 더 살고 사망하죠. 그러나 인간의 여성은 마지막 출산 이후에도 전체 수명의 약 1/3을 더 살아갑니다. 잠비아의 2000명의 아이를 대상으로 한 25년 간의 종적 연구에 의하면, 할머니와 같이 사는 아이는 보다 양호한 영양상태와 높은 생존 확률을 보였습니다. 할머니 양육은 인류의 오랜 진화적 유산입니다.

• 할머니, 할아버지가 키우는 아이들

미국은 1970년대 이후 치솟는 이혼율과 십대 임신, 약물 남용 등의 사회적 현상으로 인해서, 조손가정의 비율이 증가하게 됩니다. 이미 70년대 초반 무려 3%의 가구가 조손가정이었는데, 이러한 추세는 갈수록 심각해지죠. 현재는 7% 이상의 아이들이 할머니나 할아버지의 품에서 자란다고 합니다. 우리나라의 사정도 별반 다르지 않습니다. 1995년 엄밀한 의미의 조손가정, 즉 부모 없이 할머니나 할아버지와 같이 사는 가정의 비율은 겨우 0.1%에 불과했습니다. 그러나 2014년 기준으로 조손가정의 비율은 0.7%에 이릅니다(서울 기준).

그런데 상당수의 조손가정은 건강한 양육에 실패하는 경우가 적지 않습니다. 앞서 말한 것처럼 할머니 양육 가설은, 어디까지나 보조 양육자로 머무를 때 가능한 일입니다. 할머니의 단독 위탁 양육처럼, 할머니의 양육 참여 비중이 너무 높아지면 오히려 해가 됩니다. 적당한 수준으로 즐겁게 손주를 돌볼 수 있는 수준에서 머물러야 합니다.

조손가정의 가장 큰 어려움은 경제적 빈곤입니다. 만혼이 일반적이므로, 조손의 연령차이도 점점 늘어나고 있습니다. 아이에게 적절한 정서적, 신체적 자극을 제공하기에 역부족인 경우가 많습니다. 그래서 미국에서는 아동부양강제법을 제정하여, 부모가 아이를 돌보는 조부모에게 경제적 지원을 하도록 의무화하고 있습니다. 하지만 우리 현실은 그렇게 녹록지 않습니다.

• 할머니가 키워도 괜찮아

물론 할머니, 할아버지와 같이 사는 아이들을 편견의 눈으로 바라보아서는 곤란합니다. 다양한 어려움에도 불구하고 손주를 훌륭하게 키워내는 할머니, 그리고 할아버지가 정말 많습니다. 보통 가정에서도 할머니는 다양한 방식으로 손주 양육을 보조하고 있죠. 부모 은혜에 버금가는 수준입니다.

앞서 말한 O씨의 유년기는 누가 봐도 불행해 보였습니다. 하지만 사람들의 '편견'과는 달리, O씨는 조부모의 품에서 아주 건강하고 명랑하게 성장했습니다. 컬럼비아 대학교와 하버드 로스쿨을 졸업하고, 변호사가 되었죠. 그리고 주 상원의원을 거쳐서 연방 정부 상원의원에 당선됩니다. 그리고 제 44대 미국 대통령에 당선되죠. 임기 첫 해에는 노벨평화상도 수상합니다.

네. O씨는 바로 버락 오바마입니다. 오바마는 유년기와 청소년기 대부분을 외조부모와 보냈습니다. 전형적인 조손가정이죠. 그래서 외할머니는 오바마에게 '어머니 이상'의 의미였습니다. 심지어 대선 며칠 전에 할머니가 쓰러졌다는 소식을 듣고, 무려 이틀 동안 유세를 중단하고 하와이로 가서 병문안을 한 적도 있습니다. 안타깝게도 할머니는 손주가 대통령에 당선되기 이틀 전에 세상을 떠났습니다.

아마 조손가정은 점점 더 늘어날 것입니다. 가족 와해의 흐름을 막는 것은 대단히 어려워 보입니다. 차선책으로 조부모 양육에 대한 경제적 지원과 사회적 대책이 필요합니다. 또한 조손가정의 아이들에 대해 색안경을 끼고 바라보는 사회적 편견도 사라져야 한다고 생각합니다. 조부모 가정에서도 훌륭하게 성장할 수 있습니다. 이를 위해서 보다 적극적인 사회적 지원과 관심이 있었으면 좋겠습니다.

대충 어버이날에 함께 뭉뚱그리지 말고, 할머니, 할아버지의 날도 있었으면 좋겠습니다. 전통적으로 효를 중시한 우리 나라에 조부모의 날이 없다는 것은 아무래도 이상합니다. 뭐, 당장은 어쩔 수 없겠습니다만. 아쉬운 대로 올해 5월 8일은 할머니, 할아버지의 은혜를 생각하는 날이 되었으면 좋겠습니다.

(동아사이언스, 2017. 5. 7)
http://dongascience.donga.com/news/view/17916

4) 조손가족을 위한 지원

결혼 및 가족과 관련된 가치가 빠르게 변하고 있음에도 혈연 중심적 가족가치가 여전히 지배적인 가치로 자리를 잡고 있는 우리 사회에서 조부모세대가 자식세대를 대신하여 손자녀의 양육을 맡는 것은 사회적으로 최선의 선택으로 보일 수 있지만 일과 생업에서 해방되어 여가를 즐기며 생의 의미를 되찾고, 궁극적으로 인생을 행복하게 마감할 준비를 해야 하는 노년기에 우리 사회가 조부모에게 일방적으로 조손의 양육을 맡기는 것은 노년 세대에게 지나치게 과중한 책임이다. 급속한 결혼의 해체와 가족 가치관의 변화와 함께 조손가족은 대안적인 혈연가족으로 지속적으로 증가할 것으로 예상되는 가족형태이므로 조손가족의 기능을 강화하고 손자녀 양육부담을 경감시켜 궁극적으로는 노인의 삶의 질을 높이고, 손자녀의 바람직한 성장 발달에 초점을 두기 위해 우선 조손가족의 실태파악이 이루어져야 하고 이를 통해 이들의 욕구를 파악하고 조부모세대의 양육의 책임을 사회가 함께 나누기 위한 다양한 정책적 지원이 고려되어야 한다. 또한 조손가족은 경제적 자활능력이 없으면서 부모와 자녀 간의 유대 없이 세대 차이가 심한 조부모와 손자녀만으로 가족이 형성되고 있으므로 일반 저소득층 가족이나 한부모가족과는 다른 상황에 처해 있음을 인지하고 조손가족이 가족으로서의 생활공동체를 유지시키기 위한 별도의 지원체계가 필요하다.

이를 위한 구체적 지원 방안은 다음과 같다.

① 조손가족에 대한 정부차원의 경제적 지원과 정책 필요

조손가족실태조사(여성가족부, 2010)에 의하면 조손가족 생활 애로사항은 경제적 어려움(76.7%)이 가장 많았고 다음으로 손자녀의 학업 및 장래(53.7%), 조부모의 건강에 대한 우려가 44.8%로 나타났으며, 손자녀 양육 시 가장 큰 애로사항이 양육(교육)에 따른 경제적 문제였는데 이미 경제적인 능력을 잃어버린 조부모와 경제적 능력을 가지고 있지 않은 조손이 함께 생활을 영위하는 조손가족은 고령의 조부모와 미성년 손자녀, 즉 사회적 의존인구로 구성된 가구이므로 현 시점에서 경제적 자립을 통해 생활수준을 향상시킬 수 없고 외부의 지원에 전적으로 의지해야 하므로 이들의 삶의 질을 높일 수 있는 물질적 지원책을 강구하는 것이 급선무이다.

특히 조손가족의 양육자인 조부모는 자신의 인생을 마무리해야 할 시기를 거슬러 육아와 양육의 책임을 사전준비 없이 불가피하게 맡았으며, 노화에 따라 다양한 질병에 노출되어 어려움을 지니고 있으므로 조손가족의 손자녀가 성장하여 자립할 수 있을 때까지 지속적인 보호지원이 필요한 상황이다. 따라서 조손가족을 주 대상으로 하고 손자녀로 인해 증가하는 생계비에 대한 현실적인 지원을 하는 정책이 필요하다.

현재 가정위탁보호제도가 있지만 2016년 12월 기준 전체 수급자 112만 6,510가구 중 조손가구는 7,621가구에 불과하다(파이낸셜뉴스, 2018. 2. 21). 부양의무자 조건 때문에 왕래가 없고 양육비를 제공하지 않는 자녀라 해도 부양의무자에 해당되면 경제적으로 취약한 조부모 세대가 생계비를 지원받기 어려운 실정이어서 조손가정은 복지의 '사각지대'에 속해있다. 또한 조손가족과 관련된 정부부처인 보건복지부나 여가부의 업무계획에서도 다문화가족이나 한부모가족과 같은 대표사업으로 진행되지도 않으며, 여성가족부에서 2010년 조손가정실태조사 이후 조손가족에 대한 정기 조사나 통계조차도 없는 실정이다. 조손가정의 빈곤상황을 개선하기 위해서는 조손가정의 실태에 대한 정확한 파악과 함께 조손가정의 특수성을 제대로 이해하고 반영하여 개별적인 지원과 서비스를 지원할 수 있도록 법적·제도적 장치의 구축이 필요하다.

② 조손가족에 대한 친족과 지역사회의 지원

조손가족의 가족기능에 영향을 미치는 변인을 조사한 이화영(2006)에 의하면 응답자의 다양한 제반 특성 중 조부모가 지각하는 사회적 지지가 가장 유의미한 영향력을 미치는 것으로 나타났는데 지각하는 사회적 지지가 높을수록 조손가족의 응집성과 적응성이 높아지는 것으로 나타났다. 사회적 지지는 조손가족 조부모의 양육 스트레스를 완화시키고, 조부모의 우울을 줄이며, 심리적 안녕을 증가시킬 뿐만 아니라 손자녀 학대를 줄이는 데도 직접적 영향을 미치는 등 손자녀 양육에 매우 중요한 영향을 미치는 것으로 밝혀지고 있다. 따라서 조손가족이 가족기능을 유지·보완하여 가족의 건강성을 유지하기 위해서는 가족은 물론 지역사회 차원의 다양한 사회적 지지와 관심이 필요하다(김승희, 2016; 박화옥, 2013).

③ 전국의 건강가정지원센터 등을 통해 조손가족과 조손가족을 지원하기 위한 자원 연계

조손가정의 조부모들은 지역사회 네트워크와의 연계가 미흡하여 자신이 있는 지역에 어떤 자원이 존재하고 있는지 알지 못할 뿐만 아니라 국가나 사회로부터 어떤 지원을 받을 수 있는지에 대한 정보의 부족으로 인해 이미 존재하고 있는 지원조차 이용하지 못하는 경우가 많은 것으로 밝혀지고 있다. 따라서 건강가정지원센터가 중심이 되어 조손가족들이 필요로 하는 지역사회 내의 자원과 정부의 조손가족 지원 서비스와 프로그램을 찾아주고 연계하여 조손가족에게 필요한 정보를 제공하여야 한다(황명진, 2011).

④ 조손가족의 가족기능 강화를 위한 가족중심의 포괄적 서비스 제공

조손가족은 대부분 부모-자녀 간의 유대감이 없이 세대 간의 차이가 심한 조부모와 손자녀만으로 가족이 구성되었기 때문에 일반 저소득 가정이나 한부모가족과는 다른 측면에서의 양육 스트레스나 부정적인 가족관계를 경험할 수 있으므로 조손가족에 대한 경제적인 지원 이외에도 다양한 서비스와 상담 및 양육기법교육이나 양육 및 교육 정보교환 등을 제공할 필요가 있다. 또한

조손가족의 손자녀가 사회적 약자로서 소외당하지 않을 수 있도록 돕는 다양한 복지서비스의 개발이 필요하다.

노년기는 개인적인 역량과 능력이 감퇴하고 환경의 변화에 취약해지는 시기이기 때문에 이 시기에 손자녀 양육의 책임을 맡게 된 조부모들은 역할갈등을 느낄 수밖에 없다. 또한 경제적 부담과 세대 차이에서 오는 정서적 소통 등 다양한 문제를 안게 된 상태에서 손자녀의 문제행동에 대한 적절한 대처 능력이 없다는 점에서 많은 심리적 어려움을 가지게 된다. 현재 조손가족의 손자녀를 대상으로 제공되는 지역아동센터나 방과 후 프로그램의 주된 목적은 일시적인 양육 부담을 덜어주는 것으로 조손가족의 손자녀로 하여금 과거와 달라진 현재의 가족구조와 환경에 적응하는 데 도움을 주지는 못하기 때문에 조손가족의 다양한 문제를 지원하거나 역량 강화를 돕는 등 고령의 조부모가 부모세대를 대신하기 힘든 부분에 대해 전담 전문가가 손자녀를 상담을 해줄 필요가 있다. 사춘기에 접어든 손자녀의 사회성 발달과 정서적 안정을 도모하는 데 멘토링 프로그램의 효과성이 입증되고 있으므로 상담, 멘토링과 함께 학업지원, 여가활동 등의 서비스가 장기적이고 지속적으로 제공되어야 한다(배종필, 2012; 이현주, 2007; 황명진, 2011).

손자녀의 성장발달에 필요한 교육정보의 습득과 같은 정보적 지지가 조부모들의 손자녀 돌봄에 긍정적인 영향을 미치는 것으로 나타나므로 조부모들에게 손자녀들의 행동과 정서를 이해할 수 있도록 돕고, 손자녀의 분노나 행동상의 문제들을 다룰 수 있는 기술을 습득하도록 하는 교육 프로그램과 손자녀 양육방법에 대해 교육하고 지원하는 서비스의 실시가 필요하다(김예성, 2017). 또한 자녀세대를 대신해 손자녀를 양육해야 하는 양육부담을 안고 있는 노인세대가 자신의 현실 상황에 적응할 수 있도록 조부모의 심리정서적 측면을 지지해 줄 수 있는 심리상담 서비스의 제공 또한 필요하다(이화영, 2006).

손자녀의 적응이 조부모의 양육태도와 양육스트레스에 의해 영향을 받고 있음이 나타났기 때문에(김예성, 2017) 조부모들의 양육에 대한 지원은 조부모뿐 아니라 손자녀에게도 중요한 영향을 미칠 것으로 보인다. 이를 위해서는 조부모들이 양육하는 손자녀를 학교차원에서 도와주기 위한 학교지원 프로그램이나 가족-학교 연계 프로그램의 실시가 필요하다(김혜선, 2004).

조부모가 질병 등으로 인해 손자녀를 돌보지 못할 경우 가사일을 돕거나 손자녀를 돌보아 주는 직접적인 서비스의 제공과 함께 손자녀를 책임지는 생활에서 벗어나 자신의 삶을 돌볼 수 있도록 원조해야 하며 손자녀의 주간보호나 방과 후 지도 서비스 등의 제공도 필요하다.

⑤ 조손가족의 조부모들을 위한 자조집단 형성

조부모가 가지고 있는 사적 지지망의 크기와 의논상대 유무가 조모의 우울증에 영향을 미치며, 지지집단에 속한 조부모는 스트레스가 낮고 자존감과 적응적인 대처전략이 향상되는 것으로 나타났다(최해경, 2002; Minkler & Roe, 1993). 조손가족의 주부양자는 배우자가 없는 여성노인으로 이들은 의논상대조차 없이 혼자 문제해결을 하는 실정이다(최해경, 2002). 지지집단의 형성을 통해 사회적 고립을 막고, 자신의 상황을 이야기하고 위로와 정보를 교환할 수 있는 기회를 가질 수 있으며, 손자녀를 양육하는 과정에서 요구되는 다양한 자원과 지지를 지역사회와 함께 대처할 수 있는 계기가 마련될 것이다(김미혜 · 김해선, 2004). 특히 자조집단 모임에 교사와 전문가들이 참석한다면 조부모의 문제와 욕구를 교사가 이해하고 아동과 교사의 욕구를 조부모와 지역사회가 이해하는 장이 마련될 수 있을 것이다(김혜선, 2004).

⑥ 조손가족에 대한 편견을 없애기 위한 다양한 시도 필요

우리나라의 조손가족은 가족해체 과정에서 만들어진 일탈적 가족유형이라기보다는 사회구조적 변화 과정에서 만들어진 변형된 가족유형이다. 따라서 이들의 여건을 일시적인 상황으로 이해할 것이 아니라 새로운 환경적인 도전을 능동적으로 해결하고자 하는 의지를 가지고, 강력한 혈연적 유대를 바탕으로 각 구성원들이 적극적이고 상호보완적인 역할을 하면서 어려움과 보상감을 느끼는 다양한 형태의 가족 중 하나로 보는 시각의 변화가 필요하다(황명진, 2011).

조손가족을 온전한 가족으로 인정하지 않는 사회적 인식이나 사회적 편견과 이로 인한 심리적 위축이 조손가족 조부모의 양육부담감을 증가시키는 것으로 밝혀졌다(김승희, 2016). 또한 조부모가 취학연령 손자녀의 자긍심을 평가한 결과에 의하면 손자녀의 나이가 들수록 자신의 환경에 부담을 가지고 타인을 접하게 되어 위축되는 경우가 많다고 조부모들이 평가하는 것으로 나타났는데 조손가족 조부모와 손자녀의 위축은 조손가족에 대한 사회적 편견과 밀접한 관련이 있다. 조손가족에 대한 사회적 인식의 부재는 정부나 지자체의 지원의 미비와도 연결되는데 조손가족이 사회적 취약계층임에도 불구하고 새로운 가족유형으로 인정받지 못함으로써 법적·제도적 장치를 통해 적절한 보호를 받지 못하고 있기 때문에 각종 문화적 혜택과 지역사회의 관심에서 배제되고 있는 것으로 나타난다. 조손가족 등 다양한 형태의 가족이 문제가족이 아니라 사회적 지원과 개입을 통해 가족 안에 잠재되어 있는 강점을 강화할 수 있다는 의식의 전환이 필요하며 이를 위한 사회적 교육이 필요하다.

5. 다문화가족

1) 다문화가족의 실태와 현황

21세기로 진입한 우리 사회는 급속한 인구학적·문화적 변화를 체험하고 있다. 국내에 거주하는 외국인 주민은 2017년 11월 1일 현재 186만 명으로 전체 인구의 3.6%를 차지하고 있으며, 외국인 주민 수를 최초로 조사한 2006년도의 536,627명에 비해 10여 년 사이에 약 3.5배가 증가하였다(행정안전부, 2018). 외국인 주민의 수는 인구주택총조사 기준, 17개 시도 인구순위로 보면 8위인 충남(216만 명)과 9위 전북(182만 명) 사이에 해당되는 9위 정도의 인구규모로 우리 사회의 인구구성이 다인종·다민족화되고 있음을 알 수 있는데 국내 체류 외국인은 2020년에는 253만 9,000명에 이르고, 2050년에는 409만 명까지 늘어나서 외국인 비중도 전체 인구의 9.2%까지 확대될 것으로 전망된다(행정안전부, 2018; http://www.kosis.kr).

요즘 우리 사회에는 다문화사회, 다문화주의, 다문화가정, 다문화교육 등 다문화 담론이 넘쳐나고 있지만 다문화가 무엇인가에 대하여 사회적으로 합의가 도출되지 못한 실정이다. 넓은 의미의 다문화가족에는 외국인 노동자, 결혼이민자와 새터민 등이 모두 포함될 수 있으나 이들 각각의 가족은 매우 다른 특성을 가지고 있고, 다문화가족지원법에서 의미하는 다문화가족이 '결혼이민자와 출생 시부터 대한민국 국적을 취득한 자로 이루어진 가족, 귀화허가를 받은 자와 출생 시부터 대한민국 국적을 취득한 자로 이루어진 가족'으로 한정을 하고 있으므로 이 절에서는 다문화가족 중에서도 결혼이민자가족에 초점을 두고 살펴보고자 한다.

(1) 다문화가족의 실태

가. 혼인실태

저출산 고령화와 혼인수급의 불균형 등으로 한국사회에서 빠르게 증가하던 외국인과의 혼인은 1990년 4,710건에서 2000년 11,605건으로 2.5배 증가하였고, 그 후 매년 1만 건씩 빠르게 증가하여 2005년 4만 2천 건(한국남자+외국여자 30,719건)으로 전체 혼인의 13.5%를 차지하는 등 급격한 상승세를 보인 이후 혼인 건수와 전체 혼인 중에서 차지하는 비율이 계속해서 감소하여 2009년에는 전체 혼인의 10.8% 그리고 2018년에는 2만 2천 700건으로 줄어들었고 전체 혼인에서 차지하는 비중도 8.8%로 낮아졌다(표 4-8 참조). 외국인과의 혼인을 구체적으로 살펴보면 한국남자와 외국여자와의 혼인 비중은 73.2%였으며, 한국여자와 외국남자와의 혼인 비중은 26.8%를 차지하여 외국 여성과의 혼인비중이 외국남성과의 혼인에 비해 세 배 가까이 높았다. 외국인 여성 배우자의 국적은 베트남(38.2%), 중국(22.1%), 태국(9.4%)의 순이었으며, 외국인 남성 배우자의 국적은 중국(24.4%), 미국(23.6%)과 베트남(9.6%)의 순으로 나타났다. 혼인종류별 결혼 비율을 살펴보면 2018년을 기준으로 한국인 남성과 외국인 여성(30.02%), 한국인 여성과 외국인 남성의 결혼(34.87%) 모두 재혼의 비율이 30%를 넘는 것으로 나타난다.

국제결혼의 비중이 줄어들고 있는 이유는 다양하지만 그중 한 가지가 결혼이민(F-6)의 비자 심사기준이 강화된 것과 관련이 있는 것으로 보인다. 법무부는 2013년 국제결혼과 관련한 사회문제를 사전에 예방하기 위해 출입국관리법 시행규칙 제9조의5를 개정하여 심사기준을 강화하였는데 개정 심사기준의 주요 내용은 비자발급 단계에서 결혼이민자가 기초 수준의 한국어 구사가 가능한지 여부와 초청자가 일정 수준 이상의 소득과 주거공간을 확보하고 있는지 여부를 심사하고 결혼이민자 초청제한기간을 5년 이내 1회로 제한하는 것 등을 골자로 하고 있다(여성가족부, 2016). 법무부가 시행규칙을 2014년 4월 1일부터 전면 적용하면서 신규 결혼이민자의 유입이 감소되었고, 앞으로도 일정 수준까지 감소될 것으로 예상된다.

〈표 4-8〉 외국인과의 혼인 및 이혼 (단위 : 건, %)

구 분	2000	2005	2007	2009	2013	2016	2018
총 혼인건수	332,090	314,304	343,559	309759	322,807	281,635	257,622
외국인과의 혼인	11,605	42,356	37,560	33,300	25,963	20,591	22,698
총 혼인건수 대비 구성비	3.49	13.48	10.93	10.75	8.04	7.31	8.8
한국남자+외국여자	6,945	30,719	28,580	25,142	18,307	14,822	16,608
한국여자+외국남자	4,660	11,637	8,980	8,158	7,656	5,769	6,090
총 이혼건수	119,455	128,468	128,035	123,999	115,292	107,328	108,684
외국인과의 이혼	1,498	4,278	4,171	11,473	10,480	7,665	7,140
총 이혼 건수 대비 구성비	1.25	3.26	6.68	9.25	9.09	7.14	6.6
한국남자+외국여자	247	2,444	2,382	8,246	7,588	5,610	5,174
한국여자+외국남자	1,251	1,834	1,789	3,227	2,892	2,055	1,966

출처 : 통계청(2019). 2018 혼인·이혼 통계.

나. 이혼실태

한국 사회에서 다문화가족이 빠르게 증가하면서 다양한 가족유형 중의 하나로 정착되어 가고 있지만 이들의 평균 거주기간이 증가하면서 가족 간의 언어소통 및 문화적 갈등문제와 가정폭력 등으로 인해 이혼으로 해체되는 다문화 가족도 증가하고 있다(박신규 · 이선희, 2015). 국제결혼 부부의 이혼 건수는 지난 2000년 1,498건으로 전체 이혼의 1.25%에 불과하였으나 2009년에는 11,473건으로 8배 가까이 증가하였다(표 4-8 참조). 그러나 국제결혼 부부의 이혼 건수는 국제결혼 부부의 결혼건수와 마찬가지로 지속적으로 감소하여 2018년에는 7,140건으로 우리나라 총 이혼의 6.6%를 차지하고 있다. 2018년 한국남자와 이혼한 외국 여성의 국적은 중국(44%), 베트남(30.3%), 필리핀(5.0%)의 순이었고, 한국 여자와 이혼한 외국 남자의 국적은 중국(41.5%), 일본(24.9%), 미국(11.6%)의 순으로 나타났다.

2018년 이혼의 종류는 외국인 아내의 경우는 협의이혼과 재판이혼이 50.73%와 48.8%로 비슷하였고, 외국인 남편의 이혼은 협의이혼이 58.4%로 재판이혼 39.1%에 비해 훨씬 높게 나타났다. 2018년 한국남성+한국여성의 이혼이 협의이혼 78.8%, 재판이혼 21.2%인 것에 반해 한국인 남성과 외국인 여성이 재판으로 이혼을 끝낸 비율이 두 배 이상 높음을 알 수 있다.

한국남성과 외국인 여성 부부의 이혼 5,174건 중 1,395건(27.0%)은 미성년 자녀가 있었고, 한국여성과 외국인 남성 부부의 이혼 1,966건 중 428건(21.7%)이 미성년 자녀가 있는 것으로 나타났다(통계청 인구동향조사, 2018). 미성년 자녀가 있는 이혼의 비율은 2018년 혼인 · 이혼 통계에서 나타난 우리나라 미성년 자녀가 있는 이혼 45.4%에 비해서는 반밖에 되지 않지만 2007년 다문화가족의 8.2%에 비해서는 세 배 가까이 증가하였다.

(2) 결혼이민자가족 자녀의 실태

국제결혼은 계속해서 줄어들고 있지만 여전히 전체 혼인의 8~10%를 차지하고 있다. 외국인과의 결혼이 누적되면서 국내 다문화가족의 자녀는 2006년 25,000명에서 2008년에는 58,000명, 2016년 201,333명, 2017년에는 222,455명으로 10년 사이에 9배 가까이 증가하였고, 2016년에 비해서도 10.5%나 증가하였다(여성가족부, 2016; 행정안전부, 2018). 이 중 출생과 동시에 한국국적을 취득한 국내출생 자녀는 212,302명으로 국내에 거주하는 전체 외국인 주민의 11.4%에 달한다(여성가족부, 2016; 행정안전부, 2018). 부 또는 모의 국적별 자녀

현황을 살펴보면 베트남이 71,864명(32.3%)으로 가장 많고 중국 43,197명(19.4%), 한국계 중국인 38,090명(17.1%), 필리핀 22,270명(10.0%)의 순으로 나타나서 한국인과 결혼한 외국인 여성과 남성의 비율 중 베트남인이 차지하는 비율이 높은 것이 그대로 반영된 결과임을 알 수 있다.

자녀의 연령별 현황을 살펴보면 만 6세 이하의 미취학 아동이 51.7%, 초등학생이 36.8%, 중고생이 11.5%를 차지하고 있다. 학령인구의 지속적인 감소에도 불구하고, 국내 초·중·고등학교에 재학중인 다문화 학생의 수는 2012년에는 46,954명, 2016년에는 99,186명, 2018년에는 122,212명으로 최근 5년간 매년 1만 명 이상 증가하여 10% 정도의 지속적인 증가를 보이고 있는데 이 중 초등학생의 증가폭이 가장 커서 전국 초등학생 100명 중 3명 이상이 다문화 학생이다(교육부, 2019; 오연주, 2018). 다문화학생의 유형별로는 국내에서 출생한 국제결혼가정 자녀가 대부분이지만 2015년을 기점으로 하여 외국인 가정 자녀가 큰 폭으로 증가한 것으로 나타났다.

2) 결혼이민자 가족의 적응문제

(1) 결혼이민자의 적응문제

국제(타민족 간의)결혼은 단순히 언어와 종교에 있어서의 차이만을 의미하는 것이 아니라 감정의 표현, 갈등의 표출과 관리, 자녀양육에 있어서의 원가족의 역할 그리고 가족의례와 명절 등에 있어서의 많은 차이를 나타낸다. Sullivan과 Cottone(2006)은 국제결혼을 한 부부는 일반 부부에 비해 두 가지 어려움에 더 직면하게 된다고 주장하는데 첫째는 그들의 결혼을 바라보는 사회적인 태도로 인한 어려움이고, 둘째는 습관, 믿음, 가치, 그리고 관습에 있어서의 개인적인 차이로 인한 어려움이다. 단일민족국가로서 민족과 국가를 동일시하는 우리 사회에서 서로 다른 문화적 배경을 가지고 결혼생활을 하는 다문화가족의 경우 배우자 선택, 동기, 자녀양육, 상호작용과 적응의 문제 등 다양한 문제에 직면하게 된다.

결혼이민자가 한국인 배우자와 결혼 후 한국사회에 적응하면서 겪는 문제들을 2015 다문화가족 실태조사 결과를 통해 살펴보면 다음과 같다(여성가족부, 2016).

① 사회문화적 고립의 문제

결혼이민자들은 언어소통의 문제와 생활 전반의 문화적 차이로 인한 부부관계 및 시댁 식구와의 관계의 어려움과 지역사회와의 교류에 있어서도 다양한 어려움을 가지게 된다. 언어문제는 결혼이민자와 귀화자들이 한국생활의 가장 큰 어려움(34%)으로 호소하고 있는데 언어소통 및 문화적 차이는 의사소통의 문제에만 국한되는 것이 아니라 결혼이민자들을 사회·경제적으로 한국가족, 특히 배우자에게 의존하게 하고, 사회참여의 기회에 제한을 가져오며, 사회복지서비스의 접근을 어렵게 하여 사회문화적으로 고립되게 한다(이명신, 2006). 2015 다문화실태조사 결과 결혼이민자와 귀화자들이 언어문제 다음으로 한국생활의 어려움으로 선택한 것이 외로움(33.6%)인데 여성결혼이민자의 36.5%와 남성 결혼이민자의 20.7%가 한국생활의 어려움으로 외로움을 호소하였다. 2012년도 다문화실태조사에 비해 2015년도 조사결과 5년 미만 거주자의 비중이 크게 감소한 반면 10년 이상 거주자의 비중이 대폭 증가하였고, 한국어 구사능력도 5점 만점에 3.81점으로 보통보다 잘하는 편으로 인식하고 있음에도 불구하고 결혼이민자와 귀화자의 사회적 관계를 파악한 결과 자신이나 집안에 어려움이 있거나(29.7%) 일자리(31.2%) 또는 자녀교육과 관련(30.2%)해 의논하거나 몸이 아플 때 도움을 요청하는 등 도움이나 의논이 필요할 때 30% 이상이 필요로 하는 사회적 관계를 갖고 있지 못한 것으로 나타났다. 이를 2012년 결과와 비교해 보면 어려움이나 도움이 필요할 때 의논하거나 도움을 요청할 사람이 없다는 응답(집안 어려움 21.7%, 일자리 19.7%, 자녀교육 17.8%)이 전반적으로 증가하였다. 이는 다문화가족의 정착 기간이 길어지면서 언어적인 어려움이 줄어들고 있지만 사회적 관계 및 사회적 관계망이 취약하여 사회적 소외가 심화되는 양상을 보이고 있음을 의미한다(여성가족부, 2012; 여성가족부, 2016).

② 경제적 어려움

국제결혼을 하는 한국남성들은 대체적으로 소득수준이 낮은 계층이 많아서 결혼이민자가구의 52.9%가 최저생계비 이하인 빈곤가구에 해당된다. 그렇기 때문에 결혼이민자와 귀화자들이 언어문제와 외로움 다음으로 경제적 어려움(33.3%)을 한국생활의 어려움으로 들고 있다. 경제적 어려움과 관련하여서는 성별 차이가 뚜렷하게 나타나는데 남성결혼이민자들의 경우 한국 생활의 가장 큰 어려움으로 응답한 것이 경제적 어려움(39.6%)인 반면 여성결혼이민자와 귀화자들에게는 경제적 어려움(31.9%)은 언어문제와 외로움 다음으로 밝혀졌다.

③ 자녀양육과 교육 문제

취학 전 자녀가 있는 경우 자녀양육과 관련된 어려움이 있고 자녀가 성장하여 학교에 다니기 시작하면 언어적 어려움과 문화차이로 많은 어려움을 겪는 것으로 나타난다. 2017년 기준 국제결혼 자녀 중 국내출생 자녀의 연령별 현황을 살펴보면 만 12세 이하가 전체의 89.7%를 차지하고 있고, 만 6세 이하가 53.1%, 초등학교 저학년인 7~9세가 22.6%에 달하는 상황이다. 자녀양육 및 교육을 한국 생활의 어려움으로 응답한 결혼이민자와 귀화자는 23.2%(여성 25.2%, 남성 14.1%)였는데 남성 결혼이민자·귀화자에 비해 훨씬 더 높은 비율의 여성결혼이민자·귀화자가 자녀의 양육 및 교육으로 인한 어려움을 겪고 있는 것으로 나타난다.

④ 생활방식, 관습, 음식 등 문화차이

결혼이민자들, 특히 여성결혼이민자들(23.7%, 남성은 15.6%)은 자국과는 다른 생활방식, 관습과 음식 등의 문화차이로 인한 어려움을 겪고 있는 것으로 드러났다. 2015년도 다문화가족 실태조사에 참여한 응답자의 22.2%가 한국 생활을 하면서 문화차이로 인한 어려움을 겪었다고 응답하였고, 58.3%가 배우자와 살면서 부부간에 문화적 차이를 경험한 것으로 나타났다. 이는 2012년도 조사의 50.7%에 비해 증가한 수치이다. 지난 1년간 겪은 한국생활의 어려움 중 생활방식, 관습과 음식으로 인한 문화적 차이를 경험했다는 응답도 19.6%

나 되었는데, 남성(13.5%)보다 여성(20.9%)이, 도시(24.8%)보다 농어촌 지역(34.7%)이 문화적 차이를 경험한다는 비율이 높았다. 또한 국내 거주기간이 짧을수록, 연령이 낮을수록 문화차이를 경험했다는 응답비율이 높았다. 배우자와 문화적 차이는 주로 식습관(39.5%), 가족행사 등 가족의례(20.3%), 자녀양육방식(17%)과 저축 소비 등 경제생활(16.4%)에서 차이를 경험한 것으로 조사되었다. 남성에 비해 더 많은 여성들이 문화적 차이를 경험했다고 느끼는 이유는 두 가지로 풀이된다. 첫째는 가부장적인 한국사회에 대한 적응과 관련된 것으로 보인다. 대부분의 여성결혼이민자들은 출신국가의 양계제적 가족구조와 이에 따른 여성의 권리와 역할의 평등에 익숙해 있기 때문에 남성과 여성의 역할이 뚜렷하게 분리되어 있는 한국사회에 적응하는 데 많은 어려움을 느끼는 것으로보인다. 두 번째 이유는 남성에 비해 여성들이 한국문화를 수용해야 한다는 압력을 더 강하게 받기 때문인 것으로 추측된다.

⑤ 편견과 사회적 차별

결혼이민자 귀화자 중에서는 '외국인'이라는 이유로 사회적 차별을 경험했다고 응답한 경우가 40.7%에 달한다. 여성(40.1%)보다는 남성(43.3%)이 유배우자(40.3%)인 경우보다는 이혼이나 별거(48.4%)를 한 경우, 그리고 읍·면부(37.2%)에 비해 동부(41.7%)에 거주하는 경우 차별을 경험했다는 응답률이 높은 것으로 나타났다. 지난 1년 동안의 사회적 차별 경험의 경우 연령층이 낮을수록, 교육수준이 높을수록, 그리고 출신 국적별로는 남부아시아 출신(47.2%)과 기타국가 출신(47.1%)이 더 많은 사회적 차별을 경험한 것으로 밝혀졌다. 공간, 시설별 차별 경험 정도를 4점 척도로 측정한 결과 직장, 일터(2.69)에서의 차별 경험이 가장 높았으며, 거리·동네(2.13), 상점·음식점·은행(2.10)에서도 차별을 경험한 것으로 나타났다. 또한 공공기관과 학교·보육시설에서 차별을 받았다는 응답도 각각 19.5%와 23.8%여서 공적 영역에서의 차별 문제 해소를 위한 노력의 필요성이 제기된다.

(2) 다문화가정 자녀의 학교 적응문제

다문화가정의 미취학 아동은 약 11만 5천 명으로 전체 자녀의 53.1%를 차지하고 있다. 취학 전 다문화가정 아동들의 숫자가 지속적으로 증가하면서 교육부는 2015년 다문화시범유치원을 30개 운영한 후 2016년부터 사업을 확대하였고, 초등학교 입학 예정인 다문화가정 아동을 대상으로 학교생활 조기 적응 지원을 위한 '징검다리과정'을 2020년부터 신규 도입할 예정에 있다. 경기도에서 다문화가정 미취학 아동 지원 방안을 조사 연구한 결과에 의하면 다문화 학생이 처음 유치원에 입학할 때에는 한국어 구사능력이 미비하여 다른 유치원생과 어울리기 힘들어 소외감을 느끼지만 2~3개월 안에 한국어를 습득한 후 금방 또래 그룹에 합류하고 친해지는 것으로 나타나며 이는 내국인 학생 가운데 한국어 구사능력이 떨어지는 학생의 경우에도 동일한 것으로 나타난다(경기연구원, 2016). 유치원생들의 경우 다문화 학생들이 피부색이나 출신국에 따라 내국인 학생들에게 차별을 받는 것이 아니라 한국어 구사능력이 영향을 미치는 것으로 밝혀졌다. 유치원생들은 차별의 기준에 대한 개념 및 인식자체가 없는 것으로 나타나는데 학부모들이 하는 부정적인 이야기를 듣고 의미도 알지 못하는 상태에서 다문화 학생들에게 마음의 상처를 주는 경우가 발생하기 때문에 교육과정을 통해 열린 마음을 갖도록 교과과정상에 다문화 이해교육을 확대 시행할 필요성이 있다.

결혼이민자들의 거주기간이 장기화되어 감에 따라 다문화자녀의 공교육 진입 또한 급속하게 늘어나고 있다. 2018년 교육기본 통계에 따르면 전국 초등학생 100명 중 3명 이상이 다문화 학생이며, 학령인구의 지속적인 감소에도 불구하고 다문화학생은 매년 1만 명씩 증가하여, 2018년 기준 다문화학생 수는 2017년에 비해 11.7%가 증가한 122,212명으로 나타나고 있다(국회입법조사처, 2018). 유형별로는 국내출생 자녀가 80% 이상으로 대부분이지만 2015년을 기점으로 외국인가정 학생의 비율이 증가하였고, 상급학교로 갈수록 중도입국 자녀의 비율이 높아지고 있다(초등 5.4%, 중학교 10.7%, 고등학교 12.2%)(그림 4-1 참조).

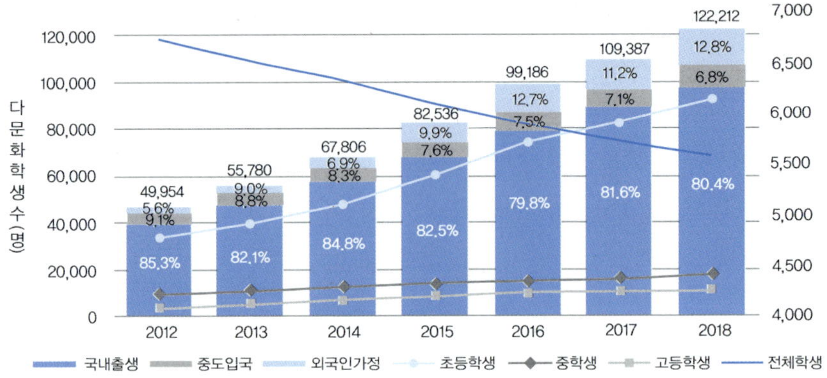

|그림 4-1| 다문화 학생 현황

주 : 1. 다문화가정 학생수=국제결혼가정 자녀(국내출생 자녀+중도입국 자녀)+외국인가정 자녀
2. 국내출생 자녀 : 한국인과 결혼한 외국인 배우자 사이에서 태어난 자녀 중 국내에서 출생한 자녀
3. 중도입국 자녀 : 국제결혼가정 자녀 중 외국에서 태어나 부모와 함께 중도에 국내로 입국한 자녀
4. 외국인가정 자녀 : 외국인 사이에서 출생한 자녀(외국인 근로자 자녀, 재외동포 자녀 등)

출처 : 국회입법조사처(2018). 다문화학생의 현황과 시사점.

다문화가정 학생들이 비다문화 학생에 비해 취학률은 낮고 학업중단율은 높은데 학교급이 높아질수록 그 격차가 벌어져 다문화 학생들의 고등교육으로의 진입이 취약한 것으로 나타난다(그림 4-2 참조). 2015년을 기준으로 취학률의 격차를 살펴보면 초등학교 단계에서는 0.9% 차이로 미미하지만 상급학교로 갈수록 격차가 심화되어 중학교 2.8%, 고등학교 3.6%, 고등교육 단계에서는 14.8%에 달하는 것으로 나타난다. 학업중단률 격차는 초등학생과 고등학생의 경우는 0.18% 차이로 크지 않으나 중학교의 경우 다문화학생의 학업중단률이 1.16%로 전체중학생의 학업중단률 0.61%에 비해 두 배 가까이 높음을 알 수 있다(국회입법조사처, 2018).

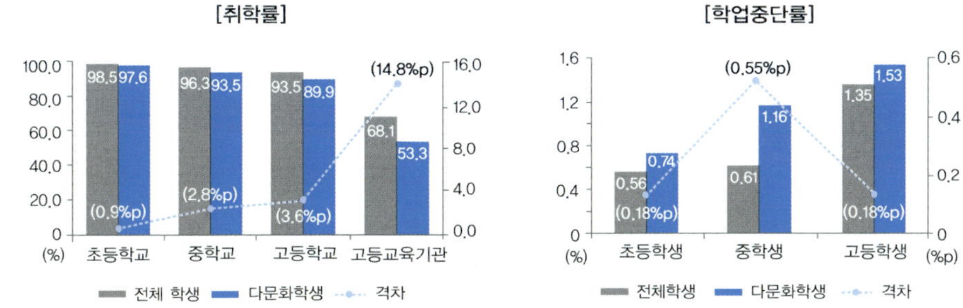

┃그림 4-2┃ 다문화가정 학생의 취학률과 학업중단율

주 : 1. 취학률(%) : (해당연령대 취학아동/취학적령인구)×100
2. 학업중단률(%) : (학업중단자수/재적학생수)×100(학업중단자수는 2016. 3. 1.~2017. 2. 28., 재적학생수는 2017. 4. 1. 기준임)
3. 재적학생 : 재학생과 휴학생의 합(졸업, 중퇴, 수료 등은 제외)
4. 학업중단 : 초등학교와 중학교는 유예(질병, 장기결석, 미인정유학, 기타) 및 면제자(질병, 해외출국), 고등학교는 자퇴(질병, 가사, 부적응, 해외출국, 기타), 퇴학(품행사유), 제적, 유예 및 면제자
5. 취학전령 : 초등학교(만 6~11세), 중학교(만 12~14세), 고등학교(만 15~17세), 고등교육기관(만 18~21세)

출처 : 국회입법조사처(2018). 다문화학생의 현황과 시사점.

다문화가족실태조사에서는 2012년 조사부터 다문화가족 자녀를 조사대상으로 포함하여 부모 중 한 명 이상이 결혼이민자이거나 귀화자인 가족의 만 9세 이상 만 24세 이하 동거 자녀에 대한 조사를 실시하고 있다. 총 6,097명의 다문화가족 자녀가 참여한 2015 다문화 실태조사 결과에 의하면 다문화가족 자녀들이 학업을 중단하게 되는 가장 큰 이유는 학교생활 및 문화가 달라서(18.3%)와 학교 공부가 어려워서(18.0%)로 타의에 의한 중단보다는 개인의 학교생활 부적응에 의한 중단이 36% 정도를 차지하고 있음을 알 수 있다. 이를 연령별로 분석해 보면 초등학교 학령기인 9~11세는 학교생활 및 문화가 달라서(27.6%), 한국어를 잘 몰라서(24.1%), 나이 어린 학생들과 다니는 게 싫어서(22.4%)와 같은 학교생활 적응에 대한 문제가 70% 이상을 차지하는 반면 중학교 학령기인 12~14세는 친구 및 선생님과의 관계로 인한 학업 중단이 46.7%로 절반에 가깝다. 고등학교 학령기인 15~17세는 편입학 및 유학이 44.9%로 상당히 높고, 학비 및 학교 다닐 형편이 안돼서(10.2%)와 돈을 벌어야 해서(17.1%) 등 경제적 문제가 학업의 중단 요인으로 나타나고 있으나 학교 공부가 어렵거나(20.4%) 학교생활 및 문화의 차이(19.3%)와 같이 학교생활 부적응의 문제로 중단한 비율도 40%에 가까운 것을 알 수 있다.

현재 학교에 재학 중인 다문화가족 자녀의 89.8%는 학교에 잘 적응하고 있다고 응답하였지만 적응하지 못하는 편이라고 응답한 경우도 1.3%가 있었다. 부적응 학생들은 연령이 높을수록, 읍・면부(0.6%)보다는 동부(1.6%)에 거주하는 학생들이, 가구소득이 낮을수록(100만 원 이하 3.2%, 500만 원 이상 0.2%) 학교에 잘 적응하지 못하는 것으로 밝혀졌다. 학교생활 적응도를 부정적으로 응답한 학생들이 학교에 적응하지 못하는 이유는 친구들과 잘 어울리지 못해서(64.7%)가 가장 높았고, 다음으로 학교 공부에 흥미가 없어서(45.2%)와 한국어를 잘 하지 못해서(25.5%), 부모의 관심이나 경제적 지원이 없어서(10.9%), 외모(7.7%), 선생님의 차별대우(2.5%)의 순으로 나타나서 다문화가족 자녀의 학교생활 부적응에는 친구들과의 관계가 매우 중요한 영향을 미치는 것을 알 수 있다. 학교에 잘 적응하지 못하는 이유 중 '친구들과 잘 어울리지 못해서'라고 응답한 비율이 국내에서만 성장한 자녀는 63%, 외국에서 주로 성장한 자녀의 경우는 83.9%나 되는 것으로 밝혀졌다.

다문화 가정 자녀의 경우 희망 교육수준이 일반 청소년에 비해 낮을 뿐만 아니라 2012년 조사에 비교해서도 낮아진 것으로 나타났다. 학령인구가 줄어드는 상황에서 다문화 학생은 오히려 매년 1만 명씩 늘어나고 있는 추세이므로 다문화가정 자녀들의 학업중단률이 높아지는 것은 심각한 계층 갈등의 문제를 야기하며 이는 미래 한국 사회의 커다란 불안요인으로 작용할 가능성이 높다(남도일보, 2018. 12. 12).

현재 다문화가정 자녀 중 미취학 아동 및 초등학생을 대상으로 하는 사업은 비교적 활발히 진행되고 있으나 중고생 자녀를 대상으로 하는 사업은 아직 미비한 상황이다. 다문화가족 청소년들이 원하는 서비스 지원을 조사한 결과 진로상담 및 교육(53.7%), 직업기술훈련(42.0%), 학습지원(41.5%), 일자리 소개(39.0%)와 외국계 부모나라 언어교육(36.2%)의 순으로 나타났다(여성가족부, 2016). 또한 다문화가족 자녀의 19.2%는 지난 1년간 우울감을 경험한 적이 있다고 응답하였고, 18세 이상의 경우 슬픔이나 절망감을 느꼈다는 응답이 24.9%에 달하며, 학교에 다니지 않는 자녀의 경우 일상의 슬픔이나 절망감 지속을 경험한 비율이 27.8%로 학교에 다니는 경우에 비해 10.1%나 높았고, 주로 외국에서 성장한 자녀의 경우 슬픔이나 절망을 경험한 비율이 국내성장 자녀보다 10% 이상 높은 것으로 밝혀졌다. 따라서 사춘기 다문화 학생에 대한 정서상담이 실시되어야 하며 진로·진학교육을 강화하여 고등교육 기회를 확대하고, 이들의 취업을 돕기 위한 직업기술훈련을 실시하여야 한다. 또한 언어문제 등으로 한국사회 적응에 어려움이 큰 중도입국 및 외국인 가정 자녀들에 대한 정책적 관심과 지원이 확대될 필요가 있다.

3) 다문화가족의 건강성

Roer-Strier와 Ben Ezra(2006)는 국제결혼 부부들을 대상으로 한 서구의 연구자들의 대부분은 높은 이혼율과 가족 간의 갈등과 같은 문제가 국제결혼에 본질적으로 내재되어 있다는 편견을 가지고 있어서 국제결혼의 문제와 위험성의 측면만을 강조하고 있다고 주장한다. 이는 우리나라의 연구자들도 마찬가지여서 결혼이민자의 결혼생활과 관련된 대부분의 연구는 여성결혼이민자 부부의 갈등에 초점을 맞춘 연구들이며, 여성결혼이민자들의 결혼생활의 결혼만족도나 결혼생활의 긍정적인 측면에 관한 연구는 그리 많지 않다.

그러나 2005년과 2006년에 각각 국제결혼가족 945가족과 1,177가족을 대상으로 연구를 한 설동훈 등(2005; 2006)의 연구결과에 의하면 여성결혼이민자들의 전반적인 결혼만족도는 5점 척도 기준 각각 3.69와 3.95로 여성결혼이민자들이 자신들의 결혼생활에 대해 만족하고 있음을 알 수 있다. 또한 2015 다문화가족 실태조사 결과 66.6%의 결혼이민자와 귀화자가 배우자와의 관계에 만족하고 있다고 응답하였으며 5점 척도를 기준으로는 평균 3.98점으로, 2006년 설동훈 등의 조사보다 약간 높아졌으며 '약간 만족한다(4점)'에 가까운 수준임을 알 수 있다. 2005년도 조사에 의하면 부부 사이의 친밀감의 평균 점수가 3.86으로 가장 높게 나타났고, 다음이 남편이 자신을 믿고 이해하는 정도(3.83), 성생활만족도(3.71)의 순으로 높게 나타났다. 2006년의 조사결과도 이와 유사한데 성생활(3.95), 부부간의 의사소통(3.90)의 순으로 만족하는 것으로 나타났다. 중소도시 여성결혼이민자를 대상으로 결혼만족도를 조사한 김은경(2008)의 연구결과도 이와 매우 유사하게 나타났는데 연구에 참여한 여성들의 전반적인 결혼만족도는 3.81로 나타났고 성생활만족도(3.83)와 대화만족도(3.72)의 순으로 높게 나타났다. 이 같은 결과를 종합하여 볼 때 여성결혼이민자들이 전반적으로 자신들의 부부관계를 친밀하다고 생각하고 있으며, 배우자를 신뢰하고 있고, 결혼생활에 만족하고 있음을 알 수 있다. 또한 여성결혼이민자들은 결혼생활에 존재하고 있는 다양한 어려운 조건들, 즉 배우자와의 높은 연령 차이, 학력차이, 그리고 낮은 가계소득에도 불구하고 결혼생활에서 어려움을 상당히 적게 경험하는 것으로 나타났다(김은경, 2008). 결혼생활에서 어려움을 느끼고 있다는 응답이 20% 이상으로 나타난 것은 시부모 관련, 남편의 폭행 및 음주, 의사소통, 자녀양육, 금전 및 가사분담 등의 어려움을 묻는 17개 항목 중 자녀양육에 대한 의견불일치(22.1%)와 시댁의 경제적 도움 요청(21.4%) 뿐이었다. 다문화가족들은 부부관계 만족도뿐 아니라 배우자의 부모에 대한 만족도(3.95), 배우자의 친인척에 대한 만족도(3.86)와 이웃에 대한 만족도(3.78)도 또한 높았으며(설동훈 외, 2006) 한국생활전반에 대한 만족도(3.81)도 중간 이상으로 높게 나타났다. 이 같은 결과는 Heller와 Wood(2000)가 주장하는 것처럼 국제결혼 부부는 그들의 차이점을 탐구하고 협상하는 과정을 통해 서로에 대해 더 강한 친밀감과 상호이해를 경험할 수 있기 때문으로 보인다. 결혼이라는 과정은 같은 국가 출신이든 다른 국가 출신이든 두 사람 간에 차이가 있음을 인정하고 시작을 하여야 하는데 일반 부부들은 두 사람 간의 차이를 인정하지 않고 출발하는 경우가 많으나 국제결혼 부부들은 이미 서로 간에 차이가 있다는 것을 인정하고 출발하므로 서로에 대한 이해를 하려는 자세가 되어 있다는 것이다.

높은 결혼만족도 이외에도 국제결혼이 가질 수 있는 장점으로 수용성, 자신과 다른 것에 대한 관용과 개방성, 존중감, 새로운 것을 배울 수 있고 성장할 수 있는 기회, 자녀들에게 다양한 관점과 시각을 길러줄 수 있다는 것과 가족 내에서의 활력 등이 있다(Breger & Hill, 1998; Ho, 1990; Roer-Strier & Ezra, 2006).

현대와 같은 세계화 시대에서 자신의 나라말을 구사하고 문화를 알 뿐만 아니라 우리나라 언어와 문화도 알고 있는 결혼이민자들과 그 자녀들은 우리 사회의 중요한 자원이 될 수 있다. 최근 많은 여성결혼이민자들이 방과 후 학습교사로 활동을 하고 있다. 여성결혼이민자들이 방과후 교사, 특히 외국인 교사를 초빙하기 쉽지 않은 농촌지역 아동들을 위한 원어민 방과 후 교사나 다문화 이해 교육을 담당하는 교사로 활동하는 것은 여성들과 우리 사회 모두에게 긍정적인 일이 될 수 있다. 또한 다문화가족에 대한 사회의 적절한 지원이 이루어진다면 결혼이민자인 아버지와 어머니를 통해 이들 가정에서 태어나고 자란 자녀들이 다양한 문화를 학습하여 자신에 대해 자긍심을 가진 다언어를 가진 인력으로 성장하게 될 것이다. 다문화가족 자녀를 대상으로 자아존중감 조사 결과 자신이 많은 장점을 가졌다고 생각하는 비율이 57.7%를 차지하고 대부분의 사람들만큼 일을 잘 해낼 수 있다에 대해서도 63.5%가 긍정적인 응답을 하였으며, 자신에 대해 만족한다의 경우 66.5%가 그렇다고 대답을 하여 자신들을 긍정적으로 받아들임을 알 수 있다(여성가족부, 2016). 다문화가정의 강점을 강화하고 이들이 가지고 있는 역량을 지속적으로 개발하기 위해서는 다문화 학생을 우리 사회의 '짐'이 아닌 '힘'으로 생각하고 다문화 학생의 잠재력을 발굴하여 다양한 분야에서 우수 인재로 자라도록 다문화 자녀들을 지원이나 보호가 아닌 육성의 대상으로 보는 인식의 변화가 필요하다.

참고 4-7] [다문화가 경쟁력이다] "언어는 우리 힘…… 엄마·아빠 나라 잇는 징검다리 될래요"

이도경, 전수민, 김 판, 홍석호 기자

이은하(가명·16) 양은 일본인 아버지와 한국인 어머니 사이에서 태어나 서울에서 자랐다. 은하의 마음 한구석엔 늘 아빠의 모국어인 일본어를 영어보다 더 적극적으로 나서서 배우지 못하는 아쉬움이 있었다. 아빠와 일본어로 이야기하고, 자주 일본 TV 프로그램을 보면서도 일본어를 '나만의 강점'으로 활용할 생각을 하지 못했다고 한다. 동생 유하(가명·14·여)도 그랬다. 매년 여름방학마다 일본 오카야마현의 할아버지·할머니를 만나러 가서도 사랑과 감사를 일본어로 표현하는 일이 힘에 부쳤다. 교육에 관심이 많은 아빠가 구해다 준 일본 교과서로 독학을 하는 것도 한계가 있었다. 이런 자매에게 디딤돌이 생겼다. LG 다문화학교 '언어인재과정'을 거치면서 일본어와도, '다문화 자녀'라는 자신의 정체성과도 부쩍 가까워졌다.

우리는 '양손잡이'

계기를 만들어 준 건 은하와 두 살 터울인 오빠였다. 그가 재학 중이던 중학교에서 LG 다문화학교 언어인재과정 프로그램을 소개받아 은하에게 전했다. 은하는 서류와 면접 전형을 거쳐 2012년 2기 학생으로 선발됐다. 은하는 2년 동안 다양한 배경의 다문화학생들과 함께 한국외대에서 일본어・일본문화를 공부하고 캠프를 즐겼다. 1주일에 두 번은 일본어 화상수업을 들었다. 알게 모르게 체득한 기본기에 탄력이 붙자 일본어 실력은 금세 늘었다. 프로그램을 이수하는 와중에 일본어능력시험(JLPT) 1급을 따기도 했다. 나쓰메 소세키의 '도련님' 같은 소설을 원서로 읽을 수 있게 됐다. 은하는 "한글로 읽을 때와 다른 묘미를 느낄 수 있었다. 오쿠다 히데오, 무라카미 하루키 소설도 읽을 계획"이라고 했다. 각자의 두 번째 모국어로 프로그램을 설명하는 '일본어 대표'로 뽑혀 실력을 뽐내기도 했다. 프로그램이 끝날 무렵엔 서울의 한 외국어고 일본어과에 합격했다. 유하는 언니가 언어인재과정을 통해 성장하는 모습을 곁에서 지켜보며 의지를 키웠다. 지난해 3기 학생으로 선발돼 올 연말까지 공부를 이어간다. 유하는 무엇보다 일본어 실력을 갈고닦아 일본에 계신 할아버지・할머니에게 진심을 담은 편지를 보냈다는 게 자랑스럽다. 그는 "할아버지랑 할머니가 '일본어 실력이 정말 많이 늘었구나. 편지 보내줘서 고맙고 기쁘다'고 해주셔서 행복했다"며 웃었다. JLPT 2급을 취득하며 향상된 실력도 확인했다. 유하는 가장 기억에 남는 수업으로 일본 해외연수를 꼽았다. 오전에는 일본 대학교에서 다도와 일본 가정집 방문 예절을 배우고, 이를 오후에 직접 체험하는 식이었다. 은하는 백일장이 기억에 남는다. 은하는 LG 다문화학교에서 만난 친구, 선생님과의 추억을 한국어와 일본어로 쓴 시에 담았다. 백일장 참가자들이 쓴 시들은 '우리는 양손잡이'란 제목의 시집에 한데 엮였다.

다문화 자긍심도 '쑥쑥'

자매는 언어인재과정을 통해 다문화의 장점을 파악하고 계발할 수 있었다고 입을 모았다. 은하는 "처음에는 같은 처지의 다문화 친구들을 만난다는 사실만으로도 긴장이 돼서 기대보다 걱정이 앞섰다"고 털어놨다. 이런 걱정은 친구들과 멘토 선생님을 만나며 누그러졌다. 프로그램을 시작하기 전에는 '우리 집은 다문화가정'이라는 말을 당당히 꺼내기 부담스러웠지만 이제는 오히려 자긍심이 생겼다고 한다. 언어뿐 아니라 협력, 책임감, 리더십 등 중요한 가치를 배우는 기회도 됐다.

자매는 어머니 아버지의 다양한 배경과 환경만큼 제각각인 친구들이었지만 다문화가정이라는 '공통점'으로 묶여 공감대가 컸다고 했다. 은하는 "한・일 관계가 좋지 않을 때 주변 친구들이 무심하게 던지는 얘기에 상처를 받은 적이 많았는데 언어인재과정에서 만난 친구들과 이야기를 나누며 바람직한 자세도 고민하게 됐다"고 말했다. 부모 중 한 분이 일본인인데도 한국어로만 말하고 일본에 한 번도 가보지 못한 다문화가정 친구도 있었다. 유하는 "같은 다문화 학생이라도 사정이 다르다는 걸 알게 됐다. 특히 서로의 언어에 유창하지 못했던 엄마와 아빠 사이에 징검다리가 돼 소통을 돕게 된 친구들을 보니 기뻤다"고 전했다. 은하는 일본 문부성 국비장학생으로 도쿄대에서 유학하는 게 목표다. 대학을 졸업한 뒤에는 국제사회의 여러 문제들을 해결하는 데 일조하는 사람이 되고 싶다고 한다. 유하는 JLPT 1급을 목표로 공부하고 있다. 그는 "히가시노 게이고의 '나미야 잡화점의 기적'을 일본어로 막힘없이 읽고 싶다. 일본에 한국 소식을 전하거나 한국에 일본 소식을 전하는 언론사 특파원이 꿈"이라고 말했다.

(국민일보, 2015. 10. 14)

http://news.kmib.co.kr/article/view.asp?arcid=0923278268&code=11132400&sid1=soc

4) 결혼이민자 가족을 위한 지원

결혼이민자 가족의 증가는 단기적인 현상이 아니라 세계화의 과정에서 지속이 될 현상임을 고려할 때 다문화가족에 대한 지원은 개별 가족뿐 아니라 우리 사회 전체에 매우 중요하다. 결혼이민자 가족을 위해 요구되는 지원은 다음과 같다.

① 결혼이민자 가족의 생애주기별 욕구를 파악하고 이들의 가족주기 전 과정에 걸쳐 필요한 서비스 개발 필요

1990년대 중반 이후 급증한 국제결혼이주여성의 비율은 국제결혼이라는 결혼형태를 보편화시키면서 우리 사회를 '다민족' 또는 '다문화사회'로 전환하는 데 큰 영향을 미쳤으나 최근 국제결혼이 감소함에 따라 신규 결혼이민자의 증가는 둔화되고 있다. 이에 따라 결혼이민자의 한국 거주기간은 5년 미만은 크게 감소한 반면, 10년 이상 거주자의 비중은 대폭 증가한 것으로 나타났고, 연령도 20대 이하는 감소하고 50대 이상의 연령층이 증가하였다(여성가족부, 2016). 결혼이민자의 연령과 거주기간의 변화는 다문화가족 자녀의 연령과도 밀접한 관련을 가져서 만 5세 이하 자녀의 구성비는 감소하고 있고 초등학교 학령기인 만 6~11세 자녀는 지속적으로 증가하고 있는 상황이다. 다문화가족의 이러한 변화추세는 초기 정착단계의 결혼이민자를 위한 요구나 수요는 감소하는 반면, 사회·경제적 통합을 통한 안정적 정착 지원의 요구가 높은 결혼이민자 가족이 증가하고 있고 학령기 자녀를 위한 다양한 지원이 요구됨을 시사한다. 따라서 현재의 결혼 초기 적응자를 중심으로 하는 다문화가족 정책과 프로그램에서 벗어나 다양한 가족주기의 결혼이민자 가족의 적응을 돕기 위해 가족주기 전 과정에 걸쳐 필요한 욕구를 파악하여 이를 위한 서비스를 단계적으로 개발하고 지속적으로 제공해야 한다.

② 다문화가족 구성의 다양화를 고려한 지원과 프로그램의 다양화

혼인·이혼 통계의 변화를 살펴보면 결혼이민자 가족의 구성에서도 변화가 나타나고 있다. 2018년 결혼이민자가족의 혼인 종류를 살펴보면 재혼의 비율

이 30%를 넘어서고 있고 이혼과 사별 상태의 결혼이민자와 귀화자도 지속적으로 증가하고 있는 것으로 나타나고 있다. 이들이 유배우자인 결혼이민자나 초혼인 결혼이민자에 비해 자녀양육과 교육에서 더 많은 어려움을 겪고 있음에도 불구하고 지원이나 서비스는 더 적게 받고 있는 것으로 밝혀지고 있다(김이선 외, 2013). 다양한 유형의 결혼이민자 가족, 즉 이혼가족, 한부모가족과 재혼가족 등이 직면하게 되는 문제와 욕구를 파악하고 이들을 지원하기 위해 부부 모두 있는 가족이나 초혼가족을 대상으로 하는 한정된 다문화가족 대상 프로그램에서 벗어나 프로그램과 사회적 지원을 다양화할 필요가 제기된다(김두섭, 2015).

③ 결혼이민자 가족의 사회적 관계망을 발전시킬 수 있는 사회모임을 확대하고 활동의 참여 장애요인 해소

결혼이민자들의 한국 거주기간이 길어지면서 언어와 문화적 차이로 인한 어려움은 점차 줄어들고 있으나 자녀양육 등 생활에 필요한 정보를 공유 및 의논하고, 도움을 요청하며, 외로움을 달랠 수 있는 사회적 관계망은 오히려 약화되고 있는 것으로 나타났으며, 이러한 사회적 고립은 농촌지역보다는 도시지역이 더 심한 것으로 밝혀졌다. 이는 결혼이민자들의 관계 발달에 매개 역할을 할 수 있는 각종 모임에의 참여율이 상대적으로 낮고 향후 모임이나 활동에 참여할 사회활동 참여 욕구 자체가 부재한 것에 기인하는 것으로 보인다. 따라서 이들의 사회활동 참여를 독려하기 위해 모임이나 활동에의 참여 동기를 제고하고, 한국어 문제나 가족 돌봄 또는 배우자나 가족의 반대와 같은 장애요인을 해소하기 위한 방안을 강구하여야 하며, 참여의향이 낮은 집단의 특성 및 욕구를 고려한 활동이나 모임의 개발 또한 필요한 것으로 보인다.

④ 결혼이민자의 인적자원 개발과 사회참여 기회 확대

결혼이민자의 생활안정을 도모하기 위해서는 무엇보다도 이들이 지역사회의 한 주체로서 역할을 담당할 수 있도록 이들의 인적자원 개발이 필요하다. 여성결혼이민자의 취업욕구가 높기 때문에 이들의 인적자원을 개발하고 적극

활용하는 것은 지역사회의 경쟁력을 높이고 활력을 줄 수 있을 뿐 아니라 이민자 가정의 경제력을 획득할 수 있게 하고 이를 통해 한국사회 적응에도 도움을 줄 수 있다(김이선 외, 2013). 이를 위해서는 결혼이민자들에게 맞는 직종을 개발하고 직업교육을 실시한 후 일자리로 연계하는 시스템의 구축이 필요하다.

⑤ 다문화가족의 자녀들을 위한 다양한 지원 시스템 구축과 학교 현장의 변화 필요

다문화가정 자녀 중 만 7~18세가 2018년 현재 12만 2212명으로 6년 사이에 세 배 가까이 증가하였고 앞으로도 증가할 것으로 예상되고 있다. 다문화 학생 수는 매년 급격하게 증가하고 있는 것으로 나타나고 있으나 전체 학생에 비해 다문화 학생의 취학률은 낮고 학업중단률은 높으며, 이 격차는 상급학교로 갈수록 심화되어 고등교육으로의 진입이 취약한 것으로 밝혀지고 있다. 따라서 다문화 학생의 교육실태와 교육격차 원인을 보다 면밀히 파악하고 이들의 교육기회 보장을 강화할 수 있는 정책적 지원책의 마련과 함께 지역 특성에 맞는 맞춤형 지원이 학생, 학부모와 교사·학교·사회의 세 가지 차원에서 이루어질 필요가 있다.

첫째, 학생 차원에서는 현재 미취학 자녀 중심의 프로그램에서 벗어나 자녀들의 성장주기별 맞춤형 지원 정책을 확대할 필요가 있다. 영·유아기에는 언어발달을 위한 언어 및 기초학습 지원 서비스를, 초·중·고등학교에 다니는 다문화가족 자녀들을 위해서는 이중 언어 능력과 잠재적 역량 개발 및 사회성 발달 등을 위한 다양한 지원이 필요하다. 2015 다문화가족 실태조사에 의하면 다문화가족 자녀의 30%만이 외국 출신 부모의 모국어를 사용하도록 격려받고 있고 실제로 외국 출신 부모의 모국어를 배우는 비율은 27.8%에 불과한 것으로 나타나고 있는 실정이므로 다문화가정의 학생들이 가진 이중 언어와 문화에 대한 이해를 '강점'으로 활용할 수 있도록 공교육 안에서 지원이 필요하다(여성가족부, 2016). 또한 다문화가정 자녀의 학업중단률이 높기 때문에 이들을 대상으로 하는 상담과 진로 진학교육을 강화하는 등 사회적 역량을 개발하고 지원하는 시스템을 구축하고, 고등교육의 기회 확대부터 청년기

노동시장으로의 원활한 진입을 위한 직업교육 및 취업연계 등 사회진출 지원까지 적극적인 단계별 프로그램의 마련이 필요하다. 특히 언어와 문화 등 한국사회 적응에 어려움이 큰 중도입국 자녀 및 외국인 가정 학생에 대한 정책적 관심과 지원이 확대될 필요가 있다. 둘째, 부모들을 대상으로 하는 지원이 필요하다. 결혼이민자들의 한국어가 서툴러 교사와 의사소통이 되지 않는 경우도 있고 한국의 교육상황에 낯설기 때문에 학교를 통해 이를 지원할 수 있도록 부모교육과 다문화가정 부모들의 자조집단 형성 및 한국 학부모를 통해 멘토링을 제공하여 자녀교육의 어려움을 지원해 줄 필요가 있다. 또한 중고생 자녀를 둔 결혼이민자 가족의 부모를 대상으로 한 '진로진학 지도와 사춘기 부모역할'과 한국의 교육제도와 진학정보 등에 관한 학부모교육 또한 필요하다. 셋째, 교사 · 학교 · 사회 차원에서는 우선 다문화 학생들을 위한 학교 구성원의 다문화 수용성 제고와 함께 맞춤형 지역 특화 모델을 개발 · 확산할 필요가 있다. 다문화 학생의 급격한 증가와 더불어 학교 구성원의 다문화 감수성 제고를 위해 모든 학생과 모든 학교로 다문화교육의 범위를 확대하여야 하며 학교 교육과정 운영에 다문화교육을 연계할 것이 요구된다. 현직 교원(진로진학상담교사, 전문상담교사 포함)들을 대상으로 다문화 학생의 특성을 고려한 지원과 이해교육이 이루어질 수 있도록 교원을 대상으로 하는 다문화 이해 연수의 추진이 필요할 뿐만 아니라 예비교원(어린이집, 유치원, 초 · 중 · 고등학교)을 대상으로 교직과목에 다문화 교육을 포함하여 예비교원 단계부터 다문화 교육 역량을 강화할 필요가 있다. 또한 학교에서 사용하는 교과서와 교재 또한 다문화 친화적으로 변화시킬 것이 요구된다. 더불어 다문화 가족 자녀를 지원하기 위해 이미 실시중인 다양한 프로그램에 대한 인지율과 이용률이 낮은 것으로 나타남에 따라 이를 보다 적극적으로 홍보하고 활성화할 수 있는 방안의 마련 또한 필요하다. 국회입법조사처(2018)에서 발행한 '다문화 학생의 현황과 시사점'에 의하면 지역에 따라 다문화 학생의 유형 및 분포 양상이 크게 차이가 나는 것으로 나타남에 따라 지금까지의 중앙정부 주도의 다문화 패러다임에서 벗어나 지역 특성에 맞는 맞춤형 지원이 이루어질 수 있도록 다문화 학생의 유형 및 분포 등을 면밀히 파악하여 이에 따라 다문화 정책학교, 교육지원시설, 전담 교원 등의 역할과 정책적 비중을 다르게 설정하고 지역 특화 모델을 개발하여 확산시킬 필요가 있다.

⑥ 다문화 이해 및 감수성 증진을 위한 시민교육 강화

2017년 11월 1일 기준 외국인 주민의 수가 186만 명으로 총 인구 대비 3.6%에 달하고 있지만 단일민족에 대한 강한 자부심을 가지고 있는 우리 사회에서 외국인 주민에 대한 편견과 차별의 벽은 여전히 존재하고 있다. 우리 사회가 다문화 사회로 급격하게 이행되는 상황에서 우리나라 국민이 이주자를 대하는 방식에서의 부정적 정서와 태도, 편견과 한국문화와 관습에 대한 일방적인 동화 요구 등은 여러 가지 사회적 갈등과 문제를 야기할 수 있으므로 다문화 사회로의 이행에 따른 부정적인 영향을 최소화하고 우리 사회가 다양한 문화적 가치를 존중하는 성숙한 사회로 발전하기 위해서는 다문화 이해 및 감수성 증진을 위한 시민교육의 강화가 필수적이다.

2015년 국민 다문화수용성 조사 연구(여성가족부, 2015)의 세계시민으로서의 자기 인식에 관한 국제비교를 살펴보면 자신을 세계시민이라고 생각하는지를 묻는 질문에 한국은 '매우 그렇다'에 응답한 비율이 7.1%로 가장 낮아 전체 17개국 중 17위를 차지하였으며, '매우 그렇다'와 '그렇다'를 합한 응답비율은 55.3%로 40.6%인 이집트에 이어 16위를 차지하였다. 외국인 노동자와 이민자를 이웃으로 삼고 싶지 않다고 응답한 비율은 전체 17개국에서 14위를 차지하였다. 그러나 다문화 이해 교육에 참여, 특히 3회 이상의 교육참여 경험이 '외국인주민에 대한 지각된 위협인식', '다문화 지향성' 등에서 일관된 차이를 나타냄에 따라 일회성 교육보다는 지속적이고 반복적인 다문화 교육의 실시가 다문화인식 개선을 위해 필요함을 알 수 있다. 또한 다양한 다문화 행사참여, 자원봉사와 취미활동 등을 함께하는 동호회 참여가 다문화 수용성 향상에 효과적인 것으로 밝혀짐에 따라 언론이나 SNS 등 다양한 홍보채널을 이용한 다문화교육의 실시와 더불어 이주민과 내국인의 교류를 촉진할 수 있는 통로를 다변화시키기 위한 방안을 모색하고 상호교류 참여를 확대해 나갈 필요가 제기된다(여성가족부, 2015).

이 장에서 언급한 다양한 가족들이 공통으로 느끼는 어려움은 다양한 가족을 바라보는 사람들의 편견으로 나타난다. 우리 사회의 다양한 가족에 대한 편견과 차별은 변수정 외(2017)의 '다양한 가족의 제도적 수용성 제고 방안' 연구결과 90.5%의 응답자가 '우리 사회가 혼인한 부부와 그 자녀로 이루어진 전통적인 가족 이외의 다양한 가족에 대해 편견이나 선입견을 가지고 있다'고 응답한 것과 80.6%의 응답자가 다양한 가족들을 보호할 수 있는 방법으로 '고용이나 교육현장 또는 사회생활 등에서 가족유형에 따라 차별받지 않도록 보호하는 법의 필요성'에 동의하여 차별금지를 명문화하는 것을 지지하는 것에서도 명확하게 드러난다. Gittins(1985)는 『가족은 없다』라는 책에서 전형적인 하나의 가족만이 존재한다고 보는 'the family'의 이데올로기는 우리에게 한 가지 가족유형만이 있다는 믿음 그리고 사람들이 서로 사랑하고 상호작용하는 데 한 가지 올바른 방식만이 존재한다는 잘못된 믿음을 가지게 한다면서 그 같은 믿음 때문에 우리는 가족이라는 제도가 위기에 처해있다는 생각을 갖게 된다고 하면서 가족은 어떠한 형태의 사회에서도 없어서는 안 될 중요한 부분이지만 이상적인 가족이란 존재하지 않는다고 강조한다. Olsen과 Defrain (2003)은 우리는 종종 건강한 가정을 이야기할 때 가족의 건강성이 아니라 외적인 구조에 초점을 두는 실수를 하게 된다는 중요한 지적을 하고 있다. 특정한 형태의 가족이 문제 가족인 것은 아니다. 어떠한 형태의 가족도 문제가족이 될 수 있으며, 문제에 처한 가족 역시 적절한 지원이나 치료가 이루어져서 문제의 단계를 극복하게 되면 건강한 가족으로 기능할 수 있게 된다. 한국 사회의 가족이 변화하면서 우리 사회에는 다양한 종류의 가족이 살아가고 있음에도 불구하고 우리 의식 속의 가족은 경직된 하나의 모습, 즉 부와 모 그리고 그들의 자녀로 대표되는 전통적인 가족유형으로 규정되어 있기 때문에 많은 다양한 형태의 가족들이 가족생활에서 어려움을 겪게 된다. 세상에는 건강한 한부모가족, 건강한 계부모가족, 건강한 핵가족, 건강한 확대가족, 건강한 양부모 가족과 건강한 다문화가족이 존재한다(Olson & Defrain, 2003).

미국 최초의 흑인 대통령이었으며 2009년 노벨 평화상을 수상한 Barack Obama는 2세때 케냐인 아버지와 미국인 어머니가 이혼을 하여 양육을 맡은 어머니와 함께 한부모가족에서 자랐으며, 어머니가 인도네시아인과 재혼한 이후 다문화 재혼가정의 구성원이었고, 다시 미국으로 돌아와서는 외조부모와 함께 생활을 하여 조손가족의 일원으로 생활을 하였다. 부모가 함께 생활하지 않았던 그에게 외조부모는 그의 정신적인 버팀목이 되었다고 한다. 그는 다문화가족, 한부모가족, 재혼가족, 조손가족 등 사회가 편견을 가진 다양한 비전형적인 형태의 가족 속에서 성장했지만 세계의 대통령이라고 하는 미국의 대통령이 되어 가족의 형태가 아니라 기능이 가족의 유지와 자녀의 성장에 무엇보다도 더 중요하다는 것을 우리 모두에게 보여주었다.

한국 사회의 가족이 변화함에 따라 <제3차 저출산·고령사회기본계획(2016~2020)>은 '다양한 가족에 대한 포용성 제고'를 정책과제로 포함하여 포용적 가족관 형성을 위해 가족형태 다양성 수용을 위한 논의기구 운영 및 새로운 가족환경 변화에 대응한 연구 및 정책을 개발하고 포용적 가족관 형성을 위한 사회적 공론화를 추진하고, 다양한 가족형태에 대한 사회적 수용성을 제고하며, 사회정책의 개선을 통해 다양한 가족의 권리가 보호되고 실질적인 생활의 보장이 마련되어야 하는 것을 강조하고 있다(홍승아 외, 2016).

변화하는 사회에서 사람들은 지금과는 또 다른 다양한 방식으로 다른 사람과 함께 도우면서 대처하는 새로운 가족을 생각해 내기 시작할 것이다. 이웃이 사라지고 마을이 소멸하고 있는 우리 사회에서 최근에는 혈연이 아니라 서로에 대한 신뢰하에 함께 살아가면서 서로의 엄마, 아빠, 오빠, 누나, 삼촌, 이모와 같은 가족의 역할을 해주는 간헐적 가족이 등장하였다. 미래에는 또 어떤 형태의 다양한 가족이 생겨날지 알 수 없지만 다양성의 인정을 통해서 가족뿐 아니라 우리 사회는 더욱더 건강한 사회로 나아갈 수 있을 것이다. 다양한 가족의 증가와 함께 사회적 차원에서 다양한 형태의 가족을 수용하는 가족관의 변화가 필요하며 새로운 가족형태에 대한 편견을 제거하려는 노력을 통해 다양한 형태의 가족들이 '또 하나의 가족'으로 자리 잡아 갈 수 있도록 사회의 지원과 세심한 배려를 제공하면 이 결과는 특정 가족 형태에 대한 배려나 혜택이 아닌 우리 사회의 모든 가족과 그 안에 속한 우리 모두에게도 긍정적인 결과로 나타날 것이다.

제3부

건강가족을 위한 실천적 접근

제5장 건강가정을 위한 다양한 전달체계

윤경자 · 현은민

휴먼서비스 전달체계(human service delivery system)에 관한 정의는 학자마다 다양하지만 대체로 건강가정지원센터를 포함한 서비스 전달체계에서는 지역사회를 기반으로 하여 서비스 공급자와 서비스 수혜자 사이를 연결시키는 기관의 조치들을 일컫는다(Gilbert & Terrell, 2005). 건강가정지원센터는 전달체계로서 건강가정사 및 전문가들과 센터 이용자 및 잠재적 이용자들을 서비스로서 연결시키는 조직체계라고 볼 수 있다. 전달체계에 관해서는 사회복지행정 및 정책과 가족복지에서 행정, 정책, 제도적 측면에서 이미 많은 연구가 이루어졌으며(예를 들면, 김태성, 2007; 박경숙, 2003; 박광덕, 1999; 조희금 외, 2007; 조희금 · 송혜림 · 공인숙 · 이승미 · 이완정, 2007; 최성재 · 남기민, 2004; 최재규, 1989), 전달체계를 디자인할 때의 요건에 관해서도 선행 연구가 많이 이루어진 상태이다(예를 들면, 송근원 · 김태성, 2001; 이현주, 2001; 최성재 · 남기민, 2004; 최재규, 1989). 복지 분야에서는 복지서비스의 공급자 간을 연결시키기 위하여 또는 복지 서비스 공급자와 소비자 간을 연결시키기 위하여 만들어진 조직적 체계로 정의된다(최성재 · 남기민, 1997, 이현주, 2001 재인용). 전달체계는 궁극적으로 이용자를 위한 건강가정사업 서비스가 이용자들에게 효율적이고 효과적으로 전달되게 하는 데 그 목적이 있으므로 전달체계의 구성요소들에 대하여 살펴보는 것이 필요할 것이다.

1. 건강가정사업 전달체계의 구성요소

건강가정지원센터를 포함한 휴먼서비스 전달체계는 비영리기관 및 영리기관에서 이루어지며 공공기관 및 민간기관에서도 이루어진다. 건강가정지원센터는 비영리기관이자 지역의 운영주체에 따라 공공기관 및 민간기관으로 나누어진다. 우리나라의 건강가정사업 전달체계는 [그림 5-1]과 [그림 5-2]에 자세히 제시되어 있다. 건강가정사업 전달체계의 정의에서 상술한 바와 같이 전달체계는 서비스 공급자 간 혹은 공급자와 수혜자 사이를 연결시키는 기관의 조치들이므로 먼저 서비스 공급자 간 전달체계를 보면, 이것은 정부기관인 여성가족부 - 시·도 행정조직 - 시·군·구 행정조직으로 연결되어 있다. 이 전달체계는 관과 관의 협력체계를 의미하며 중앙정부, 광역자치단체, 지방자치단체 간에 수직적·수평적으로 연결되어 있다. 여성가족부는 민간기관인 한국건강가정진흥원에 건강가정사업을 위탁·운영하고 있으며 행정적 지원을 제공한다. 시·도 및 시·군·구에서는 센터를 직영하거나 위탁하여 운영하고 있다. 직영센터인 경우에는 관에서 지역주민에 대한 건강가정사업을 직접 수행하게 된다.

다음으로 서비스 공급자와 수혜자 간 전달체계의 구성요소는 민·관의 협력체계이다. 위탁센터인 경우에는 민간기관인 비영리법인이나 학교에서 센터를 운영하도록 되어있는데(건강가정기본법 시행규칙 제6조), 광역지방자치단체와 기초자치단체로부터 재정적 지원을 받아 위탁기관에서 건강가정사업을 지역주민들에게 실시하고 있다. 이 경우 민·관의 협력체계는 매우 중요하며 서로 보완적 관계를 유지하게 된다.

마지막으로 한국건강가정진흥원(중앙건강가정지원센터)-시·도-시·군·구 센터 간 협력체계이다. 수요자를 중심으로 하여 수요자들의 다양한 욕구를 충족시킬 수 있는 통합적이고 포괄적인 서비스를 제공할 수 있도록 지역센터 간 그리고 한국건강가정진흥원-시·도 -시·군·구 지역센터 간 연계체계가 효율적으로 이루어져야 한다. 이들이 제공하는 서비스가 단절적이지 않도록, 수요자 욕구에 대처하도록, 제공하는 서비스에 접근하기 쉽도록, 연속적이도록, 서비스를 충분히 활용할 수 있도록, 책임을 질 수 있도록 하여야 할 것이다.

전달체계의 전문인력인 건강가정사는 별도의 장에서 다루고 있으므로 이 장에서는 전달체계로서의 건강가정지원센터의 특징, 조직 및 업무, 서비스 전달을 위한 전략과 발전방안 및 다문화가족지원센터에 대해 알아보고자 한다.

2. 건강가정지원센터

1) 특 징

건강가정지원센터는 건강가정사업에 관한 업무를 전담하여 수행하기 위해 조직되었다(건강가정기본법 제35조). 센터는 건강가정사업의 전달체계로서 위상을 정립하여 왔고, 건강가정기본법에 제시된 통합적인 가족정책을 실현시키는 역할을 한다. 따라서 센터는 궁극적으로 건강가정의 구현을 목표로 하면서 가족해체를 예방(제9조)하고, 가정의 원활한 기능을 강화하는 건강가정사업을 추진하여야 한다.

휴먼서비스 전달체계의 조직·운영에 관하여 오랜 역사를 가진 외국에서는 90년대부터 전달체계의 개혁에 관하여 많은 관심과 실행이 이루어지고 있는데, 이것의 요점은 종래의 제도와 조직이 비용이 많이 들고, 분리되어 있으며, 다양한 욕구를 충족시키는 데 종종 비효율적이라는 점이다(Cohen, Singh, Hosick, & Tramaine, 1992). 즉, 이때까지의 전달체계의 주된 관심은 사전예방보다는 사후 및 위기개입, 가족 단위의 서비스보다는 개인, 그리고 문제가 없는 보편적 사람들보다는 문제가 있는 사람들 중심의 개입에 초점이 맞춰져 왔다. 건강가정지원센터는 과거의 이와 같은 문제들을 방지하고, 가족문제는 사회문제로 연결되어 사회의 기본 단위인 가족안정성을 저하시킬 뿐만 아니라 사회적 불안을 초래힐 수 있으므로 이를 예방하고자 설립되었다. 윤경자(2008 : 90-91)는 건강가정지원센터의 설립 근거가 되는 건강가정기본법 제정의 주요 배경을 다음과 같이 설명하였는데 이는 건강가정지원센터의 설립 배경과 맥을 같이 한다.

첫째, 가족에 대한 기존의 정의가 새로워진 것을 들 수 있는데, 전통적 의미의 가족이 혼인, 혈연, 혹은 입양에 의해 형성되는 것으로 본 반면에 현대적 의미의 가족은 기능에 우선 순위를 두는 것이다. 이러한 다양한 가족에 대한 적극적 지원이 필요하다.

둘째, 가족 내 변화가 과거와 비교할 수 없을 정도로 발생하는 것인데, 특히 중장년부부의 이혼율의 지속적 증가(1997년, 9.8% 대 2007년, 20.2%), 초혼 연령의 증가, 가족형태 변화 등 가족변화가 다양하고 복합적이다.

셋째, 가족변화와 가족구성원들의 가족가치관 사이의 괴리가 크다. 이에 따라 가족문제가 많이 발생하고 있으며 가족문제는 발생하기 전에 예방하는 것이 중요하다.

넷째, 대부분의 가족문제는 사회구조적 문제와 관련된 것이 많아서 개별가족이 대처하는 것이 불가능한 경우가 많으며 국가 및 사회의 지원과 제도적 뒷받침이 불가피해졌다.

다섯째, 건강가정기본법 제정 이전에는 가족을 강화시키기 위하여 가족 전체를 대상으로 하는 통합적이고 보편적인 가족정책이 극히 드문 점이다.

또한 건강가정지원센터는 건강가정기본법의 특징을 반영하고 있다. 윤경자(2008 : 91-92)는 "이 법의 제정으로 우리나라에 과연 국가차원의 통합적 가족정책이 있는가" 하는 논란에 대한 답을 제시한나고 하였으며 다음과 같이 특징을 설명하였다.

(1) 건강가정기본법은 동법 제정 이전에 개인의 책임으로 인식되던 가족문제에 대하여 국가와 지방자치단체의 책임을 명백히 하고 해결방안과 지원정책을 강화함으로써 건강가정 구현에 기여(제1조 및 제5조)할 것을 명시함으로써 우리나라 가족정책의 기본법으로서의 위상을 나타낸다.

(2) 동법은 우리나라 가족정책에서 여태까지의 문제중심적 관점에서 문제예방적 관점으로 전환한 패러다임의 전환을 가져온 획기적인 정책으로 평가할 수 있으며, 위기가족 중심의 가족정책에서 벗어나 보편적인 가족들에게 문제예방 지향적인 가족정책의 혜택을 받도록 하였다.

(3) 건강가족의 구현이 사회안정에 필수적임을 인식하고 정부정책이 수동적, 소극적이라기보다는 능동적, 적극적임을 천명하였다. 국가는 또한 5년마다 건강가정기본계획을 수립(제15조)하고, 매년 기본계획에 따라 건강가정시행계획을 수립·시행 및 평가하여야 하며(제16조), 시·도별 계획을 조정하며, 그 이행사항을 점검하고(제17조), 건강가정사업과 관련된 전문가를 양성하며, 교육 프로그램을 지속적으로 개발·제공(제19조)하며 건강가정교육 실시를 포함한 건강가정사업을 실시(제21조~제33조)하여야 한다고 명시하였다.

(4) 국가의 가족정책의 기조가 가족구성원이 서로 존중하고 신뢰하며 가족 내 양성평등과 민주적인 가족관계를 지향(제7조, 제15조, 제26조)함을 보여준다.

(5) 전 생애주기에 걸친 가족구성원들을 위한 종합적인 건강가정 프로그램을 개발하도록 하였다.

건강가정지원센터는 2004년 하반기 시범사업으로 설치되어 비교적 짧은 역사를 가지고 있으나 건강가정기본법의 제정 배경과 특징에서 보는 바와 같이 외국의 사례 및 선행연구에서 개선되어야 하는 문제로 지적된 것들이 법 제정 단계에서 반영되어 시행 초기임에도 불구하고 지역사회에서 활발한 활동을 하고 있다.

2) 조직 및 업무

(1) 설치근거

건강가정기본법 제35조에 건강가정지원센터의 설치에 관한 세부적 사항들이 제시되어 있는데 그 내용은 아래와 같다.

① 국가 및 지방자치단체는 가정문제의 예방·상담 및 치료, 건강가정의 유지를 위한 프로그램의 개발, 가족문화운동의 전개, 가정 관련 정보 및 자료제공 등을 위하여 중앙, 시·도 및 시·군·구에 건강가정지원센터(이하 "센터"라 한다)를 둔다.

② 센터에는 건강가정사업을 수행하기 위하여 관련 분야에 대한 학식과 경험을 가진 전문가(이하 "건강가정사"라 한다)를 두어야 한다.

③ 건강가정사는 대학 또는 이와 동등 이상의 학교에서 사회복지학·가정학·여성학 등 여성가족부령이 정하는 관련 교과목을 이수하고 졸업한 자이어야 한다.

④ 센터의 조직·운영 및 건강가정사의 자격·직무에 관하여 필요한 사항은 대통령령으로 정한다.

⑤ 센터의 운영은 여성가족부령이 정하는 바에 의하여 민간에 위탁할 수 있다.

이러한 법의 설치근거에 따라 건강가정지원센터가 여성가족부 산하에 중앙건강가정지원센터, 시·도 및 시·군·구에 설치되는데 그 전달체계는 ❙그림 5-1❙과 ❙그림 5-2❙에 제시되어 있다. 중앙건강가정지원센터는 2011년 한국건강가정진흥원으로 확대·개편되면서 그 기능과 역할을 이관하였다. 한국건강가정진흥원, 시·도 및 시·군·구 건강가정지원센터는 업무내용과 성격에 따라 각 단위센터로 나누어져 있지만 서로 유기적으로 연결되어 있다. 건강가정기본법 제35조와 시행규칙 제6조의 규정에 의하여 기본 방향은 국가 및 지방자치단체는 센터를 설치·운영하되 필요한 경우 비영리법인 또는 학교에 센터운영에 관한 업무를 위탁할 수 있도록 되어 있으며, 예산의 범위 내에서 센터기능 수행에 필요한 운영비를 보조하도록 되어 있다.

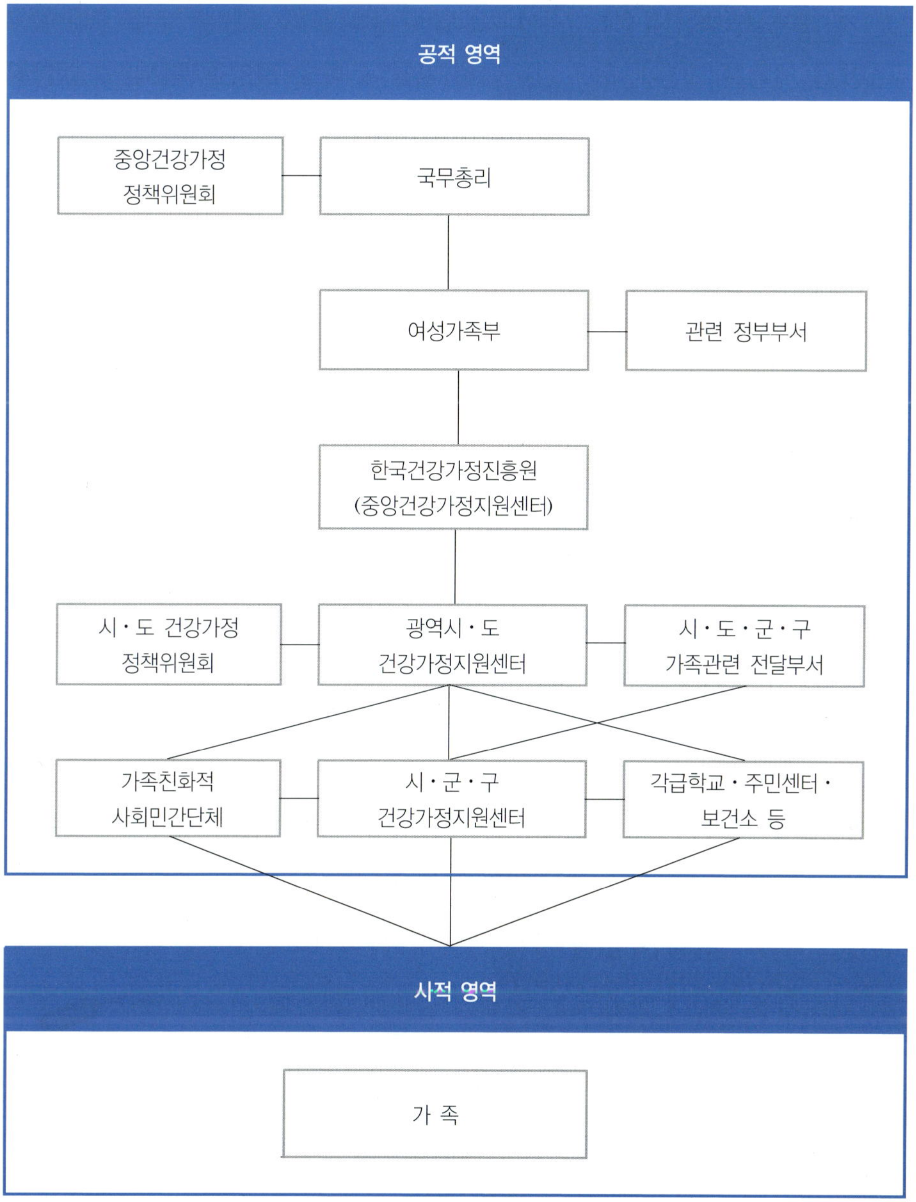

그림 5-1 건강가정정책의 전달체계

출처 : 윤경자(2008). 건강가족을 위한 한국가족정책 패러다임의 전환. 한국가정관리학회지, 26(4), p. 12 수정.

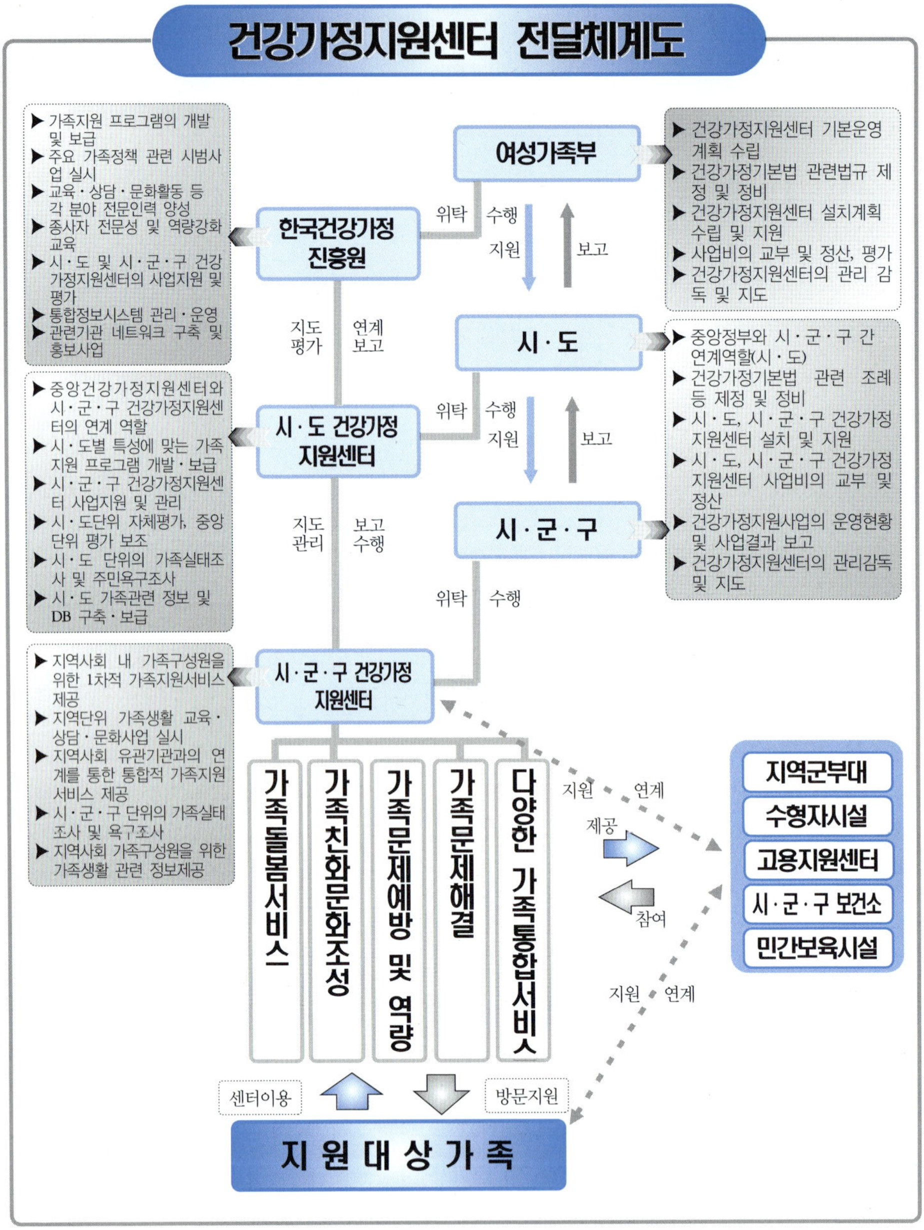

| 그림 5-2 | 건강가정지원센터 전달체계도

출처 : 보건복지부 가족정책과(2008). 2009년도 건강가정지원센터 세부운영지침 수정.

(2) 조직 및 업무

건강가정기본법 시행령 제3조에 근거하여 건강가정지원센터는 센터장과 가정상담팀, 가정교육팀, 가정문화팀 등 건강가정사업의 수행에 필요한 팀을 기본적으로 두도록 되어 있다. 현재 전국적으로 운영되고 있는 센터의 조직을 보면, 가정상담팀, 가정교육팀, 가정문화팀, 지원팀 및 가족지원서비스제공팀(아이돌보미지원사업 등)이 대체로 기본 조직으로 되어 있다. 건강가정지원센터의 사업들은 이 조직들을 통해 구체화된다. 초기 조직을 보면 2008년에 중앙건강가정지원센터에서는 기능중심으로 가족문제해결사업, 가족문제예방 및 역량강화사업, 가족친화문화 조성사업, 다양한 가족을 위한 통합서비스, 가족돌봄지원서비스, 정보제공 및 네트워킹으로 사업을 분류하였다(중앙건강가정지원센터, 2008). 전국 센터에서는 대체로 가족교육 사업, 가족상담 사업, 가족문화 사업, 아이돌보미 사업, 공동육아나눔터 사업 등을 중심으로 업무가 분류되어 있다. 센터의 각 팀에는 팀장/ 팀원을 둘 수 있도록 되어있으며 중간관리자인 사무국장이나 총괄팀장이 따로 있거나 중간관리자가 센터 내 팀장을 겸직하고 있는 경우도 많다.

<표 5－1>에는 건강가정지원센터, 다문화가족지원센터 및 통합형 건강가정・다문화가족지원센터 설치에 관한 법적근거, 연혁, 설치현황, 사업방향, 및 주요사업이 제시되어 있다. 초기 건강가정지원센터의 조직구성 및 현황은 <표 5－2>에 제시되어 있다.

건강가정사의 표준직무 구성을 위해 전국 65개 지역센터의 조직구성을 분석한 자료를 보면(이윤정・정은희, 2008), 이와 같은 사업팀을 기본 구성으로 하였으나 사업과 행정지원 영역에 따라 센터별 조직형태에 다소 차이가 있었다(표 5－2). 기본 조직에 미달하는 조직을 가진 센터는 조사된 총 65개소 중 1개소에 불과하고 센터장, 상담, 교육, 문화 영역의 기본 조직과 여기에 운영지원의 조직을 더한 경우가 가장 보편적이었다. 그 외에도 기본 조직에 운영지원과 함께 아이돌보미지원사업 등 추가로 사업을 수행하는 센터가 46개소로 전체의 70.8%에 해당되었다. 2007년 12월에 총 65개 센터 중 중간관리자가

있는 센터의 수는 27개소(41.5%)로서 중간관리자가 부재한 센터 38개소(58.5%)보다 더 적었다. 또한 각 팀당 팀원 혹은 팀장 1인의 형태로서 연간 사업비와 근무조건, 사업량을 고려할 때, 사업규모나 형태에 따라 업무가 다른 팀과의 연계를 통해 시너지 효과를 도출해야 할 것으로 제시되었으며 이상적으로는 충분한 운영인력이 확보되어 체계적이고 표준화된 조직기능방식으로 구성되는 것이 바람직하다고 보았다.

또한 이 연구에서는 각 팀별 표준직무를 분류하고자 하였는데, <표 5-2>에 제시된 구성에 따라 크게 총괄책임 영역, 상담사업 영역, 교육사업 영역, 문화사업 영역, 행정지원사업 영역, 아이돌보미사업 영역 및 기타 시범사업 등 사안에 따라 별도 사업팀으로 구성되어 있었다. 총괄책임 영역 및 행정지원사업을 제외한 다른 영역들에서는 공통적으로 기획, 수행, 평가 및 홍보를 비롯한 다른 업무들로 이루어져 있었다(이윤정 · 정은희, 2008). 기획, 수행, 평가 및 홍보 업무는 8장 건강가정사업과 프로그램에서 다루어지므로 여기서는 센터 총괄업무에 관한 일례를 보면 <표 5-3>과 같다.

센터는 다음의 업무를 포함하는 방대한 사업을 하도록 되어 있다.

- 가정에 대한 지원(제21조)
- 자녀양육지원의 강화(제22조)
- 가족단위 복지증진(제23조)
- 가족의 건강증진(제24조)
- 가족부양의 지원(제25조)
- 민주적이고 양성평등한 가족관계의 증진(제26조)
- 가족단위의 시민적 역할증진(제27조)
- 가정생활문화의 발전(제28조)
- 가정의례(제29조)
- 가정봉사원(제30조)
- 이혼예방 및 이혼가정지원(제31조)

- 건강가정교육(제32조)
- 자원봉사활동지원(제33조)

각 단위별 건강가정지원센터의 업무를 한국건강가정진흥원의 홈페이지에 제시된 사업내용과 【그림 5-2】를 중심으로 구체적으로 살펴보면 다음과 같다.

A. 한국건강가정진흥원

- 한국건강가정진흥원은 가족정책전달 서비스체계인 시・도, 시・군・구 통합, 건강가정지원센터, 다문화가족지원센터에 대한 총괄적인 업무지원 및 사업연계 도모
- 사업에 대한 프로그램 개발 및 조사
- 공동협력 및 시범사업은 시범사업 운영을 희망한 시・도 또는 시・군・구 건강가정지원센터를 선정하여 지역센터와의 공동협력 방식으로 운영
- 교육상담 문화활동 등 각 분야 전문인력 양성
- 종사자 전문성 및 역량강화 교육
- 시・도 및 시・군・구 건강가정지원센터의 사업지원 및 평가
- 통합정보시스템 관리와 운영
- 관련 기관 네트워크 구축 및 홍보사업
- 특성화사업을 관리하며 이들 사업은 가족역량강화지원 사업(취약・위기가족지원사업), 공동육아나눔터 사업, 다문화가족자녀 성장지원사업, 다문화가족 방문교육사업, 이중언어 가족환경조성사업, 다문화가족 자녀 언어발달지원사업, 결혼이민자 통번역서비스 사업, 지자체한국어교육 사업, 다문화가족 사례관리사업 등을 포함
- 서비스 만족도 및 성과 조사
- 사업홍보

B. 시・도 건강가정지원센터

- 시・도 건강가정지원센터에서는 시・도의 특성에 맞는 가족지원 프로그램을 개발하여 시・군・구 건강가정지원센터에 보급하며, 사업수행 후 반드시 사업별로 만족도를 조사하여야 하고 추후 사업운영에 반영하여야 함
- 한국건강가정진흥원과 시・군・구 건강가정지원센터의 연계 역할
- 시・도별 특성에 맞는 가족지원 프로그램 개발과 보급
- 시・군・구 건강가정지원센터 사업지원 및 관리
- 시・도 단위 자체평가, 중앙단위 평가 보조
- 시・도 단위의 가족실태조사 및 주민욕구조사
- 시・도 가족 관련 정보 및 DB 구축과 보급

C. 시・군・구 건강가정지원센터

가. 기존 건강가정지원센터

- 시・군・구 건강가정지원센터는 해당 지역주민의 가족서비스 욕구조사결과 및 지역 특성을 고려하여 제공
- 시・군・구 건강가정지원센터는 공통필수사업을 개발 프로그램 또는 매뉴얼에 근거하여 수행하여야 하며 공통필수사업 외에 지역사회 특성 및 수요에 맞는 사업을 추진하여 운영

나. 건강가정지원센터＋다문화가족지원센터 통합형

- 시・군・구 통합형 건강가정・다문화가족지원센터는 공통필수사업을 개발 프로그램 또는 매뉴얼에 근거하여 수행하여야 하며 공통필수사업 외에 지역사회 특성 및 수요에 맞는 사업을 추진하여 운영
- 다문화가족생활안정지원사업을 수행

다. 다문화가족지원센터

- 시·군·구 다문화가족지원센터는 공통필수사업을 개발 프로그램 또는 매뉴얼에 근거하여 수행하여야 하며 공통필수사업 외에 지역사회 특성 및 수요에 맞는 사업을 추진하여 운영

〈표 5-1〉 센터 현황

기관명	건강가정지원센터	다문화가족지원센터	건강가정· 다문화가족지원센터
법적 근거	• 건강가정기본법 – 법 제34조(건강가정사업 전담수행) – 법 제35조(건강가정지원센터의 설치) – 시행령 제3조(건강가정지원센터의 조직 등) – 시행규칙 제6조(건강가정지원센터의 위탁운영)	• 다문화가족지원법 제12조 (다문화가족지원센터의 설치·운영 등)	• 건강가정기본법 – 법 제21조(가정에 대한 지원) – 법 제35조(건강가정지원센터의 설치) • 다문화가족지원법 – 법 제6조(생활정보 제공 및 교육 지원) – 법 제12조(다문화가족지원센터의 설치·운영 등)
연혁	• 2005년 건강가정지원센터 본격 실시 – 시·군·구 센터 15개소 신규 설치 및 확대 • 2013년 건강가정지원센터 전국 151개소 설치 • 2016년 통합서비스 실시	• 2006년 4월 결혼이민자 가족지원센터 지정·운영 • 2008년 다문화가족 지원법 제정 및 '다문화가족지원센터'로 명칭 변경 • 2013년 다문화가족지원센터 전국 211개소 설치 • 2016년 통합서비스 실시	• 2014년~2015년 통합서비스 시범사업 (22개소) • 2016년도 통합서비스 운영기관(78개소) • 2017년도 확대 (101개소) • 2018년도 확대(152개소) • 2019년도 확대(183개소)
설치 현황 (2019년 현재)	24	44	183
사업 방향	• 다양한 가족지원, 이용자 참여 확대를 통한 가족기능 지원 강화 • 생애주기별 부모교육 등 가족교육 활성화	• 다문화가족의 한국사회 조기적응 및 사회·경제적 자립지원 도모	• 가족유형과 상관없이 다양한 가족에 대한 보편적이고 포괄적 서비스 제공 • 다문화가족을 위한 종합적 서비스를 제공하여 다문화가족 한국사회 조기적응 및 사회·경제적 자립지원 도모

주요사업	• 가족돌봄나눔 – 모두가족봉사단 – 모두가족품앗이 등 – 아버지-자녀가 함께하는 돌봄 프로그램 • 가족교육 – 생애주기별 가족교육 – 남성대상 교육 등 • 가족상담 • 가족문화 – 가족 사랑의 날 – 가족관계 개선을 위한 캠프, 축제, 체험활동 등 • 다양한 가족통합서비스 • 지역사회연계	• 가족 이중언어 – 가족환경조성사업 – 다문화가족 학령기자녀 입학 및 입시 정보 제공 • 성평등 · 인권 – 가족 내 성평등 교육 – 다문화이해교육 – 인권감수성 향상교육 • 사회통합 – 취업기초 소양교육 – 다문화가족 나눔 봉사단 • 상담 • 홍보 및 자원연계	• 가족관계 – 부모역할 지원 – 부부역할 지원 – 이혼전 · 후가족지원 – 다문화가족 관계 향상지원 – 다문화가족 이중언어 환경조성 – 다문화가족자녀 성장지원 – 가족상담 • 가족돌봄 – 가족역량강화지원 – 다문화가족 방문서비스 • 가족생활 – 다문화가족 초기정착지원 – 결혼이민자 취업 지원 – 맞벌이가정 일가정 양립 지원 – 결혼이민자 통번역 지원 • 가족과 함께하는 지역 공동체 – 다문화가족 교류 소통공간 운영 – 가족친화 프로그램 – 결혼이민자 정착 단계별 지원 패키지 – 공동육아나눔터

출처 : 한국건강가정진흥원 홈페이지. http://www.kihf.or.kr/lay1/S1T335C338/contents.do

〈표 5-2〉 초기 건강가정지원센터 조직구성 및 현황[1)]

조직체계 구분: 군	조직체계 구분: 형 태	조직구성	중간관리자[2)] 존재유무	센터 수	소 계	합 계
A	A형	센터장 + 상담 + 교육 + 문화	유	2	13	65
			무	7		
	A+1형	A형에 별도 영역[3)]이 추가된 경우	유	1		
			무	3		
B	B형 (A형+운영지원)	센터장 + 상담 + 교육 + 문화 + 운영지원[4)]	유	13	33	
			무	13		
	B-1형	B형에 운영지원을 제외한 일부 사업영역 부재의 경우	유	0		
			무	1		
	B+1형	센터장 + 상담 + 교육 + 문화 + 운영지원 + 별도 영역	유	2		
			무	4		
C	C형 (B형+아이돌보미지원)	센터장 + 상담 + 교육 + 문화 + 운영지원 + 아이돌보미지원	유	4	16	
			무	5		
	C-1형	센터장 + 상담 + 교육 + 문화 + 아이돌보미지원	유	2		
			무	0		
	C+1형	센터장 + 상담 + 교육 + 문화 + 운영지원 + 아이돌보미지원 + 별도 영역	유	0		
			무	3		
	C-1+1형	센터장 + 상담 + 교육 + 문화 + 아이돌보미지원 + 별도 영역	유	1		
			무	1		
D	D형 (C형 + 장애아가족아동양육지원)	센터장 + 상담 + 교육 + 문화 + 운영지원 + 아이돌보미지원 + 장애아가족아동양육지원	유	1	3	
			무	0		
	D-1형	D형에서 운영지원 영역이 부재한 경우	유	0		
			무	1		
	D-1+1형	D-1형에서 별도 영역이 추가된 경우	유	1		
			무	0		

주 : 1) 2007년 12월 초기 개소했던 총 66개 센터 중 중앙건강가정지원센터를 제외한 65개 센터를 집계함
2) 부센터장, 사무국장, 부장, 총괄팀장, 수석팀장 등의 명칭으로 센터장과 하위 조직체계 간의 중간 의사결정자를 모두 포함하며, 부센터장과 사무국장 모두 존재하는 경우는 중간 의사결정체계가 존재하는 것으로 판단해 편의상 해당란에 포함시킴(겸직 포함)
3) 결혼이민자가족사업지원, 지원평가, 사회지원 등의 별도 사업영역을 지칭함
4) 운영지원, 사업지원, 행정지원, 업무지원, 행정사무국 등 유사명칭의 조직영역을 모두 포함함

출처 : 이윤정 · 정은희(2008). 건강가정지원센터의 건강가정사 직무분석을 위한 기초연구 : 표준직무 도출을 중심으로.

〈표 5-3〉 총괄책임 직무의 책임과 과업

구 분		세부 과업(Task)
해당종사자	책무(Duty)	
센터장, 사무국장 등 중간관리자 이상 종사자	센터사업 총괄	• 중장기 사업목표 및 방향설정/ 조정
		• 센터 연간 · 월간 계획 수립/ 조정
		• 팀별 사업기획 총괄/ 조정
		• 팀별 업무총괄
		• 팀 간 연계사업 조정 등 업무조정
		• 팀별 업무관련 서류결재
		• 일일업무일지 점검
		• 업무 평가체계 구축/ 평가회의 운영
		• 프로젝트사업(외부지원사업) 기획총괄/ 조정
		• 협력사업 기획총괄/ 조정
	센터운영 총괄	• 예산계획 수립/ 편성/ 조정
		• 센터 제반규정(운영내규, 인사복무규정 등) 제정/ 관리총괄
		• 운영위원회, 자문위원회 등 운영
		• 센터 내부회의 주관
	인사관리 및 인력개발	• 직원 인사관리(공개채용 공고, 면접 등)
		• 직원 복지후생에 관한 총괄
		• 직원 인력개발 및 보상관련 업무총괄
		• 직원교육 기획/ 총괄
		• 직원 수퍼비전(정기)
		• 직원 업무지도(수시)
		• 건강가정 현장실습지도/ 슈퍼바이저 활동/ 실습생 평가
	대외협력활동	• 센터협력기관 업무총괄(중앙센터, 여가부, 지방자치단체, 위탁법인 등과의 협력업무)
		• 지역사회 네트워크 구축(유관기관 네트워킹, 협업체계 구축 등)
		• 각종 외부회의 참석 등 대외적 활동
		• 센터 및 사업홍보(매체응대 등 – 일반홍보 제외)

출처 : 이윤정, 정은희(2008) 수정.

이를 종합하여 전달체계 사업 주체별 업무를 보면 다음과 같이 분류하고 있다. 한국건강가정진흥원에서는 프로그램의 개발 및 보급, 주요 가족정책 관련 시범사업 실시, 건강가정 전문인력 양성 및 종사자 역량강화 교육, 시·도 및 시·군·구 센터의 사업지원 및 평가, 관련기관 네트워크 구축 및 홍보사업 등을 주요 업무로 하고 있다. 광역 시·도 건강가정지원센터는 시·도 특성에 맞는 가족 프로그램 개발과 보급, 시·군·구 센터의 사업지원 및 관리, 시·도 가족실태조사 및 주민욕구조사 등이 주요 업무이며, 시·군·구 센터는 주민들을 위한 직접적인 가족지원서비스 제공, 지역사회 유관기관과의 연계를 통한 종합적인 가족지원서비스 제공, 시·군·구 단위의 가족실태조사 및 욕구조사 등을 수행하도록 되어 있다.

또한 건강가정기본법에서는 건강가정 관련 교육과 연구를 진흥하고 전문가를 양성해야 함을 명시하고 있으며, 지속적으로 건강가정을 위한 프로그램을 개발·제공하도록 한다(동법 제19조).

각 단위 센터의 역할과 사업내용을 규명하기 위하여 건강가정지원센터 관련 실무자, 공무원 및 전문가들을 대상으로 설문조사를 실시한 결과(장진경·오제은·한은주·류진아·원소연, 2006)를 보면, 기존 중앙센터 기능을 하는 한국건강가정진흥원과 시·도 센터에서는 직접적인 사업실시보다 건강가정지원센터를 활성화시키기 위한 지원 및 인프라 구축, 조사 및 연구활동, 전문인력 양성, 건강가정사업 기획 및 평가, 그리고 홍보 등에 주력하기를 원하는 것으로 나타났다. 반면에 시·군·구 센터에서는 상대적으로 지역주민들에 대한 직접적인 건강가정사업의 수행과 네트워크 구축사업 등에 더 높은 관심을 나타내었다. 또한 연구자들은 각 단위별 센터들의 관계는 건강가정사업 영역의 광범위성과 내용의 다양성에 비추어 중앙집중형 조직으로는 위와 같은 역할을 수행하는 것이 어려우므로 한국건강가정진흥원－시·도－시·군·구 건강가정지원센터가 수평적인 관계를 이루어야 한다고 역설하였다.

3) 서비스 전달을 위한 전략과 발전방안

건강가정지원센터는 십여 년이라는 짧은 설립 역사에도 불구하고 양적·질적으로 비약적 발전을 이루었다. 2004년 건강가정지원센터 3개소 시범사업 운영으로 시작된 센터는 2005년 1월 1일부터 건강가정기본법의 시행으로 2008년 12월에 83개소, 2019년 현재 전국에 251개소가 운영되고 있다. 센터는 양적으로뿐만 아니라 질적으로도 많은 성장을 하였으나, 규모나 질적인 면에서 여전히 보완되어야 할 부분이 많다. 예산 제한으로 종사자 수와 보수, 필요한 서비스의 횟수 등 제약이 있다. 또한 아직 센터가 개소되지 않은 지방자치단체도 있거나 지역센터 간 차이 등 앞으로도 많은 성장이 이루어져야 할 것이다. 전달체계의 효율화를 위해서는 통합센터를 지속적으로 추진하는 것이 필요할 것이다.

그동안 주무 부서가 보건복지가족부(당시 보건복지부) → 여성가족부 → 보건복지가족부 → 여성가족부로 다시 이관되면서 가족서비스 전달체계 효율화에 대한 전략이 필요한 시점이다. 전달체계의 발전방안은 우리나라 사회복지행정체계와 관련된 이슈들을 포함하고 있어서 복합적이다. 보건복지가족부는 복지지출의 가파른 증가에 따라 2009년 부서 핵심과제로서 효율적인 복지행정체계로의 개편을 지향하였고(보건복지부 홈페이지, 2009), 여성가족부는 통합적인 가족정책을 수립·지원하고 있다. 건강가정지원센터는 그 가치와 효과에 있어서 효율적인 복지행정체계에 부합하는 전달체계로서의 선도적 역할을 하였으나 이에 대한 효과검증을 통해 객관적인 자료를 축적하는 것이 필요할 것이다. 수요자 중심의 복지전달시스템을 구축하기 위하여 건강가정지원센터의 복합기능화를 추진하고 업무효율을 위한 시스템 구축이 필요할 것이다. 이것은 “가족기능 강화와 문제를 다루는 통합적인 기관으로서 가족생활에 관한 모든 연계를 지원하는 원스톱 서비스(one-stop service)를 제공”(윤경자, 2008 : 95)하고자 하는 건강가정지원센터의 역할에 부합되는 것이다. 건강가정지원센터가 타 유사기관과 차별화되고 센터의 고유 특징과 정체성을 확립하기 위해서는 전달체계를 구성하는 기본가치와 전달체계를 활성화시키는 전략 및 피드백이 지속적으로 모색되어야 할 것이다. 주요 전략을 살펴보면 가치, 이용자 만족도에 영향을 주는 요인들 및 유·무형의 통합적 방안들로 요약될 수 있다.

(1) 가치

건강가정지원센터의 가족문제 예방과 기능강화의 기본적 가치는 서비스 전달기관의 전략으로서 선행연구에서 강조되고 있다. 가족강점에 초점을 두고, 가족임파워를 강조하고, 지역사회에 기반을 둔 서비스 실천을 활용하는 것은 지역사회에 기반을 둔 서비스 전달체계의 주요 원칙으로 강조되어 왔다(Lightburn & Kemp, 1994; Weissbound, 1990; Weissbound & Kagan, 1989).

(2) 이용자 만족도를 높이기

서비스 전달체계의 이용자 만족도에 영향을 주는 요인들을 보면, 유형·무형의 지원이 모두 관련되어 있는데, 서비스 전달기관으로 찾아가기 쉬운 장소에 위치하는 것과 좋은 시설, 통역이 필요한 경우 제공되는 것, 직원들이 이용자들을 공평하게 대하는 것, 참여자들이 지지와 격려를 하는 것이 유의한 주요 요인으로 나타났다(O'Donnell & Giovannoni, 2006).

(3) 유·무형의 통합적 방안

윤경자(2008)는 가족정책 패러다임 확대와 통합적 가족정책의 자리매김을 위하여 건강가정지원센터의 역할을 모색하면서 다음과 같이 주장하였다.

첫째, 건강가정지원센터는 예방에 초점을 두고 생애주기적인 프로그램을 개발하여 실시하고 가족친화적인 프로그램으로 가정과 일의 양립을 도울 수 있는 프로그램들을 지원하는 것이 필요하다.

둘째, 남성들이 육아와 양성평등에 기여할 수 있는 다양한 교육 및 체험 프로그램을 개발하여 찾아가는 가족생활 프로그램을 실시하는 것이 필요하다.

셋째, 건강가정지원센터는 사적 영역인 가족과 공적 영역을 연계하는 역할을 하여야 하며 이를 위해 인력 보강과 센터가 확대 설치되어야 한다.

넷째, 건강가정지원센터는 생애주기에 따른 모든 연령층의 가족구성원을 대상으로 가족단위의 지원이 되도록 하여야 한다.

다섯째, 건강가정 구현을 위해 가정기능을 강화하는 예방적 사업을 펼쳐야 한다. 이것은 건강가정지원센터를 타 유사기관과 차별화시킬 수 있는 지름길이며 건강가정지원센터의 독특한 특징이자 정체성을 확고히 할 수 있는 전략이다.

여섯째, 위기가족구성원 중심기관과 네트워킹을 강화하는 것이 필요하다.

일곱째, 건강가정지원센터는 원스톱 서비스(one-stop service)를 제공하는 기관으로서 가족기능 강화와 문제를 통합적으로 다루어야 하며 가족생활에 관한 모든 연계를 지원하여야 한다.

여덟째, 건강가정사업을 위한 전달체계 간에 역할분담과 협조가 매우 필요하다. 한국건강가정진흥원의 예를 들면, 건강가정사업의 중·장기 발전방향과 정책부분에 더 치중하여야 한다. 또한 지역 건강가정지원센터의 확대를 위한 지원 관련 업무를 중점적으로 추진하여야 하며 전국 차원의 센터 홍보 방안을 마련하여야 한다. 중앙센터는 지속적으로 프로그램을 개발·보급하여야 하며 주요 관련기관과 연계하여 지역센터의 프로그램에 연계기관의 직원들이 교육에 참여할 수 있도록 지원할 수 있을 것이다.

시·도 센터에서는 지역별 대규모 공통 프로그램의 기획과 홍보를 할 수 있을 것이며 지역 내 언론기관 및 매스미디어와의 접촉을 지원하고 행정지원을 할 수 있을 것이다. 또한 지역센터 종사자들을 위한 보수교육과 직무교육을 실시하여 종사자들의 전문성과 사명감을 강화하도록 지원할 수 있을 것이다.

아홉째, 우수한 인재와 강사를 확보하기 위해서 강사풀을 공유하고 예산확보를 위한 노력이 지속되어야 할 것이다.

열째, 프로그램의 종류와 수를 적정하게 유지하며 공통 프로그램의 표준화를 꾀한다.

열한째, 자체 예산을 감당할 수 있는 법인들의 센터 참여와 기업의 사회적 책무를 위한 사업 참여를 위한 방안 마련이 필요하다.

열두째, 소프트웨어적인 프로그램의 질적 수준 유지뿐만 아니라 건물 등 외적 인프라를 구비하여야 할 것이다.

열셋째, 종사자들의 전문성 강화와 소속감 고취를 위해 건강가정사협회와 건강가정지원센터 협의회를 구성하여 활성화시키는 것이 필요하며 지역사회의 다른 협의체와의 연계를 강화한다.

〈표 5-4〉 통합형 건강가정 · 다문화가족지원센터 현황

지역	센터	지역	센터
서울 (25)	강남구 건강가정 · 다문화가족지원센터	대구 (8)	달서구 건강가정 · 다문화가족지원센터
	강동구 건강가정 · 다문화가족지원센터		달성군 건강가정 · 다문화가족지원센터
	강북구 건강가정 · 다문화가족지원센터		대구남구 건강가정 · 다문화가족지원센터
	강서구 건강가정 · 다문화가족지원센터		대구동구 건강가정 · 다문화가족지원센터
	관악구 건강가정 · 다문화가족지원센터		대구북구 건강가정 · 다문화가족지원센터
	광진구 건강가정 · 다문화가족지원센터		대구서구 건강가정 · 다문화가족지원센터
	구로구 건강가정 · 다문화가족지원센터		대구중구 건강가정 · 다문화가족지원센터
	금천구 건강가정 · 다문화가족지원센터		수성구 건강가정 · 다문화가족지원센터
	노원구 건강가정 · 다문화가족지원센터	인천 (8)	강화군 건강가정 · 다문화가족지원센터
	도봉구 건강가정 · 다문화가족지원센터		계양구 건강가정 · 다문화가족지원센터
	동대문구 건강가정 · 다문화가족지원센터		남동구 건강가정 · 다문화가족지원센터
	동작구 건강가정 · 다문화가족지원센터		미추홀구 건강가정 · 다문화가족지원센터
	마포구 건강가정 · 다문화가족지원센터		인천동구 건강가정 · 다문화가족지원센터
	서대문구 건강가정 · 다문화가족지원센터		인천서구 건강가정 · 다문화가족지원센터
	서울중구 건강가정 · 다문화가족지원센터		연수구 건강가정 · 다문화가족지원센터
	서초구 건강가정 · 다문화가족지원센터		인천중구 건강가정 · 다문화가족지원센터
	성동구 건강가정 · 다문화가족지원센터	광주 (5)	광산구 건강가정 · 다문화가족지원센터
	성북구 건강가정 · 다문화가족지원센터		광주남구 건강가정 · 다문화가족지원센터
	송파구 건강가정 · 다문화가족지원센터		광주동구 건강가정 · 다문화가족지원센터
	양천구 건강가정 · 다문화가족지원센터		광주북구 건강가정 · 다문화가족지원센터
	영등포구 건강가정 · 다문화가족지원센터		광주서구 건강가정 · 다문화가족지원센터

지역	센터	지역	센터
서울 (25)	용산구 건강가정·다문화가족지원센터	세종 (1)	세종시 건강가정·다문화가족지원센터
	은평구 건강가정·다문화가족지원센터	울산 (5)	울산남구 건강가정·다문화가족지원센터
	종로구 건강가정·다문화가족지원센터		울산동구 건강가정·다문화가족지원센터
	중랑구 건강가정·다문화가족지원센터		울산북구 건강가정·다문화가족지원센터
부산 (7)	금정구 건강가정·다문화가족지원센터		울주군 건강가정·다문화가족지원센터
	기장군 건강가정·다문화가족지원센터		울산중구 건강가정·다문화가족지원센터
	동래구 건강가정·다문화가족지원센터	충북 (7)	괴산군 건강가정·다문화가족지원센터
	사상구 건강가정·다문화가족지원센터		음성군 건강가정·다문화가족지원센터
	수영구 건강가정·다문화가족지원센터		제천시 건강가정·다문화가족지원센터
	연제구 건강가정·다문화가족지원센터		증평군 건강가정·다문화가족지원센터
	영도구 건강가정·다문화가족지원센터		진천군 건강가정·다문화가족지원센터
충남 (12)	태안군 건강가정·다문화가족지원센터		청주시 건강가정·다문화가족지원센터
	홍성군 건강가정·다문화가족지원센터		충주시 건강가정·다문화가족지원센터
	계룡시 건강가정·다문화가족지원센터	대전 (2)	대전광역시 건강가정·다문화가족지원센터
	공주시 건강가정·다문화가족지원센터		대전서구 강가정·다문화가족지원센터
	금산군 건강가정·다문화가족지원센터	전남 (21)	강진군 건강가정·다문화가족지원센터
	논산시 건강가정·다문화가족지원센터		고흥군 건강가정·다문화가족지원센터
	보령시 긴강가정·다문화가족지원센터		곡성군 건강가정·다문화가족지원센터
	부여군 건강가정·다문화가족지원센터		광양시 건강가정·다문화가족지원센터
	서산시 건강가정·다문화가족지원센터		구례군 건강가정·다문화가족지원센터
	서천군 건강가정·다문화가족지원센터		나주시 건강가정·다문화가족지원센터
	아산시 건강가정·다문화가족지원센터		담양군 건강가정·다문화가족지원센터
	예산군 건강가정·다문화가족지원센터		무안군 건강가정·다문화가족지원센터
경기 (24)	가평군 건강가정·다문화가족지원센터		보성군 건강가정·다문화가족지원센터
	과천시 건강가정·다문화가족지원센터		순천시 건강가정·다문화가족지원센터
	광명시 건강가정·다문화가족지원센터		신안군 건강가정·다문화가족지원센터
	광주시 건강가정·다문화가족지원센터		여수시 건강가정·다문화가족지원센터
	구리시 건강가정·다문화가족지원센터		영광군 건강가정·다문화가족지원센터
	군포시 건강가정·다문화가족지원센터		영암군 건강가정·다문화가족지원센터
	김포시 건강가정·다문화가족지원센터		완도군 건강가정·다문화가족지원센터

지역	센터	지역	센터
경기 (24)	남양주시 건강가정·다문화가족지원센터	전남 (21)	장성군 건강가정·다문화가족지원센터
	동두천시 건강가정·다문화가족지원센터		장흥군 건강가정·다문화가족지원센터
	시흥시 건강가정·다문화가족지원센터		진도군 건강가정·다문화가족지원센터
	안성시 건강가정·다문화가족지원센터		함평군 건강가정·다문화가족지원센터
	안양시 건강가정·다문화가족지원센터		해남군 건강가정·다문화가족지원센터
	양주시 건강가정·다문화가족지원센터		화순군 건강가정·다문화가족지원센터
	양평군 건강가정·다문화가족지원센터	경북 (15)	경산시 건강가정·다문화가족지원센터
	여주시 건강가정·다문화가족지원센터		경주시 건강가정·다문화가족지원센터
	연천군 건강가정·다문화가족지원센터		구미시 건강가정·다문화가족지원센터
	오산시 건강가정·다문화가족지원센터		김천시 건강가정·다문화가족지원센터
	용인시 건강가정·다문화가족지원센터		문경시 건강가정·다문화가족지원센터
	의왕시 건강가정·다문화가족지원센터		봉화군 건강가정·다문화가족지원센터
	의정부시 건강가정·다문화가족지원센터		상주시 건강가정·다문화가족지원센터
	이천시 건강가정·다문화가족지원센터		영덕군 건강가정·다문화가족지원센터
	파주시 건강가정·다문화가족지원센터		영주시 건강가정·다문화가족지원센터
	평택시 건강가정·다문화가족지원센터		영천시 건강가정·다문화가족지원센터
	포천시 건강가정·다문화가족지원센터		울릉군 건강가정·다문화가족지원센터
경남 (14)	거제시 건강가정·다문화가족지원센터		의성군 건강가정·다문화가족지원센터
	김해시 건강가정·다문화가족지원센터		청도군 건강가정·다문화가족지원센터
	밀양시 건강가정·다문화가족지원센터		칠곡군 건강가정·다문화가족지원센터
	사천시 건강가정·다문화가족지원센터		포항시 건강가정·다문화가족지원센터
	산청군 건강가정·다문화가족지원센터	강원 (18)	강릉시 건강가정·다문화가족지원센터
	양산시 건강가정·다문화가족지원센터		강원고성군 건강가정·다문화가족지원센터
	의령군 건강가정·다문화가족지원센터		동해시 건강가정·다문화가족지원센터
	창녕군 건강가정·다문화가족지원센터		삼척시 건강가정·다문화가족지원센터
	창원시 건강가정·다문화가족지원센터		속초시 건강가정·다문화가족지원센터
	창원시마산 건강가정·다문화가족지원센터		양구군 건강가정·다문화가족지원센터
	통영시 건강가정·다문화가족지원센터		양양군 건강가정·다문화가족지원센터
	하동군 건강가정·다문화가족지원센터		영월군 건강가정·다문화가족지원센터
	함안군 건강가정·다문화가족지원센터		원주시 건강가정·다문화가족지원센터
	함양군 건강가정·다문화가족지원센터		인제군 건강가정·다문화가족지원센터

전북 (11)	김제시 건강가정·다문화가족지원센터	강원 (18)	정선군 건강가정·다문화가족지원센터
	남원시 건강가정·다문화가족지원센터		철원군 건강가정·다문화가족지원센터
	무주군 건강가정·다문화가족지원센터		춘천시 건강가정·다문화가족지원센터
	순창군 건강가정·다문화가족지원센터		태백시 건강가정·다문화가족지원센터
	완주군 건강가정·다문화가족지원센터		평창군 건강가정·다문화가족지원센터
	익산시 건강가정·다문화가족지원센터		홍천군 건강가정·다문화가족지원센터
	임실군 건강가정·다문화가족지원센터		화천군 건강가정·다문화가족지원센터
	장수군 건강가정·다문화가족지원센터		횡성군 건강가정·다문화가족지원센터
	정읍시 건강가정·다문화가족지원센터		
	진안군 건강가정·다문화가족지원센터		
	고창군 건강가정·다문화가족지원센터		

3. 다문화가족지원센터

1) 다문화가족 지원의 필요성

우리나라에 체류하는 이주노동자 수가 급격히 늘어나고 국제결혼가정이 급증하면서 우리 사회는 본격적으로 다인종·다문화 사회로 재편되었다. 다문화가족은 결혼이민자가족과 외국인노동자가족 그리고 북한이탈주민 등이 포함되나 결혼이민자가족의 급격한 증가에 따른 다양한 문제점들과 사회적 욕구가 표출되면서 2008년 3월에 다문화가족지원법이 제정되었고 2015년 12월에 개정되었다.

다문화가족지원법 제1조는 다문화가족 구성원이 안정적인 가족생활을 영위하고 사회구성원으로서의 역할과 책임을 다할 수 있도록 함으로써 이들의 삶의 질 향상과 사회통합에 이바지함을 목적으로 명시하고 있다(개정 2015.12).

다문화가족지원법 제2조는 다문화가족을 다음과 같이 정의하고 있다.

1. '다문화가족' 이란 다음 각 목의 어느 하나에 해당하는 가족을 말한다(개정 2011, 2015).

   가. 재한외국인 처우 기본법 제2조 제3호의 결혼이민자와 국적법 제2조

부터 제4조까지의 규정에 따라 대한민국 국적을 취득한 자로 이루어진 가족

나. 국적법 제3조 및 제4조에 따라 대한민국 국적을 취득한 자와 같은 법 제2조부터 제4조까지의 규정에 따라 대한민국 국적을 취득한 자로 이루어진 가족

2. '결혼이민자 등'이란 다문화가족의 구성원으로서 다음 각 목의 어느 하나에 해당하는 자를 말한다.

가. 재한외국인 처우 기본법 제2조 제3호의 결혼이민자

나. 국적법 제4조에 따라 귀화허가를 받은 자

3. "아동·청소년"이란 24세 이하인 사람을 말한다.

다문화가족지원법에서 정의하는 다문화가족 지원은 다문화가족 구성원이 개인의 존엄과 양성의 평등이 유지되는 건강한 가족생활을 보장받고 우리 사회에 조기에 적응함으로써 건전한 사회구성원으로서 역할을 다할 수 있도록 지원하기 위하여 국가, 지방자치단체 기타 공공기관이 취하는 일체의 제도 및 조치를 말한다.

다문화가족을 지원하는 적극적인 대책을 마련해야 할 근본적인 필요는 그들이 인간으로서의 존엄이 유지되는 건강한 가정생활을 영위할 수 있도록 하는 데 있다. 우리나라 헌법 제10조는 '인간으로서의 존엄과 가치 및 행복추구권'을 명문으로 보장하고 있다. 건강한 가정생활을 할 권리는 국적과 상관없이 모든 인간이 누려야 할 기본적 권리에 속하고 국가는 이를 보장하여야 한다. 헌법재판소는 국내에 체류하는 외국인도 헌법이 보장하는 인간의 권리인 '인간의 존엄과 가치'를 누릴 주체가 될 수 있다고 판시하였다(헌법재판소 2001. 11. 29. 선고 99헌마494 결정).

둘째, 결혼이주여성이나 이주노동자를 지원하는 것은 오늘날 국제사회가 요구하는 보편적 인권의 관점에서도 필요하다.

셋째, 다문화가족 지원은 우리 사회의 후세대 양육을 위해서도 필요하다. 결혼이주여성이나 이주노동자는 단순히 외국인이 아니라 한국인과 결혼해

가족을 이루어 살면서 미래를 짊어지고 나갈 자녀를 출산하고 양육하는 우리 사회의 구성원이므로 후세대를 건전하게 양육한다는 관점에서도 필수적이다.

넷째, 다문화가족 지원은 사회안보의 관점에서도 필요하다. 증가하고 있는 결혼이민자 또는 이주노동자 가족의 사회통합, 특히 그 자녀들의 사회통합은 장차 우리 사회의 안위를 좌우할 수 있을 정도로 중요한 문제이다. 우리나라의 안정적이고 지속적인 발전을 도모하기 위해서도 다문화가족 구성원의 사회통합을 촉진하는 정책을 시행하여야 한다(박종보 · 조용만, 2006).

2) 다문화가족지원센터

(1) 설치근거

국제결혼의 급증에 따라 여성결혼이민자를 대상으로 안정적 정착과 한국문화 적응, 가족생활 적응 및 가족관계의 증진과 그들 가족의 사회문화적 적응을 지원하기 위한 종합적 가족지원 전달체계를 구축해야 할 필요성이 증대되었다.

결혼이민자 가족의 안정성을 제고하고 다문화 사회통합 분위기를 확산하기 위해 2006년부터 결혼이민자가족지원센터의 설립이 시작되었고 2008년 9월부터 다문화가족지원센터로 명칭이 변경되었다. 2019년 현재 전국에 218개 다문화가족지원센터가 설치되어 운영되고 있다. 2014년 여성가족부는 가족서비스 전달체계를 일원화하고 지원사업을 효율적으로 추진하기 위해 건강가정지원센터와 다문화가족지원센터를 통합한 건가·다가 통합센터를 시범적으로 운영하여 2019년 건가·다가 통합서비스 운영기관(확대형)이 183개소이고 다문화가족지원센터(일반형)이 44개소가 운영되고 있다(여성가족부, 2019).

다문화가족지원센터는 다문화가족지원사업을 수행하는 전달체계로서 다문화가족지원법 제12조에 근거하여 설치된다.

다문화가족지원법 제12조의 구체적 내용을 살펴보면 다음과 같다.

① 국가와 지방자치단체는 다문화가족지원센터(이하 "지원센터"라 한다)를 설치·운영할 수 있다.

② 국가 또는 지방자치단체는 지원센터의 설치·운영을 대통령령으로 정하는 법인이나 단체에 위탁할 수 있다.

③ 국가 또는 지방자치단체 아닌 자가 지원센터를 설치·운영하고자 할 때에는 미리 시·도지사 또는 시장·군수·구청장(자치구의 구청장을 말한다. 이하 같다)의 지정을 받아야 한다.

④ 지원센터는 다음 각 호의 업무를 수행한다.

1. 다문화가족을 위한 교육·상담 등 지원사업의 실시
2. 결혼이민자 등에 대한 한국어교육
3. 다문화가족 지원서비스 정보제공 및 홍보
4. 다문화가족 지원 관련 기관·단체와의 서비스 연계
5. 일자리에 관한 정보제공 및 일자리의 알선
6. 다문화가족을 위한 통역·번역 지원사업
7. 그 밖에 다문화가족 지원을 위하여 필요한 사업

⑤ 지원센터에는 다문화가족에 대한 교육·상담 등의 업무를 수행하기 위하여 관련 분야에 대한 학식과 경험을 가진 전문인력을 두어야 한다.

⑥ 국가와 지방자치단체는 제3항에 따라 지정한 지원센터에 대하여 예산의 범위에서 제4항 각 호의 업무를 수행하는 데에 필요한 비용 및 지원센터의 운영에 드는 비용의 전부 또는 일부를 보조할 수 있다(개정 2016. 3).

⑦ 제1항, 제2항 및 제3항에 따른 지원센터의 설치·운영 기준, 위탁·지정 기간 및 절차 등에 필요한 사항은 대통령령으로 정하고, 제5항에 따른 전문인력의 기준 등에 필요한 사항은 여성가족부령으로 정한다.

[전문개정 2012. 2. 1.]

다문화가족지원법의 설치근거에 따라 설치·운영되는 다문화가족지원센터의 사업추진체계는 ❙그림 5-3❙과 같다.

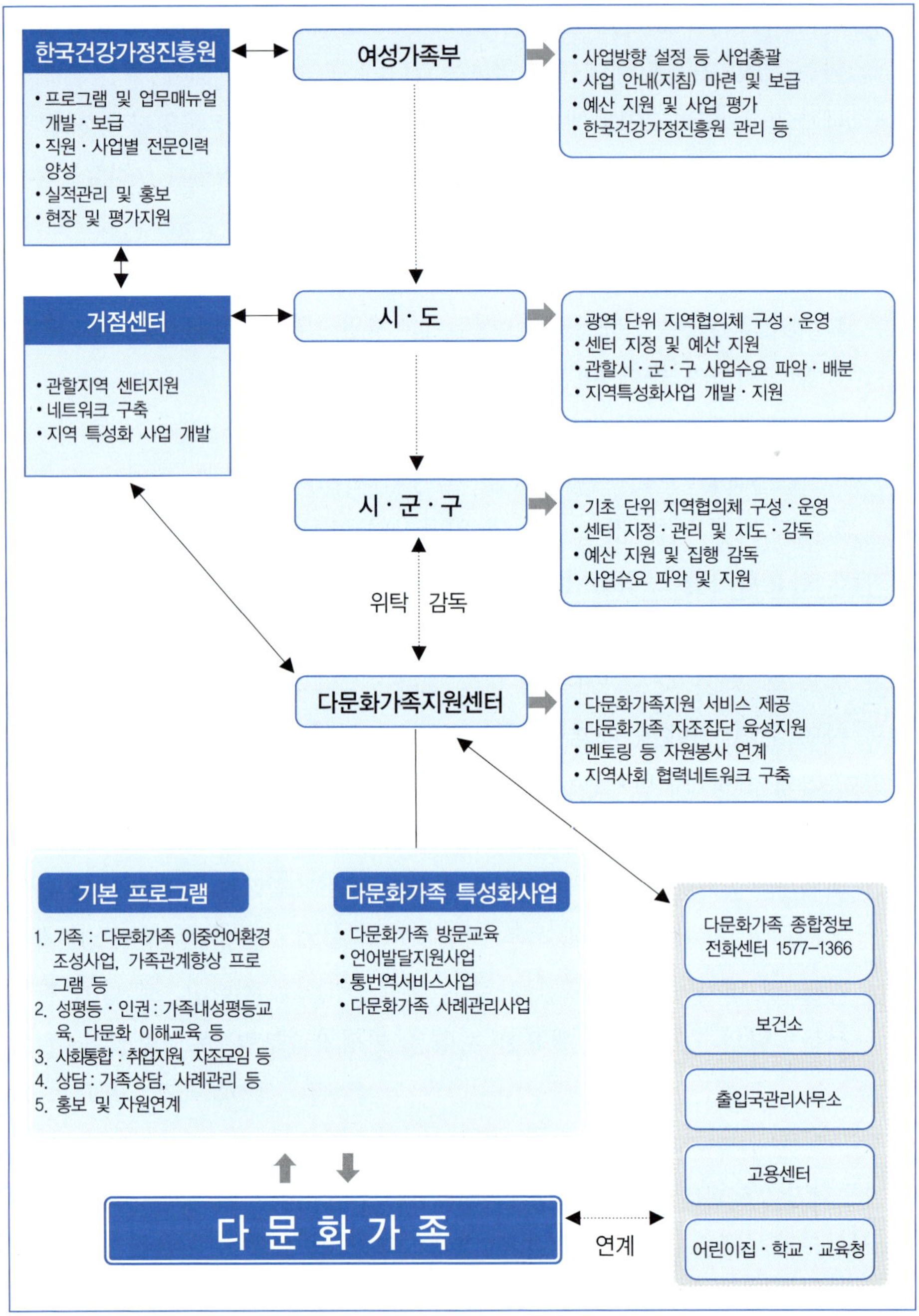

| 그림 5-3 | 다문화가족지원센터 사업추진체계

출처 : 여성가족부(2019). 2019년 가족사업안내 (I), p. 149.

(2) 다문화가족지원센터 사업

다문화가족지원센터는 다문화가족지원법 제12조에 의거하여 다문화가족의 안정적인 정착과 가족생활을 지원하기 위해 가족 및 자녀 교육·상담, 통·번역 및 정보제공, 역량강화지원 등 종합적인 서비스를 제공하여 다문화가족의 한국사회 조기적응 및 사회·경제적 자립지원 도모를 사업목적으로 기본사업과 별도 지원사업을 수행하고 있다.

〈표 5-5〉 다문화가족지원센터 사업

기본사업	별도 지원사업
• 가족 • 성평등·인권 • 사회통합 • 상담 • 홍보 및 자원연계	• 다문화가족 방문교육사업 • 다문화가족 자녀 언어발달지원사업 • 결혼이민자 통번역서비스사업 • 다문화가족 사례관리사업 • 이중언어 가족환경조성사업 • 거점센터 운영 • 한국어교육 운영

출처 : 여성가족부(2019). 2019년 가족사업안내(Ⅰ).

가. 기본사업

① 가족

다문화가족을 대상으로 가족 간의 소통을 통한 믿음과 사랑증진, 올바른 부모역할에 대한 이해증진, 가족 내 이중언어 사용 활성화로 소통증진 및 다문화정체성 함양의 내용을 교육한다. 공통필수 프로그램으로 이중언어 환경조성프로그램과 학령기 자녀입학 및 입시정보 제공이 있으며, 선택 프로그램으로는 가족의사소통 프로그램, 가족관계 향상 프로그램, 결혼과 가족의 이해, 가족의 의미와 역할, 아버지 교육, 부모-자녀 관계 및 자긍심 향상 프로그램, 부모역할교육, 자녀교육, 자녀생활지도, 자녀성장 지원사업 등이 포함된다.

② 성평등 · 인권

부부간 및 가족간의 성평등 인식을 고취시키며, 가족간의 이해와 믿음을 쌓고, 인권의식을 함양하고, 인권침해 문제 발생 시 보호 및 구제 방법을 숙지 할 수 있도록 지원하는 교육이다. 공통필수 프로그램으로 가족 내 성평등 교육, 다문화이해교육, 인권감수성 향상프로그램 등이 있고, 선택프로그램으로 이주여성 대상 프로그램, 이주여성과 한국인 배우자 대상프로그램, 다문화가족 관련법과 제도, 이주민과 인권 등 포함된다.

③ 사회통합

사회통합을 위한 사회구성원으로서의 권리와 의무, 책임에 대한 지식과 소양 함양을 위한 교육을 지원한다. 취업기초 소양교육, 구직자 발굴시 e새일시스템과 연계된 워크넷 등록 및 새일센터로 적극 연계하며 결혼이민자 대상 직업교육훈련 개설 시 적극 협조한다. 다문화가족 나눔 봉사단 소양교육과 봉사단 활동을 지원하며 한국사회적응교육, 소비자 · 연계교육, 학업지원반 운영연계, 다문화가족 자조모임, 결혼이민자 멘토링 프로그램, 결혼이민자 정착단계별 지원패키지프로그램 등을 실시한다.

④ 상담

다문화가족 부부, 부모－자녀 관계개선, 가족갈등 등 상담을 통해 다문화가족의 내부 스트레스 완화 및 가족건강성을 증진하고 가정해체를 예방한다. 가족상담은 필수이며 개인상담, 집단상담, 사례관리, 심리검사, 위기가족 긴급지원, 외부상담기관 연계하여 운영한다.

⑤ 홍보 및 자원연계

지역사회 내 다문화가족지원사업이 통합적, 체계적, 효율적으로 추진될 수 있도록 서비스 전달체계 구축 및 제공기관을 연계한다. 지역사회 홍보, 지역사회 네트워크, 홈페이지 다누리(www.liveinkorea.kr)를 통해 정보제공 및 취업지원 등을 진행하고 있다.

나. 별도 지원사업

① 다문화가족 방문교육사업

다문화가족 방문교육사업은 한국어교육, 부모교육, 자녀생활서비스로 구분되어 지원하고 있다. 방문 한국어교육서비스는 한국에 입국한지 5년 이하 결혼이민자, 중도입국자녀를 대상으로 지원한다. 방문 부모교육서비스는 생애주기별 각 1회 지원한다. 자녀생활서비스는 만 3세~만 12세 이하 다문화가족 자녀, 중도입국자녀를 대상으로 지원한다.

② 다문화가족 자녀 언어발달지원사업

체계적이고 전문적인 언어발달지원 서비스 제공을 통해 다문화가족 자녀들이 건강한 사회구성원, 나아가 글로벌 인재로 성장할 수 있는 초석을 마련하고자 한다. 그리고 다문화가족 자녀의 언어발달 상태를 평가하고, 의사소통에 어려움을 가진 아동에게 적절한 언어교육을 실시함으로써 원만한 발달이 이루어지도록 하고 언어교육과 더불어 다문화 부모에게 상담 및 교육방법을 제공함으로써 일상생활에서도 아동의 언어발달 촉진에 도모하고자 한다.

③ 결혼이민자 통번역서비스사업

입국초기 결혼이민자의 초기 정착단계에서 경험하는 의사소통 문제해결을 위한 통번역서비스 지원으로 한국사회 조기적응에 기여하고, 통번역 인력채용 등 사회적 일자리 확대로 결혼이민자의 자립능력 및 주체적 역량강화를 위한 사업이다. 입국 초기 상담 통번역, 국적·체류 관련 정보제공 및 사업안내, 통번역, 임신·출산·양육 등 생활정보 안내 및 상담내용 통번역, 가족간 의사소통 통역, 위기상황 시 긴급지원 통번역, 행정·사법 기관이용 시 통번역 등의 서비스를 지원한다.

④ 다문화가족 사례관리사업

다문화가족의 복잡하고 다양한 문제해결 및 욕구 해소를 위한 심리, 정서적 안정 및 자립역량 강화 지원 등 맞춤형 종합서비스를 제공하여 결혼이민자 및 다문화가족의 안정적인 사회정착 기반 마련을 목적으로 한다. 다문화가족지원센터 회원의 가족을 사례관리 대상으로 하며 가정폭력, 이혼, 자살 시도, 재난 등의 상황적 위기로 인해 정신적 외상을 경험 한 개인 및 가족 등의 위기관리가구, 다문화가족이 기본역량은 있으나 정보, 소득 부족 등으로 다양한 사회서비스를 이용하지 못하는 가족으로 문제와 욕구의 심각성이 상대적으로 낮은 일반형 관리가구, 다문화가족의 문제 및 욕구의 심각성, 복합성이 높아 통합적 접근을 요구하는 개인 및 가족으로 사례관리 개입 효과가 다문화가족에 국한하는 것이 아닌 지역사회의 역량강화와 사회제도의 변화를 이끌어내는데 초점을 두는 통합형 관리가구로 구분하여 서비스를 지원하고 있다.

⑤ 이중언어 가족환경조성사업

다문화가족 자녀가 가정 내에서 영유아기부터 자연스럽게 이중언어로 소통할 수 있는 환경 조성으로 자녀의 정체성 확립 및 글로벌 인재로의 성장을 지원하며, 체계적이고 전문적인 부모교육 및 부모자녀 상호작용 서비스 제공으로 부모의 역량을 강화함으로써 부모와 자녀 간의 의사소통과 정서적 유대감을 지원한다. 이주부모 및 한국인 배우자 대상 이중언어 사용의 중요성 및 인식개선을 위한 이중언어 부모코칭, 가정 내 활용할 수 있는 다양한 신체활동 등 이중언어를 사용한 놀이활동 등의 부모자녀 상호작용프로그램, 이주부모를 주체로 이중언어 사용 지지를 위한 부모지지체계 형성의 장을 마련하고 자녀와 상호작용하는 다양한 지식과 정보 및 방법을 공유하는 이중언어 활용 프로그램 등을 지원한다.

⑥ 거점센터 운영

광역자치단체(16개 시・도)에 거점센터 1개소를 설치하여 지자체 맞춤서비스 개발 및 지역 네트워크 강화를 목적으로 한다. 주요기능으로는 시・도별 특성에 맞는 다문화가족지원 프로그램 개발 및 보급, 권역 내 다문화가족지원센터 사업지원 및 관리, 한국건강가정진흥원과 권역 내 센터와의 연계 역할, 권역 내 센터・관련기관 간 네트워크 구축 및 운영 등이 있다. 2019년 현재, 16개 광역시도별 거점센터 1개소(경기 2개소)로 총 17개소가 설치 운영되고 있다.

⑦ 한국어교육 운영

결혼이민자, 중도입국자녀가 한국어를 학습하여 한국의 일상생활과 사회생활에 적응할 수 있도록 지원하고, 한국사회 구성원들과의 의사소통을 원활하게 하고자 운영되는 사업이다. 정규 한국어교육 과정의 경우 본 과정 이수한 이민자가 사회통합프로그램 5단계과정을 이수할 경우 사회통합프로그램 이수자와 동일한 인센티브를 부여하여, 귀화 신청 시 필기시험 및 면접심사를 면제하고, 국적취득 심사 대기시간이 단축된다.

4. 건강가정 · 다문화가족지원센터

2015년부터 최근까지 가족서비스 전달체계는 건강가정지원센터와 다문화가족지원센터로 이원화되어 운영되어 왔다. 두 센터는 급속한 사회변화와 가족변화에 대응할 수 있는 서비스 전달체계로 다양한 가족의 서비스 욕구를 해결하는 데 기여하고(주 정, 2014), 가족형태별로 특수한 요구에 따른 개별적 지원서비스를 제공해 왔다. 그러나 다문화가족을 제외한 다른 가족형태에 대한 개별적 지원서비스체계가 구축되지 않은 상황에서 정책대상자 간의 형평성의 문제가 야기되고 있으며, 특히 국제결혼의 추이가 하향 정체되면서 다문화가족 관계의 질과 안정적인 가족구성과 유지를 위한 가족지원서비스 프로그램의 확장이 요구되면서, 이들도 다양한 가족의 한 유형이라는 보편적 대상으로서 서비스가 제공될 필요성이 제기되면서, 다양한 가족에 대한 통합적 지원을 위한 건강가정지원센터와 다문화가족지원센터의 통합을 추진하는 가족서비스 전달체계 개편이 진행되어 왔다(박복순 · 박선영 · 황정임 · 이세정, 2016). 이에 따라 통합서비스 운영기관은 2014년 시범사업을 시작으로 2016년부터 본격적으로 확대 운영되고 있다. 2014년에 9개소에서 2015년 22개, 2016년 78개소, 2017년 101개소, 2018년 152개소, 2019년 183개소로 확대되었다.

통합서비스 운영기관의 명칭은 '건강가정・다문화가족지원센터'로, 건강가정기본법 및 다문화가족기본법에 의하여 설치・운영되고 가족의 유형별로 이원화되어 있는 가족지원서비스를 가족의 유형에 상관없이 한 곳에서 다양한 가족에 대한 보편적이고 포괄적인 서비스를 제공하는 시・군・구 단위 센터를 말한다(여성가족부, 2019).

1) 사업목적

건강가정・다문화가족지원센터의 통합서비스 운영의 목적은 다음과 같다(여성가족부, 2019).

첫째, 가족의 유형별로 이원화되어 있는 가족지원서비스를 가족의 유형에 상관없이 한 곳에서 다양한 가족에 대한 보편적이고 포괄적 서비스를 제공한다. 이를 통해 수혜자 중심의 서비스 확대 및 접근성 제고, 지역여건 및 정책 수요자 특성에 맞는 맞춤형 서비스 강화, 모든 가족에 대한 가족의 안정성 강화 및 가족관계 증진에 기여한다.

둘째, 다문화가족의 안정적 정착과 가족생활을 지원하기 위해 가족 및 자녀교육・상담, 통・번역 및 정보제공, 역량강화지원 등 종합적인 서비스를 제공하여 다문화가족의 한국사회 조기적응 및 사회・경제적 자립지원을 도모한다. 이를 통해 다문화가족의 정착단계 및 생애주기에 따른 맞춤형 서비스를 제공하고, 다문화가족 대상 통합교육 및 부모교육, 사회참여 지원을 확대하며, 다문화가족 자녀의 건강한 성장지원 및 글로벌 인재육성, 결혼이민자 맞춤형 일자리 참여 확대 등 사회경제적 자립을 지원한다.

2) 역할 및 조직

(1) 사업주체별 역할

건강가정・다문화가족지원센터의 사업주체별 역할은 건강가정지원센터 및 다문화가족지원센터와 유사하다. 여성가족부는 통합서비스 운영기관 사업모델 제시 및 운영계획 수립을, 시・도와 시・군・구는 중앙정부와 시・군・구를 연계하고, 한국건강가정진흥원은 통합서비스 프로그램 및 업무매뉴얼 개발 및 보급을, 통합서비스 운영기관은 지역사회 내 가족구성원을 위한 1차적 가족지원서비스를 지원하는 역할을 수행한다. 자세한 사업 주체별 역할은 <표 5-6>과 같다.

〈표 5-6〉 건강가정・다문화가족지원센터 통합서비스 운영기관의 사업주체별 역할

영 역	기본사업
여성가족부	• 통합서비스 운영기관 사업모델 제시 및 운영계획 수립 • 통합서비스 운영기관 사업비의 교부 및 평가 • 통합서비스 운영기관 관리 감독 및 지도
시・도와 시・군・구	• 중앙정부, 시・군・구 간 및 시・군・구 내 연계(시・도, 시・군・구) • 시・도 및 시・군・구 통합서비스 운영기관 사업비의 교부 및 정산 • 통합서비스 운영기관의 사업 운영현황 및 사업결과 보고 • 통합서비스 운영기관의 관리 감독 및 지도 • 지역별 특성에 맞는 사업 개발・지원
한국건강가정진흥원	• 통합서비스 프로그램 및 업무매뉴얼 개발・보급 • 통합서비스 운영기관 실적관리 • 통합서비스 운영기관 직원 역량강화 교육 • 통합실적관리시스템 관리・운영 • 통합서비스 운영기관 현장점검 및 평가지원
통합서비스 운영기관	• 지역사회 내 가족구성원을 위한 1차적 가족지원서비스 제공 • 지역단위 건강가정지원 및 다문화가족지원업무 실시 • 지원시간 및 지원대상 확대 등을 통한가족지원서비스 접근성 향상 • 다문화・한부모・조손가족 등에 대한 맞춤형 가족역량강화서비스지원 • 지역사회 유관기관과의 연계를 통한 통합적가족지원서비스 제공 • 지역사회에 맞는 가족특성화서비스 및 정보제공

출처 : 여성가족부(2019). 가족사업 안내 Ⅰ.

(2) 조직

건강가정・다문화가족지원센터의 조직은 1유형(대상별 분류형)과 2유형(기능별 분류형)으로 구성된다. 1유형은 대상별 분류형으로, 건강가정지원센터 및 다문화가족지원센터의 사업내용이 최대한 반영되도록 기존센터 업무를 1개 팀으로 구성하며, 조직도 예시는 【그림 5-4】와 같다.

2유형은 기능별 분류형으로 가족의 유형에 상관없이 제공하는 서비스별로 팀을 구성하며, 조직도 예시는 **|** 그림 5-5 **|** 와 같다. 체계적인 조직이 운영될 수 있도록 센터장-팀장-팀원의 직위를 부여하고, 센터별 운영에 따라 필요시 사무국장 등 중간관리자를 둘 수 있다.

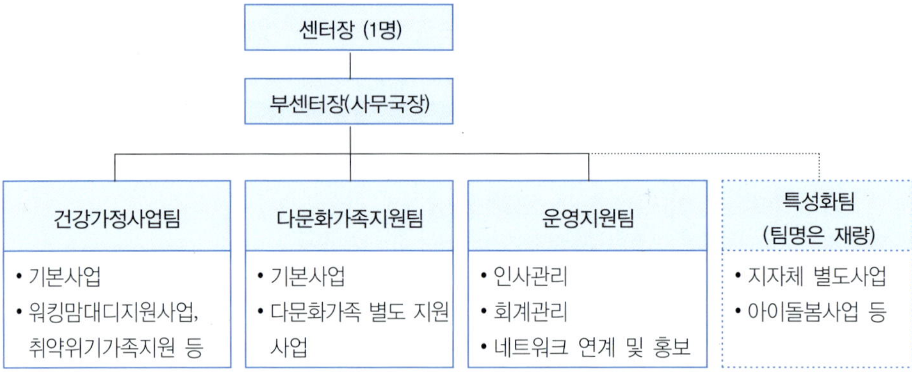

|그림 5-4| 통합서비스 운영기관 1유형 조직도 예시

출처 : 여성가족부(2019). 가족사업 안내 Ⅰ.

|그림 5-5| 통합서비스 운영기관 2유형 조직도 예시

출처 : 여성가족부(2019). 가족사업 안내 Ⅰ.

3) 통합서비스 운영기관의 사업내용

(1) 사업방향

건강가정・다문화가족지원센터의 사업은 다음과 같은 방향으로 진행된다. 첫째, 일반・다문화가족 중심에서 일반, 다문화, 한부모・조손가족, 맞벌이가정, 1인가구, 북한이탈가족 등으로 지원대상을 확대한다. 둘째, 주간・주중 중심에서 야간・주말까지 지원시간을 확대한다. 셋째, 지역여건 및 정책 수요자 특성에 맞는 맞춤형 서비스 제공을 통해 맞벌이가족의 일・가정 양립지원, 다문화가족 자녀 성장지원 등 생애주기별 맞춤형 서비스를 강화한다. 구체적으로 살펴보면 다음과 같다(여성가족부, 2019).

① 지역사회 가족지원서비스 대상자 확대 및 가족문제 대응력 강화
　－ 가족의 안정성 강화 및 가족관계 증진을 위한 가족지원서비스 확대
② 다양한 가족의 특성과 생애주기별 맞춤형 서비스 강화
③ 일・가정 생활의 이중고에 지친 워킹맘과 워킹대디의 고충해소, 자녀육아 등 가정에서의 부모역할 강화 및 역할갈등 해소 지원
④ 다문화가족의 학령기 자녀에 대한 부모－자녀관계 향상, 사회성 발달 및 미래설계지원 등 다문화가족 자녀의 특성을 반영한 맞춤형 프로그램 제공
⑤ 다문화가족과 한부모(미혼모등)・조손가족 등에 대한 특성화된 서비스를 제공하여 가족들의 역량강화 및 안정적 가족생활과 사회통합지원
⑥ 가족단위 여가 프로그램 제공 등을 통한 이용자 참여확대 및 가족친화 지역문화조성
⑦ 다양한 가족지원, 이용자 참여확대를 통한 가족기능 지원 강화 및 지역사회 가용자원과 연계한 토털서비스가 가능하도록 지역사회 다양한 유관기관과 연계 및 협력 지원강화
⑧ 문화사업영역에서 유사사업 통합(나눔봉사단 및 가족봉사단, 공동육아나눔터 상시 프로그램 등)을 통한 가족융합 및 사회인식개선

- 다문화가족 및 한부모가족 등 다양한 가족유형에 대한 긍정적 인식 제고 및 교류활성화를 통해 가족포용성 향상 도모

⑨ 통합서비스는 수요자의 특성 및 수요에 적합한 프로그램으로 다양하게 운영하며, 아빠의 육아참여 지원 프로그램 강화 및 찾아가는 교육 활성화 등 서비스 제공방법의 다양화를 통해 가족관계 개선 도모

⑩ 다문화/ 비다문화 통합 시 비언어적 프로그램의 확대를 통해 다양한 참여자의 진입 장벽 개선

⑪ 다문화가족, 한부모가족, 워킹맘들의 적극적인 참여와 활동가로의 유도를 통해 시민의식 고취 및 가족편견 해소를 위한 가족친화문화사업 강화

⑫ 다문화가족, 북한이탈주민가족, 한부모가족대상 가족기능강화를 위한 별도 집단상담 프로그램 활성화

(2) 수행사업

건강가정·다문화가족지원센터의 사업은 크게 가족관계, 가족돌봄, 가족생활, 가족과 함께하는 지역공동체 등 네 가지 영역의 사업을 수행한다. 통합서비스 대상은 대한민국 국민, 결혼이민자, 다문화가족자녀(중도입국자녀 포함), 북한이탈주민 등을 대상으로 한다. 기본사업 내용은 <표 5-7>과 같고, 주요 지원 사항을 중심으로 살펴보면 다음과 같다.

〈표 5-7〉 건강가정·다문화가족지원센터의 기본사업 내용

영 역	기본사업	비 고
가족관계	• 부모역할 지원[임신출산(부모)지원영유아기 부모지원, 학부모지원, 혼례가치교육, 아버지 역할 지원] • 부부역할지원(부부갈등예방·해결지원, 노년기 부부지원) • 이혼전·후가족지원 • 다문화가족관계향상지원 • 다문화가족이중언어환경 조성 • 다문화가족자녀성장지원, 가족상담	교육, 상담 (정보제공 및 초기상담) 문화 프로그램 등

가족돌봄	• 가족역량강화지원 • 다문화가족 방문서비스	교육, 상담(정보제공 + 초기상담 → 전문상담) 돌보미 파견, 사례관리 등
가족생활	• 맞벌이가정 일가정양립지원 • 다문화가족 초기정착지원 • 결혼이민자통번역 지원 • 결혼이민자 취업지원	교육, 상담, 정보제공, 문화 프로그램 등
가족과 함께하는 지역공동체	• 가족봉사단(다문화가족나눔봉사단) • 공동육아나눔터(가족품앗이) • 다문화가족 교류 · 소통공간 운영 • 가족사랑의 날 • 결혼이민자 정착 단계별 지원 패키지 • 인식개선 및 공동체의식 • 가족친화 문화 프로그램	모임, 활동, 문화 프로그램 등

출처 : 여성가족부(2019). 가족사업 안내 Ⅰ.

가. (가족관계) 부모역할 및 가족관계 개선, 가족의사소통, 가족구성원의 역량강화를 위한 맞춤형 서비스 지원, 가족형태 · 생애주기 · 문제유형별 가족 갈등과 문제 해결, 성평등 · 인권의식 고취를 위한 교육 · 상담 · 문화 프로그램 등 운영

○ **부모역할 지원** : 영유아기 – 아동청소년기 – 성년기 자녀를 둔 부모의 생애주기 및 가족특성에 따른 부모 됨의 의미, 올바른 부모역할 및 부모–자녀 간 관계형성 방법, 자아존중감 향상, 역량강화 지원, 아버지 역할 지원

– **임신 · 출산(부모) 지원** : 임신, 출산 관련 교육 · 정보제공 · 문화 프로그램 등을 제공

– **영유아기 부모 지원** : 영유아 자녀 관련 부모역할 지원

– **학부모 지원** : 초 · 중 · 고등학생 자녀 이해하기 및 소통 등 부모역할 지원

– **예비부부 · 부모 지원** : 자기에 대한 이해, 결혼의 의미, 행복한 부부관계, 부모 됨의 의미 등 역할 지원

- 예비부부·부모대상 건전한 혼례문화 확산을 위한 교육 운영
- **아버지 역할 지원** : 일·가정 양립의 중요성 및 가정 내 아버지 역할 지원, 자녀와의 상호작용 방법 등에 대한 지원, 육아 및 가정생활에 적극적인 아빠들의 자조모임 운영, 아버지-자녀가 함께하는 돌봄 프로그램 등

○ **부부역할 지원** : 부부의 생애주기에 따른 양성평등한 부부역할 지원

- **부부갈등예방·해결 지원** : 양성평등하고 민주적인 가족관계 지원, 가족발달주기에 따른 생애설계와 역할 훈련, 배우자 이해, 부부갈등 해결 등을 위한 생애주기별 부부교육, 부부상담 등의 서비스 제공
- **노년기 부부 지원** : 노년기의 발달 및 가족관계의 특성 이해하기, 부부 및 부모역할 재조정하기, 가정자원관리(가계재무, 시간관리 등) 관련 서비스 제공

○ **이혼 전·후가족 지원** : 18세 미만의 자녀의 관점에서 이혼신청 가족 및 이혼 전·후 가족 대상 가족기능 강화를 위한 상담·교육·문화 서비스 등 제공

○ **다문화가족 관계향상 지원** : 다문화가족 부부간의 성평등, 가족 간 성평등 인식고취 등 성평등 교육, 다문화이해 교육 및 인권감수성 교육

○ **다문화가족 이중언어 환경 조성사업** : 영유아 자녀를 둔 다문화가족 대상으로 이중언어 환경 조성을 위한 이중언어 부모코칭, 부모-자녀 상호작용 프로그램, 이중언어 활용 프로그램을 지원하는 사업

○ **다문화가족 자녀성장 지원** : 학령기 다문화가족 자녀 및 부모 대상 부모-자녀관계 향상 프로그램 및 정체성·사회성·리더십 개발을 위한 맞춤형 프로그램 지원, 기존 서비스 기관과 연계 등

○ **가족상담** : 생애주기에 따라 발생하는 가족 내 다양한 갈등을 해결하기 위하여 부모 - 자녀 간, 부부간 가족관계 개선, 비혼청소년 임신갈등 상담 등 다문화가족 및 비다문화가족 대상 가족상담 제공

나. (가족돌봄) 가족구성원의 일시적 · 장기적 부재, 상황적 위기 등으로 가족기능이 약화된 가족에 대한 돌봄서비스 지원, 가족유형 특성에 따른 맞춤형 가족기능 강화 서비스 운영

○ **가족역량강화 지원** : 가족기능이 취약한 한부모가족, 조손가족, 미혼모부자가족, 북한이탈가족 및 긴급위기가족 등에게 가족기능 및 역량 강화를 도모할 수 있는 서비스 제공

※ **긴급돌봄 지원** : 가정폭력, 자살, 사망, 사고, 경제적 및 사회적 위기사건을 직면한 가족에게 심리 · 정서 지원 및 돌봄서비스 제공

※ **공통** : 부모교육, 가족관계, 자녀양육교육 등 프로그램 및 자조모임 운영 지원 등

※ 배움지도사 및 지지리더 등 가정파견 등은 별도로 취약위기가족 지원사업을 실시하고 있는 서비스기관으로 연계

○ **다문화가족 방문서비스** : 센터를 방문하기 어려운 다문화가족을 대상으로 한국어교육, 부모교육, 자녀생활서비스를 제공

다. (가족생활) 가족특성에 따른 고충상담, 생활정보 제공, 초기정착 지원 등 맞춤형 가족생활 프로그램 운영

○ **맞벌이가정 일 · 가정양립 지원** : 직장 내 고충 및 가정 생활정보 등 맞벌이 가정의 일 · 가정 양립의 지원 프로그램 운영

○ **다문화가족 초기정착 지원** : 결혼이민자 한국어 교육 등 입국 초기 결혼이주여성 및 그 가족을 대상으로 내 · 외부 자원 연계 등을 통한 다문화가족 초기정착 지원서비스

○ **결혼이민자 통번역 지원** : 입국 초기 결혼이민자의 초기 정착단계에서 경험하는 의사소통 문제해결을 위하여 통번역서비스를 지원하는 사업

○ **결혼이민자 취업 지원** : 결혼이민자 취업기초 소양교육, 취업훈련 전문기관 연계, 자격증 · 면허증 반 운영 등 결혼이민자에 대한 취업 지원 서비스

라. (가족과 함께하는 지역공동체) 양성평등한 가족문화, 지역사회 공동체 문화, 가족친화 사회환경 조성, 다문화인식 개선 등 가족과 지역사회 연계 프로그램 운영

○ **인식개선 및 공동체 의식** : 다문화, 한부모, 조손, 북한이탈 가족 등 다양한 가족의 특성 이해 및 편견해소 지원

○ **가족친화문화 프로그램** : 가족캠프, 가족축제, 가족체험 활동 등 가족 구성원 전체가 참여하는 프로그램 운영

○ **가족봉사단**(다문화가족나눔봉사단) : 가족단위 자원봉사활동, 다문화가족 자조모임

○ **공동육아나눔터 운영** : '자녀 함께 키우기' 가족품앗이 및 공동육아나눔터 운영 등

- **공동육아나눔터** : 지역의 육아를 담당하는 부모들이 함께 자녀를 양육할 수 있는 공동육아나눔터 운영
- **가족품앗이** : 기존 구성원 간의 재능나눔, 돌봄나눔 활동을 넘어 지역사회와 타 공동체로 돌봄 품앗이 확대, 전업주부와 맞벌이 주부가 함께 운영하는 품앗이, 남성이 참여하는 품앗이 등 다양한 그룹 운영

○ **다문화가족 교류 · 소통 공간** : 다문화가족 자녀돌봄 및 성장 지원, 결혼이민여성 자조활동, 지역사회 통합 등 다문화가족의 사회 참여·소통을 위한 공간 지원

○ **가족사랑의 날** : 정시퇴근 문화 확산 등 캠페인, 매주 수요일 가족이 함께 참여하는 프로그램, 지역사회연계 가족친화 프로그램 운영 등

○ **결혼이민자 정착단계별 지원 패키지** : 한국생활 초기적응이 이루어진 결혼이민자를 대상으로 결혼이민자가 스스로 본인의 정착과정을 설계하고 관련 서비스 탐색, 실행계획 수립 등을 수행할 수 있도록 지원

제6장 건강가정사의 역할과 자격

전영자

1. 건강가정사의 역할

건강가정사는 건강가정기본법의 기본 이념과 철학을 올바르게 이해하고 건강가정기본법에 규정된 건강가정사업을 수행하기 위하여 관련 분야에 대한 학식과 경험을 가진 전문가라고 할 수 있다. 건강가정사업을 실천하는 전문가로서의 건강가정사는 개인과 가정, 지역사회가 유기적으로 기능할 수 있도록 돕는 구심점으로서의 역할을 할 수 있다. 건강가정사가 자신의 역할을 제대로 수행하기 위해서는 건강가정기본법의 기본 이념과 철학을 이해해야 하고 실제로 건강가정사업을 수행할 제반 지식과 능력을 갖추어야 한다. 또한 건강가정사업을 실행하는 핵심적인 장으로서의 건강가정지원센터를 운영할 수 있는 경영능력과 지식도 필요하다.

건강가정기본법에 명시되어 있는 건강가정사가 수행해야 할 직무는 다음과 같다.

1. 가정문제의 예방, 상담 및 개선
2. 건강가정의 유지를 위한 프로그램의 개발
3. 건강가정 교육(민주적이고 양성평등한 가족관계 교육을 포함)
4. 가정생활문화운동의 전개
5. 가정 관련 정보 및 자료 제공
6. 가정에 대한 방문 및 실태 파악
7. 아동보호전문기관 등 지역사회자원에의 연계
8. 그 밖에 건강가정사업과 관련하여 여성가족부장관이 정하는 활동

건강가정기본법에서 제시한 건강가정사의 직무와 관련하여 건강가정사의 역할을 살펴보면 다음과 같다.

1) 상담자 역할

가정에서 발생하는 제반 문제에 대하여 전문적인 상담서비스를 제공함으로써 가정생활 전반에 걸친 어려움을 해결하고 가족구성원들 간의 관계를 증진시킬 수 있도록 돕는 역할을 한다. 개별상담이나 가족상담 외에도 전화상담, 사이버상담 등을 수행하며 필요에 따라 심리검사를 실시하기도 한다. 앞으로 이혼문제에 대한 상담이나 이혼숙려제 등의 도입으로 인하여 건강가정사의 상담자 역할이 확대될 것으로 기대된다.

2) 가족생활교육자 역할

가족의 해체를 미연에 방지하고 건강하게 기능할 수 있도록 하기 위하여 문제가 있는 가정뿐만 아니라 일반 가정의 기능 강화와 삶의 질 향상을 위한 가족문제예방교육을 실시한다. 예비부부를 위한 결혼준비교육, 신혼기부부를 위한 부부적응교육, 예비부모를 대상으로 한 부모교육, 청소년기 자녀를 둔 부모교육, 중년기 부부관계 향상교육, 노후준비교육 등 가족생활의 발달과정상 단계마다 예상되는 어려움에 미리 대비할 수 있도록 교육하는 역할이 필요하다. 건강가정사는 가족생활교육의 강사로서 또는 프로그램 진행자로서뿐만 아니라 각 회기별 참여자를 관리하는 역할도 수행한다.

3) 가족문화사업 실천자 역할

가족구성원들이 하나로 통합되고 가족에서의 구심점을 갖기 위해서 가족문화의 정착이 필요하다. 최근 주 5일제 근무의 확대로 가족여가시간이 증가되었으나 늘어난 여가시간을 제대로 활용하지 못하는 가족이 대다수이다. 이에 따라 국가나 지역사회 차원에서 가족친화적인 분위기의 확산과 민주적이고 평등한 가족문화 형성에 대한 관심이 더욱 필요하게 되었다. 가족문화사업은 단순한 휴식, 놀이를 넘어서는 것으로서 건강한 가정생활 문화를 고취하기 위하여 건강가정사는 양성평등한 명절문화 만들기나 가족단위의 자원봉사활동, 가족사랑 걷기대회 등 다양한 가족문화사업의 프로그램을 기획하고 홍보와 참여를 주도하는 역할을 하는 것이 필요하다.

4) 프로그램 개발자의 역할

건강가정사업은 사회나 환경의 변화에 따라 지속적으로 변화하는 사업이다. 따라서 건강가정사는 다양한 사회환경의 변화를 이해하고 그 안에서 가족구성원 개개인의 욕구와 생활공동체로서의 가정이 추구하는 욕구를 분석하여 시대상황에 맞는 프로그램을 끊임없이 개발해 나가는 역할을 한다. 집단상담 프로그램이나 가족생활교육 영역의 프로그램뿐 아니라 가족문화사업과 관련된 프로그램 등은 우리 사회의 변화 그리고 서비스 대상자들의 변화하는 요구에 따라 지속적으로 변화시키고 개발해 나가야 할 과제이다.

5) 정보제공자의 역할

위기가정이나 요보호가정 등의 가정회복을 위한 정보 제공, 일반 가정을 대상으로 가정생활의 질적 향상을 위해 필요한 정보 제공 및 가정기능 강화를 위한 상담과 교육에 필요한 종합적인 정보 데이터망을 구축하여 지역사회 주민들이 언제든지 이용할 수 있게 하고 새로운 정보를 계속 업데이트하여 정보 이용의 활성화에 도움이 되도록 한다. 특히 인터넷상의 게시판 등에 이용자가 올리는 질문사항들을 수시로 점검하여 즉각적인 답변을 제시함으로써 양방향적인 의사소통이 원활히 이루어지도록 한다.

6) 가족실태조사자의 역할

국가와 지방자치단체는 단순히 지원이 필요한 대상 가정에 서비스를 제공하는 수준에서 벗어나 적극적으로 가정의 건강성을 증진시키는 데 필요한 연구를 하고 전문가를 양성하며 나아가 교육 프로그램을 개발하고 제공할 것을 요구하고 있다. 교육, 연구 및 프로그램 개발과 관련하여 국가와 지방자치단체는 건강가정을 구현하고 가정문제를 예방하는 데 필요한 욕구와 수요를 파악하기 위하여 매 5년마다 가족실태조사를 하도록(건강가정기본법 제20조 제1항) 규정하고 있다. 이러한 실태조사의 결과는 건강가정사업의 정책방향을 설정하는 근거자료로서 활용되도록 해야 할 것이다.

7) 지역사회 네트워크 연계자 역할

위기가정의 보호 및 가정기능 강화를 위해 활용할 수 있는 지역사회의 전문기관, 즉 가정폭력상담소나 성폭력상담소, 그리고 사회복지관 등을 연계할 뿐만 아니라 유사한 상황에 처한 가정 간의 연계 및 교류를 위한 네트워크를 구축하여 필요에 따라 지역사회자원을 효과적으로 활용할 수 있도록 도움을 주는 역할을 한다. 예를 들면, 한부모가족이나 조손가족, 장애아가족 등을 연계하여 자조집단을 형성할 수 있도록 도움을 주거나 지역사회에 있는 다양한 서비스기관과 연결하여 실질적인 도움을 받을 수 있도록 하는 것이다.

8) 센터 운영자의 역할

건강가정사업은 건강가정지원센터를 중심으로 수행되므로 건강가정지원센터는 건강가정사업의 공급자와 이용자가 서비스를 중심으로 연결되는 통로이자 중추기관이라 할 수 있다. 건강가정사는 건강가정지원센터의 역할과 기능을 잘 파악하여 센터를 조직하고 운영하는 전문가로서의 역할을 수행해야 한다. 구체적으로 센터의 예산계획을 수립하고 조정할 뿐 아니라 제반 규정 등을 제정하고 총괄하며 인사위원회나 자문위원회 등을 운영하고 센터의 내부회의, 즉 직원회의 등을 주관하는 일들을 한다. 또한 센터의 협력기관(한국건강가정진흥원, 여성가족부, 지방자치단체, 위탁법인 등)과의 협조가 원활히 이루어지도록 하고 각종 외부회의에 참석하는 등의 대외적인 활동을 수행하는 것이다.

2. 건강가정사의 자격

건강가정기본법에 의하면 건강가정사의 자격기준은 대학 또는 이와 동등 이상의 학교에서 사회복지학, 가정학, 여성학 등 보건복지가족부령이 정하는 관련교과목을 이수한 졸업자로 명시하고(동법 제35조 제3항), 건강가정사의 자격과 직무에 관하여 필요한 사항은 대통령령으로 정하도록 하고 있다(동법 제35조 제4항). 건강가정기본법 시행규칙에 제시되어 있는 건강가정사가 되기 위하여 이수해야 하는 관련교과목은 다음과 같다(2008년 7월 개정).

1) 관련교과목 이수인정이 가능한 대학범위

건강가정기본법 제35조 제3항에 규정된 "대학 또는 이와 동등 이상의 학교"의 인정범위는 아래와 같다.

- 고등교육법 제2조에 명시된 학교 : 대학, 산업대학, 교육대학, 전문대학, 방송대학 · 통신대학 및 방송통신대학, 기술대학
- 평생교육법에 의한 학위취득자 : 교육인적자원부장관의 인가를 받아 설치한 사내대학, 원격대학(사이버대학)에서 학위취득자
- 독학에 의한 학위취득에 관한 법률에 따른 학위취득자
- 「학점인정 등에 관한 법률」에 의한 학위취득자, 단 「학점인정 등에 관한 법률」에 따른 학점은행제를 통해 부분적인 교과목 이수도 가능(이수 교과목 수, 이수학점 등 제한 없음)

* 건강가정기본법 시행규칙 제5조의 관련교과목은
- 졸업학점(학점은행제 제외)으로 인정되는 한 학교 간 학점인정이 되지 않는 경우에도 이수교과목으로 인정
- 재학 중 「학점인정 등에 관한 법률」에 따른 학점은행제를 통해 교과목 이수 가능

2) 관련교과목

〈표 6-1〉 건강가정사가 되기 위하여 이수해야 하는 관련교과목(제5조 관련)

구 분		교과목	대학 졸업	대학원 졸업
핵심과목		건강가정론, (건강)가정(족)정책론, 가족상담(및 치료), 가정(족)생활교육, 가족복지론, 가족과 젠더, 가족(정)과 문화, 건강가정현장실습, 여성과 (현대)사회, 비영리기관 운영관리	5과목 이상	4과목 이상
관련과목	기초이론	가족학, 가족관계(학), 가족법, 아동학, 보육학, 아동(청소년)복지론, 노년학, 노인복지론, 인간발달, 인간행동과 사회환경, 가족(정)(자원)관리, 가계경제, 가사노동론, 여가관리론, 주거학, 생애주기영양학, 여성복지론, 여성주의 이론, 정신건강(정신보건사회복지)론, 장애인복지론, 가정생활복지론, 상담이론, 자원봉사론, 사회복지(개)론, 성과 사랑, 법 여성학, 여성과 문화, 일과 가족(정)	4과목 이상	2과목 이상
	상담·교육 등 실제	생활설계상담, 아동상담, 영양상담 및 교육, 소비자상담, 주거상담, 부모교육, 부부교육, 소비자교육, 가정생활과 정보, 가계재무관리, 주택관리, 의생활관리, 지역사회영양학, 프로그램 개발과 평가, 사회복지실천기술론, 지역사회복지론, 연구(조사)방법론, 부부상담, 집단상담, 사회복지실천론, 가족(정)과 지역사회, 여성과 교육, 여성과 리더십, 여성주의 상담, 위기개입론, 사례관리론	3과목 이상	2과목 이상

대학에서 자격을 취득하는 경우

건강가정사 이수 교과목 중 총 12과목(핵심과목 5과목, 기초이론 4과목, 상담·교육 등 실제 3과목) 이상을 이수하면 자격취득 가능

대학원에서 자격을 취득하는 경우

건강가정사 이수 교과목 중 총 8과목(핵심과목 4과목, 기초이론 2과목, 상담·교육 등 실제 2과목) 이상을 이수하면 자격취득 가능. 다만, 핵심과목 1/2, 관련과목

1/2 범위 안에서 대학 또는 이와 동등 이상의 학교에서 이수한 교과목도 이를 대학원에서 이수한 것으로 인정

<비고>

1. 관련교과목 이수는 12과목 36학점(대학원에서 이수하는 경우 8과목 24학점) 또는 12과목 이상 36학점(대학원에서 이수하는 경우 8과목 이상 24학점)으로 함
2. 대학 및 대학원에서 이수한 교과목 수가 부족한 경우 학점은행제를 통해서 교과목 수와 학점에 제한 없이 이수 가능
3. 유사한 과목을 수강한 경우 동일교과목 인정신청을 통해 확인받아야 함
4. 현재, 건강가정사 자격요건을 갖춘 자에게 자격증 또는 인증서 발급은 이루어지고 있지 않으며 취업이나 기타 사유로 자격요건에 대한 확인이 필요할 경우 성적증명서와 졸업증명서를 해당 기관에 제출하면 됨

3) 관련교과목의 동일 교과목 인정기준

관련교과목의 동일 교과목으로 인정되는 교과목은 <별첨 1>과 같다. <별첨 1>의 동일 교과목으로 인정되는 교과목 이외 과목은 <별첨 2> 서식에 의해 신청하여 여성가족부장관의 인정을 받아야 하며, 여성가족부장관은 동일 교과목을 인정함에 있어 아래와 같이 자문위원회를 구성·활용할 수 있다.

〈건강가정사 자문위원회〉

- **기능** : 동일 교과목 인정 여부에 대한 자문
- **구성** : 현 관련교과목의 전공분야를 고려하여 가정학 분야 전문가 2명, 사회복지학 분야 전문가 2명, 여성학 분야 전문가 1명, 상담학 분야 전문가 1명으로 구성한다. 단, 자문위원회는 관련학회의 추천을 받아 구성할 수 있다.
- **회의개최** : 격월 1회(짝수 월)를 원칙으로 함
  - * 필요시 수시개최 및 안건이 없을 경우 개최 생략 가능
- **운영기간** : 관련법령 개정 시까지

〈별첨 1〉

동일 교과목으로 인정되는 교과목

관련교과목	동일 교과 인정 교과목
가족상담(및 치료)	가족치료
가족과 문화	한국가정(족)생활문화, 한국가정(족)생활사
여성과 (현대)사회	여성학(기초)
비영리기관 운영관리	공공가정경영, 사회복지행정론
가족(정)(자원)관리	가정경영(원)론
노년학	노인학
여성주의 이론	여성학 이론
상담이론	상담심리학
연구(조사)방법론	사회복지조사론, 여성학방법론, (아동가족)연구방법론, 상담연구방법론, 연구 및 조사방법
부부상담	부부치료, 부부문제와 상담
여성주의 상담	(한국)여성상담(실습)
보육학	보육학개(특)론
가족생활교육	가족생활교육 프로그램, 가족생활교육 및 실제
상담이론	상담(의) 이론과(및) 실제

〈별첨 2〉

건강가정사 동일교과목 인정신청서

신청인 인적사항	성 명		연락처	
	주 소	(우편번호)		
이수과목	교과명			
	교과개요			
	교과목차			
관련교과명				

상기 신청내용은 사실과 다름없음을 확인합니다.

신청자 확인 : (인)

담당교수(또는 학과장) 확인 : (인)

※ 첨부서류
- 신청한 교과목을 이수하였음을 증명할 수 있는 서류(성적증명서 등)
- 건강가정기본법 시행규칙 제5조의 관련교과목과 동일 교과목임을 확인할 수 있는 자료(강의계획서 등)

4) 건강가정사의 자격관리

건강가정사가 전문성을 인정받기 위해서는 엄격한 자격관리와 지속적인 보수교육을 통해서 자격기준을 강화할 필요가 있다. 현행법에서는 건강가정사의 자격을 등급화하지 않고 있으며 대학 또는 이와 동등한 학교에서 사회복지학, 가정학, 여성학 등 여성가족부령이 정하는 관련교과목을 이수한 졸업자로 명시하고 있다. 그러나 시험을 치르지 않고 교과목 이수만으로 자격증을 부여하는 것은 자칫 자격증의 양적 비대와 질적 수준 저하라는 문제점을 가져올 우려가 있다. 따라서 보다 엄격한 자질관리를 위해서는 건강가정사의 자격을 등급화하고 등급별로 시험을 치르는 방안을 고려해 볼 수 있을 것이다.

이와 관련하여 가정학계에서는 건강가정사의 자격에 대하여 다음과 같이 논의하고 있다. 즉, 건강가정사의 자격은 등급과 자격기준, 자격증 교부와 연수, 건강가정사의 직무 등을 중심으로 살펴볼 수 있다. 우선 건강가정사가 담당하는 직무는 담당하는 일의 성격에 따라 건강가정사 1급은 관리자급, 2급은 중간 실무자급, 3급은 일선 실무자급으로 나누어 볼 수 있다.

건강가정사 1급은 관리자급으로 건강가정사업의 운영 및 관리, 기획 및 홍보, 예산집행, 조직 및 인사, 조사연구의 기획, 프로그램 개발, 인력개발 및 보급, 마케팅, 상담 및 교육, 네트워크 구축 등의 직무를 담당한다. 건강가정사 2급은 중간실무자급으로 건강가정 관련 상담 및 교육, 사업홍보 및 코디네이터, 네트워크 구축, 프로그램 집행 및 활동, 건강가정 요구도 분석 및 사업개발 등의 직무를 담당한다. 건강가정사 3급은 일선실무자급으로 건강가정사업 프로그램의 집행 및 활동, 대상자 면접 및 초기상담, 정보망 구축 및 네트워크 활동, 실태조사, 홍보 및 캠페인, 관련사무 등의 직무를 담당한다.

〈표 6-2〉 건강가정사 등급별 직무규정

등급	직무
건강가정사 1급(가칭)	① 건강가정사업의 운영 및 관리 ② 건강가정사업의 기획 및 홍보 ③ 건강가정사업의 예산집행 ④ 건강가정사업의 조직 및 인사 ⑤ 건강가정사업 관련 조사연구의 기획 ⑥ 건강가정사업 프로그램 개발 ⑦ 건강가정사업 인력개발 및 보급 ⑧ 건강가정사업 홍보 및 마케팅 ⑨ 건강가정 관련 상담 및 교육 ⑩ 건강가정사업 관련 네트워크 구축
건강가정사 2급(가칭)	① 건강가정 관련 상담 및 교육 ② 건강가정사업 홍보 ③ 건강가정사업 코디네이터 ④ 건강가정사업 관련 네트워크 구축 ⑤ 건강가정사업 프로그램 집행 및 활동 ⑥ 건강가정 요구도 분석 및 사업개발
건강가정사 3급(가칭)	① 건강가정사업 프로그램 집행 ② 건강가정사업의 활동 ③ 건강가정사업 대상자 면접 및 초기상담 ④ 건강가정 정보망 구축 및 네트워크 활동 ⑤ 건강가정 요구도 및 실태조사 ⑥ 건강가정 홍보 및 캠페인 ⑦ 관련사무

이러한 등급별 직무를 수행하기 위해서는 능력에 맞는 자격요건이 규정되어야 한다. 대한가정학회에서 제시한 의견을 토대로 건강가정사의 등급별 자격요건(안)을 살펴보면 다음과 같다. 우선 건강가정지원센터에서 대상자를 직접 대면하는 업무를 담당하는 건강가정사 3급의 경우 전문대학 학사 및 동등학력 소지자로 자격을 규정한다. 중간실무자로서 주된 실무를 담당하는 건강가정사 2급의 경우 4년제 대학 졸업자나 3급 자격증 소지자로서 2년 이상 현장경험이 있는 자로 규정한다. 관리자급인 건강가정사 1급은 관련학과 석사학위 취득자나 건강가정사 2급 자격증 소지자로 2년 이상 현장경험이 있는 자로 규정한다(성미애 · 이현아, 2004).

〈표 6-3〉 건강가정사 자격요건(안)

등급	자격요건
1급	1. 건강가정사 2급 자격자로서 가정학, 사회복지학, 여성학 등 관련전공에서 석사학위를 취득한 자 2. 건강가정사 2급 자격자로서 관련 현장경험이 2년 이상인 자
2급	1. 고등교육법에 의한 4년제 대학교의 가정학, 사회복지학, 여성학 등에서 관련교과목을 이수하고 졸업한 자 2. 대학에서 가정학, 사회복지학, 여성학 등을 전공하지 아니한 동 전공의 석사학위 소지자로서 소정의 교과목을 이수한 자 3. 건강가정사 3급 소지자로서 2년 이상 현장경험이 있는 자
3급	1. 고등교육법에 의한 전문대학 및 동등 학력 소지자로 관련교과목을 이수한 자

현재 건강가정사 자격요건을 갖춘 자에게 자격증 또는 인증서 발급은 이루어지고 있지 않으며 취업이나 기타 사유로 자격요건에 대한 확인이 필요할 경우 성적증명서와 졸업증명서를 해당 기관에 제출하면 되는 것으로 되어 있다. 건강가정사가 되기 위해서 이수해야 하는 관련교과목과 유사한 과목을 이수한 경우 관련교과목으로 인정받기 위해서는 건강가정사 자문위원회의 도움을 받아 여성가족부장관이 인정하는 절차를 거치고 있다. 이는 아직 건강가정사의 자격을 관리하는 주체가 확립되어 있지 않음을 의미하는 것이라 할 수 있으므로 건강가정사협회와 같은 조직을 구성함이 필요하다고 본다. 건강가정사협회는 자격증 심사과정을 거쳐 자격증을 교부하는 역할을 할 뿐 아니라 건강가정사의 자질을 전문적으로 관리하기 위해 정기적인 연수교육을 시키는 역할을 해야 할 것이다.

3. 건강가정지원센터 직원의 자격

건강가정지원센터에서 근무하는 인력으로는 건강가정사 외에 다른 직원들도 있을 수 있으므로 이들에 대한 자격기준을 알아둘 필요가 있다. 「2017년도 건강가정지원센터 사업안내」에 따른 센터직원의 자격은 다음과 같다(여성가족부, 2017).

1) 직원의 수

가. 일반원칙

직원의 수는 예산의 범위 내에서 조정하되 일정 인원 이상을 상근직원으로 채용하여야 함

- 독립형 센터 4인 이상, 다기능화 센터 2인 이상

나. 직영센터

직원 중 건강가정사를 2인 이상 두어야 함

- 센터에서 근무하는 공무원이 건강가정사 자격을 갖춘 경우, 건강가정사를 둔 것으로 봄
- 비전임 공무원 또는 비상근 직원을 둔 경우, 상근직원의 1/2인으로 봄

2) 직원 자격기준

가. 자격기준

① 일반원칙

건강가정기본법 제35조 2항의 규정에 의한 전문가(이하 "건강가정사"라 한다)를 두어야 하며 동조 3항 및 동법 시행규칙 제5조 별표 및 부칙 제2항의 규정에 따라 임용

② 상담 관련 직원

가족상담 실무자는 팀원 기준에 준하되, 상담실무자가 상담을 수행할 때에는 가족상담 전문인력에 요하는 자격을 갖춘 자이어야 함

가족상담 전문인력은 다음 기준 중 어느 하나의 자격을 갖춘 자이어야 함

- 가족상담 관련 전공학과의 석사과정 이상 수료한 자
- 관련 전문학회에서 발급하는 2급 이상 자격증 소지자
- 관련 전문학회에 소속되어 100시간 이상의 상담 실무경력자 또는 이에 상당하다고 인정되는 경력을 가진 자

※ 가족상담관련 전공(대학원) : 가족(부부)상담, 가족치료, 교육심리(아동 · 청소년 · 노인)상담, 가족관계, 정신의학 등

③ 기타

최소 기준인원(독립형 센터 4인 이상, 다기능화센터 2인 이상) 외에 행정 및 일반 사무처리를 위한 별도 인력을 두는 경우는 제한사항 없음

나. 직급별 채용 자격요건

〈표 6-4〉 건강가정지원센터 직원 자격기준

구 분	종사자	자 격 요 건
시 · 도 센터	센터장	시 · 도가 직영하는 경우 4급 이상 공무원 관련사업 2년 이상 실무경력자(관련학과 박사학위 취득자) 관련사업 4년 이상 실무경력자(관련학과 석사학위 취득자) 관련사업 6년 이상 실무경력자(관련학과 학사학위 취득자) 관련사업 8년 이상 실무경력자 기타 위 각 호에 상당하다고 인정되는 경력을 가진 자
	팀 장	관련사업 1년 이상 실무경력자(관련학과 석사학위 취득자) 관련사업 3년 이상 실무경력자(관련학과 학사학위 취득자) 관련사업 5년 이상 실무경력자
	팀 원	관련학과 학사학위 이상 소지자 관련사업 2년 이상 실무경력자
시 · 군 · 구 센터	센터장	시 · 군 · 구가 직영하는 경우 5급 이상 공무원 관련사업 2년 이상 실무경력자(관련학과 석사학위 취득자) 관련사업 4년 이상 실무경력자(관련학과 학사학위 취득자) 관련사업 6년 이상 실무경력자 기타 위 각 호에 상당하다고 인정되는 경력을 가진 자

시·군·구 센터	팀 장	시·군·구가 직영하는 경우 6급 이하 공무원 관련사업 1년 이상 실무경력자(관련학과 석사학위 취득자) 관련사업 3년 이상 실무경력자(관련학과 학사학위 취득자) 관련사업 5년 이상 실무경력자
	팀 원	시·군·구가 직영하는 경우 7급 이하 공무원 관련학과 학사학위 이상 소지자 관련사업 2년 이상 실무경력자

※ 관련학과 : 사회복지학, 가정학, 여성학, 아동학, 청소년학, 노년학, 보육학, 교육학, 상담학 등
※ 관련사업 : 가족관련 업무(가족상담, 가족교육, 가족문화, 다문화가족지원, 가족역량강화, 사회복지, 여성가족부 관련기관 근무 등) 종사 경력

4. 건강가정사 현장실습

건강가정사 현장실습은 장차 건강가정사가 갖추어야 할 실무능력의 배양 및 현장교육 경험을 제공하기 위한 것으로 학교 교과과정을 통해 학습한 이론적 지식을 바탕으로 이론을 실천에 적용하는 구체적인 방법을 습득하는 것이다(여성가족부, 2013). 건강가정사가 전문인으로서의 역할을 충실히 수행하기 위해서는 실천기술을 터득해야 하는데 현장실습을 통해서 이론의 적용과 기술의 습득이 이루어진다. 현장실습의 업무를 담당하는 특정한 사람을 실습지도자라 하는데 실습지도자는 건강가정사업의 실천활동을 시행하는 직원이 조직에서 효율적이고 적절하게 업무를 할 수 있도록 감독하고 지도한다. 최근에는 현장실습이 지도·감독이라는 해석보다는 서로 전문적 지식을 공유하고 전달하는 상호부조적인 성격이 강해지고 있으며 건강가정사업에서도 이러한 방향으로 접근해야 할 것이다(이만수·김익균, 2008).

1) 현장실습의 목표

현장실습의 목적은 우선 학교에서 습득한 지식과 기술, 가치가 현장실습을 통해 전문가인 건강가정사로서 통합되는 기회를 갖고 또한 현장에서만 일어날 수 있는 새로운 학습을 가능하게 하며 기존의 이론이나 방법론을 확인하

고 토론, 수정할 수 있는 기회를 제공하는 데 있다.

(1) 포괄적인 지식의 습득 및 구체화

현장실습을 받는 사람들은 건강가정과 관련된 다양한 지식을 습득하고 이를 구체화하는 교육적 기회에 접하게 된다. 즉, 실습생들이 경험하게 되는 지식을 종합하고 건강가정과 관련하여 그동안 학습한 내용을 정리하고 구체화하는 기회를 갖는다.

- 개인, 가정, 사회 간의 상호작용에 대한 체계적인 상호관련성 이해
- 가족을 둘러싼 환경적 요소에 대한 이해
- 이용자의 욕구 및 요구 파악
- 욕구충족에 효과적으로 동원될 수 있는 실천방법에 대한 이해
- 건강가정사의 역할에 대한 이해
- 건강가정지원센터의 지역사회에서의 입지, 역할과 기능, 타 기관과의 연계에 대한 이해
- 건강가정 정책 및 행정 등의 관계와 역동성에 대한 이해
- 건강가정사로서의 철학, 가치, 목적, 윤리와 실습생 개개인의 가치 간의 관계에 대한 이해
- 인접학문과의 상호관련성에 대한 이해

(2) 전문적인 기술개발

건강가정과 관련된 포괄적인 지식을 점검하고 실습을 통해 이를 구체화할 준비를 마치면 이러한 지식을 실천하기 위한 기술을 개발하여야 할 것이다. 실습을 통하여 개발되는 전문적인 기술은 다음과 같다.

- 핵심 이슈 및 문제의 규정 기술
- 획득한 정보와 자료를 조직화하는 기술
- 환경요인 영향평가, 문제와 관련된 정책 및 프로그램들을 평가하는 기술
- 이용자의 문제와 욕구인식을 돕는 기술
- 지역사회에서 이용가능한 자원의 개발기술

- 이용자의 욕구와 상황에 따라 자원을 연결할 수 있는 연결자, 중재자의 기술
- 업무를 적절히 관리하고 기록하며 유지, 보관하고 보고서로 작성하는 기술
- 거시적 차원에서 건강가정사업에 영향을 미치는 정부의 정책 및 다양한 프로그램과 사업을 파악, 분석, 평가할 수 있는 기술

(3) 전문가로서의 태도 개발

예비 건강가정사로서의 실습생들은 다음과 같은 전문가적 태도를 개발해야 한다.

- 건강가정 이념과 관련하여 자신의 신념을 현장에서 충분히 실천하려는 태도
- 지역사회 주민이 요구하는 건강가정사업 및 서비스의 개발, 기획, 제공하기 위한 태도
- 제한된 자원으로 이용자에게 최선의 이익을 주기 위한 태도
- 편견과 선입견을 제거하고 이용자를 대하는 태도
- 조직의 구성원으로 기능하며 동료와의 관계를 적절히 유지하는 기술과 태도(이태희, 2008)

2) 건강가정현장실습의 주체

건강가정현장실습의 주체는 실습을 받는 실습생과 실습을 실시해 주는 센터 또는 실습지도자, 실습이 이루어지도록 지도하는 학교로 구성된다. 각각의 주체에 대한 역할은 다음과 같다(한국건강가정진흥원, 2013).

(1) 실습생

센터에서 봉사하는 자원봉사자와 함께 센터의 직원인 건강가정사와 건강가정사업을 이용하는 이용자 중간에 위치하며 센터의 업무를 학습하는 동시

에 자원봉사자의 업무를 수행할 수 있다. 자원봉사자의 업무를 수행하는 경우 실습생은 자원봉사자와는 달리 업무에 대한 사고, 분석, 비판을 함께하며 업무수행에 대해 실습지도자 및 실습기관의 지도·감독 및 평가를 받는다.

(2) 실습지도자 및 실습기관

실습기관은 원활한 실습 진행을 위해 실습환경을 조성하고 센터의 실습지도자가 실습준비 및 진행업무에 최선의 노력을 기울일 수 있도록 업무분담 및 협조를 하도록 하고 있다. 실습지도자는 건강가정지원센터 팀장급 이상 또는 가족에 관한 연구 및 실무경력이 3년 이상인 자격을 갖춘 사람으로 지정하고 있다.

① 실습지도자의 업무

- 실습지도 전반에 대한 관리 및 책임
- 실습계획의 수립
- 실습지도일지 작성
- 실습생 출석관리
- 실습에 대한 수퍼비전 제공
- 실습과제 수합 및 관리

② 실습기관의 역할

- 실습지도 목표방향 지도방침 결정
- 실습지도를 담당할 실습지도자를 선정하여 사전교육 실시
- 실습생 수용능력(강의실, 휴게실, 시설공간과 집기비품 등)을 확보하고 실습지도를 위한 사업계획 수립
- 실습지도 내용은 기초적인 이론보다는 실천을 경험할 수 있게 함
- 효율적인 실습이 되도록 해당 대학과 협조체계 유지
- 실습생에게 실습내용, 실습기관의 특성, 실습생의 역할과 책임 등에 대한 오리엔테이션 실시

(3) 학교

학교는 건강한 가정을 위한 전문인력 양성의 필요성을 인식하여 건강가정 관련 이수 교과목을 개설하고 학생들이 이수할 수 있도록 설명한다. 그리고 건강가정현장실습을 희망하는 학생들에게 건강가정 현장실습에 대한 오리엔테이션을 진행하며 건강가정현장실습기관과 연계하여 행정처리 및 실습관련 지도를 담당한다(유영준 외, 2018).

〈표 6-5〉 실습생 및 실습기관(실습지도자) 자격기준

□ 실습생의 자격기준

- '건강가정현장실습' 과목을 이수하면서 건강가정사 이수교과목 중 전공 및 관련과목 각각 3과목 이상 이수한 자가 실습을 받는 것을 원칙으로 하나 실습지도자의 판단에 따라 재량적으로 실습생을 선발할 수 있음

□ 실습기관의 자격기준

- 건강가정기본법 제35조에 의해 건강가정사업을 행하는 건강가정지원센터
- 자격 있는 실습지도자가 있는 기관
- 실습지도자에게 업무조정 및 인센티브를 줄 수 있는 기관

□ 실습지도자의 자격기준

- 건강가정지원센터 팀장급 이상 또는 가족에 관한 연구 및 실무경력 3년 이상인 자

3) 현장실습의 기본 원칙

첫째, 실습지도자는 그들이 속해 있는 기관과 서비스에 대한 정확한 지식과 원칙 및 기술을 가르친다.

둘째, 실습지도자는 정기적으로 교육의 경험을 제공하고 필요할 때 도움을 줄 수 있는 기회를 마련한다.

셋째, 실습지도에 대한 객관적인 평가와 그에 따른 책임이 요구된다.

넷째, 실습지도자는 그 분야의 실천기술능력이 있어야 하고 업무의 공개성과 개방적 태도, 인정과 칭찬 등이 요구된다(이만수 · 김익균, 2008).

4) 현장실습의 내용과 형식

건강가정현장실습에서 현장실습은 크게 필수적인 내용과 선택적인 내용으로 구분된다(한국건강가정진흥원, 2013).

〈표 6-6〉 건강가정지원센터 현장실습의 구성과 내용

구 분		내 용	과제물
필수	오리엔테이션	• 기관 소개 • 지역 소개 • 대상집단의 이해 • 실습생의 자세와 역할 • 실습일정과 과제 안내	
	행정업무	• 각종 기안서(공문, 품의서 작성 및 결재과정 참여) • 기관운영과 관련된 규정 검토 • 사업수행절차(매 사업별 계획서, 실행서, 만족도 조사, 피드백 등의 절차를 체계화하는 과정 및 관련되는 문서 관찰)	관련서식 작성 및 제출
	프로그램 보조 진행	• 가족생활교육 프로그램 보조진행 • 가족문화 프로그램 보조진행 • 기타 센터의 특화사업 보조진행	프로그램계획서, 평가서, 과정일지, 기타 해당자료
	실습평가회	• 과제에 대한 수퍼비전 • 실습생의 자세 등 전반에 대한 수퍼비전	실습평가서
선택	선 택	• 지역사회 조직사업(지역사회 자원개발, 주민교육, 건강가정 네트워크 구축) • 지역사회 홍보활동 • 프로그램 개발 및 평가 • 사례관리 • 타 기관 방문 및 지역탐방	활동기록서(프로그램계획서, 프로그램평가서, 사례관리기록서, 기관방문보고서, 지역탐방보고서 등)

※ 실습시간

□ 여성가족부 「건강가정사 자격요건에 관한 지침」 별첨 1 '건강가정현장실습표준교과 개요'에 근거
- 방문실습 2학점(64시간) 이상 포함되도록 교과 구성
- 총 64시간 방문실습 중 48시간 이상은 건강가정지원센터를 통해 실습하고, 나머지 시간은 가족과 관련한 서비스 제공 기관의 실습도 인정
  * '사회복지현장실습'은 48시간 이상 건강가정지원센터에서 실습할 경우 '건강가정현장실습'의 동일 교과목으로 인정 가능

□ 실습생은 센터의 상황에 따라 모집하며 학기 중 실습과 방학 중 실습으로 구분하여 진행함
- 학기 중 실습 : 주 1일 8시간, 6주(48시간)로 진행하는 것을 원칙으로 함(48시간 이상 가능)
- 방학 중 실습 : 1일 8시간, 연속된 6일(48시간)로 진행하는 것을 원칙으로 함

5) 현장실습절차 및 실습생의 태도

건강가정사가 되기 위한 현장실습이 보다 효과적이 되기 위해서는 다음과 같은 과정을 거쳐야 한다.

첫째, 실습장소를 정하기 전에 먼저 각 분야별로 기관에 대한 정보를 검색하고 수집한다. 학생들이 실습장소를 선정하는 데 기준이 되는 '실습기관 총목록'을 작성하기 위해 학교에서는 기관의 실습가능 여부를 미리 파악한다.

둘째, 학생들이 원하는 실습장소가 결정되면 학교에서는 기관에 실습의뢰 공문을 보낸다. 공문발송 시 실습지원신청서와 실습승인통지서를 함께 보낸다. 기관으로부터 승인통지가 오면 해당 학생은 기관의 실습지도자에게 미리 전화를 하고 자기소개서와 이력서, 실습계획서, 실습평가서 등을 준비하여 사전에 기관을 방문한다. 학교에서는 학생들이 실습을 나가기 전에 주의할 점 등에 대하여 미리 오리엔테이션 교육을 실시한다.

셋째, 실습생은 실습일정에 따라 기관에 출근하여 실습계획과 실습지도자의 지시에 따라 업무를 수행하되 업무수행 시 발생하는 모든 문제는 즉시 실습지도자에게 보고하도록 한다. 실습생은 시간을 엄수하고 성실하고 책임감 있는 태도로 실습에 임한다.

넷째, 일과가 끝난 후에는 항상 실습일지를 정리, 기록하고 실습지도자에게 지도, 조언을 받는다. 각종 기록 및 보고는 정확하게 한다.

다섯째, 실습기간이 끝나면 실습생은 기관의 실습지도자 및 함께 일했던 사람들에게 감사의 인사를 하고 마지막까지 좋은 인상을 주도록 노력한다. 학교에 돌아와서는 현장실습 교과과정에 따르는 과제물을 제출하고 실습에 참여했던 모든 학생들이 지도교수와 함께 실습에 대한 평가를 한다(조희금 외, 2006).

5. 건강가정사의 역량개발

건강가정사업의 핵심요소인 건강가정사의 역량을 극대화하는 것은 사업의 효율성을 증진시키는 데 있어 중요 관건이 된다고 할 수 있다. 역량(competence)이란 조직의 성과를 향상시키는 데 요구되는 직무지식, 직무기술, 개인능력, 태도의 총체로 조직의 직무수행과정에서 뛰어난 성과를 창출하는 사람들만이 갖고 있는 우수한 지식, 기술, 태도로 볼 수 있다. 이러한 역량은 단기적 특성이 아니라 비교적 장시간 지속되는 행동으로 표현된다(엄명용, 2006). 조직의 성과를 높이는 성공적으로 기여하는 종사자가 갖고 있는 직무지식, 기술, 개인특성이 무엇인지를 밝히고 이를 설명하는 것을 역량모델링(competency modeling)이라고 하는데, 이 결과물이 역량모델이며 역량모델에서는 모든 직원에게 공통적으로 요구되는 역량, 직무별로 요구되는 역량, 직위별로 요구되는 역량을 설명해 준다. 역량모델의 가장 큰 장점 중의 하나는 인적 자원관리의 전 과정에 활용될 수 있다는 것으로서 업무를 성공적으로 수행하기 위해 필요한 역량이 역량모델을 통해 정의되면 해당 역량을 갖춘 사람을 선발하고 또 부족한 역량이 있으면 적절한 교육훈련을 통해 역량을 강화시켜 주면 된다는 것이다.

건강가정사의 역량개발 영역을 세 가지 영역으로 나누어 개발방향을 제시해 보면 다음과 같다.

1) 기초 영역

기초 영역의 주요 구성

- 건강가정기본법과 사업의 이해
- 가족정책의 최신 동향분석
- 사명과 비전 수립
- 행정운영 및 관리
- 회계관리 분야

첫째, 건강가정기본법과 건강가정사업의 이해부분

이미 전문 종사자로서 기본적 이해를 전제하고 법령의 주요 내용을 재확인하고 건강가정사업의 실현을 실제 운영사례 중심으로 해석하는 과정이다. 대학의 관련교과목보다 구체적이며 현실적으로 접근해 최근의 사업실적을 근거로 통찰력을 기르도록 한다. 이는 전국 각 지역센터에서 수행되는 사업의 통일성과 지향성을 숙지시킴으로써 사업의 형식과 방법론의 다양성은 추구하나 사업의 핵심영역은 간과하지 않도록 예방하기 위한 것이다.

둘째, 가족정책의 최신 동향분석 부분

여성가족부를 비롯해 정부의 가족정책 주요 동향을 살펴보고 해당 분야의 근거법령을 논의하는 과정이다. 가족정책의 실현을 위해 전달체계로서 각 지역센터의 역할과 기능을 인지하고 사회정책의 큰 틀 안에 부처 간 연계추진과 지역사회 유관기관과의 네트워크 형성이 이루어지도록 사고체계를 확립하기 위한 것이다.

셋째, 사명과 비전수립 부분

건강가정기본법의 이념과 건강가정사업의 목적을 실현하기 위해 건강가정사의 책임과 의무를 확인하고 미래상을 정립시키기 위한 과정이다. 전문 종사인력으로서의 실천과업을 스스로 찾고 윤리강령을 만들어 봄으로써 건강가정사업의 핵심 추진요소로 전문 종사인력 스스로에 대한 자부심과 긍지를 갖도록 한다. 이 과정은 건강가정지원센터 종사자의 직급별, 분야별, 권역별로 추진할 수 있으며 정기적으로 재형성되고 확인될 수 있는 내용으로 구성하는 것이 바람직하다. 건강가정사업 추진으로 인해 소진된 에너지를 재충전할 수 있는 순서로도 기획가능하다.

넷째, 행정운영 및 관리부분

정부로부터 지역센터로 시달되는 세부 운영지침을 근거로 건강가정사업의 집행과 처리활동의 전반적인 내용으로 구성된다. 건강가정지원센터 설치와 운영, 조직인사관리, 문서관리 중심으로 구성하며 정부, 지방자치단체, 한국건강가정진흥원, 시・도 건강가정지원센터, 시・군・구 건강가정지원센터 각

주체별 기능과 역할을 확인하고 행정업무의 원활한 추진을 위하여 일반적 절차와 내용을 학습하도록 한다.

다섯째, 회계관리의 이해부분

수입과 지출의 기본 원칙과 별도의 회계 관련지침을 근거로 합리적인 예산 집행이 이루어지도록 교육하는 과정이다. 수입과 지출의 원칙, 예산과목의 분류와 예산기준, 예산편성과 집행절차 등이 주요 내용으로 구성될 수 있다.

2) 실무영역

실무영역은 사업의 개괄적 추진체계와 흐름을 근거로 다음 세 분야로 구성될 수 있다.

- 건강가정사업의 기획과 평가
- 건강가정사업의 운영
- 건강가정사업의 홍보

첫째, 건강가정사업의 기획과 평가

다양한 사회환경의 변화를 이해하고 그 안에서 가족구성원 개개인의 주체별 욕구와 생활공동체로서의 가정이 추구하는 욕구를 분석함으로써 프로그램 개발과 평가에 관해 단계별 과업이 학습되는 과정이다. 사업의 기획과 평가부분의 교육과정은 단기, 중기, 장기적 관점으로 사업이 추진될 수 있도록 논리적이고 창의적인 기획을 유도하며 근거법령과 정책을 토대로 건강가정사업으로서 합목적성, 수행전략의 현실성, 사업결과에 대한 합리적인 평가지표의 제시 등을 고려해 구성될 수 있다. 구체적으로는 사업계획서와 실적보고서를 작성하는 실습과정이 포함가능하다.

둘째, 건강가정사업의 운영

효율적이고 효과적인 사업결과를 유도하기 위한 교육과정으로 교육주제가 직급별, 사업영역별로 매우 다양하게 구성될 수 있다. 내·외부 자원개발 및 관리분야의 학습을 중심으로 갈등관리를 포함한 동료 또는 상하직원 간의 의사소통훈련, 리더십 훈련, 사업영역별 수퍼비전과 성과관리 훈련, 직무분석을 통한 효율적 사업운영과 전략개발, 지역사회 네트워크 개발과 관리 등이 주요 내용이 된다.

셋째, 건강가정사업의 홍보

사업의 기대효과를 극대화하기 위한 전략과 방법을 중심으로 구성된다. 홍보의 필요성, 기본 요소, 도구와 활용, 관리과정과 실적화 등을 주요 내용으로 훈련한다.

3) 전문영역

전문영역은 건강가정상담, 교육, 문화사업 부분과 가족정책 및 특화사업 부분으로 구성되며 해당 분야의 전문 종사인력에 대한 역량강화와 전문성 증진이 목적이다. 중장기 가족정책과 건강가정사업의 주요 방향에 근거하여 세부적인 교육주제가 선정될 수 있다.

첫째, 건강가정상담사업 분야

상담인력의 전문성 확보와 역량강화를 도모하기 위하여 가족상담의 이론과 기법중심의 다양한 사례교육과 모의실습으로 구성된 교육과정이다. 특히 이혼전후 가족의 문제해결능력과 내담자의 자립능력을 강화하기 위한 전문지식을 학습하고 훈련한다.

둘째, 건강가정교육사업 분야

다양한 건강가정교육사업 중 선택과 집중을 통해 주요 주제를 선별하여 주제별 심화학습으로 구성된다. 1차적으로 이론과 실제를 구체적으로 학습하고 토론과 과제 수행 또는 모의실습과정을 통해 훈련이 심화된다. 필요에 따라 교수법 훈련과정이 병행되어 전문가로서의 능력과 자질을 보다 향상시키도록 한다.

셋째, 건강가정문화사업 분야

건강가정문화의 상위적 개념과 하위적 개념을 이해하고 사업화를 위한 단계적 추진과업을 학습한다. 현재까지는 대학 내 별도의 관련교과목이 개설되지 않은 상황으로 건강가정문화사업에 대한 기본 개념과 이론적 토대는 반드시 다루어야 하며 교육은 강의, 토론, 과제 수행 또는 모의실습과정으로 구성하여 심화학습의 형태로 진행함이 바람직하다. 브레인스토밍, 창의적 발상과 기획, 전략적 사업전개와 통합적 서비스 구성 등을 주요 내용으로 정보공유를 통한 발견 및 문화사업 아이템 개발을 유도한다.

넷째, 가족정책 및 특화사업 분야

정부의 가족정책 또는 지역센터의 특화사업 주제를 선정하여 주제별 주요 배경과 사회적 이슈를 이해하고 사업추진의 구조화, 기대효과의 예측 등을 토론하고 검토하는 과정으로 구성한다. 분석도구를 활용해 건강가정사업으로서의 전략적 발전방안을 모색할 수도 있다(이윤정 · 정은희, 2007).

제 7 장 건강가정사를 위한 실천기술

전영자

개요

건강가정사가 건강가정사업을 수행하기 위해서 필요한 여러 가지 실천기술들이 있다. 즉, 서비스 대상자들의 요구를 충족시켜 주기 위하여 제공하는 기술들, 예를 들면 가정생활 관련문제에 대한 상담의뢰 시 이들의 문제를 파악하고 해결하는 과정에서 갖추고 있어야 할 실천기술과 건강한 가정문화를 사회 전반에 확산하기 위해서 제공하는 가정문화사업이나 가족생활교육사업 등을 실시할 때 필요한 기술, 그리고 건강가정지원센터를 운영, 관리함에 있어 조직사회의 일원으로서 갖추어야 할 기술 등을 말한다.

1. 건강가정사의 역할실천과정
2. 요구도 조사기술
3. 의사소통기술
4. 갈등관리기술
5. 스트레스관리기술

1. 건강가정사의 역할실천과정

건강가정사가 건강가정사업을 수행하기 위해서 하는 역할실천과정을 살펴보면 다음과 같다.

1) 문제파악 및 접수

서비스대상자가 자신과 가족의 문제를 해결하기 위해서 건강가정지원센터에 전화를 걸거나 인터넷을 통하여 접수를 하거나 또는 직접방문을 했을 때 우선적으로 서비스대상자의 문제를 파악하는 것이 필요하다. 즉, 대상자 가정의 문제를 일차적으로 사정하여 문제의 성격과 가족개입의 필요성 여부를 결정한다. 건강가정사는 기본적으로 문제를 가진 개인뿐 아니라 그를 둘러싼 가족을 함께 서비스 대상으로 하기 때문에 전체 가족을 대상으로 하는 서비스의 필요성을 설명하고 이해시킬 필요가 있다. 이때 건강가정사는 서비스대상자가 센터에 요구하는 것 또는 센터에서 해주기를 기대하는 것이 무엇인지 확인하며 그러한 요구나 문제에 대하여 건강가정지원센터에서 서비스를 제공할 수 있다고 판단될 때에 접수를 한다. 이 과정에서 건강가정사는 센터에서 지원해 줄 수 있는 서비스의 범위를 설명해 주는 것이 필요하다.

2) 계획 및 계약

(1) 계획

건강가정사는 센터에 지원을 요청하는 대상자 가정에 어떤 서비스를 제공할 수 있을지 구체적인 목표를 세우고 이를 달성하기 위해 어떤 일을 해야 할지 계획을 세운다. 이러한 계획과정은 다음과 같은 일곱 단계를 거친다(류종훈, 2004).

첫째, 대상자를 모든 과정에 참여시킨다. 대상자를 참여시키지 않으면 문제를 해결하려는 계획을 자신의 것으로 여기지 않게 되고 이에 따라 활동하고자 하는 동기가 결여될 수밖에 없기 때문에 무엇보다도 대상자의 자기결정권을 증진시키는 것이 중요하다.

둘째, 문제의 우선순위를 정한다. 대상자는 개인적 차원뿐 아니라 가족, 집단, 지역사회 차원에서 복합적인 문제를 가지고 있는 경우가 많기 때문에 건강가정사는 어떤 문제부터 접근해야 할지 결정해야 한다.

셋째, 문제를 욕구로 전환한다. 욕구는 생존, 안녕, 충족을 위한 신체적, 심리적, 경제적, 문화적 및 사회적 요건으로 대상자가 가지고 있는 문제를 대상자에게 필요한 욕구개념으로 전환시킴으로써 건강가정사는 문제해결을 위해 무엇을 해야 할지 구체화할 수 있다.

넷째, 개입수준을 평가하기 위한 전략을 선택한다. 문제를 해결하기 위해서는 거시적·미시적 실천방법으로 접근할 수 있으며 문제해결 전략을 수립할 때 대상자의 강점을 적극 활용하는 방법을 모색하고 각 전략의 찬반 양론을 평가하여 가장 효율적이고 효과적인 전략을 선택하도록 한다.

다섯째, 목적을 설정한다. 이로써 개입의 이유를 명료화할 수 있다. 목적을 설정하고 개입의 이유를 명료화하면서 대상자로 하여금 문제를 해결하고자 하는 의지를 갖게 할 수 있다.

여섯째, 목표를 구체화한다. 목표를 구체화하면서 대상자로 하여금 문제해결을 위한 구체적인 행동이나 전략을 생각해 볼 수 있도록 한다.

일곱째, 계약을 공식화한다. 이때 하는 계약은 건강가정사가 대상자에게 어떤 서비스를 제공할 것인지 그리고 구체적으로 어떤 문제를 해결할 것인지 구체화하는 것이다. 따라서 건강가정사의 역할을 분명히 하고 구체적인 목표를 명시한 계약서를 작성하는 것이 바람직하다.

(2) 계약

서비스 대상 가족과 문제에 대한 상호 이해를 통해 문제를 구체화하고 목표와 개입방법 등의 실행과 평가계획을 세우고 합의하는 과정이다. 일반적으로 계약에 포함되어야 하는 내용은 다음과 같다(허남순 외, 2004; 조희금 외, 2007 재인용).

- 수행해야 할 목표들
- 참가자들의 임무
- 사용할 개입방법 또는 기술
- 면접주기, 면접빈도, 면접시간
- 발전정도, 점검의 수단
- 계약 재교섭에 대한 약정
- 세부 규정들, 시작하는 날짜, 예약된 날짜의 취소 또는 변경에 대한 조항, 요금에 대한 문제 등

3) 개 입

서비스대상자 가족과 함께 계획하고 계약한 대로 목표를 이루기 위해 실제 행동에 옮기는 과정이다. 건강가정사와 대상자가족이 합의한 목표를 달성하

기 위해 함께 협력해 나가며, 이때 건강가정사의 역할은 대상자가족을 지지하고 교육하며 구체적인 도움을 제공하는 것이다. 즉, 필요에 따라 가족상담을 실시하거나 가족생활교육 프로그램에 참여하도록 독려하기도 하고 가족이 함께하는 가정문화사업이나 가족단위 자원봉사활동을 하도록 안내하는 등의 서비스를 제공한다.

이 단계에서 건강가정사는 문제해결이나 서비스대상자의 잠재능력을 향상시키고 회복시키는 기술, 서비스대상자의 사회적 기능을 향상시킬 수 있도록 지역사회의 자원, 서비스, 기회 등을 연결시키는 기술, 사회적 정의에 입각하여 권리를 잃어버리고 소외된 약자들이 기회를 얻거나 되찾을 수 있도록 그들과 함께 효과적 개입을 하는 기술, 지역사회서비스 및 자원체계의 개선과 향상을 위해 개입하는 기술들을 발휘한다. 이러한 개입기술에는 전문가로서의 지식과 신념, 경험 등이 필요하며, 특정한 개입방법을 선택하는 데 따르는 명확한 근거와 전문가적인 판단이 중요하다(이애재, 2006).

4) 평가 및 종결

건강가정사업 실천과정의 최종 단계는 종결이다. 건강가정사가 문제를 파악하고 이를 해결하기 위한 계획을 세워 대상자가족에게 서비스 제공을 위한 개입을 하고 나면 이를 종결시키고 차후 업무에 피드백을 줄 수 있도록 서비스나 프로그램을 평가할 필요가 있다. 평가단계에서는 목적달성을 위해 진행해 온 지금까지의 과정을 다양한 평가방법을 통해 검토하게 된다. 평가는 개입의 전 과정에서 지속적으로 시행되지만, 특히 개입이 끝날 때 더욱 중요하다. 프로그램의 결과를 평가하기 위해서는 계획단계에서 현실적으로 사용가능한 측정도구나 측정지표를 미리 준비해야 한다. 평가는 건강가정사와 그들이 소속되어 있는 기관이 서비스대상 가족과 지역사회 지지세력에 대하여 기관관리 및 운영, 그리고 프로그램에 대하여 평가를 받는 것이라고 할 수 있다. 만일 평가를 통해 변화가 없거나 부정적인 결과를 보이는 경우 문제파악이나 계획, 개입단계에 대한 점검이 필요하다. 종결단계에서는 최종 평가와 함께 서비스대상자의 종결소감을 공유하는 것이 중요하며 종결에 대한 기록을 남기는 것이 필요하다(이애재, 2006).

2. 요구도 조사기술

건강가정사가 건강가정사업 현장에서 수행해야 할 기본적인 역할 중의 하나가 서비스대상자의 요구를 조사하고 파악하는 일이다. 건강가정지원센터의 사업, 서비스, 프로그램을 통하여 다양한 가정의 건강성을 증진시키는 것이 건강가정지원센터의 설립목표이기 때문에 이 목표를 달성하기 위하여 대상자들이 무엇을 원하는지 파악하는 것은 가장 기본이 되는 업무이다. 따라서 지역사회와 주민들의 요구를 아는 것은 건강가정사업을 이용하는 이용자 중심의 센터로 자리매김하는 데 필수적인 전제조건임을 알 수 있다. 이러한 요구도를 조사함으로써 현 시점에서 가장 적절한 서비스가 무엇인지 파악할 수 있다. 요구도조사는 이후에 진행되는 사업선정 및 수행의 기초 자료를 제공해 주며 나아가 각 지역마다의 독특한 상황과 문화를 반영하는 건강가정사업을 구상할 수 있게 한다는 점에서 중요하다(조희금 외, 2007).

건강가정사업의 요구도를 조사하기 위한 구체적인 조사방법으로는 질문지 조사법, 면접법, 이차분석방법, 유사기관 서비스이용 통계분석방법, 지역사회 공청회 등을 들 수 있다.

1) 질문지 조사법

구조화된 질문지를 가지고 조사대상자들에게 자기보고식으로 응답하게 하여 필요한 자료를 얻는 방법이다. 다른 자료수집 방법에 비해 간단하고 신속하며 비용이 적게 드는 장점이 있다. 질문지 조사법은 대상을 어떻게 선정하는가에 따라 일반집단, 표적집단, 주요 정보제공자, 서비스 제공자 등으로 나눌 수 있다.

(1) 일반집단 질문지 조사법

대상지역의 가정이나 주민들로부터 추출된 표본을 대상으로 설문조사를 실시하여 필요한 자료를 얻어내는 방법으로 요구도 조사에서 가장 중요하게 사용하는 측정기법이다. 일반 집단을 대상으로 얻은 정보를 통하여 지역주민이나 가정에 의해 인지된 문제나 요구되는 서비스를 파악할 수 있으며 건강가정사가 항상 염두에 두어야 할 대상이기도 하다.

(2) 표적집단 질문지 조사법

지역사회의 전체 가정이나 주민을 대상으로 하는 일반 집단과는 달리 어떤 특성을 가진 하위집단을 대상으로 설문조사를 실시하는 방법이다. 이를 통해 특정 집단의 요구를 파악하여 구체적인 대상에게 맞춤형 건강가정사업을 실시하고자 할 때 유용한 조사방법이다. 예를 들면, 한부모가정이나 조손가정, 맞벌이가정을 대상으로 건강가정지원사업을 실시하고자 할 때 조사대상이 되는 집단이다.

(3) 주요 정보제공자 질문지 조사법

해당 지역에서 일하는 건강가정사업 관련단체의 간부, 관련직종의 전문직 종사자, 지역유지, 정치 지도자, 행정관료 등 지역사회의 문제에 대하여 잘 알고 있다고 생각되는 사람들로부터 요구도 조사에 필요한 의견을 수집하는 방법이다. 이 방법은 지역사회의 전반적인 문제를 쉽게 파악할 수 있다는 장점은 있지만 정보제공자의 주관적인 의견이 반영됨으로써 실제 주민들의 의견과는 다를 수도 있다는 단점이 있다.

(4) 서비스 제공자 질문지 조사법

특정 서비스를 제공하는 사람들로부터 지역사회의 문제나 요구 또는 기존 프로그램의 평가 및 새로운 프로그램 개발에 필요한 의견 등을 수집하는 방법이다. 이 방법은 사회에 덜 알려진 문제, 가령 약물중독, 성병, 아동학대 등에 대한 정보를 보다 정확하게 얻을 수 있고 현존하고 있거나 잠재되어 있는 지역사회의 활용가능한 자원에 대해 정확한 정보를 얻을 수 있으며 조사하려는 요구나 문제의 원인이나 배경을 파악하는 데 유용한 자료를 얻을 수 있다(조희금 외, 2006).

2) 기존 자료의 이차분석방법

광범위한 영역에 걸쳐 주민생활의 각종 의견을 측정해 놓은 사회적 자료를 수집하여 분석하는 방법이다. 대표적인 예로 통계청에서 매 5년마다 실시하는 '인구 및 주택 총조사'를 들 수 있으며, 이외에도 '가족실태조사', '도시가계연보', '지역통계연보', '한국경제지표', '국민생활시간조사보고서' 등의 정부자료를 들 수 있다. 조사자는 이들 자료를 이용해 해당 지역이나 집단의 특성과 요구 및 서비스 이용실태 등을 분석할 수 있다. 건강가정사는 이와 같은 정부자료의 이차분석을 통해 지역사회의 특성과 가정생활의 실태를 파악할 수 있다. 이처럼 기존자료를 이차분석하는 방법은 해당 지역의 일반적인 특성에 대한 기본 평가자료를 쉽게 얻을 수 있으며 전체적인 맥락을 파악할 때 유용하다. 그러나 조사자가 원하는 자료에 딱 부합되는 일차자료를 구하는 것이 쉽지 않다는 단점이 있다(조희금 외, 2006).

3) 복지기관 서비스이용 통계분석방법

이 방법은 지역사회에 있는 기존의 복지기관 서비스를 이용한 기록들을 분석하여 지역사회의 요구, 문제의 경향, 특정 서비스의 수요 등을 파악하는 방법이다. 지역사회 주민들의 요구가 밖으로 표현된 상태를 가장 잘 파악할 수 있다는 장점이 있는 반면, 조사자가 원하는 부합된 자료를 얻기 어려울 때가 많다는 점과 수혜자 중심의 분석이기 때문에 여기서 얻은 결과를 지역사회 전반에 적용하기 어렵다는 점이 단점으로 지적된다.

4) 지역사회 공청회

공청회는 국가나 지방자치단체의 기관이 어떤 사항을 결정함에 있어 공개적으로 의견을 듣는 형식을 말한다. 지역사회 공청회는 지역사회 주민들이 참여할 수 있는 공개적인 모임을 개최하여 주민들로 하여금 지역의 요구나 문제에 대한 의견을 발표하게 함으로써 주민의 의견을 파악하는 방법이다. 지역사회 공청회는 지역주민이 누구보다 자신의 요구를 가장 잘 파악하고 있다는 전제하에 주민들의 의견을 직접 들어보는 데 의의가 있으므로 가능하면 여러 계층과 집단이 고루 참석할 수 있도록 배려하고 참석한 사람들이 자신의 의견을 골고루 발표할 수 있도록 진행하는 것이 중요하다. 이 방법을 통한 요구조사의 장점은 적은 비용으로 지역사회 내 다양한 집단의 의견을 들을 수 있고 집단이나 기관별로 문제에 대한 인식이나 관심이 다른 것을 구별해 볼 수도 있다는 것이다. 또한 질문지 조사를 위한 사전준비의 기회가 될 수도 있고 서비스 전달활동에 대한 홍보의 기회가 될 수도 있으며 주민의 지지 및 협조를 얻는 계기가 될 수도 있다(조희금 외, 2006).

3. 의사소통기술

의사소통이란 두 사람 이상이 자신의 신념, 의견, 사고, 지식, 태도, 감정 등을 전달하고 교환하여 그들의 생각을 형성하고 조직화하는 인간 상호작용의 과정이다(홍성희 외, 2008). 의사소통기술은 상호작용의 과정을 보다 원활하게 만드는 수단으로서 이는 단순한 대화가 아닌 전문적인 기술이다. 건강가정사가 사용할 의사소통기술은 대개 세 가지 측면으로 구분될 수 있다. 첫째는 서비스를 제공할 개인이나 가정, 집단과의 대면적 접촉에서 사용되는 것, 둘째는 프로그램 진행 도중 참여집단 내 개인 간 혹은 가족 간의 관계를 촉진하기 위한 것, 셋째로 기관 내 또는 기관과 전문분야 간의 정보교환 및 업무협조를 추진하기 위한 것이다(조희금 외, 2002). 한편 의사소통기술의 형태는 언어적 의사소통과 비언어적 의사소통으로 구분해 볼 수 있는데 건강가정사는 서비스 이용자가 원하는 바를 잘 파악하기 위하여 대화를 통해서 전달하는 언어적 메시지뿐 아니라 표정이나 목소리, 몸짓 등의 비언어적 메시지를 주의깊게 들을 필요가 있다.

1) 분위기 조성

건강가정사는 편안한 분위기를 조성함으로써 서비스대상자와 정서적 지원관계를 형성하는 것이 중요하다. 이러한 지원관계의 주요 요소는 서비스대상자에 대한 민감성, 감정이입, 온정, 진실성 등을 들 수 있다. 민감성은 건강가정사가 서비스대상자의 언어적·비언어적 메시지를 알아차리는 능력이다. 감정이입은 건강가정사가 서비스대상자의 주관적인 경험이나 감정을 인지적으로 이해하고 정서적으로 공감하는 능력이다. 온정은 서비스대상자가 편안하게 수용되어 이해받고 있다고 느끼게 해주는 것으로 상대방과 친밀하고자 하는 요구를 미소나 부드러운 목소리, 관심있는 자세, 눈의 접촉, 개방성을 나타내는 몸짓 등을 사용하여 전달함으로써 이루어진다. 진실성은 건강가정사가 믿을 만한 사람이라는 것을 서비스대상자에게 전달하는 것으로 지식이 있고 자기훈련이 되어 있으며 책임감과 윤리적인 태도로 서비스대상자를 진심으로 대하는 데서 시작된다(조희금 외, 2002).

건강가정사가 서비스대상자에게 관심을 집중시키는 기술은 다음과 같다(김계현, 2003).

(1) 서비스대상자를 향해 앉는다

건강가정사는 얼굴과 몸을 서비스대상자를 향해 앉음으로써 관심을 집중하고 있음을 나타낸다.

(2) 개방적인 몸자세를 취한다

건강가정사가 다리를 꼬거나 팔짱을 끼는 것은 상대방에게 건방지거나 예의없다는 느낌을 줄 수 있다. 개방적인 몸자세를 취함으로써 상대방의 말을 들을 태세가 되어 있다는 메시지를 전달할 수 있을 것이다.

(3) 때때로 상대방을 향해 몸을 기울인다

대화를 하다가 몸을 상대방 쪽으로 기울인다는 것은 대화에 관심이 있다는 것을 의미한다. 그러나 건강가정사가 상체를 계속해서 서비스대상자를 향해 기울이고 있다면 오히려 부담감이나 불편감을 줄 수 있다. 따라서 대화의 성격과 관심도에 따라 자연스럽게 자세가 변화되는 것이 바람직하다.

(4) 시선을 통한 접촉을 적절히 한다

- 밝은 눈, 부드러운 시선으로 상대방을 바라본다.
- 서비스대상자의 눈과 표정에 시선을 맞추되 눈을 노려보지 않는다.
- 건강가정사는 말하는 동안에도 상대방의 표정을 살펴서 그의 반응을 읽도록 한다.
- 서비스대상자가 자신이 관찰당하고 있다는 느낌을 받지 않도록 주의한다.
- 시종일관 상대방의 눈을 바라보기보다는 가끔씩 시선을 옮겨준다.
- 서비스대상자가 시선을 맞출 때에는 자연스럽게 시선을 맞춘다.
- 서비스대상자가 계속 시선을 맞추지 않을 때에는 개인적 습관 때문인지 아니면 대화가 불편한 것인지 파악하도록 노력한다.

(5) 긴장을 푼다

건강가정사는 신체의 일부분을 불안하게 움직이거나 딱딱한 얼굴표정을 짓지 않도록 주의해야 한다. 예를 들면, 손가락을 바쁘게 만진다든지, 다리를 달달 떤다든지, 뒤통수를 자주 긁적거린다든지, 양손으로 의자 팔걸이를 꽉 잡은 채 긴장하고 있다든지, 이맛살을 찌푸리거나 입을 꽉 다문 채 긴장하고 있는 등의 모습을 보이면 서비스대상자를 불안하게 만들거나 건강가정사의 전문성을 의심하게 하므로 편안한 자세를 취하도록 한다.

2) 경청기술

(1) 언어적 메시지 경청

언어적 메시지란 바로 말해진 내용을 의미한다. 언어적 메시지의 내용을 세 가지로 나누어 볼 수 있다.

- 서비스대상자가 경험한 사건이나 사실
- 서비스대상자의 생각 : 자신의 관점, 입장, 이해하고 있는 내용 등을 포함
- 서비스대상자의 감정 또는 정서

(2) 비언어적 메시지 경청

표정, 손발의 움직임, 몸의 자세, 목소리, 자율신경계통에 의한 생리적 반응들은 매우 다양한 메시지를 전달하며 이러한 비언어적 메시지는 종종 누설적인 성격을 띤다. 비언어적 메시지는 언어적 메시지와 함께 사용되는 경우가 많으며 다음과 같은 기능을 갖는다.

- 언어적 메시지의 재확인 : 말에 의해 표현된 것을 재확인하거나 반복하는 기능
- 언어적 메시지의 부정 : 예를 들어, "난 아무렇지 않아요"라고 하면서 목소리가 떨리고 얼굴이 붉어졌다면 무의식적으로 비언어적 메시지가 언어적 메시지를 부정하는 경우가 된다. 이럴 때 사람들은 말보다는 비언어적 메시지를 신뢰하는 경향이 있다.
- 언어적 메시지를 강조 : 어떤 단어나 구절에 강한 음성을 사용하거나 높은 톤을 사용하여 그 부분을 강조한다. 이외에도 듣는 사람과 시선 맞추기, 손의 제스처, 표정, 강조하는 말을 한 후의 침묵 등이 사용된다.
- 언어적 메시지의 보조수단 : 비언어적 메시지를 사용하여 상대방의 언어행동을 조절하기도 한다. 즉, 어느 시점에서 말하는 상대방의 말을 멈추게 하고 자신이 말할 의도를 나타내는 것으로 언어의 교환과정을 조정, 통제하는 역할을 한다.

(3) 경청의 확인

서비스대상자는 다음과 같을 때 건강가정사가 경청을 하고 있다는 느낌을 받을 것이다.

- 적절한 고개의 끄덕임
- 단순한 음성반응 : 대화 도중에 사용하는 '아, 예, 응, 그랬구나' 등의 반응을 말하며 종종 고개의 끄덕임과 함께 사용된다.
- 관심 어린 질문 : 상대방에 따라 사실, 사건, 정보에 관한 질문을 하거나 감정이나 태도 등에 관한 질문을 함으로써 경청하고 있음을 확인시킨다.
- 말의 재진술 : 서비스대상자의 진술내용이나 의미를 반복하거나 바꾸어 말하는 것으로서 반복, 내용의 부연, 요약 등을 포함한다(김계현, 2003).

3) 나-전달법(I-Message)

나-전달법은 의사소통의 효과를 증진시키는 메시지 구조의 한 유형으로서 분명하고 직접적인 메시지를 보낼 수 있게 하고 메시지를 받는 사람이 방어적이 되지 않도록 하는 방법이다.

우리는 대화할 때 종종 너-전달법(you-message)을 많이 사용하고 있다. 너-전달법은 상대에게 지시, 명령하거나 비난, 위협하는 것으로 들리게 하여 상대방의 태도를 바꾸기보다는 거부감이 들게 하고 스스로에 대한 변화를 포기하게 만드는 부정적인 영향을 준다. 우리가 대화를 할 때는 내 생각이나 어떤 사항에 대한 것을 상대방에게 잘 전달하는 것을 목적으로 할 때가 있다. 따라서 상대방이 내가 하는 말에 대해 거부감을 갖지 않도록, 그리고 충분히 이해하도록 하는 것이 중요하다. 나-전달법은 상대방의 문제행동에 대해서 상대방을 직접적으로 비난하는 것이 아니라 상대방의 문제행동으로 인해 내가 어떤 느낌을 가졌는지, 내가 어떤 영향을 받았는지를 비난적이지 않은 방법으로 표현하는 것이다. 나-전달법은 서비스대상자의 감정을 상하게 하지 않으면서 동시에 스스로 자신의 행동에 대해 보다 객관적으로 생각하게 만들어 변화를 가져올 수 있게 한다.

4) 질문기술

건강가정사는 서비스대상자로부터 필요한 정보를 얻기 위해서 그리고 그들의 생각과 느낌을 표현하도록 돕기 위해서 여러 가지 질문을 사용한다. 질문의 유형에는 개방형 질문과 폐쇄형 질문이 있다. 개방형 질문은 서비스대상자가 생각하는 것은 무엇이든지 말할 수 있도록 질문하는 형태이다. 예를 들면, "당신 아이들에 대해 얘기해 주십시오"와 같은 것이다. 폐쇄형 질문은 상대방이 대답할 수 있는 방법을 제한하는 질문으로 예를 들면, "예", "아니요"로만 대답할 수 있게 하는 질문이다. 폐쇄형 질문은 건강가정사가 특정한 구체적인 정보를 필요로 하거나 혹은 상대방이 너무 당황하고 혼란스러워서 방향과 초점을 유지하기 위해 특정한 구조가 필요한 경우에 적절하다.

건강가정사가 피해야 할 질문으로는 한꺼번에 쏟아붓는 듯한 질문, 유도하는 질문, "왜"라는 질문 등이 있다. 한꺼번에 여러 가지 질문을 하는 것은 상대방을 당황하게 하므로 바람직하지 못하다. 또한 특정한 방향의 응답을 하도록 유도하는 질문은 질문을 한 사람에게 반대하기보다는 거짓말을 하게 할 수 있다. "왜"라는 질문은 서비스대상자로 하여금 자신의 행동을 정당화하도록 요청하는 것이 되기도 하고 방어적 태도를 만드는 경향이 있다. 따라서 건강가정사는 이러한 질문을 피해야 할 것이다. 한편 건강가정사는 서비스대상자가 자신의 관심사나 상황 등을 좀 더 구체적으로 묘사하도록 돕기 위해서 초점을 좁혀 나가는 질문기술을 사용하기도 한다(이애재, 2006).

4. 갈등관리기술

1) 갈등의 정의

갈등이란 서로 양립할 수 없는 뒤엉킨 상태라는 의미를 나타내며 의견이 맞서 서로 대립·충돌하는 것을 말한다. 사람이 살아가는 과정에는 언제나 의견이 일치될 수 없고 오히려 맞서는 경우가 허다하므로 자연스럽게 갈등은 생활 속에 일상사로 자리매김하고 있다. S. Freud나 K. Lewin 같은 심리학자들은 개인과 집단의 차원에서 삶이란 두 개의 대립되는 세력 간의 투쟁과 타협의 과정이라는 전제하에 인간 내면의 심리 특성에 맞추어 갈등을 논하고 있다. 이에 비해 K. Marx나 R. Dahrendorf, L. A. Coser와 같은 사회학자들은 집단 간의 이해관계의 관점에서 갈등을 설명하고 있다. 갈등에 관한 전통적인 견해는 해소되거나 해결되어야 할 유익하지 못한 요인으로 생각해 왔지만, 최근에는 상호작용주의적 견해로서 갈등은 필수적이고 바람직한 요인으로 일정한 한계 내에서 고무 내지 조장시켜야 한다는 의견이 제기되고 있다. 따라서 갈등이 잘 관리된다면 문제해결을 위한 자극제가 될 가능성이 있으므로 갈등의 최소한의 수준은 유용하다고 본다(Rico, 1964, 최해진, 2004 재인용).

건강가정사는 조직의 일원으로 건강가정지원센터에서 일을 하면서 동료 간 또는 직장상사와의 사이에서 갈등을 경험하거나 서비스대상자나 그 가족에게 서비스를 제공하는 과정에서 갈등을 겪기도 한다. 건강가정사라는 직무의 특성상 끊임없는 다양한 인간관계가 요구되므로 갈등은 항상 내재되어 있다고 볼 수 있다.

2) 갈등의 원인

갈등의 원인은 개인 내 갈등인지, 집단 간 갈등인지, 아니면 조직 간의 갈등인지에 따라 그 원인이 다양하고 복잡하다. 갈등의 원인을 분류해 보면 다음과 같다.

① 갈등은 두 사람 사이나 집단 간의 관계 속에서 나타나며, 또한 직무 간의 상호관계에서 의존관계가 심화됨에 따라 갈등발생의 빈도가 증가하게 된다.

② 집단이나 조직에서 규정을 정하지 않아 행동하는 데 뚜렷한 방향이 없어서 혼란이 일어나면 구성원 간에 갈등이 증가한다.

③ 조직이나 집단에서 일을 할 때 사용할 수 있는 자원이 한정되어 욕구충족이 충분히 될 수 없게 되면 관련된 당사자들은 보다 많은 자원을 확

보하거나 세력을 확장하려는 과정에서 갈등이 일어나기도 한다.

④ 직무분화가 수직적인 경우 직위에 따라 하위부서로 권한이나 직무를 위임하는 성격이 강하므로 갈등의 요인은 줄어들지만 수평적인 직무분화의 경우 직무내용의 차이, 목표의 차이, 부문 간 관리방식의 차이 등으로 인해 갈등은 불가피하게 일어난다.

⑤ 조직이나 집단이 전체의 성과를 고려하지 않고 부서별 성과를 강조하여 평가를 하거나 그에 따른 보상을 주게 되면 부서 간에 갈등은 증가한다. 제도적으로 공정한 보상체계를 미리 만들어 구성원이 모두 인지하게 할 때 평가나 보상에 따른 갈등을 어느 정도 예방할 수 있다.

⑥ 개인 또는 집단이나 조직의 목표의 차이와 정보전달경로, 목표에 대한 지각의 차이, 실질적 지위와 지각된 지위의 차이인 지위 부조화는 갈등의 중요한 원인이 된다.

⑦ 구성원 간에 수없이 교환되는 의사소통과정에서 일어나는 정보의 왜곡이나 정보의 모호성, 정보량의 과소 또는 과다 현상, 사용하는 어휘나 의미의 난해함 등이 갈등을 일으키기도 하는데 이런 갈등을 커뮤니케이션 갈등이라고 한다.

⑧ 구성원들의 인적 요소, 예를 들면 성장배경, 가치관, 학력, 연령, 종교 등이 동질적이면 인식과 지각의 정도가 비슷하기 때문에 보다 협조적이고 순응적이 될 수 있지만, 이질적인 구성원들이 함께하게 될 때 응집력과 친밀도가 떨어지고 갈등의 원인이 될 수 있다.

⑨ 일을 처리할 때 공과 사를 구분하는 합리성보다 의리나 인정에 치우치는 경향 때문에 일을 그르치는 경우가 많다. 따라서 합리성이나 인정에 사로잡히느냐 하는 부분이 갈등의 또 다른 원인이 되고 있다.

3) 갈등의 관리

갈등관리에는 갈등을 해소하는 방법과 갈등을 조장하는 방법이 있다. 조직관리자들은 필요에 따라 갈등을 조장하여 갈등이 가진 순기능을 강화하고 조직의 능률을 증대시키기도 한다. 예를 들면, 조직이 무기력하고 침체되어 있거나 새로운 창의성과 아이디어 개발의 필요성이 있을 때, 조직의 응집력이 약화되어 있을 때 인위적으로 갈등을 조장하여 자극을 주는 방법이다. 그러나 여기서는 갈등을 해소하는 관리방법을 중심으로 살펴보고자 한다. 건강가정사의 업무 특성상 문제를 가진 서비스대상자와 그 가족의 문제를 해결해 주고 가족의 기능을 강화하는 것이 주 목적이므로 경쟁적으로 생산성을 높이는 것을 목적으로 하는 일반 조직체들과는 갈등관리의 관심이 다르기 때문이다.

① 분위기 조성

두려움 없이 허심탄회하게 정보를 서로 공유할 수 있는 분위기 조성과 커뮤니케이션 경로의 개방이 효과적인 갈등관리를 위해 절대적으로 중요하다. 동시에 상하 수직적 직위 간 또는 수평적 부서 간에 정보의 자유로운 흐름이 이루어져야 한다.

② 화해

분쟁을 끝내기 위해서 조정하고 합의하는 것을 말한다. 화해전략은 갈등당사자 모두가 가지는 불만을 해소해야 할 때, 업적달성보다는 인간관계를 중시할 때, 시간적 여유가 없을 때, 잠정적으로 갈등을 중지시키려 할 때, 그리고 사회적 신뢰를 구축하려 할 때 사용한다.

③ 협상

협상은 갈등을 해소하는 방법 중에서 가장 많이 사용하는 것으로서 자신이 선택한 결과를 얻거나 자신이 선택한 방향으로 움직이는 것이 아니며 상대방의 대응에 따라 결과가 달라진다. 협상은 요구가 아니라 대안을 제시하는 것으로 상대방을 이해시켜 내가 얻고자 하는 바를 정당하게 받아내는 일종의 예술이 되어야 한다.

④ 설명과 설득

오해에 의한 갈등뿐 아니라 대부분의 갈등은 진지한 설명과 설득에 의해 해결할 수 있다. 어떤 문제든지 충분하게 먼저 설명을 하고 그 연후에 상대방을 논리적이고 합리적으로 설득해야 한다. 이 방법은 갈등해결의 가장 좋은 방법으로 알려져 있다.

⑤ 회피와 철수

회피란 갈등을 일으킨 문제를 직접적으로 해결하지 않고 뒤로 미루거나 갈등해결을 연기하여 당사자 간의 감정을 진정시키거나 시간을 벌기 위한 일시적인 방법으로서 당사자들의 의견 차이를 적당히 얼버무리고 공동이익을 강조하면서 갈등을 완화시키는 방법이다. 한편 갈등을 희망이 없는 것으로 보거나 무익하다고 판단될 때에는 갈등으로 인한 긴장이나 좌절과 싸우기보다는 차라리 갈등상황으로부터 자신을 물러나게 하는 철수전략을 사용한다.

⑥ 타협

타협이란 서로가 얼마간씩 양보하여 갈등을 해결하는 전략으로서 절충이라고도 한다. 서로가 이해득실을 가리는 과정에서 아무 것도 가지지 않는 것보다는 반이라도 가지는 것이 낫다는 가정에 근거하여 일을 매듭짓는 것이다. 그러므로 타협은 갈등 당사자 모두에게 절반의 이익만 주는 방법으로서 당사자들의 힘이 대등할 때 가능하다.

⑦ 강제적 압력

강압은 상대방을 고려하지 않고 자신의 생각, 감정, 행동을 통하여 상대를 강제로 지배하는 전략이다. 강력하고 권위있는 상급자가 직접적이고 공식적인 권한을 행사하여 갈등당사자들에게 명령을 하여 갈등사안을 해결하도록 하는 것이다. 강압전략을 사용하는 사람들은 실패란 자신의 이미지를 손상시키는 것이고 지위를 축소하는 것이라 생각하여 어떤 희생을 치르더라도 승리를 획득하려 한다. 이 전략은 차후의 갈등여파에 부정적인 영향을 남길 수 있는 부정적인 방법이다.

⑧ 자원의 공평한 분배

주어진 자원이 공평하게 분배되지 않으면 갈등이 일어난다. 이때의 갈등은 파괴적 갈등으로서 심각한 후유증을 낳거나 경우에 따라서는 당사자의 관계가 단절된다. 그러므로 현재 자원을 소유하고 있으면서 우월한 지위에 있는 사람이 그 자원을 공평하게 분배하거나 공유할 때 갈등이 해결된다.

⑨ 공동의 적 설정

집단 내의 성원들 간에 갈등이 있을 경우 이를 해결하기 위해서 많이 활용하는 방법이다. 즉, 보다 상위의 목표를 제시하여 공동으로 수행해야 할 목표나 표적을 설정함으로써 성원들의 관심을 다른 데로 돌려 일체감을 갖게 하는 방법으로 보다 장기적이고 포괄적인 전략이다.

⑩ 경청

상대방의 말을 경청하는 것은 갈등을 완화시키거나 해결하기 위한 계기를 제공한다. 다른 사람에 대한 이해 없이 갈등을 완화할 수 없기 때문에 다른 사람을 이해하기 위한 경청은 갈등을 해결하는 지름길이다. 즉, 다른 사람이 말을 할 때 그가 처한 입장을 이해하려고 하면서 귀 기울여 듣고 그의 말이나 행동에 대해 노하지 말아야 갈등을 잠재울 수 있다(최해진, 2004).

5. 스트레스관리기술

1) 스트레스의 정의 및 원인

우리의 삶 가운데 스트레스는 너무나 보편적이고 일상적인 말이 되어버렸다. 이는 현대의 생활이 그만큼 스트레스의 영향을 많이 받고 스트레스 속에서 살고 있다는 것을 반영하는 것이다. 대부분의 사람들은 스트레스를 부정적인 것으로 생각하여 스트레스로 인해 정신적으로나 신체적으로 불편감(증상)이 생기거나 일상생활이나 대인관계에 문제가 생기는 것으로 여긴다. 그러나 인간은 어느 정도의 스트레스에 의하여 사회에 대한 적응력도 생기고 대인관계도 원만해질 수 있다. 적당한 스트레스는 새로운 자극을 주어 생활에 동기와 활력을 불어넣고 적절하게 극복하면 자신감과 창의력을 높일 수 있는 긍정적인 측면도 있다. 즉, 스트레스를 적절히 다루는 능력과 기술을 갖는 것이 매우 중요하다는 것이다. 건강가정사는 문제를 가진 가족을 대상으로 상담 등을 통하여 문제를 해결해 주는 것이 주된 임무 중의 하나이므로 대상자 가족이 가진 스트레스를 파악하고 관리할 수 있는 능력을 갖는 것이 필요하다. 또한 건강가정사 자신도 대인업무에서 오는 스트레스나 조직의 구성원으로서 스트레스 상황에 놓일 경우가 상존한다고 볼 수 있으므로 스트레스를 적절히 다룰 수 있어야 한다.

일반적으로 스트레스의 원인은 환경요인과 성격요인으로 나누어 볼 수 있다. 즉, 주변에 스트레스 상황이 많고 지속적으로 그런 환경에서 생활하다 보면 누구라도 스트레스가 유발될 수 있다. 그러나 주변에 자극요인이 많이 있더라도 그것을 받아들이고 대처하는 개인의 성격 차이에 따라 스트레스가 될 수도 있고 아닐 수도 있다(김지혁, 2004).

2) 직무스트레스

직무스트레스란 직무와 관련된 요인에 의해 경험하게 되는 스트레스를 의미한다. 직무스트레스는 업무상황 중에 불안, 갈등, 압박감을 느끼는 것으로 환경적 또는 내적 요구가 충족되지 않은 상태에서 일어나며 이에 따라 직원은 소진되고 직무만족이 저하되며 이직율도 증가하게 된다. 세계적으로 저성장이 가속화되고 있어 구조조정, 고용불안정 등이 생기는 외적요인과 업무수행 중에 나타나는 직무스트레스로 인해 육체적, 정신적 건강이 악화되고 있다(김혜경 · 김성수, 2019). 국제사회조사 프로그램의 연구결과에 따르면 우리나라는 직무만족이 69%로 나타나 OECD 국가의 평균인 81%보다 낮게 나온 반면, 직무 수행 중 느끼는 스트레스는 87%로 나타나 OECD 평균 78%보다 높다고 한다(이혜경 · 남춘연, 2015).

오늘날 우리 사회는 급속히 변화하고 있고 미래에 대한 불확실성이 증대되면서 직장인들은 과거 어느 때보다 복잡하고 다양한 업무를 수행해야 하고 이러한 변화에 적응하는 과정에서 스트레스를 받으며 이러한 스트레스는 조직 구성원 개인에게 우울, 불안, 긴장 및 걱정, 좌절 등 심리적, 정신적으로 부정적인 영향을 주고 있다. 통계청(2016) 자료에 의하면 한국의 직장인들은 직장에서 보내는 시간이 절대적으로 많을 뿐만 아니라 직장에 다니는 남자들의 73.9%, 여자들의 72.6%는 다른 영역보다 직장생활에서 가장 많은 스트레스를 느끼는 것으로 나타났다. 많은 사람들이 대부분의 시간을 직장에서 보내기 때문에 직장에서 받는 과도한 스트레스는 개인의 생활과 건강에 악영향을 미칠 수 있다. 따라서 직무스트레스를 관리하는 방안의 중요성이 부각되고 있으며 이와 관련하여 직장인을 대상으로 직무스트레스를 줄이고 직무만족을 높일 수 있도록 기업 내에서 상담 서비스에 대한 수요도 증가하고 있다(박숙영 · 박소연, 2018).

3) 탈진(Burnout)

탈진은 인간관계가 강조되는 직업에 종사하는 직장인에게 스트레스와 관련된 중요한 문제로 인식되어 왔다. 예를 들면, 교사, 간호사, 목사, 판매원, 정신건강 직종, 심리상담전문가, 사회복지사, 가정 또는 개인적인 보호직종, 관리자, 감독자 등에게 나타나는 특정적인 것이므로 일종의 직업병이라고 할 수 있다. 건강가정사의 경우도 인간관계를 중시한다는 점에서 위의 직업들과 마찬가지로 탈진을 경험할 수 있는 직업이다. 이러한 직업에서는 공급자와 수혜자 사이의 관계가 업무의 중심이 되고 일의 특성은 그것이 서비스건 치료건 교육이건 간에 매우 감정적일 수 있다. 임상심리학자인 Freudenberger(1975)에 의하면 탈진은 근본적으로 너무 열심히 돕는 사람과 너무 많이 대인서비스를 요구하는 고객 사이의 불행한 상호작용의 산물이라고 하면서 인간의 직업적 기능이 지친 상태라고 하였다.

Maslach와 Jackson(1981)은 탈진을 세 가지 심리적 차원에서 설명하고 있다.

첫째, 사람들이 너무 지쳐서 일에 열정적으로 몰두할 수 없는 것이고,

둘째, 개인이 자신의 목표를 달성할 수 없다고 느끼는 것으로서 개인의 노력이 만족스러운 결과를 낳지 못함으로써 자신의 일을 무의미하게 보는 것이다.

셋째, 서비스제공자가 서비스대상자를 가치있는 한 사람으로 보지 않고 거쳐가는 과정이나 귀찮은 존재로 보는 것이다. 즉, 고객을 무관심하거나 냉담하게 대하는 것을 말한다.

탈진에 관한 초기의 해석들은 주로 직업적 환상의 붕괴에 초점이 맞추어져 있다. Cherniss(1990)는 대인서비스와 관련되는 전문직의 신비성을 다음과 같이 제시하고 있다.

① 변함없이 흥미롭다.

② 잘 준비되어 있는 능력이다.

③ 감정이입의 심성이 있는 다정다감한 사람들이 하는 일이다.

④ 유연하고 자율적이다.

⑤ 동료애를 느끼게 하는 직업이다.

⑥ 만족감과 감사하는 마음으로 하는 일이다.

이러한 신비성 가정이 일부 서비스제공자에게는 진실이지만 일부에게는 허상으로 지각되고 있다는 것이다.

위에 열거한 인간관계가 강조되는 직업에 종사하는 사람들은 처음 직업세계에 진출할 때 자신들이 하는 일에 대하여 비현실적인 기대를 갖게 되지만 점차 서비스제공자들의 가치와 인간을 상대하는 조직의 구조와 기능 수행의 한계 사이에서 실망을 하게 된다. 이에 대해 Farber(1991)는 탈진을 노력(투입)과 대가(산출) 사이의 현저한 불일치에 대한 개인의 인식으로부터 일어나는 증후군으로 이러한 인식은 개인, 조직, 그리고 사회적 요인들에 의하여 영향을 받는다고 하였다. 탈진은, 특히 불안해 하거나 요구가 많은 고객을 일대일로 상대하는 사람들에게서 가장 자주 일어난다는 것이다. 건강가정사가 상대해야 하는 서비스대상자들 중에는 다양한 가정문제를 가지고 오는 사람들이 많이 있으며 그들의 요구나 기대수준도 다양하기 때문에 탈진이 될 수 있음

에 유의해야 할 것이다.

보통 탈진을 부정적 스트레스인 디스트레스의 최종 산물로 보고 있으며, 따라서 긴장과 탈진을 감소시키기 위해서 스트레스 감소전략을 제시한다. 아직 탈진에 대해서 임상적인 해결책이 제시되고 있지 않지만 많은 연구자들이 탈진을 과중한 업무, 역할갈등, 역할모호성 등이 혼합되어 야기되는 상승된 스트레스의 산물로 보고 있으며 스트레스의 관리방법을 탈진의 감소방법으로 사용한다(김정휘 외, 2006).

4) 스트레스 대처 및 관리

스트레스 대처 및 관리는 스트레스에 대한 다양한 정의와 원인론에 근거해서 여러 가지 방안이 제시되고 접근이 이루어지고 있다. 만일 스트레스가 환경자극 때문에 발생된다면 대처 및 관리는 이런 자극들을 수정하거나 도피하거나 무시, 대결하는 방향으로 접근하게 되고 지각반응에 의해서 발생된다면 개인의 사고방식을 바꾸는 방향으로 접근하게 된다.

Moos와 Billings(1982)는 스트레스 대처 및 관리 방안을 다음과 같이 제안하고 있다.

첫째, 평가중심적 대처

스트레스 상황에 대한 의미를 규명하거나 논리적인 분석, 인지적으로 재정의하는 것 등을 말한다. 구체적으로 설명하면, 스트레스를 주는 전체 상황을 잊으려고 애쓰거나 실제 존재하는 문제를 믿지 않거나 문제에 대해 현실적으로 생각하는 대신에 바라는 대로 상상을 함으로써 스트레스로 인한 공포나 염려를 부정하는 전략을 말한다.

둘째, 문제중심적 대처

문제에 대한 명확한 결과들을 다루거나, 적극적으로 자아를 변화시키거나, 보다 만족스러운 상황을 만들거나 스트레스의 근원을 수정 또는 제거하는 관리방법이다. 문제중심적 대처에는 문제상황에 대하여 더 많은 정보를 찾아보거나 충고를 듣기, 권위자로부터 방향이나 지침을 얻기, 배우자나 친척, 친구와 문제에 대해 얘기를 나누기, 특별한 도움을 제공할 수 있는 사람을 찾아보기, 대안적인 계획을 세우기, 상황을 직접 처리할 어떤 행동을 취하기, 자신의 행동을 변화시키기, 만족을 얻을 수 있는 다른 원천을 찾기 등이 있다.

셋째, 정서중심적 대처

스트레스로 인한 정서상태를 다스림으로써 정서적 평형을 유지하는 스트레스 관리방법이다. 정서중심적 대처는 충격을 의식적으로 늦게 받아들이기, 갈등에 의해 괴로움을 느끼지 않도록 노력하기, 자부심 갖기, 문제가 해결되도록 시간을 갖고 기다리기, 최악의 상태를 예상해 보기, 운명에 돌리기, 웃거나 담배를 피우거나 많이 먹기, 충동적 행동에 몰입하기 등과 같이 문제로 인해 야기되는 감정을 조절하는 것이다.

일반적으로 사람들은 스트레스에 대처하기 위해서 나름대로의 방법을 사용하고 있다. 이렇게 스트레스에 대처하거나 관리하는 방법 중에는 비효과적인 방법이 있는가 하면 보다 효과적인 방법들도 있다. 사람들이 습관적으로 사용하고 있어 자신도 모르게 굳어져 버린 대처방안들을 살펴보면 다음과 같다.

(1) 비효과적인 스트레스 대처방안

① 스트레스 상황으로부터 도피한다.

스트레스에 처해 있는 직장인들이 선택하는 한 가지 방법은 장기결근이다. 장기간의 결근은 직장으로부터 피할 수 있는 기회를 제공해 주므로 과다한 긴장의 고통에서 일시적으로 회피하는 방법이 될 수 있지만 문제가 재발되었을 때 또다시 회피할 수 없기 때문에 효과적인 방안이 되지 못한다.

② 스트레스 존재를 부정한다.

어떤 사람들은 스트레스로 인해 고통받고 있다는 것은 그 상황에 잘 대처하지 못하는 무능한 것으로 생각하기 때문에 자신이 스트레스받는 것을 인정하지 않으려 한다. 흔히 야심형 성격의 소유자들이 이런 방식으로 스트레스를 다루려 한다. 이들은 과다한 스트레스의 결과로 자신의 업무 수행력이 떨어질 때 이를 보상하기 위하여 보다 심하게 일한다. 이는 문제를 더욱 악화시키게 되고 스트레스 관련질병의 발병률을 높이는 결과를 가져온다.

③ 자신의 문제를 남의 문제로 본다(투사).

투사란 자신의 문제를 남의 문제로 돌리는 것을 말하며 이런 심리기제를 사용하는 사람은 다른 사람의 고통은 인지하지만 자신의 상황은 개선시켜 주지 못한다.

④ 기계적인 일을 하는 데 강박적이 된다.

자신의 업무 가운데 어떤 일이 스트레스가 되면 이를 회피하기 위해 극히 중요하지 않거나 기계적인 일, 단순한 일에 몰두하게 된다.

⑤ 보다 일을 많이 한다.

스트레스가 엄습하면 보다 더 열심히 일을 해야 한다는 충동에 사로잡힐 수 있다. 이는 스트레스와 싸우겠다는 시도이지만 결과적으로는 지치고 에너지가 고갈되고 만다.

⑥ 과민한 정서상태가 된다.

스트레스에 대한 반응으로 신경질을 내거나 지나치게 걱정을 하거나 감정폭발을 해서 상대방을 공격하거나 짜증을 내는 것이다. 이런 감정상태에 직면하였을 때에는 자신의 스트레스 수준을 낮출 수 있는 방법을 채택해야 한다.

⑦ 약물이나 알코올에 의존한다.

골치 아픈 문제로부터 도피하기 위해 신경안정제를 쓰거나 술을 마시거나 담배를 피우는데 이런 방법은 일시적으로는 도움이 될지 모르지만 근본 문제는 그대로 남아 있으며 건강만 해치는 결과를 가져오는 부정적인 방법이다.

(2) 효과적인 스트레스 관리방법

① 정서적 긴장감의 표출

자신의 감정을 잘 표현하지 못하면 불안해지고 의욕도 없어지며 고통스러워진다. 감정은 참는다고 해서 사라지지 않으며 억눌러둔 감정이 의식의 내면으로 들어가 정신건강을 해치게 된다. 따라서 숨겨진 감정을 억압하지 말고 표현하는 것은 스트레스가 쌓이지 않게 하는 긍정적인 관리방법이다.

② 정서적 거리의 유지

정서적인 장면에서 정서적으로 반응하여 또 다른 정서적 문제를 악화시키기보다는 그 상황을 초월하여 객관적으로 행동할 수 있게 하는 방안이다. 이 방법은, 특히 정서적인 사람과 관계할 때 도움이 되는데, 만약 일정한 정서적 거리를 유지하면 상대방의 정서적 압력으로부터 자신을 지켜낼 수 있다.

③ 정서적 지지 수용

가정과 직장에서 자신을 지지해 주는 조직을 형성함으로써 스트레스를 이길 수 있는 방법이다. 정서적 지지는 자신을 인정해 주고 좋은 면을 부각시키려고 하는 선의의 사람들로부터 나오는 것이다. 집단상담 프로그램에 참여하는 것은 정서적 지지를 얻을 수 있는 좋은 기회가 된다.

④ 정서통제

이 방법은 감정을 통제하는 데 도움을 주는 방안으로서 생각이 감정에 앞선다는 가정을 전제한다. 자신의 생각을 바꿈으로써 괴로움과 같은 감정이 일어나는 것을 예방할 수 있다. 이 방법은, 특히 스트레스 상황에서 감정적으로 반응하는 사람에게 도움이 된다.

⑤ 효과적인 음식, 운동 및 휴식 계획

당면하고 있는 요구에 응할 수 있도록 활기찬 에너지를 공급해 줌으로써 스트레스를 극복하게 해주는 방안이다. 이 방법은, 특히 바쁘게 사는 사람이나 과거 신체적 건강에 별 관심을 갖지 못했던 사람에게 효과적이다.

⑥ 이완법

긴장이나 스트레스 수준을 낮춤으로써 스트레스를 극복하는 방법이다. 쉽게 긴장하고 불안해하는 사람에게 효과적이며 스트레스가 심한 삶을 사는 사람에게도 적절하다. 하루의 삶 속에서 잠깐잠깐 이완하는 시간을 가짐으로써 긴장으로부터 회복하여 균형을 유지하는 데 도움이 되는 방법이다.

⑦ 긍정적 태도의 유지

삶에 대해 부정적 태도를 취하는 사람들은 그렇게 하는 것이 살아가는 데 더 안전할 거라 생각하기 때문이다. 부정적 자세를 취하면 실망이나 좌절이 적을 수 있다. 경쟁에서 실패해도 덜 실망하게 되고 낮은 지위를 차지해도 덜 불만스럽게 생각한다. 그러나 이런 식의 부정적 입장은 마음속으로는 심한 불만을 갖게 된다. 처음에는 방어기제로 시작한 이런 자세가 스트레스의 온상이 되는 삶의 스타일이 되어 버릴 수도 있다. 따라서 긍정적인 태도를 갖도록 하는 것이 중요하다. 자신에게 긍정적 메시지를 주고 다른 사람에 대해서도 긍정적으로 인지하는 습관을 기른다.

⑧ 현실적 기대감

자기 자신과 자신의 직업, 그리고 주변 사람들에 대하여 현실적인 기대감을 가질 필요가 있다. 현실적 기대감을 갖는 것은 스트레스가 욕망, 기대감 그리고 현실 간에 불균형을 이룰 때 특히 유용하다. 이들 사이의 불균형이 클수록 스트레스의 수준은 증가한다. 적절한 정도의 불균형은 그 공백을 감소시키기 위해 동기유발을 가져오지만 공백이 너무 크면 좌절감과 분노, 궁핍감을 가져오기 때문이다.

⑨ 자기관리

성공적으로 자기관리를 하는 사람은 일하는 시간과 여가시간을 잘 구분하여 일할 때와 쉴 때가 분명하게 구분된다. 이들은 삶을 균형있게 살아가며 시간을 매우 값진 것으로 본다. 효율적인 자기관리의 규칙으로는 목표를 분명히 하고, 구체적인 실행계획을 세우되 우선순위를 정하며, 가장 효율적으로 일을 할 수 있는 시간을 활용하는 것 등이 있다. 이 방안은 보다 질서있고 통제적인 삶을 영위하는 데 도움이 된다(장현갑 · 강성군, 1998).

제8장 건강가정사업과 프로그램

윤경자

1. 건강가정사업의 이론적 배경

1) 건강가정사업의 개념과 목적

21세기에 진입한 한국 사회의 특징은 급격한 가족해체의 증가, 세계적으로 최하위권인 저출산 및 빠른 고령화 현상 등 가족문제의 사회화를 들 수 있다. 개별가족이 가족문제를 전적으로 감당하기에는 사회구조적인 문제와 관련된 것이 많으며 정책적으로 뒷받침되지 않으면 가족문제를 해결하는 것이 어렵게 됨에 따라 2004년 2월 건강가정기본법이 제정되었고, 2005년 1월부터 동법 시행과 함께 건강가정지원센터가 전국적으로 설립되어 건강가정사업을 실시할 수 있는 기초를 제공하였다.

건강가정사업은 건강한 가족을 형성·유지하는 데 도움이 되는 사업들을 총칭하는 것으로 건강가정기본법에서는 건강가정을 저해하는 문제의 발생을 예방하고 해결하기 위한 여러 가지 조치와 가족의 부양·양육·보호·교육 등의 가정기능을 강화하기 위한 사업이라고 정의하고 있다(건강가정기본법 제21~33조). 이를 좀 더 구체적으로 살펴보면 건강가정사업은 포괄적으로 가족문제의 사전 예방에서 해결까지 건강한 가족을 위한 가족정책의 수립 및 실시, 정보제공 및 조언, 가족을 위한 지지, 교육, 문화 프로그램 및 상담, 프로그램 개발과 수행, 연구 및 평가 등 다양한 수준에서의 개입과 조치들을 포함하는 사업을 의미한다. 따라서 건강가정사업은 가족문제의 예방뿐만 아니라 해결에 초점을 두고 가족구성원들의 강점을 개발하는 것에 주안점을 두고 있는 가족생활교육의 각 영역에서의 사업들(Arcus, Schvaneveldt, & Moss, 1993)을 포함하는 더 넓은 영역이라고 볼 수 있으며 건강가정의 구현에 궁극적인 목적을 두고 있다.

한국건강가정진흥원의 전신인 중앙건강가정지원센터(2008)에서는 건강가정사업의 목적을 여섯 가지로 분류하였는데 다음과 같다.

- 가족기능의 강화와 가족문제의 예방
- 가족문제의 감소와 위기치료
- 가족의 잠재력과 자립능력 개발
- 가족공동체 문화 조성
- 다양한 형태 가족의 욕구충족
- 지역사회와의 연계

현재 건강가정사업을 수행하는 지역 건강가정지원센터에서는 건강가정사업의 목적을 실현하기 위하여 센터마다 건강가정사업을 크게 다섯 가지로 분류하여 교육중심의 가족기능 강화 및 문제예방사업, 상담중심의 가족문제해결사업, 문화사업 중심의 가족친화문화 조성사업, 아이돌보미 및 가족돌봄사업, 그리고 지원사업 등으로 가족사업을 분류하고 있으며 각 사업단위에서 다양한 사업들을 시행하고 있다.

건강가정사업의 개념과 목적에 대해서는 일반적인 합의가 이루어졌더라도 건강가정사업에서 지향하는 건강가정에 대해서는 논란이 존재한다. 건강가정기본법 제3조 제3호에서는 건강가정을 "가족구성원의 욕구가 충족되고 인간다운 삶이 보장되는 가정"이라고 정의한다. 윤경자(2008)는 이 개념에 관한 논란을 정리하였는데, 각각의 주장은 객관적 관점뿐만 아니라 주관적 관점도 포함한다. 먼저 건강가정이라는 용어와 개념에 비판적인 입장을 보면, 건강가정은 논리적으로 건강하지 않은 가정이 있다는 것을 가정하기 때문에 가치중립적이 아니며, 형태적으로도 부부와 아동으로 구성된 전형적 핵가족 가구를 의미하므로 다른 형태의 가족은 건강가정에서 배제된다는 주장(윤홍식, 2007 : 203)이다. 반면에 건강가정의 기능을 중시하는 주장을 보면, 건강가정이란 가족의 형태보다는 기능을 중시하므로 기능적으로 건강가정의 특징을 지니고 있다면 어떤 형태의 가족도 건강가정이 될 수 있다는 관점이다(송혜림 · 성미애 · 진미정 · 이승미, 2007). 건강가정기본법의 입법취지와 내용을 숙고해 보면 후자의 주장에 부합된다고 할 것이다.

2) 건강가정사업의 특성과 근거

건강가정사업은 건강가정지원센터에서 가족의 기능을 강화하고 건강한 가정을 구현하기 위하여 실시되는 다양한 사업들을 말한다. 건강가정기본법과 선행연구에서 나타난 특성을 요약하면 다음과 같으며(박정윤, 2008; 윤경자, 2008; 장혜경 · 김혜경 · 이진숙 · 김현주 · 장화경, 2002; 조희금 · 박미석, 2004; 조희금 외, 2005), 중앙건강가정지원센터의 건강가정사업의 방향은 <표 8－1>에 제시되어 있다. 이러한 특성들은 우리나라 가족정책의 방향이 근본적으로 변화되었음을 보여주고 있다.

(1) 가정에 대한 사전적, 예방적 지원의 필요

건강가정사업은 요보호대상의 범위를 넘어서 모든 가족을 주요 대상으로 하는 통합적이고도 보편적인 사업이다. 건강가정사업의 기조는 기존의 위기상황의 요보호대상자를 중심으로 하는 문제중심적 관점에서 벗어나서 보편적인 가족을 대상으로 문제예방적 관점으로 확대 · 전환되었다. 중대한 문제가 발생하지 않았을 때 미리 가족기능을 강화하여 미래에 발생할 수 있는 가족문제를 미연에 예방하고자 하며 국민의 절대 다수를 차지하는 일반가정의 건강성을 높이는 것이 그 주요 특성이다.

(2) 가족단위의 통합적 서비스 제공

건강가정사업은 개인의 행복과 건강한 사회의 기초가 되는 가족단위의 통합적인 서비스를 제공한다. 한 가족 내 특정인을 대상으로 하기보다는 가족 전체와 2인 이상의 가족이 참여할 수 있는 사업을 개발하는 데 중점을 두고 있으며, 가족들이 사업에 참여함으로써 가족관계 향상과 가족기능의 강화를 추구하도록 한다. 건강가정기본법에서는 건강가정을 가족의 모든 욕구가 충족되고 인간다운 삶이 보장되는 가정으로 정의(제3조)하고 있다. 나아가 모든 국민은 가정의 구성원으로서 인간다운 삶을 유지할 수 있는 가정생활을 영위할 권리를 가지고 있다(제4조)고 본다. 건강가정사업은 생애주기에 걸친 프로그램들을 포함하고 있어서 영·유아에서 노인에 이르는 모든 가족구성원들을 대상으로 한다. 건강가정기본법(제15조)에서 가정의 건강성 증진을 위한 내용을 살펴보면 다음과 같다.

- 가족기능 강화 및 가정의 잠재력 개발을 통한 가정의 자립증진 대책
- 가족공동체 문화 조성을 통한 사회통합과 문화계승
- 다양한 가족의 욕구충족을 통한 건강가정 구현
- 민주적인 가족관계와 양성평등적인 역할분담
- 가정친화적인 사회환경의 조성
- 가족의 양육, 부양 등의 부담 완화와 가족해체 예방을 통한 사회비용 절감
- 위기가족에 대한 긴급지원책
- 가족의 건강증진을 통한 건강사회 구현 등

이외에도 법 제22조에서 제33조에 걸쳐 가족의 건강성을 강화시키는 내용들이 제시되어 있다.

- 자녀양육 지원의 강화(제22조)
- 가족단위 복지증진(제23조)
- 가족의 건강증진(제24조)
- 가족부양의 지원(제25조)

- 민주적이고 양성평등한 가족관계 증진(제26조)
- 가족단위의 서민적 역할 증진(제27조)
- 가정생활문화의 발전 지원(제28조)
- 건전한 가정의례 확립(제29조)
- 가정봉사원제도(제30조)
- 이혼예방 및 이혼가정지원(제31조)
- 건강가정교육(제32조)
- 자원봉사활동(제33조)

(3) 양성평등한 가족가치 실현 및 가사노동의 정당한 가치평가

건강가정사업은 가족들이 프로그램 참여를 통해서 양성평등한 가족가치 실현 및 가사노동에 대한 정당한 가치평가를 거두도록 지원함으로써 양성평등과 민주적인 가족관계를 지향하는 효과를 거두고자 하며 가족 내 돌봄노동의 완화를 가져오는 프로그램들을 포함하고 있다. 양성평등한 가족가치와 관련하여 건강가정기본법에는 다음 사항들이 제시되어 있다.

- 국가 및 지방자치단체는 민주적인 가정형성, 가정친화적 환경조성, 양성평등한 가족가치 실현 및 가사노동의 정당한 가치평가를 위하여 노력해야 함(제5조 제3항)
- 가족구성원은 부양, 자녀양육, 가사노동 등 가정생활 운영에 함께 참여하여야 하고, 서로 존중하며 신뢰하여야 함(제7조)
- 민주적인 가족관계와 양성평등적인 역할분담(제15조 제2항 제4호)
- 가사노동 가치에 대한 사회적 인식을 제고하고 이를 관련 법·제도 및 가족정책에 반영하는 방안 강구(제22조)
- 국가 및 지방자치단체는 부부 및 세대 간에 가족갈등이 있는 경우 이를 예방·상담하고, 민주적이고 양성평등한 가족관계를 증진시킬 수 있도록 가족지원서비스를 확대하며, 다양한 가족생활교육·부모교육·가족상담·평등가족홍보 등을 추진해야 함(제26조 제1항)

(4) 서비스 욕구 및 수요파악을 위한 제도적 뒷받침

건강가정사업은 이제까지 우리나라 정책적 기조였던 사후치료방식 대신 문제예방 측면에 초점을 둘 뿐 아니라 이를 뒷받침해 줄 서비스의 욕구와 수요를 파악하기 위하여 제도적으로 5년마다 가족실태조사를 실시하고 그 결과를 발표하도록 되어 있다(제20조). 인구조사를 제외하고는 가족에 대한 전국적인 기초 자료조차 부족한 현실에서 가족실태에 관한 통합적인 전국 자료는 가족의 참모습을 알려주는 기초 자료로서 활용도가 매우 높을 것으로 생각된다. 예를 들어, 빈곤가정의 아동을 지원하기 위해 여태까지는 아동에게 급식을 제공하거나 수업료 감면 등의 혜택이 주어졌다면, 건강가정기본법에서의 기본 취지를 살리면 아동문제의 예방을 위해 부모에게 일자리를 찾게 도와주거나 자녀교육강좌와 공동공부방 운영 등 아동과 가족을 함께 고려하는 정책을 실시하는 쪽으로의 방향전환을 의미한다.

또한 제도적으로 건강가정기본계획을 5년마다 수립하게 되어 있는데(제15조), 기본계획에는 가족기능의 강화 및 가정의 잠재력 개발을 통한 가정의 자립정신을 증진시키기 위한 대책을 수립하고 사회통합과 문화계승을 위한 가족공동체 문화를 조성, 다양한 가족의 욕구충족을 통해 건강가정을 구현, 민주적인 가족관계와 양성평등적인 역할분담, 가정친화적인 사회환경을 조성, 가족의 양육·부양 등의 부담완화, 가족해체 예방을 통해 사회비용을 절감, 위기가정에 대한 긴급지원책 마련, 가족의 건강증진을 통한 건강사회를 구현, 그리고 가족지원정책의 추진과 관련한 재정조달 방안을 마련하도록 되어 있다(제15조 제2항 1~9호). 2005년에 정부 관계부처 합동으로 수립된 기본 계획에는 다음 네 가지 가족정책의 방향을 제시한다(관계부처 합동, 2006).

- 가족에 대한 사회적 책임 강화
- 양성평등한 사회환경 조성
- 민주적 관계와 가족의 다양성 존중
- 통합적 접근을 통한 정책 조정 및 가족지원체계 강화

〈표 8-1〉 중앙건강가정지원센터의 건강가정사업 방향

주 제	내 용
보편성	요보호가족 중심 지원 → 모든 가족에 대한 지원
평등성	권위적 가족관계 → 평등하고 민주적인 가족관계 향상
사회성	개별 가족의 부담 → 가족에 대한 사회적 책임성 강화
통합성	단편적·개별적 정책 → 통합적 기획·조정 기능 강화
포괄성	예방, 돌봄 및 치료의 포괄적 서비스 제공
전문성	건강가정사업은 전문가 및 전문기관에서 수행
예 방	교육 및 문화운동을 통한 가족문제의 예방기능 수행
연 계	센터 상호 간 또는 센터 및 관련기관과의 합리적인 수평적·수직적 연계관계 수립
조 정	지역사회 서비스 네트워크의 조정 역할, 사례관리자의 역할 구성

출처 : 중앙건강가정지원센터(2008). 건강가정지원센터 운영가이드북.

건강가정사업에 대한 근거를 보면, 건강가정기본법 제3장 제21~33조에 가정이 원활한 기능을 수행하도록 국가와 지방자치단체가 다양한 지원을 제공하도록 법적 및 제도적으로 명시되어 있다. 구체적으로 살펴보면, ① 가정에 대한 지원, ② 자녀양육지원의 강화, ③ 가족단위의 복지증진, ④ 가족의 건강증진, ⑤ 가족부양의 지원, ⑥ 민주적이고 양성평등한 가족관계의 증진, ⑦ 가족단위의 시민적 역할증진, ⑧ 가정생활문화의 발전, ⑨ 가정의례, ⑩ 가정봉사원, ⑪ 이혼예방 및 이혼가정지원, ⑫ 건강가정교육, ⑬ 자원봉사활동의 지원을 포함하고 있다. 이러한 지원들은 그 종류가 광범위하고 다양하여 각 호로부터 다채로운 사업과 프로그램이 파생되는 것이 가능할 것이며 구체적으로 건강가정지원센터의 사업들에 반영되어서 실시되고 있는 주요 지원사항들을 중심으로 살펴보면 다음과 같다.

- **가정에 대한 지원** 가족구성원의 정신적·신체적 건강지원, 소득보장 등 경제생활의 안정, 안정된 주거생활, 태아검진 및 출산·양육의 지원, 직장과 가정의 양립, 음란물·유흥가·폭력 등 위해환경으로부터의 보호, 가정폭력으로부터의 보호, 가정친화적 사회분위기의 조성 및 그 밖에 건강한 가정의 기능을 강화·지원할 수 있는 관련사항을 포함한다. 실

질적으로 건강가정사업의 모든 프로그램들이 이에 해당한다고 볼 수 있으며 교육, 상담, 문화 프로그램으로 다양하게 진행되고 있다. 이 외에도 국가와 지방자치단체는 취업여성의 임신·출산·수유와 관련된 모성보호 및 부성보호를 위한 유급 휴가시책이 확산되도록 노력해야 하며 사회적 보호를 필요로 하는 가정을 적극적으로 지원해야 한다고 명시되어 있다.

- **자녀양육지원의 강화** 주요 사항을 보면 자녀양육가정에 대한 부담을 덜어주고 보육 및 방과후 서비스, 양성평등한 육아휴직제 확대, 가사노동의 가치에 대한 사회적 인식 제고와 이를 관련법, 제도 및 정책에 반영하는 것을 포함하고 있다. 이 조항들을 근거로 하여 현재 각 건강가정지원센터에서는 아이돌보미사업을 실시하고 있는데, 부모가 자녀를 돌보지 못할 긴급한 상황이 발생하거나 시설 이용시간 외 및 방과후 시간 등 보육서비스가 필요할 때 아이돌보미를 파견하는 사업이다. 경제수준에 따라 요금혜택이 있고 기존의 타 서비스와 비교하여 저렴하면서도 수준 높은 아이돌보미들이 파견되므로 각 센터에서 수요에 비하여 공급이 충분히 이루어지지 못하는 상황이다. 이 외에도 공동육아망품앗이 네트워크 사업, 방과후 서비스 등 다양한 사업들이 이루어지고 있다.

- **가족단위의 복지증진** 이 조항은 국가 및 지방자치단체에서 사회보험이나 공공부조 등 사회보장제도의 운영과 각 분야의 제도 및 사업을 수립·추진함과 관련하여 가족을 지지하는 시책을 개발하고 가족을 우대하는 방안을 강구하는 것으로 지역 건강가정지원센터에서 시행하기에는 제도적으로 어려움이 뒤따르는 조항이다. 그럼에도 불구하고 가족을 단위로 하는 복지증진의 가치는 각 지역센터에서 가족단위의 프로그램을 기획하고 실시함으로써 다양하게 구현되고 있다. 이것은 건강가정지원센터와 유사한 서비스를 제공하는 타 기관을 서로 차별화시키는 특징으로서 건강가정사업의 특성이기도 하다.

■ 가족의 건강증진　이 조항은 국가 및 지방자치단체가 생애주기에 따르는 가족구성원의 종합적인 건강증진대책을 마련하는 것을 말하는데, 현재 각 지역센터에서는 심리적이고 정신적인 건강증진과 관련된 사업들을 다양하게 실시하고 있으며, 신체적 건강증진사업은 적극적으로 추진되지 않고 있다. 후자의 경우 현재의 여건에서는 인력, 예산, 규모 면에서 시행하기 어려운 점이 있으며 지역센터에서는 타 전문기관과 연계하여 이 사업을 추진할 수 있을 것이다. 향후 지역센터의 여건이 향상되면 건강가정사업을 총괄적으로 관리하는 종합기관으로서 타 전문기관과의 연계를 통해 추진할 여지가 있다고 할 것이다.

■ 민주적이고 양성평등한 가족관계의 증진과 건강가정교육　이 조항은 국가 및 지방자치단체는 부부 및 세대 간에 가족갈등이 있는 경우 이를 예방·상담하고, 민주적이고 양성평등한 가족관계를 증진시킬 수 있도록 가족지원 서비스를 확대하며, 다양한 가족생활교육, 부모교육, 가족상담, 평등가족홍보 등을 추진(동법 제26조 제1항)하여야 하는 것과 가정폭력이 있는 가정의 경우 가정폭력피해자와 피해자 가족에 대한 개입에 있어 전문가의 체계적인 개입과 서비스가 이루어지도록 노력(동법 제26조 제2항)하여야 하는 것을 말한다. 또한 국가 및 지방자치단체는 결혼준비교육, 부모교육, 가족윤리교육, 가족가치실현 및 가정생활 관련교육 등을 실시(동법 제32조 제1항)하여야 하는 것도 포함한다.

이는 건강가정사업에서 생애주기에 걸친 교육 프로그램으로 다양하게 반영되고 있으며 가족상담을 통해 가족갈등이 해소될 수 있도록 상담이 센터의 주요 사업으로 자리매김하고 있다. 다양한 집단상담 프로그램들을 통해 가족구성원들이 함께 참여하는 것이 가능하며 집단상담의 경우 센터에서 상담실시 후 자조모임이 형성될 수 있도록 지원하여 자발적인 자조모임을 지원하는 것도 가능할 것이다. 이런 자조모임이 형성되면 센터활동과 프로그램에 대한 참여도도 높아져 센터운영에 도움이 된다. 가정폭력은 지역센터에서 자체적으로나 타 전문기관과의 연계를 통해 체계적인 개입과 서비스가 이루어지도록 할 수 있을 것이다.

■ **가족단위의 시민적 역할증진과 자원봉사활동의 지원** 이 조항은 국가 및 지방자치단체는 가족의 결속력과 가족구성원의 발전을 위하여 가족이 시민으로서의 역할을 증진할 수 있는 기회와 서비스를 제공(동법 제27조 제1항)하여야 하며, 가족단위의 자원봉사 참여가 확대되고 자원봉사활동을 육성하고 장려(동법 제27조 제2항 및 제33조)하여야 한다는 것을 말한다. 이것은 건강가정지원센터의 사업 중에서 가족봉사단활동으로 대표적으로 나타나고 있다. 가족봉사단활동은 건강가정지원센터의 주요한 활동 중 하나이며 문화사업과 연계되어 가장 활발하게 실시되고 있다. 그러나 문화사업뿐만 아니라 교육 및 상담 프로그램의 진행과 보조 등 가족의 자원과 전문성에 따라 가족단위의 자원봉사활동이 이루어질 수 있을 것이다. 가족자원봉사는 부모가 참여할 때 자녀들도 같이 참여하고(Bekkers, 2007), 독신보다는 기혼자들이 더 열심히 참여하며, 자원봉사활동으로 인해 배우자 간에 더 많은 영향을 주며 여성이 남성보다 배우자에게 더 강력한 영향을 주는 것으로 나타나고 있다(Rotolo & Wilson, 2006). 가족봉사단활동이 성공적으로 운영될 때는 가족들 간에 강한 유대감, 보람 및 성취감 등을 느끼게 하므로 가족 결속력을 강화시킬 뿐 아니라 가족구성원의 발전도 동시에 추구할 수 있을 것이다.

■ **가정생활문화의 발전과 가정의례** 이 조항은 국가 및 지방자치단체는 건강가정의 생활문화를 고취하고 건전한 가정의례를 확립하도록 노력할 뿐 아니라 그에 대한 지원대책을 수립(동법 제28~29조)해야 하는 것을 말한다. 여기서의 건강가정의 생활문화는 가족여가문화, 양성평등한 가족문화, 가족단위 자원봉사활동, 건강한 의식주 생활문화, 합리적인 소비문화, 지역사회 공동체문화 등을 일컫는다. 건강가정지원센터 사업 중에서도 문화사업에서 건강가정의 생활문화에 관련된 프로그램들이 다양한 형태로 실시되고 있다.

■ 이혼예방 및 이혼가정지원 이 조항은 국가 및 지방자치단체는 이혼하고자 하는 부부가 이혼 전 상담을 받을 수 있게 하는 등 이혼조정을 내실화할 수 있도록 필요한 조치를 강구하여야 하며, 이들이 자녀양육·재산·정서 등의 제반문제를 준비할 수 있도록 도움을 주는 지원 서비스를 제공(동법 제31조 제1~2항)하도록 하는 것을 말한다. 이것은 건강가정지원센터의 가족문제해결을 위한 상담사업에서 가족상담과 집단상담의 형태로 주로 제공되고 있으며, 가족문제 예방과 가족기능 강화를 위한 교육사업에서도 반영되고 있다.

참고 8-1] 아이 돌보기 서비스 확대 실시

이승우 기자 leslie@yna.co.kr

정부인력을 가정에 파견해 영·유아와 어린이들을 돌봐주는 '아이돌보미 서비스'가 이 달부터 확대·실시된다. 보건복지가족부는 상반기 예산 부족으로 아이돌보미 서비스 수요를 충족시키지 못함에 따라 예비비 11억 원을 긴급 확보해 서비스 공급을 확대한다고 3일 밝혔다.

아이돌보미 서비스란 야근과 출장, 질병 등의 이유로 보호자가 12세 이하 자녀를 돌볼 수 없게 된 가정에 '돌보미'를 파견하는 사업으로, 전국 65개 시·군·구에서 실시 중이다. 본인 부담금은 저소득층이 시간당 1천 원, 나머지는 시간당 5천 원이다. 올해 상반기에 1만 3천 가구가 서비스를 이용했으며, 이번 조치로 매달 920가구 정도가 더 혜택을 볼 것으로 보건복지가족부는 예상했다.

(연합뉴스, 2008. 9. 3)

2. 건강가정사업의 실제

1) 건강가정사업의 추진과정과 전략

건강가정지원센터의 건강가정사업을 효과적으로 추진하기 위해서는 일련의 과정을 거치게 된다. 건강가정사들은 건강가정사업의 기획, 실행 및 평가에 이르기까지 각 단계마다 많은 시간을 들이고 선택을 하게 되므로 사업에 앞서 체계적으로 계획하는 것이 필요하다. 이 과정들은 일련의 통합적인 과정이지만 보다 심층적인 분석을 위해 각 단계별로 살펴볼 것이다. 건강가정사들은 선택한 건강가정사업을 성공적으로 완료하기 위해서 프로그램 준비와 선정, 좋은 강사 섭외, 평가 외에도 홍보와 대상자 모집 등에 관한 세밀한 준비가 필요하다.

건강가정사업을 효율적으로 추진하기 위해서는 체계적이고도 통합적인 추진이 수행되어야 한다. 건강가정사의 업무는 요구도가 높고 전공분야에 대한 전문성뿐만 아니라 건강가정사업 업무를 수행하는 촉진자로서의 전문성도 요구하므로 주어진 시간과 제한된 자원으로 업무효율성을 높이기 위해서는 건강가정사업의 전반적 추진과정에 대한 이해가 필수적이다. 여기서는 ❙그림 8-1❙에 제시된 건강가정사업 업무흐름도를 중심으로 살펴보고자 한다.

- **계획수립** 건강가정사업을 추진하기 전에 사업 전반에 걸쳐 사업계획을 수립하는 것을 말한다. 건강사업의 방향과 목적, 기간, 대상자, 기대효과, 예산, 장소선정, 강사, 홍보, 필요물품 및 평가 등 사업을 수행하기 위해 필요한 모든 과정을 사전에 계획하는 것을 의미하며 계획서 작성을 포함한다. 어떤 건강가정사업이 한 부서에 국한된 것인지 타 부서와의 협조를 통해 통합적으로 추진될 것인지도 이 단계에서 논의되어야 하며, 이 경우 어떤 과정을 함께 진행할 것인지 등 사전에 계획수립이 체계적이고 세밀하게 이루어질수록 사업이 원활하게 진행되며 사업의 소기의 목적달성과 효율성이 높아지고 이용자들의 만족도도 높아질 것이다.

- **수퍼비전** 건강가정사업의 성격에 따라 사업진행과정에서 센터장 및 관련 외부전문가들의 자문과 수퍼비전을 구할 수 있다. 팀원은 원칙적으로 센터 내에서 팀장이나 사무국장 등 조직체계상 자문, 지원, 지도·감독 등을 받아야 할 것이다. 적절한 수퍼비전은 시행착오를 줄이고 업무효율성을 높이는 데 도움이 된다.

- **행사준비** 사업진행과 관련하여 관련 관계자들의 협조와 필요한 장소 및 강사 섭외, 물품구입과 준비, 현수막 준비, 자료제작 등 행사를 원활하게 진행하는 데 필요한 모든 관련사항을 준비하는 것을 말한다. 행사준비가 구체적이고 세밀할수록 행사의 완성도가 높아질 것이며 성공적으로 마무리될 수 있을 것이다.

그림 8-1 건강가정사업 업무흐름도

출처 : 중앙건강가정지원센터(2008). 건강가정지원센터 운영가이드북. 중앙건강가정지원센터.

■ **홍보** 건강가정사업의 추진에서 간과되기 쉬운 것 중 하나가 홍보이다. 홍보를 제외한 다른 부문은 사전에 계획에 반영되어 추진되었으나 홍보가 부실하게 이루어져 이용자 모집에 어려움을 겪거나 이용자를 모집하였어도 실제 참여율이 저조할 수가 있다. 건강가정사업을 하는 목적이 타깃으로 하는 대상자들이 해당 사업에 참여하여 혜택을 받도록 하는

것이므로 많은 참여가 이루어질 수 있도록 온·오프라인의 매스미디어 활용, 기념품 제작, 센터활동 홍보 등 가능한 한 모든 방법을 활용하여 사전에 홍보가 되도록 하는 것이 필요하다.

- 이용자 확인　건강사업이 수행되기 전과 사업 당일에 이용자 확인이 필요하다. 건강가정사업에 참여의사를 밝히고 등록을 하였어도 대다수의 사업이 무료로 이루어지기 때문에 참여하지 않을 경우 이용자들의 패널티가 없으므로 잊어버리거나 갑작스런 사정으로 사업 당일에 참여를 하지 못하는 경우가 발생한다. 등록된 인원만 믿고 재차 확인하지 않을 경우 곤란한 상황이 발생할 수 있으므로 사업 전 이용자 확인은 중요한 사항이다. 공공기관이나 관공서의 경우에는 공문 발송과 전화 확인 등 절차가 필요하다.

- 기타 준비　건강가정사업에 추진하기 위해 추가로 필요한 준비를 말하는데, 사전답사 등을 들 수 있다. 가족캠프나 행사를 기획할 때 장소가 행사진행을 하는 데 적절한지 실제 장소를 답사해야 하는 경우가 많다. 공공기관이나 공공장소의 경우 1개월 정도 사전에 충분한 시간을 두고 장소섭외를 하는 것이 필요하며 필요한 물품구입이나 준비물 준비, 관계자와의 연락 및 확인 등 다양한 기타 준비를 포함한다.

- 사업실시　건강가정사업이 실시되는 것을 말하며 센터장, 센터 관련자, 강사 및 자원봉사자 등이 참여할 수 있을 것이다. 사업실시 후 이용자들의 평가가 이루어질 수 있도록 하며 이용자들의 활동을 관찰하고 반응을 살핀다.

- 사업종결　사업을 종결한 후 뒷정리를 포함하여 관계기관 및 관련자에게 사업과 관련하여 받은 지원 등에 대해 마무리하는 것을 말한다. 행사사진 등 필요한 자료를 정리하고 자료 및 경험을 관계자와 공유할 수 있을 것이다.

■ **사업평가** 건강가정사업을 수행한 후 사업의 목적, 질, 효율성, 만족도 등을 평가하는 것을 말한다. 사업의 어떤 부분이 성공적이었는지 혹은 부족하였는지 기존 프로그램이나 사업을 어떻게 수정하여야 하는지 등을 판단할 수 있도록 도와준다. 사업평가가 체계적으로 이루어지는 것은 추후 프로그램의 질적인 면과 효과성을 위해 필수적이지만 포괄적이고 체계적인 평가가 이루어지는 경우는 드물다. 사업평가는 건강가정사가 목적하는 결과를 얻을 수 있도록 추후 건강가정사업을 기획하고 수행할 수 있도록 도와준다. Rossi와 Freeman(1993)은 사회 프로그램을 체계적으로 평가하기 위해 다음의 세 단계를 주장하였다. ① 프로그램 개념화와 디자인, ② 프로그램 실시의 모니터링, ③ 영향평가·사업평가. 이것은 질적 및 양적 평가를 모두 포함하며 이 장의 2) 건강가정사업 진행과정에서 자세히 다루어질 것이다.

■ **결과보고** 건강가정사업 결과를 총괄적으로 작성하여 보고하는 것을 말한다. 일반적으로 결과보고서를 작성하며 추후 건강가정사업의 기초로 쓰이게 된다. 건강가정사업의 각 단계를 결과보고서에 포함한다.

2) 건강가정사업 진행과정

앞에서 건강가정사업의 추진에 대해 알아보면서 개략적인 사업흐름을 살펴보았다. 여기서는 건강가정사업을 실제로 추진하면서 거치는 단계를 구체적으로 살펴보기로 한다. 건강가정사업 진행과정은 <표 8-2>에 제시되어 있다.

〈표 8-2〉 건강가정사업 진행과정

사업기획	실 행	결과보고 및 평가
• 전체 계획 • 프로그램 기본 방향 • 대상 결정 • 프로그램 목적과 목표 • 프로그램 실천계획 • 프로그램 진행인력 • 예산편성 • 평가방법 선정	• 역할 분담 • 장소 선정 • 강사 섭외 • 홍보, 참가자 점검 • 기자재 준비	• 결과보고서 작성 • 프로그램 평가

출처 : 중앙건강가정지원센터(2008). 건강가정지원센터 운영가이드북.

(1) 사업기획

① 프로그램 기본 방향

프로그램에서 지향하는 가치와 방향을 말한다. 시행하고자 하는 사업이 건강가정기본법에서 지향하는 가치와 건강가정지원센터의 기본 방향에 부합하는지를 살펴보는 것을 의미하며 프로그램이 사회적으로 필요성이 높은 유용한 프로그램이어야 한다.

② 대상 결정

프로그램이 목표로 하는 대상을 말하는데 표적집단이라고 한다. 표적집단은 일반대상인 모집단과는 구별되며, 표적집단 중에서 프로그램과 건강가정 사업의 이용자집단이 도출된다. 이용자집단을 모집하기 위해서 자발적 모집, 추천, 관련기관과의 연계 등 다양한 방법을 활용할 수 있다.

③ 프로그램 목적과 목표

목적은 포괄적, 거시적, 이념적인 면을 내포하고 목표는 부분적, 미시적, 구체적이며 목적을 구현하기 위해 실행적으로 설정되는 것이다. 목적과 목표는 현실적이어야 하며, 측정가능해야 하며, 관련자들 간에 공유되어야 한다. 공동으로 공유되는 목표는 지원, 협력 및 보완을 용이하게 하며 이용자 간 동기 수준을 높이고 시행착오를 줄인다.

④ 프로그램 실천계획

실천계획은 프로그램을 수행하는 데 필요한 구체적인 계획을 말한다. 프로그램이 이용자에게 전달되기까지 전 과정에 대한 구체적인 계획을 보여주므로 구체적이고도 자세하게 구성되어야 한다. 실천계획은 프로그램의 내용과 일정을 체계적으로 나타낼 수 있도록 표로 구성하면 도움이 된다.

⑤ 프로그램 진행인력

프로그램 진행을 감독하는 지도인력, 강사, 보조인력과 자원봉사자 등 모두 포함된다. 외부기관이나 센터 내 다른 부서와 연계되는 경우에는 관련자를 모두 기록하는 것이 좋으며 각자의 역할과 시간을 명시하는 것이 사업진행을 체계적이고 효율적으로 하는 데 도움이 된다.

⑥ 예산편성

건강가정사업을 수행하기 위해서는 예산이 확보되어야 하며 소요되는 예산은 항목별로 나누어서 소요예산과 그 산출근거를 구체적으로 제시하여야 한다. 예산사용은 예산교부기관의 감독을 받게 되므로 사용처와 영수증을 보관하여야 한다.

⑦ 평가방법 선정

프로그램의 수행 후 프로그램의 성패를 알기 위해 평가를 하게 되며 평가방법은 다양하므로 사전에 어떤 평가방법을 활용할 것인지에 대해 기준을 세우는 것이 좋다. 설문지나 면접을 이용하여 이용자의 만족도를 조사하는 방법과 참여자 평가 등 여러 방법 중 선택할 수 있다.

(2) 실행

건강가정사업의 실행과정은 이용자들에게 프로그램의 전달이 실제로 일어나는 것과 밀접하게 관련되어 있다. 프로그램의 목적과 목표가 잘 설정되었더라도 실행단계에서 착오가 생긴다면 이용자만족도가 저하되고 프로그램의 효과가 줄어들 것이다. 실행단계에서 점검할 사항이 많으므로 구체적이고 세밀한 계획을 세우는 것이 필요하다.

① 역할 분담

프로그램의 운영과 관련하여 편성되는 것으로 지원인력이 있는 경우에는 주 담당자와 지원인력으로 나누어서 해당 업무와 역할을 명시하는 것이 문제가 발생했을 때 효과적으로 대처할 수 있을 것이다. 주 담당자는 전체 프로그램을 지속적으로 모니터링하면서 각자의 업무를 체크해야 한다.

② 장소 선정

예상 인원이 수용가능하고, 지리적으로 대중교통을 이용할 수 있고 이용자들이 찾기 쉬운 곳에 위치하며, 프로그램의 내용에 따라 활동이 가능한 장소를 선택한다. 선호되는 장소는 이용수요가 많아서 장소 섭외에 시간이 소요되므로 충분한 시간을 두고 선택해야 한다.

③ 강사 섭외

좋은 강사는 프로그램의 질에 큰 영향을 주므로 적합하고 수준높은 강사를 구하는 것은 매우 중요한 일이다. 강사를 섭외할 때에는 강의내용에 가장 적합한 강사를 선정하는 것이 중요하며, 경우에 따라서 프로그램 실시 전 강사 사정에 따라 강의가 불가능한 경우도 발생하므로 사전에 이에 대한 대비도 하는 것이 필요하다. 강의를 의뢰할 때에는 강의일시, 강의제목과 내용, 수강대상자의 수와 연령층, 필요한 기자재 등을 문서 및 구두로 전달하는 것이 정확하다. 강의 전날 강사에게 강의일시를 재차 확인하는 것이 좋다.

④ 홍보, 참가자 점검

프로그램 실시에 따라 참가자들을 모집하기 위해서는 적절한 홍보가 필요하다. 홍보는 온・오프라인을 모두 활용하고 가능한 한 매스미디어를 활용하면 효과가 높다. 참가자들과 강사에게도 프로그램 실시 전에 교육일시를 재차 상기시키는 것이 좋으며 예상치 못한 일로 참석이 불가능한 참가자의 발생에도 대비해야 한다.

⑤ 기자재 준비

프로그램 내용에 따라 필요한 기자재를 미리 적어서 필요한 것을 점검하도록 하며 기자재의 작동법과 작동 여부도 사전에 체크한다. 강의자료와 유인물도 참여자 수에 맞추어 미리 준비한다.

(3) 결과보고 및 평가

평가의 목적은 건강가정사업의 질적 수준을 높이고 효율성 및 효과성을 향상시키기 위한 것이다. 평가는 기준이나 얻고자 하는 성과를 위하여 표집된 자료에 대해 숙고하고, 해석하며, 판단을 하는 과정이며, 이 과정에서는 가치, 값어치, 성공 여부를 결정하기 위해 관련기준들과 평가자료들을 비교한다(Billings & Halstead, 2005; Caffarella, 2001). 평가는 이용자 학습, 지도방법, 진행자 효율성, 학습환경, 자원사용, 비용 고려 및 조직에 미치는 영향 등 프로그램의 각 부분에 걸쳐 이루어진다(Abruzzese, 1996). 프로그램의 효과성을 검증하기 위해서는 사전에 목표나 성과를 설정하는 것이 매우 중요하며 이는 교육 프로그램 평가과정의 주요 부분이다. 형성평가 혹은 과정평가는 프로그램의 진행과정에서 지속적으로 이루어지지만 성과평가는 일반적으로 프로그램의 종결단계에서 이루어진다.

Billings와 Halstead(2005 : 445-446)는 종합적인 평가과정의 각 단계를 제시하였는데 이는 ❙그림 8－2❙에 도식화되어 있다. 각 단계에서 피드백을 활용하는 것은 목표로 하는 성과를 도출하는 데 중요하다.

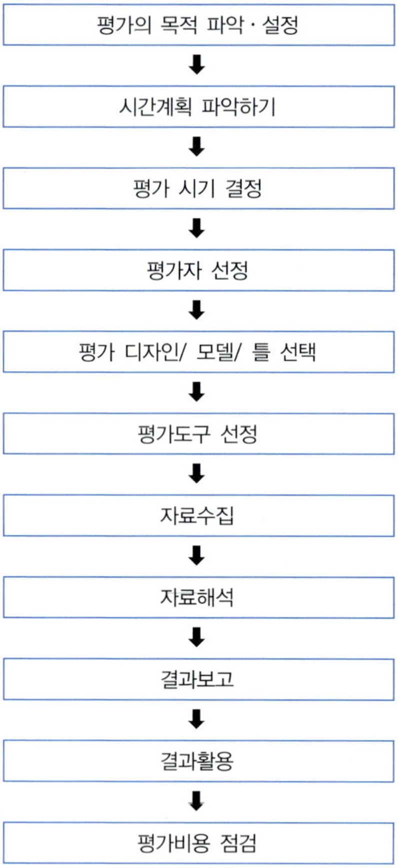

| 그림 8-2 | 종합적인 평가과정의 각 단계

Hawkins와 Sherwood(1999)는 선행 평가연구 결과(Donabedian, 1966, Hawkins & Sherwood, 1999 재인용; Rossi & Freeman, 1993)를 통합하여 교육 프로그램의 성과를 측정하는 피라미드 평가모델을 개발하였다(그림 8-3). 이 모델에서 성과는 단기적 효과와 장기적 효과로 나누어 측정되는데, 단기적 효과를 측정하기 위해서는 지식, 기술 및 태도에서의 변화를 포함하며 장기적 효과는 가족생활에서의 친밀감 향상 등 프로그램 목적의 근본적 변화를 말한다. 예를 들어, 신체적 건강 향상을 위한 프로그램이라면 평균수명의 연장 등 궁극적인 목표 향상이 이루어지는 것을 말한다. 이 평가모델의 구성을 각각 살펴보기로 한다. 각 단계는 전 단계가 성공적으로 수행되었을 때 더욱 용이하게 수행되며 전체적으로 연결되어 있다.

① 프로그램의 목표 조사

프로그램의 목표는 프로그램의 방향과 내재된 가치를 결정하고 무엇이 성취되어야 하는지, 표적집단은 누구인지, 프로그램의 기대효과를 측정하기 위해 어떤 지표들이 사용되어야 하는지 등을 결정하므로 중요하다.

② 주요 개념에 대한 프로그램 디자인 점검

프로그램 디자인은 욕구조사, 영향모델, 실행가능성 및 가치부합성을 포함하는데 욕구조사는 그 프로그램이나 사업이 표적집단에게 얼마나 필요한 것인지를 알아보는 것이다. 또한 그 프로그램 실시로 혜택을 받을 집단이 누구인지 그리고 그 수는 얼마나 되는지 등을 고려할 수 있다.

영향모델은 문제나 욕구의 결정적 요소는 무엇인지, 그리고 어떤 개입이 그런 문제를 해결할 수 있는지에 대해 그려보는 것이다. 변화가 발생하기 위해 어떤 행동이나 변수가 바뀌어야 하며 변화가 발생한다면 그것을 어떻게 측정할 것인지도 포함된다.

실행가능성은 목표가 현실적인지 혹은 실현될 수 있는지를 살펴보며 목표가 어떻게 실현될 수 있는지를 알아보는 것이다. 인적·물적 자원과 필요장비, 공간, 장소, 추가 학습의 필요성 등을 점검하는 것이 포함된다.

가치부합성은 가치가 프로그램의 내용과 실천에 주요한 영향을 미치므로 건강가정기본법과 건강가정사업의 기조에 부합하는지를 살펴보는 것이다.

③ 프로그램 실행 모니터링

프로그램 실행에 대한 모니터링은 프로그램 실행에 관한 전반적인 과정을 포함하는데 홍보, 이용자 모집과 출석, 프로그램 시간과 장소, 계획된 프로그램과 실시 프로그램 간 일치 정도 등 프로그램을 이용자에게 전달하는 과정에 해당되는 모든 요소들을 포함한다. 구체적이고 자세하므로 표를 이용하여 구성하는 것이 좋다.

④ 성과 및 영향 평가

성과 및 영향 평가는 일반적으로 프로그램 목적의 달성 정도를 점검함으로써 이루어진다. 프로그램 전·후 및 중·단기 태도나 행동의 변화를 측정하며, 질적 평가와 양적 평가로 이루어지고 체크리스트 등을 활용할 수 있다.

⑤ 효율성 분석

효율성 분석은 목표로 하는 성과를 달성하기 위한 자원의 활용 정도, 선택과 대안에 대한 분석, 비용-혜택의 경제성 등을 분석하는 것이다.

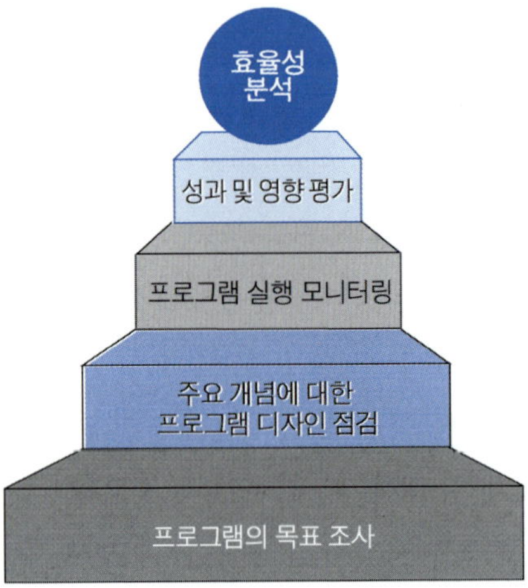

| 그림 8-3 | 피라미드 평가모델 : 통합적 접근

출처 : Hawkins, V. E., Sherwood, G, D.(1999).

참고 8-2] 사업평가서에 포함되어야 할 내용의 예시

사업평가서

<table>
<tr><td colspan="2">사 업 명</td><td colspan="5"></td></tr>
<tr><td colspan="2">평가항목</td><td>매우 만족</td><td>만 족</td><td>보 통</td><td>미 흡</td><td>매우 미흡</td></tr>
<tr><td colspan="7">1. 사업계획서 작성 시 실시배경 및 실천전략에 대한 평가</td></tr>
<tr><td colspan="2">1-1. 실질적으로 수행한 사업이 필요성에 부합한 사업이었는가?</td><td></td><td></td><td></td><td></td><td></td></tr>
<tr><td colspan="2">1-2. 계획대비 실천전략 달성 정도</td><td></td><td></td><td></td><td></td><td></td></tr>
<tr><td rowspan="22">사업성과평가</td><td colspan="6">2. 계획대비 추진도</td></tr>
<tr><td>2-1. 사업기간</td><td></td><td></td><td></td><td></td><td></td></tr>
<tr><td>2-2. 사업실시 횟수</td><td></td><td></td><td></td><td></td><td></td></tr>
<tr><td>2-3. 사업 참여 인원 및 참여율</td><td></td><td></td><td></td><td></td><td></td></tr>
<tr><td colspan="6">3. 사업성과</td></tr>
<tr><td>3-1. 계획대비 목표달성 정도</td><td></td><td></td><td></td><td></td><td></td></tr>
<tr><td>3-2. 사업성과 측정(평가)도구의 적절성</td><td></td><td></td><td></td><td></td><td></td></tr>
<tr><td colspan="6">4. 사업대상의 적절성</td></tr>
<tr><td>4-1. 이용자가 사업목적 달성을 위한 대상으로 적절성</td><td></td><td></td><td></td><td></td><td></td></tr>
<tr><td colspan="6">5. 이용자 및 프로그램 관리</td></tr>
<tr><td>5-1. 이용자에 대한 욕구 충족 및 만족도를 높이기 위한 충실성</td><td></td><td></td><td></td><td></td><td></td></tr>
<tr><td>5-2. 사업목표를 달성하기 위한 체계적 홍보 충실성</td><td></td><td></td><td></td><td></td><td></td></tr>
<tr><td>5-3. 계획에 따른 사업진행 충실성</td><td></td><td></td><td></td><td></td><td></td></tr>
<tr><td>5-4. 사업 진행 관련 기록 충실성</td><td></td><td></td><td></td><td></td><td></td></tr>
<tr><td>5-5. 사업 및 이용자에 대한 사후관리 충실성</td><td></td><td></td><td></td><td></td><td></td></tr>
<tr><td>5-6. 강사관리에 대한 충실성</td><td></td><td></td><td></td><td></td><td></td></tr>
<tr><td colspan="6">6. 자원활용</td></tr>
<tr><td>6-1. 외부자원 활용(유관기관 · 지역사회와의 교류, 연계 정도, 자원봉사자 활용 정도 등)</td><td></td><td></td><td></td><td></td><td></td></tr>
<tr><td colspan="6">7. 사업예산에 대한 평가</td></tr>
<tr><td>7-1. 예산계획의 적절성</td><td></td><td></td><td></td><td></td><td></td></tr>
<tr><td>7-2. 예산집행의 적절성</td><td></td><td></td><td></td><td></td><td></td></tr>
<tr><td colspan="6"></td></tr>
<tr><td colspan="7">8. 사업수행 시 어려운 점(문제점) 및 해결방안</td></tr>
<tr><td colspan="7">9. 추후 사업을 위한 제언</td></tr>
</table>

출처 : 중앙건강가정지원센터(2008).

3. 건강가정사업 프로그램의 실제

건강가정지원센터의 사업은 크게 공통필수사업과 선택사업으로 나누어져 있다. 공통필수사업은 전국의 각 센터에서 사업의 통일성과 정체성 확립을 위해 공통으로 진행하는 사업이며 선택사업은 지역센터의 사정과 특수성에 따라 선택하여 진행하는 사업이다. 시・군・구 센터의 공통필수사업은 2019년에는 가족돌봄나눔, 가족문제예방과 역량강화를 위한 가족교육, 가족문제해결을 위한 가족상담, 가족친화문화 조성을 위한 가족문화, 지역사회 연계의 5개 영역으로 분류되어 있다(표 8-3). 독립형 센터는 5개 영역 사업을 모두 실시하고, 다기능화센터는 필수인 가족교육, 가족상담, 가족문화 영역과 가족돌봄 혹은 지역사회 연계 중 택일하여 4개 영역의 사업을 수행하여야 한다. 주요 사업별로 시행되고 있는 프로그램들의 구체적인 예는 <참고 8-3>에 나와 있다.

1) 시·군·구 건강가정지원센터

(1) 공통필수사업

- **가족돌봄나눔** : 가족돌봄나눔 영역은 3개 사업 중 2개를 선택하며 여성가족부 가족사업안내(2019)를 보면 다음과 같다.

  - 모두가족봉사단('가족 함께 돌보기'를 위한 지역 봉사단)은 기존 가족봉사단의 활동 내용을 '돌봄'을 주제로 전환하여 운영하고, 센터 내 또는 지역사회 돌봄 프로그램과 결합하여 운영한다. 가족원 2인 이상이 돌봄봉사활동에 참여하도록 하며 자녀돌봄에서 출발하여 노인, 장애아, 환자 등 돌봄이 필요한 다양한 대상으로 확대한다. 봉사활동을 위한 교육과 자조모임도 활동내용에 포함한다.
  - 모두가족품앗이('자녀 함께 키우기'를 위한 지역 품앗이)는 기존 구성원 간의 재능나눔, 돌봄나눔 활동을 넘어 지역사회와 타 공동체로 돌봄품앗이를 확대하는 것을 목적으로 하는 사업이다. 전업주부와 맞벌이 주부가 함께 운영하는 품앗이, 남성이 참여하는 품앗이 등 다양한 그룹을

운영하고, 품앗이 활동을 위한 전체가족 예비교육, 전체가족회의 등은 가족품앗이 활동에 포함한다.

- 아버지-자녀가 함께하는 돌봄 프로그램은 아버지의 양육 참여 확대를 위해 유아나 초등학생을 위한 돌봄 프로그램 운영을 포함하는데 아이 돌봄, 품앗이, 상담 등 기타 다양한 프로그램과 연계하여 운영한다.

■ **가족교육** : 가족교육 영역은 가족문제의 예방에 초점을 두고 가족생활주기에 맞추어 개발된 프로그램들을 활용하여 가족구성원들의 역량강화를 목적으로 하는 사업이다. 생애주기별 가족교육과 남성대상 교육을 특징으로 하고, 다양한 주제와 형식으로 사업을 할 수 있으며 <표 8-3>에 제시된 내용 외에도 영·유아기 자녀를 둔 가족, 초등학교 자녀를 둔 가족, 청소년기 자녀을 둔 가족, 중년기 가족, 노년기 가족 등 생애주기 전반에 걸친 가족생활교육 프로그램들을 다양하게 실시할 수 있다. 가족교육 영역은 가족문제 예방 및 역량강화사업으로서 민주적이고 양성평등한 가족가치의 구현과 가정에 대한 사전적·예방적 지원을 강조하는데 건강가정기본법에서는 다음과 같이 규정하고 있다.

- 국가 및 지방자치단체는 민주적인 가정형성, 가정친화적 환경조성, 양성평등한 가족가치 실현 및 가사노동의 정당한 가치평가를 위하여 노력(제5조 제3항)
- 가족구성원은 부양, 자녀양육, 가사노동 등 가정생활 운영에 함께 참여하여야 하고, 서로 존중하며 신뢰(제7조)
- 민주적인 가족관계와 양성평등적인 역할분담(제15조 제2항 제4호)
- 가사노동 가치에 대한 사회적 인식을 제고하고 이를 관련 법·제도 및 가족정책에 반영하는 방안 강구(제22조 제4항)
- 국가 및 지방자치단체는 부부 및 세대 간에 가족갈등이 있는 경우 이를 예방·상담하고, 민주적이고 양성평등한 가족관계를 증진시킬 수 있도록 가족지원서비스를 확대하며, 다양한 가족생활교육·부모교육·가족상담·평등가족홍보 등을 추진(제26조 제1항)

- 국가 및 지방자치단체는 건강가정 관련교육과 연구를 진흥하고 전문가를 양성해야 함을 명시하고 있으며, 지속적으로 건강가정을 위한 프로그램을 개발・제공(제19조)
- 국가 및 지방자치단체는 문제예방을 위하여 다양한 건강가정교육을 실시(제32조). 그 내용에는 결혼준비교육, 부모교육, 가족윤리교육, 가족가치실현 및 가정생활 관련 교육을 포함

〈표 8-3〉 2019년 시・군・구 건강가정지원센터 공통필수사업

영 역	공통사업	설 명
가족돌봄 나눔 (3가지 사업 중 2가지 선택)	모두가족봉사단	기존의 기족봉사단의 활동 내용을 '돌봄'을 주제로 전환하여 운영
	모두가족품앗이	전업주부와 맞벌이 주부가 함께 운영하는 품앗이, 남성이 참여하는 품앗이 등 다양한 그룹 운영
	아버지-자녀가 함께 하는 돌봄 프로그램	아빠와 자녀가 함께 하는 돌봄 프로그램 운영
가족교육	생애주기별 가족교육	가족 내에서 발생하는 문제를 예방하고 가족구성원의 역량을 강화시키기 위한 부모, 부부, 조부모, 자녀 등 가족을 대상으로 한 생애주기별 다양한 교육
		예비부부/ 신혼기・중년기・노년기 부부 교육 등
		예비부모교육, 영유아기・아동기・청소년기 자녀를 둔 부모교육 등
	남성대상 교육	아버지 교육, 찾아가는 아버지 교육, 남성대상 자기돌봄 교육 등
가족상담	가족(집단)상담	생애주기에 따라 발생되는 가족 내 다양한 갈등과 문제의 해결을 위한 상담사업
		개인을 대상으로 하는 개별적 접근과 가족구성원이 함께 참여하는 가족단위워 통합적 접근을 포함
		가족단위의 면접 상담 유도
		연간 상담실적이 100명 이하인 센터는 가족집단상담을 연간 2건 이상 반드시 포함
가족문화	가족사랑의 날	수요일, 가족이 모두 함께하는 프로그램
	가족친화문화 프로그램	가족캠프, 가족축제, 가족체험활동 등
지역사회 연계	지역사회 협의체 참여, 협약 및 연계사업	지역사회 협의체, 유관기관 네트워크 활용 및 참여

출처 : 여성가족부(2019). 2019년 가족사업안내(I), p. 229-230.

■ **가족상담** : 가족문제 해결과 치료를 위하여 실시되는 사업으로서 정서적·심리적 지지와 문제해결 및 정보를 제공하며 면접상담, 전화상담, 사이버 상담의 형태로 진행된다. 가족문제를 원활하게 해결하기 위하여 개인상담뿐만 아니라 가족상담의 형태로 진행되며 면접상담에 초점을 맞춘다. 심리검사와 집단상담도 실시되며, 특히 이혼전후 가족상담은 전국센터에서 중점적으로 공통사업으로 실시하고 있다. 건강가정기본법에서는 다음과 같이 근거를 두고 있다.

- 가족갈등 상담지원(제26조 제1~2항)
- 이혼예방 및 이혼가정지원(제31조)
- 질환이나 장애로 가족 내 수발을 요하는 가족구성원이 있는 가정지원(제25조 제2항)
- 가정폭력 가정지원(제21조 제2항 제7호)

또한 이혼예방을 위하여 이혼하고자 하는 부부가 이혼 전 상담을 받을 수 있게 하는 등 이혼조정을 내실화하도록 하였고 이혼의사를 가진 가족에게도 자녀양육·재산·정서 등 제반문제에 대해 도움을 주는 지원서비스를 제공하도록 하였다(제31조). 이혼한 가정에 대해서도 양육비에 대한 집행력의 실효성을 강화하고 그 적용대상을 확대하도록 함으로써 이혼가정의 자녀에 대한 재정적 안정을 명시하였다(제31조 제3항).

■ **가족문화** : 다양한 가족문화활동과 여가활동을 통해 가족의 건강성 및 기능 향상과 건강가정의 생활문화를 고취하고 그에 대한 지원정책을 수립하기 위해 실시되는 사업으로서 건강가정기본법 제21조, 제28조 및 제29조에 근거한다. 전체 가족들을 대상으로 체험활동이 많이 진행되며 '가족사랑의 날'과 같은 프로그램이 전국적으로 시행되고 있다. 가족친화문화조성을 위해 가족단위의 참여와 봉사활동이 장려된다. 건강가정기본법에서는 가족문제의 사전 예방과 관련하여 건전한 가정생활문화를 고취하고 그에 대한 지원책을 수립하도록 하고 있다. 건강가정의 생활문화는 다음의 사항들을 포함한다(건강가정기본법 제28조 제2항 제1~7호).

- 가족여가문화
- 양성평등한 가족문화
- 가족단위 자원봉사활동
- 건강한 의식주 생활문화
- 합리적인 소비문화
- 지역사회 공동체 문화
- 그 밖에 건강가정의 생활문화와 관련이 있는 사항
- 가정의례

또한 가족문제의 사전예방과 관련하여 건전한 가정 생활문화를 고취하고 그에 대한 지원책을 수립하도록 하고 있다. 가족친화문화 조성사업은 가족단위의 사업을 예방적 관점에서 펼치기에 아주 적합한 사업으로 평가할 수 있다. 문화사업, 여가문화, 가족단위의 자원봉사활동 등은 창의적이고 다양한 내용과 형식으로 사업이 실시될 수 있으며 프로그램 자체가 밝고 가족들이 참여하여 사랑과 보람을 느끼게 하는 봉사활동 등으로 이루어져 있어서 가족들의 호응이 높고 즐거운 추억과 경험을 가지게 하므로 프로그램의 효과가 크다.

- **가족돌봄지원 서비스** : 이 프로그램은 아이돌보미 사업과 같은 가족돌봄 서비스를 이용하거나 서비스를 운영하는 가족들, 장애아가족, 맞벌이 방과후 교실 이용가족 등을 대상으로 건강가정지원센터의 상담·교육·문화 프로그램을 연계하여 통합 프로그램을 진행하는 것이다. 건강가정기본법 제22조, 자녀양육지원의 강화에 근거하고 있으며 자녀양육으로 인한 부담을 덜어주기 위해 통합서비스를 제공하는 것이다.

  아이돌보미 사업이 활성화되어 있는데, 이것은 자녀양육 지원을 위한 사업으로서 아이돌보미 지원사업과 장애아가족 아동양육지원사업으로 구성되어 있다. 부모가 자녀를 돌볼 수 없는 예기치 않은 일이 발생하거나 직장 등으로 시설을 이용하는 부모가 시설이용시간 이후 단시간 자녀돌봄을 필요로 할 때 아이돌보미를 파견하여 자녀들의 보호 및 놀이지도 등의 서비스를 제공한다. 건강가정기본법 제22조 제1항과 제30조 제1항에 자녀를 양육하는 가정에 대하여 자녀양육으로 인한 부담을 완화하기 위해 해당 서비스를 제공하도록 제시되어 있다.

시·군·구 건강가정지원센터 사업의 방향을 보면, 다양한 가족을 위한 통합서비스를 지향하며 다양한 유형의 가족이 가족단위로 프로그램에 참여하는 것을 활성화하고 가족기능 강화를 위해 상담·교육·문화 프로그램을 연계하여 통합 프로그램을 진행하는 것이다. 건강가정기본법 제21조 제4항에 근거하고 있으며 국가 및 지방자치단체는 모부자가정, 노인단독가정, 장애인가정, 미혼모가정, 공동생활가정, 자활공동체 등 사회적 보호를 필요로 하는 가정에 대하여 적극적으로 지원하여야 한다고 명시되어 있다.

- **지역사회 연계** : 센터 업무의 효율성과 서비스의 효과성을 높이기 위해 센터는 지역사회협의체에 참여하며 유관기관과의 네트워크를 적극 활용한다. 또한 기관 간 협약을 통해 연계사업을 추진한다.

(2) 선택사업

공통사업과 공동협력사업 등에서 포함되지 않는 사업으로 지역 특성과 고유성을 살린 다양한 프로그램들을 기획·운영할 수 있다. 생애주기에 따라 다양한 주제로 프로그램을 운영할 수 있다.

2) 광역시·도 건강가정지원센터

광역시·도 건강가정지원센터 사업의 방향은 시·군·구 센터의 지원에 중점을 두고 있다. 시·군·구 센터의 건강가정사업을 지원하며 센터 종사자와 활동가들의 역량을 강화하는 사업을 하고 있다. 전국적으로 서울시, 부산시, 대전시, 경기도, 및 경상남도에 있으며 대전시 센터는 시·군·구 건강가정지원센터의 업무를 수행하고 있다. 광역시·도 건강가정지원센터 사업 내용은 크게 네 영역으로 분류되어 있으며 인적자원 역량강화, 특성화사업 및 정책지원, 네트워크 활성화, 및 홍보를 포함한다(표 8-4). 교육지원과 사업지원을 하며 센터 간에 유기적인 연계를 할 수 있도록 지원하는 역할을 한다.

〈표 8-4〉 광역시·도 건강가정지원센터 사업

영 역	시·도센터 공통사업	설 명
인적자원 역량강화 (교육지원)	시·군·구 센터 직원교육	• 광역단위 상담직원 교육, 직원 워크숍 등 • 연간 5과목 또는 30시간 이상
	시·군·구 센터 활동가 교육	• 센터에서 활동하는 인력 교육 • 연간 5과목 또는 30시간 이상
특성화사업 및 정책지원 (사업지원)	시·도별 특성에 맞는 프로그램 개발	• 광역 단위 특성에 맞는 시범사업 운영 및 매뉴얼 개발
네트워크 활성화 (연계)	광역단위 업무협의회	• 중앙과 시·군·구 센터의 연계 역할 • 시·군·구 센터 지원방문, 모니터링 등
	유관기관 연대 사업	• 유관기관의 발굴과 사업연계
홍 보	광역단위 홍보	• 캠페인성 홍보사업 등
	시·군·구 센터 홍보지원	• 시·군·구 연계 홍보활동 • 홍보매체 개발 및 활용

출처 : 여성가족부(2019). 2019년 가족사업안내(I), p. 233.

참고 8-3] 부산진구건강가정지원센터 사업별 주요 프로그램 예시

가족교육 프로그램	가족상담 프로그램	가족친화문화조성 프로그램	다양한 가족을 위한 통합서비스
결혼이민여성 행복한 동행	이혼전후 상담	가족사랑 봉사단 활동	결혼이민여성 한국생활교육
결혼이민여성을 위한 법률교실	면접상담	발 마사지 배워보기	차 문화체험
결혼이민여성 자녀양육교육	전화상담 사이버상담	신나는 차 문화체험	한국적응법률교실
결혼이민여성 부부교육	심리검사 프로그램	새로운 준비 start	풍선아트 배우기
결혼이민여성 한국 가족관계 이해교육	한부모가족을 위한 상담	풍선아트 배우기	자녀양육교육
예비부부 및 신혼기 부부교육	노부모 부양가족을 위한 상담	우리 가족 건강식 만들기	도자기 배우기
청소년기 자녀를 둔 가족생활교육	결혼이민자 가족을 위한 상담	신나는 도자기 배우기	결혼이민자 가족상담
아동기 자녀를 둔 가족생활교육	자녀와의 대화를 위한 부모상담	제2회 가족영화제	자녀 이유식, 간식 만들기
아버지 교육	자녀의 진로탐색을 위한 심리검사	가정의 달 홍보캠페인	한국가족관계 이해교육
한부모 가족생활교육	상담자원봉사자 교육 및 사례발표	가정의 달 행사	예쁜 송편 빚기
중년기 부부교육		찾아가는 아버지 교육	가족과 함께 케이크 만들기
노년기 교육		내 손으로 티셔츠 만들기	
이혼예방교육		한부모가족캠프	
대학생 커플교육		다식 만들기	
초등학교 입학을 앞둔 부모교육		예쁜 송편 빚기	
		책 읽는 우리 가족	
		건강한 명절 캠페인	
		제2회 가족놀이문화축제	
		삶의 활력을 불어넣는 웃음요가	
		사랑의 쿠키 만들기	
		내 손으로 케익 만들기	
		사랑의 비누 만들기	
		2008년 사업보고대회	

참고 8-4] 부산진구건강가정지원센터 사업별 주요 프로그램 예시(계속)

가족돌봄 지원서비스 프로그램
책읽는 우리 가족
아빠와 나는 행복한 요리사
부부교육
베이비마사지를 통한 영아자녀와 긍정적 관계 형성하기

제 9 장 건강가정지원을 위한 네트워크 연계

김은경

개요

저소득층이나 요보호 가정 등을 중심으로 사후 처리적인 서비스를 제공하여 왔던 기존의 사회복지 기관과는 달리 건강가정지원센터는 일반가정을 대상으로 수요자 중심의 서비스 전달체계를 갖추고 보편적 복지서비스의 제공과 사전 예방적인 서비스 제공을 목적으로 건강가정지원법에 근거해 설치되었다. 2005년 1월 건강가정기본법의 시행과 함께 본격적으로 설치되기 시작한 이래 건강가정지원센터는 2019년 1월 1일 기준 전국에 183개의 건강가정지원센터 · 다문화가족지원센터 통합서비스 운영기관(다기능화 센터)과 24개소의 건강가정지원센터(독립형 센터)가 지역사회 가족지원서비스 전달체계의 최일선 기관으로 핵심적인 역할을 수행하고 있다(여성가족부, 2019). 다른 가족복지 관련 기관에 비해 후발주자인 건강가정지원센터가 당면한 문제점들을 해결하고 지역사회의 가족복지서비스 전문기관으로 위상을 확고히 하여 맡은 바 역할을 수행해 내기 위해서는 차별화된 프로그램의 운영과 지역사회 내 구성원 욕구를 반영한 가족지원서비스의 제공과 함께 이미 지역에 설치되어 있는 각종 복지자원, 가족관련 NGO, 정부공공기관, 주민자치센터 등 지역사회 유관기관과의 네트워크 구축이 필수적인 상황이다. 이 장에서는 네트워크가 무엇인지에 대한 정의, 네트워크 구축의 필요성, 네트워크 제약요인과 활성화 요인, 네트워크 형성 시 고려하여야 할 사항 및 건강가정지원센터 네트워크 현황을 알아보고 건강가정지원센터의 네트워크 활성화를 위한 제언을 하고자 한다.

1. 네트워크란 무엇인가?

1) 네트워크의 정의

네트워크는 방송이나 통신장비 설치와 관련된 용어로 사용되었으나 최근에는 정치, 경제, 사회, 문화 등 조직과 사람과의 관계를 포함하는 다양한 분야에서 사용되고 있으며 그 의미 또한 다양하다. 일반적으로 네트워크의 사전적 의미는 일정한 간격을 연결하고 짜임새 있게 하는 망상조직, 선이나 채널을 연결하는 시스템, 상호 연관된 체인이나 그룹 혹은 시스템, 친구 또는 특정한 사람들로 이루어진 보통 비공식적으로 상호 연관된 그룹이나 단체 등을 지칭한다(김기홍, 2006). 네트워크라는 단어는 Barnes(1972)가 사회적 네트워크(social network)라는 개념을 사용하면서 학문적인 용어로 활용이 되었는데 최근에는 다양한 학문분야에서 인적・물적 관계망을 지칭하는 의미로 사용되고 있고, Baily와 Koney(1996)는 네트워크가 조직 간 협력을 통해 여러 기관들이 건설적으로 차이점을 찾아내고 개별기관의 제한된 시각의 한계를 극복할 수 있는 해결책을 찾을 수 있도록 하는 과정이라고 주장하고 있다.

사회복지조직의 네트워크는 클라이언트의 복합적인 욕구를 해결하는 데 필요한 자원을 충족하기 위한 사회복지 서비스 제공 기관들 간의 공식・비공식적인 협력 관계라고 볼 수 있다. 최근 우리나라에서는 복지정책의 확대에도 불구하고 단일기관에서 제공되는 서비스가 파편화되고 중복됨으로써 복지의 확대에 대한 국민적 체감도가 낮은 상황이다. 네트워크는 네트워크에 속한 기관들 간의 긴밀한 관계의 유지와 협력을 통해서 정서적・인적・물적 자원을 제공하는 효과가 있기 때문에 특정 목적이나 기능 중심으로 운영되어 분절적인 서비스를 제공할 수밖에 없는 사회복지 서비스 공급기관들이 한정된 자원을 효율적으로 활용하고 질적 수준을 높인 효과적인 서비스를 제공할 수 있어서 개별기관의 한계를 극복하기 위한 대안으로 활용되고 있다(최옥자・박현식, 2013). 예산과 인적자원의 부족이라는 한계를 가지고 있는 건강가정지원센터가 유관기관과의 적극적인 네트워크 형성을 통해 예산과 인적자원 부족이라는 한계를 극복하고 다양한 가족의 건강한 변화와 성장을 도와 가족친화 사회 환경 조성에 앞장설 수 있을 것이다.

2) 네트워크의 특성

네트워크는 관계를 맺는 기관이나 구성원들이 위계적이거나 종속적인 관계가 아닌 횡적이고 평등한 위치에서 자유롭게 정보와 가치 및 자원 등을 공유하는 것을 특징으로 하는데 네트워크의 특성은 일반적으로 관계적 속성과 구조적 속성으로 구분할 수 있다(최옥자・박현식, 2013; 황정임 외, 2015).

(1) 관계적 특성

관계적 특성은 관계의 내용에 관한 것으로 관계망에서 교환되는 내용과 관계의 본질을 의미하며 핵심적인 요소는 관계내용과 관계의 질적 측면(상호작용 수준)이다. 관계의 내용이란 네트워크를 통해 조직 간에 교환되는 자원의 성격으로 이해할 수 있는데 조직 간에 교환되는 자원의 내용은 클라이언트 의뢰, 인적·물적 자원, 서비스와 정보 교환이 포함된다. 관계의 질적 측면은 기관 간 상호작용의 수준으로 자원이 이동한 횟수, 접촉빈도, 관계의 지속성, 내구성(다른 네트워크 구성원과의 안정적인 개인적 유대 정도)과 상호호혜적인 정도(주고받는 기능의 정도)와 분산(한 사람이 네트워크 구성원과 접촉할 수 있는 용이성) 등을 통해 네트워크가 얼마나 견고하게 지속적으로 유지될 수 있는가를 확인할 수 있는 특성이다.

(2) 구조적 특성

구조적 특성은 관계의 패턴, 양상 등을 의미하는 것으로 관계적 특성이 전달되는 자원의 내용에 관심을 둔다면, 구조적 특성은 자원의 연계가 이루어지는 방향성과 연계 접근성(거리), 기관 간 상호접촉성의 수준, 그리고 네트워크 연결의 확장 정도 등 관계가 이루어지는 형태에 관심을 둔다. 네트워크의 구조적 특성은 세 가지 수준에서 파악할 수 있다. 첫째, 개별기관과 관련하여 집중도, 연결거리, 연결 관계 등 연결방식에 관한 것과, 둘째, 하위 그룹과 관련하여 전체 하위그룹의 수, 각 하위 그룹 내 소속기관의 수 그리고 마지막으로 전체 네트워크와 관련하여 규모, 밀도, 위계와 중심성 등을 통해 이해할 수 있다.

네트워크의 구조적 특성은 이미 형성된 조직 간의 네트워크의 관계구조와 정도를 파악하는 데 도움이 되지만 조직 간 네트워크가 어떻게 형성이 되었는지, 장애요인은 무엇인지 그리고 얼마나 지속적으로 기여하고 있는지를 파악하기에는 적합하지 않다. 따라서 조직 간에 형성된 네트워크를 측정하기 위해서는 네트워크의 구조적 특성과 관계적 특성을 모두 파악하는 것이 적절하다.

3) 네트워크의 수준

네트워크는 다양한 수준으로 나타난다. 서비스 네트워크 활동에 포함되는 수준에는 연락(communication), 제휴(cooperation), 조정(coordination), 협력(collaboration), 통합(integration)이 있는데 이 연계의 방안들은 하나의 연속선상에 위치하고 있으며 연락에서 통합으로 갈수록 연계의 정도가 높아진다. 각각의 수준을 구체적으로 살펴보면 다음과 같다(이용표, 2005).

(1) 연락(Communication)

연락은 가장 낮은 수준의 네트워크로 개별기관이 서비스의 제공에 필요한 정보를 교환하고 공유하는 단계이며, 개별기관 간 또는 기관 내의 서비스 효과를 증대시킬 목적으로 이루어지는 협력의 방안이다.

(2) 제휴(Cooperation)

제휴는 정보를 공유하고 협력을 통해 조직이 이익과 불필요한 중복을 피하고자 하는 것으로서 각 참여 조직이 활동의 독자성을 인정한다. 그러므로 각 조직에 요구되는 책임은 거의 없으며, 최소한의 자원을 공유하고 각 조직의 자원을 독립적으로 사용한다.

(3) 조정(Coordination)

조정은 서비스의 중복을 방지하고 자원을 효율적으로 관리하기 위하여 정기적인 모임 및 회의를 통해 전문성을 결합하고 계획을 공동으로 수립한 후, 개별 기관들이 각각 서비스를 제공하는 것으로 개별기관의 정체성을 유지하고 각자의 자원을 사용하되 서비스 제공에 있어 team approach를 시도해 나가는 것이다.

(4) 협력(Collaboration)

협력은 분리된 각 조직이 단일한 프로그램이나 서비스를 제공하기 위한 목적을 가지고 연계를 하되, 자신의 정체성을 유지하면서 자원을 공유하는 형태이다. 참여한 조직들이 자원을 통합하여 사용하고 책임을 공유하는 것을 통해 투입한 자원의 효과를 극대화하여 서비스를 제공하는 것이다.

(5) 통합(Integration)

통합은 개별기관들이 서비스의 제공을 위해 개별기관의 정체성을 유지하지 않고 새로운 조직체로 단일의 서비스 기관을 만드는 방안이다.

2. 건강가정지원센터의 네트워크 구축의 필요성

건강가정지원센터는 요보호 가정은 물론 일반 가정을 대상으로 다양한 가족지원, 이용자 참여를 통한 가족기능 지원 강화와 생애주기별 부모교육 등 가족교육 활성화를 위한 서비스를 제공하고 있다. 시·군·구 건강가정지원센터는 여성가족부에서 요구하는 5개 영역의 공통 수행사업인 가족돌봄·나눔, 가족교육, 가족상담, 가족문화와 지역사회 연계사업[독립형 센터는 5개 영역 모두 실시, 다기능화센터는 4개 영역(필수 : 가족교육, 가족상담, 가족문화, 선택(1개 영역) : 가족돌봄, 지역사회연계 중 택일)]을 매뉴얼에 따라 운영하고 있을 뿐만 아니라 공동육아나눔터 사업, 아이돌봄 지원 사업, 가족역량강화지원사업과 권역별로 미혼모 부자 지원기관 운영지원 사업 등을 별도 예산과 지침에 의해 수행하고 있다(여성가족부, 2019). 건강가정지원센터는 다양한 사업을 실시하고 있지만 제한된 인력으로 인한 업무과중과 한정된 예산(독립형 센터는 2억 3백8십만 원, 다기능화센터는 1억 4백3십만 원의 예산으로)으로 인해 현재 실시하고 있는 사업들을 효과적으로 운영하는 데 많은 어려움이 있으며, 건강가정지원센터보다 먼저 지역에서 가족복지 관련 사업을 실시하고 있는 다양한 유관기관들과의 서비스 중복으로 인한 예산 낭비의 문제와 비효율성의 문제 또한 제기되고 있다. 따라서 건강가정지원센터가 제한적인 복지 자원 환경에서 대상자의 다양하고 복합적인 욕구에 효과적으로 대응하여 지역사회의 공공 자원으로서 충분히 역할을 수행하기 위해서는 지역사회의 다양한 가족복지 관련 기관들인 사회복지관, 여성복지 전문기관, 아동복지 전문기관, 노인복지 전문기관, 청소년복지 전문기관, 교육기관과 기타 유관기관들과 긴밀한 네트워크를 형성하고 체계적으로 네트워크를 관리하여 기관이 보유한 자원의 한계를 넘는 보다 적극적인 외부자원의 발굴하여야 할 것이다(임효연 · 이사라, 2013; 최옥자 · 박현식, 2013).

지방화시대의 도래와 함께 지역사회복지에 대한 관심이 증가하면서 지방정부의 재정자립도와 지역사회의 자원동원 능력 부족 등으로 인해 지역주민의 다양한 욕구를 충족시키기에 한계가 있다는 의식과 함께 지역사회의 다양한 조직들을 활용하는 네트워크 전략이 중요한 과제로 등장하고 있다(송혜림 · 김소영, 2006). 이는 지역사회의 문제를 가장 잘 알고 있는 지역사회가 지역사회의 복지문제를 지역주민의 참여하에 스스로 결정하고 집행하여 지역사회의 상황에 적절한 지역복지 발전을 도모할 수 있다는 이념에 근거를 두고 있다(이용표, 2005). "사회적 네트워크를 어떻게 활용하는가에 따라 사회발전이 달라진다"는 Manuel Castells의 주장처럼 복지 후발주자인 건강가정지원센터가 급변하는 가족 환경 속에서 지역사회 가족복지서비스전달체계의 중심 기관으로 자리잡기 위해서는 사회적 네트워크를 어떻게 효과적으로 활용하는가에 달려 있다(김기홍, 2006; 최옥자 · 박현석, 2013)고 볼 수 있다.

건강가정지원센터의 네트워크 구축 및 체계적 관리의 필요성을 구체적으로 살펴보면 다음과 같다(민소영 · 임선영, 2014; 장연진, 2013; 정민자, 2006).

① 복합적이고 다차원적인 클라이언트의 욕구 충족

가족의 형태가 핵가족화, 다양화되면서 그에 따라 수반되는 가족의 기능적 변화와 돌봄의 공백 등을 비롯한 다양한 문제가 생겨났고, 가족들이 자신들이 가진 문제의 해결을 해결하지 못하여 가족을 강화하고 대리하거나 보완할 수 있는 서비스를 요구하게 되었으며 서비스에 대한 욕구도 심리적 지지, 경제적 원조, 보건, 취업관련 서비스, 교육, 상담 등 복합적인 경향을 띠게 되었다(이진숙 2017). 클라이언트의 문제와 욕구가 매우 복합적이고 다차원적인 반면 서비스 공급기관들은 특정 목적이나 기능 중심으로 파편화되어 있고, 분절적으로 서비스가 제공되면서 네트워크 구축의 필요성이 제기되고 있다(황정임 외, 2015). Davis, Koroloff와 Johnsen(2012)는 공급기관 간 네트워크에 기반한 서비스가 제공될 경우 클라이언트의 만족도가 높아진다는 결과를 제시하면서 서비스 공급기관 간 네트워크 구축의 필요성을 강조하고 있다. 건강가정지원센터는 지역사회복지관과는 달리 요보호가족뿐만 아니라 모든 가족구성원을 대상으로 예방에 목적을 둔 지원 사업을 실시하고 있으며, 사업의 대상이 개인뿐만 아니라 가족이기 때문에 연계의 가능성이 있는 지역사회 기관도 사회복지관이나 다른 유관기관에 비해 훨씬 다양하고 많을 수밖에 없다. 또한 건강가정지원센터에서는 한부모가족, 조손가족, 다문화가족, 맞벌이 가족, 장애아를 둔 가족, 북한이탈주민가족, 군인가족, 수용자가족, 재혼가족이나 이혼 전후 가족 등을 대상으로 다양한 가족 지원을 위한 상담, 교육 및 문화 프로그램이 결합된 맞춤형 통합서비스를 제공하고 있으며, 예비·신혼기 부부, 결혼준비교육, 학년기 전·학년기, 청소년 자녀를 둔 부모교육, 중년기와 노년기 교육 등 생애주기별 가족교육 사업 등 다양한 가족과 생애 전 주기의 가족을 대상으로 교육을 실시하고 있는 데 반해 센터의 인력은 소수이기 때문에 센터 자체의 인력만으로는 서비스 이용자들의 다차원적이고 복합적인 욕구를 충족시키는 데 많은 어려움이 있다. 따라서 서비스 이용 대상자들의 욕구를 충족시키고 이들에게 필요한 전문적인 서비스를 제공을 통해 이용자의 복지를 극대화하기 위해서는 지역 유관 전문기관들과 각 기관의 전문성을 최대한 살릴 수 있는 방향으로 네트워크를 형성하여야 할 것이다.

② 서비스의 중복과 누락을 없애고 이용자 중심의 효율적 서비스 제공

1980년대 중반 이후 우리나라의 복지전달체계는 양적으로 급격한 성장을 보였으나 양적인 성장과 함께 지역사회에서 사업 목적이나 성격이 유사한 프로그램들이 중복적으로 제공되는 서비스의 중복이 발생하고 이에 따라 서비스 제공기관들 사이에 갈등이 발생되는 결과가 초래되기도 하였다(심재호, 2000). 보편적 서비스 제공을 강조하는 건강가정지원센터의 경우도 설립 초기에는 지역사회에서 전통적인 가족복지를 실천하면서 지역 밀착 주민서비스를 제공해 온 다양한 가족 관련 기관들, 특히 사회복지관과의 사이에 모호한 역할

분담으로 인해 갈등이 있었으며, 또한 두 기관의 이원화된 구조로 인해 서비스 전달의 통합성과 포괄성이 저하된다는 지적을 받아왔다. 지역사회에서 유사한 서비스를 제공하는 기관들 사이에 네트워크가 형성되지 않으면 서비스의 중복이 발생될 뿐 아니라 서비스의 수혜를 받지 못하고 소외되는 계층 또한 나타나게 된다. 따라서 지역사회 내의 인적·물적 자원을 효율적으로 배분하고 개발하기 위한 조정과 협의의 수단으로 네트워크의 형성이 필수적이다.

③ 자원의 극대화

건강가정지원센터의 규모와 예산, 인적자원의 한계를 고려할 때 제한된 자원으로 사업의 효과성을 최대화하기 위해서는 지역사회에 있는 다른 기관, 시설들과의 사업의 공동개발, 인적·물적 자원의 교환과 정보의 공유 등을 통해 자원의 극대화를 모색할 필요가 있다(송혜림·장진경, 2004). 서비스의 통합과 조정을 통해 제한된 자원을 효율적으로 사용하게 되면 비용이 절감이 될 뿐만 아니라 각 기관이 공통의 사업을 추진하고 남은 재원은 다른 서비스 시행에 사용할 수 있게 된다(이봉주, 2005).

④ 공공정책의 변화에 따른 공동 의사결정의 장려

사회복지 개혁이나 중앙정부로부터 지방정부로의 권력이양과 같이 공공정책이 변화되면서 지방정부, 비영리단체와 영리단체 등 다양한 기관 간의 공동 의사결정이 장려되고 있다. 또한 4차 산업혁명의 도래와 함께 다양해지는 복지환경 변화에 대응하기 위해서 다양한 가족복지 관련 조직이나 기관 간의 협력과 네트워크 형성이 필수적인 요소로 부각된다.

⑤ 지역사회의 문제 해결

지방자치 시대에 지역사회의 문제를 지역이 스스로 해결하려면 지역의 특성과 수요자들의 욕구를 파악하는 것이 무엇보다 우선이 되어야 하며 이를 위해서는 지역사회의 다양한 자원들 간의 네트워크 형성이 필수적이다.

3. 네트워크 활성화 요인 및 제약 요인

서비스 대상자에게 제공되는 서비스의 질과 효율성을 높이기 위한 네트워크 필요성이 오래 전부터 제기되어 왔음에도 실천 현장에서 네트워크를 구축하고 운영하는 것은 매우 어려운 현실이다. 네트워크가 현실적으로 활성화되기 어려운 이유와 활성화에 영향을 미치는 요인을 살펴보면 다음과 같다(황정임 외, 2015 : 25-31; Lee & Liu, 2012).

1) 네트워크 활성화의 제약요인

(1) 인력과 예산 부족

최옥자 · 박현식(2013)이 전국의 102개 건강가정건강가정지원센터를 대상으로 네트워크와 조직 특성에 따른 사업성과를 분석한 결과 외부기관으로부터의 인적 · 물적 정보에 대한 필요성은 매우 높게 인식하고 있었다. 그러나 실제 네트워크 형성을 위한 인력배치 수준은 매우 낮았는데 건강가정지원센터 구성원들이 생각하는 네크워크 장애요인 1위는 인력부족인 것으로 나타났다. 이는 전국 58개 건강가정지원센터의 네트워크 구성 현황을 조사 분석한 강기정 외(2010)의 연구에서 센터의 95%가 지역사회 가족복지 사업을 위해 네트워크 활동이 중요하다고 인식하고 있고, 90% 이상이 네트워크 활동을 통해 업무수행에 도움을 받고 있다고 응답하였으나 센터 예산에서 네트워크 활동을 위해 별도 예산 및 인력이 배치되지 않아 활동에 집중하지 못하여 활성화에 한계가 있다고 응답한 것과 유사한 결과이다. 따라서 건강가정지원센터의 네트워크 활성화를 위해서는 무엇보다 먼저 이를 위한 전담인력의 배치와 예산이 선행되어야 할 것이다.

(2) 개별 조직 간의 가치, 규범과 이데올로기의 차이

각각의 조직들이 네트워크를 통해 대의적으로 같은 상위목적을 공유한다고 해도 각 기관이 개별적으로 가지고 있는 가치, 규범과 이데올로기가 있기 때문에 각기 다른 미션과 가치를 가지고 있는 조직들과 네트워킹을 하는 것은 쉽지 않다. 즉, 목적 달성에 필요한 네트워크의 중요성을 인지하더라도 실제로 이에 요구되는 수준의 헌신을 제공하기 어려운데 네트워크 구축은 조직의 헌신이 없이는 성공하기 어렵다. 그렇기 때문에 협력적 네트워크의 성공은 이론적으로는 가치있고 가능하지만 실천적으로는 매우 제한적일 수밖에 없다.

(3) 개별 기관 간의 서로 다른 이해

지역적 차원에서 네트워크를 바라보면 필요성과 당위성이 충분히 설명될 수 있지만 개별 기관의 이해라는 관점에서 네트워크를 바라보면 네트워크의 활성화는 간단한 문제가 아니다. 왜냐하면 네트워크가 형성되면 참여 기관들은 자신들의 기관에 소속되어 있을 뿐만 아니라 네트워크에도 소속이 되므로 새로운 조직의 행동통제를 따라야 하고, 네트워크 구성원들의 목표를 달성하기 위해서 시간, 인적자본과 자본 등을 지불해야 한다(이관률 · 도묘연, 2015). 그렇기 때문에 개별 기관의 경우 네트워크를 통해 얻을 수 있는 이익(인력, 전문가, 공간, 재정과 타 네트워크에 대한 접근을 포함한 자원공유)과 비용(조직의 자율성 상실)을 계산해 볼 수밖에 없는데 네트워크 구축 시에 기관별로 얻을 수 있는 이익과 비용이 다 다를 수밖에 없으므로 기관들 간의 이해가 상충될 수 있다.

(4) 기관들 간의 유사사업

네트워크에 참여한 기관들 간에 유사사업이 많은 경우 대상자가 중복되고, 기관만의 고유한 서비스나 충분한 자원을 가지고 있지 않아서 네트워크 활성화에 한계가 있는 것으로 나타난다.

2) 네트워크 활성화에 영향을 미치는 요인

(1) 조직의 규모

조직의 규모는 조직의 역량과 밀접한 관련성을 갖는데 거대 조직은 재정자원 교류와 인적 자원이 충분하고 파트너십을 구축하는 데 소요되는 비용을 감당할 수 있다. 반면 규모가 작은 조직은 네트워크에 필요한 자원은 부족하지만 다른 조직의 자원을 활용하기 위해 네트워크가 필요하다(Lee & Liu, 2012). 조직규모와 네트워크 파트너십 구축간에는 U자형 관계가 있는 것으로 선행연구를 통해 밝혀진 것을 통해서도 조직의 규모와 네트워크 간에 관계가 있음을 알 수 있다(Graddy & Chen, 2006).

(2) 개별 기관의 연대 활동 경험

선행연구를 통해 개별 기관이 이전에 경험했던 네트워크 경험이 이후 장기적인 네트워크 구축으로 확장될 가능성을 높인다는 결과가 밝혀졌다. 그렇기 때문에 개별기관이 다양한 네트워크 활동을 경험을 해보는 것은 의미가 있는 것으로 보인다. 네트워크 경험을 공유하기 위해 하나의 이슈를 중심으로 캠페인 활동을 공동으로 추진하거나, 정보를 공유하는 포럼을 운영하는 등의 활동을 통해 연대의 경험을 축적할 수 있을 것이며 이 같은 경험을 통해 각 기관들이 자신들의 기관과 같은 생각을 가지고 있는 기관을 찾을 수도 있고, 추후 네트워크 구축을 위한 기술과 역량을 기를 수 있는 기회를 가지게 될 수 있다.

(3) 지역사회가 보유한 자원의 규모

지역사회가 보유한 자원의 규모가 클수록 네트워크 활동이 활발하고, 충분히 자원을 의존할 수 있는 대외환경이 조성되어 있을수록 조직 간 협력이 활성화되는 것으로 나타난다(민소영, 2011). 지역사회 자원이 상대적으로 많이 분포된 대도시와 중소도시가 농촌지역보다 조직 간 협력이 활발하며, 보다 안정적인 네트워크를 운영하고 있는 것으로 밝혀지고 있다. 또한 외부자원에 대한 의존비율이 높은 조직은 다른 조직과의 협의나 의뢰에 적극적이고 조직 간 연계가 활발해지는 것으로 나타나서 지역사회나 기관이 활용할 수 있는 자원의 규모가 네트워크 형성과 활성화에 영향을 미침을 알 수 있다.

(4) 프로그램상의 필요성

프로그램의 수행을 위한 필요성이 네트워크 형성에 중요한 영향을 미치는 것으로 다양한 연구를 통해 밝혀지고 있다. 수행하는 프로그램이나 업무가 복잡하고 복합적이어서 각 기관이 독립적으로 문제를 해결하기 어려운 경우에 직면하게 되면 네트워크 형성을 필요로 하게 된다. 빠르게 변해가는 현대사회에서 클라이언트들이 직면하는 사회적인 문제들은 교육, 건강, 실업 등의 다양한 분야와 관련되어 있고 독립된 기관의 인적자원이나 재정적 자원만으로는 이러한 문제를 해결하는 데 많은 어려움을 겪게 된다. 그렇기 때문에 각 기관들은 자신들의 클라이언트를 전문성을 가진 다른 기관에 의뢰하기도 한다. 단일 기관이 가진 전문성과 능력이 제한될 경우 기관들은 클라이언트의 욕구를 충족시키고 다양한 서비스를 제공하기 위해 다양한 전문성을 가진 다른 기관들과 네트워킹을 통한 파트너십을 구축하게 된다.

(5) 체계적이고 전략적인 네트워크 관리

네트워크 활동을 통해 사업의 성과를 높이기 위해서는 다수의 조직과 연계를 형성하는 것보다는 연계활동의 효율성을 높이는 것이 사업의 실질적인 성과를 향상시키는 데 도움이 되는 것으로 밝혀졌다(최옥자 · 박현식, 2013). 또한 많은 수의 조직과 네트워크를 맺기보다는 핵심조직과 관계를 맺는 것이 네트워크 내의 다른 조직과 더 빨리 연계되고 이것이 사업의 성과를 증진시키는 데 효과적인 것으로 드러났다. 따라서 네트워크를 활성화하고 이를 통해 사업의 성과를 높이기 위해서는 다수의 기관과 네트워크를 맺기보다는 체계적이고 전략적으로 네트워크를 관리할 필요가 있다.

(6) 환경적 불확실성

급속하게 변화하는 사회에서 미래에 어떤 사건이 발생할지 예측할 수 없기 때문에 각 조직은 불확실성(국가나 지방자치단체로부터의 지원금이나 수행 계약기간, 사업수행의 지속성 등)을 최소화하고 클라이언트를 안정적으로 지원하기 위한 안전장치로 다른 기관과의 네트워크 협력을 강화시키게 된다.

(7) 지리적 근접성

지리적으로 인접한 센터들이 서로 연계를 주로 맺게 되는데 물리적 근접성은 집단 및 개인 사이의 소통에 도움을 주고 네트워크의 형성과 발전에 긍정적으로 작용하는 것으로 밝혀지고 있다(장임숙, 2013).

위의 요인 이외에도 기관의 전문인력의 수, 기관 종사자 중 사회복지사 비율, 실무자의 전문성 등이 연계 기관의 수나 연계 영역의 다양성 등에 영향을 미치며 네트워크에 참여하는 기관의 활동의지 등이 네트워크 구축에 영향을 미치는 것으로 나타났다.

4. 네트워크 형성 시 고려하여야 할 사항

네트워크도 조직이기 때문에 조직을 설계함에 있어서 기본적으로 고려하여야 할 요소들이 있다. 네트워크를 형성할 때 고려하여야 할 사항은 다음과 같다.

(1) 지역사회에 존재하는 다양한 기관이 가진 자원과 전문성 파악

지역사회에 어떤 기관이 존재하고 있는지를 먼저 파악하여야 하고 이 기관들이 가지고 있는 전문성과 장점이 무엇인지를 파악하여 건강가정지원센터에서 진행하고 있는 또는 진행할 사업이나 프로그램과 연계를 할 수 있는 기관이 어디인지를 적극적으로 파악하여야 한다. 또한 지역사회의 다양한 기관들이 그동안 어떠한 사업을 수행해 왔으며 이에 대한 지역사회와 이용자들 평가는 어떠한지, 효과성과 제한점 등은 무엇인지도 함께 파악하여야 한다(송혜림·장진경, 2004).

(2) 네트워크의 구축목적

네트워크 형성을 위해서는 네트워크에 참여하는 조직들 간에 일치점을 찾는 작업이 필요하다. 참여하는 조직이 다양할 때에는 참여 조직 간에 일치된 목적을 찾기가 어려운 경우가 발생할 수도 있으므로 충분한 논의과정을 통해 각 참여조직의 입장을 반영하여 일반적인 수준에서 합의된 목적을 도출해 내려는 노력이 필요하다.

(3) 네트워크의 구성요소

네트워크의 구성요소는 네트워크에 어떤 조직을 포함시킬 것인가의 문제이다. 네트워크에 참여할 수 있는 조직이나 기관은 크게 세 가지로 나누어 볼 수 있다. 인적·물적 자원을 제공할 수 있는 조직(종교단체, 전문가 단체, 지역사회대학), 클라이언트에게 직접적으로 서비스를 제공할 수 있는 기관(사회복지관, 주민자치센터 등), 그리고 마지막으로 행정적인 지원을 해줄 수 있는 기관(공공행정기관)이다(심재호, 2000). 네트워크 형성 시에는 각각의 기관이 제공할 수 있는 자원을 파악하여 수행하고자 하는 사업이나 프로그램에 따라 어떤 기관과 어떻게 네트워크를 형성하는 것이 가장 효율적이고 적합한지를 고려하여야 한다.

(4) 네트워크에 참여할 기관들 간의 역할 조정

네트워크에 참여할 지역사회 유관기관들 사이에 어떻게 업무를 분담하고 역할을 조정하여야 할지를 정하는 것은 매우 중요하다. 기관 간의 역할의 조정이 얼마나 잘 이루어졌는지에 따라 실시되는 사업의 효과성과 이용자의 만족에 중요한 영향을 미칠 수 있으며, 네트워크의 지속성 또한 결정된다. 따라서 네트워크 참여 기관 간에 연계 프로그램을 개발하거나 사업을 공동으로 실시할 때는 역할분담 등에 관해 미리 협의하고 조정하여야 한다(심재호, 2000).

(5) 네트워크의 운영재원

네트워크를 유지하고 운영하기 위해서는 재원이 필요한데 네트워크의 유지에 드는 비용은 사업비보다는 운영관리비의 성격을 갖는다. 네트워크의 운영재원은 지방자치단체나 민간단체 등 외부로부터 마련할 수도 있고, 네트워크에 참여한 조직들이 회비를 내어 마련할 수도 있다.

(6) 네트워크의 설치 단위

네트워크의 설치단위는 기본적으로는 기초자치단체의 관할구역과 일치하는 것이 바람직하다. 그러나 지역환경에 따라 보다 신축적인 모습을 가질 수 있어야 한다(심재호, 2000).

5. 건강가정지원센터 네트워크 현황

1) 건강가정지원센터 네트워크 현황

현재 건강가정지원센터들이 어떤 기관과 네트워크를 형성하고 있는지를 알아보기 위해 한국건강가정진흥원, 중앙건강가정지원센터와 지역건강가정지원센터 홈페이지를 통해 파악한 건강가정지원센터의 네트워크 연계 기관 현황이 <표 9-1>에 제시되어 있다. 표에 나타난 기관 현황과 연계 내용에 대한 정보를 통해 건강가정지원센터센터가 어떤 기관들과 네트워크를 맺고 있는지 그리고 각 기관들과의 연계를 통해 진행하고 있는 연계 활동의 내용이 무엇인지를 파악할 수 있을 것이다.

건강가정지원센터들은 다양한 공적전달체계와 민간전달체계의 기관들과 연계를 맺고 있는 것으로 나타났는데, 주로 정례회의, 방문과 홍보, 사업의 공동계획, 프로그램 제공과 강사 파견, 상담제공, 지역사회 지원체계 구축과 고용창출 지원 등을 통해서 지역사회의 유관기관들과 관계를 형성하고 있었다. 가장 활발하게 이루어지고 있는 연계활동의 내용은 상담과 프로그램 지원인 것으로 파악된다. 연계의 수준은 주로 건강가정지원센터가 지역사회의 유관기관에 프로그램을 제공하고 강사파견과 같은 인적자원을 제공하는 형태나 필요로 하는 기관과 연계하여 상담을 제공하는 것으로 보인다.

최옥자와 박현석(2013)이 전국의 102개 건강가정지원센터를 대상으로 네트워크 상호작용 빈도를 분석한 결과 정보를 공유하고 서비스를 의뢰하는 빈도는 아동복지 관련 기관과 가장 높고, 협의 조정의 경우 교육기관이나 여성복지 관련 기관이 높았으며, 자원교환의 경우 인적자원의 교환은 노인복지 관련 기관과 물적 자원교환은 청소년복지 관련 기관, 그리고 정보자원교환은 아동복지 관련 기관과 높은 상호작용이 이루어지는 것으로 밝혀졌다.

〈표 9-1〉 건강가정지원센터 네트워크 연계 기관 현황과 연계 내용 (2019년 2월 기준)

	네트워크 연계 기관	연계 내용
공적 전달 체계	고용안정지원센터	실업가정과 위기가정 지원
	지역사회 도서관	도서관 프로그램 운영을 위한 인적자원 제공
	보건소	센터 프로그램 참여아동 기초건강검진 제공
	정신보건센터	지역주민의 정신건강 및 가정의 건강성 향상
	지역교육청	한부모가정지원 프로그램, 교육복지투자우선지역 지원사업 지역 안전망 협약, 기타 업무협약
	코레일 역	추석명절 캠페인 실시
	청소년종합지원센터	지역사회청소년 통합지원체계 구축
	가정법원	협의 이혼 시 상담 및 조정, 재판 이혼 시 이혼상담, 한부모가족 자녀양육비 이행법률지원 강화
	보건복지부	노인학대 신고 강화를 위한 신고의무자 협의체 구성 노인학대 신고의무자 교육사업, 노인학대 예방 홍보사업 등
	국민연금관리공단, 국민건강보험공단	교육 프로그램(부모교육과 노후준비교육)과 강사 제공
	경로당	방문교육
	지역자원봉사센터	봉사자 대상 프로그램 실시, 강사파견
	여성인력개발센터	여성 역량강화 교육 프로그램 실시
	교도소	재소자 가족대상 상담 및 교육 실시
	소년원	기타 업무협약
	중학교	다문화 교육, 진로상담 제공
	주민자치센터	지역정보제공, 가족통합 지원 서비스 제공
	국민연금공단	건강가정 지원
	한국양성평등교육진흥원	기타 업무협약
	보건복지위원회	기타 업무협약
	교통안전공단	교통사고 피해가족의 심리안정 프로그램 제공
	법무부 법질서 담당관실	가정헌법 만들기 프로그램 운영, 법질서 콘텐츠 제공
	법원	양육비 이행 법률지원 강화
	대한법률구조공단	양육비 이행 법률지원 강화
	한국정보화진흥원	인터넷 중독전문 예방, 상담 및 심리치료사업 학교·지역사회모임 등 파견 집단상담사업
	도시재생센터	저출산 극복 사회연대회의 운영 활성화를 위한 업무협약

	도단위 연구원	지역인재 육성사업 위탁계약, 책 현안에 대한 대응방안 논의, 연구·지원 네트워크 간 협력방안 모색
	한국정보화진흥원	인터넷 중독전문 예방, 상담 및 심리치료사업
	산림복지진흥원	다양한 가족 대상 산림복지서비스 지원
민간 전달 체계	지역사회 복지시설	역량강화 프로그램 지원
	종합복지관	프로그램 공동 기획, 평생학습연계, 축제 및 문화행사 연계, 부모교육, 부부교육 등 강사파견
	아동보호전문기관	공동사업 및 연계사업 추진, 위기 아동 양육비 이행지원
	여성장애인 작업장	인쇄물, 현수막 제작 시 연계하여 사업비 절감 혜택 및 여성장애인 고용창출 지원
	알코올 상담센터	공동 상담사업
	장애인 부모회	상담지원
	미혼모 지원센터	상담지원
	장애인복지관	상담지원 및 프로그램 공유
	교보문고	교재구입 시 할인 및 상호 홍보지원
	가정위탁지원센터	상담지원 및 교육사업 지원 가족역량강화를 위한 지역사회협의체 업무협약
	모자원	한부모가정 지원사업 협약
	지역자활센터	찾아가는 아버지 교육, 한부모가정 역량강화
	유치원, 어린이 집	찾아가는 부모교육
	보육정보센터	상담서비스 제공
	제빵학원, 요리학원	다양한 행사 시 저렴한 비용으로 요리를 제공받고 학원 입장에서는 간접적인 홍보 가능
	성폭력, 가정폭력 상담소	상담업무 협약
	YMCA, YWCA	프로그램 제공, 강사 파견
	평생학습센터	다양한 교육 프로그램 제공
	지역아동센터	상담, 프로그램과 강사 제공
	청소년수련관	상담연계, 프로그램 제공과 강사 파견
	여성의 쉼터	상담연계
	청소년 지원센터	상담, 프로그램 제공
	법률상담소	상담연계를 통해 법률상담소는 법률상담 건강가정지원센터는 가족상담 제공

민간 전달 체계	육아종합 지원센터	부모교육 프로그램 제공
	직장맘 지원센터	기타 업무협약, 인터넷 중독전문 예방, 상담 및 심리치료사업
	일자리 플러스센터	기타 업무협약
	아동복지센터	기타 업무협약
	한국 청소년 활동 진흥원	기타 업무협약
	청소년 상담복지센터	가정 건강성 증진을 위한 프로그램 개발·연구, 가족정책 관련 자료 생성
	학부모 지원센터	기타 업무협약
	아동자립지원단	기타 업무협약
	의료원	기타 업무협약
	지역 한의사회	저출산 극복 사회연대회의 운영 활성화를 위한 업무협약
	지역 간호사회	저출산 극복 사회연대회의 운영 활성화를 위한 업무협약
	지역 은행	저출산 극복 사회연대회의 운영 활성화를 위한 업무협약
	지역자활센터	가족역량강화를 위한 지역사회협의체 업무협약
	지역사회 기업	가족친화기업인증 맞춤형 가족생활교육 보급, 부모교육 지원 및 비 양육부모·자녀 관계지원
	지역사회 대학교	인적자원 공유, 전문가 집단 활용, 수업료 및 장학금 제공, 특별 교육과정운영
	산부인과	기타 업무협약
	LH 한국토지주택공사	기타 업무협약
	해바라기 센터	가정폭력성폭력 관련 업무협약
	희망이음	교육 관련 업무협약
	노인찾아주기 종합센터	노인 관련 업무협약
	생명의 전화	사회복지 관련 업무협약
	재난심리지원센터	사회복지 관련 업무협약
	도박문제관리지원센터	중독 관련 업무협약
	서울시 데이터센터	인터넷 중독 상담 연계, 인터넷 중독 예방교육 운영
	스마트쉼센터	중독 관련 업무협약
	조리학원	취업 관련 업무협약
	미용직업전문학원	취업 관련 업무협약

민간 전달 체계	방송아카데미 뷰티스쿨	취업 관련 업무협약
	소상공인시장진흥공단 지역센터	기타 업무협약
	일생활균형재단	기타 업무협약
	인터넷 방송신문	기타 업무협약
	평생교육원	센터 임직원을 대상으로 교육 시스템 제공
	한국가족관계학회 한국가족자원경영학회 한국가족치료학회 부부·가족상담학회	가정 건강성 증진을 위한 프로그램 개발·연구, 가족정책 관련 자료 생성, 건강가정지원센터 종사자 직무교육 및 전문교육 자문, 슈퍼비전 제공 및 슈퍼바이저 연계
	학회	상담 프로그램 홍보 및 업무협조
	금융복지상담소	기타 업무협약
	대한변협법률구조재단	한부모가족 자녀 양육비 이행 법률지원 강화
	한국동서발전, 한국중부발전	건강한 가정문화운동, 일·가정 양립을 위한 문화조성을 위한 직원교육
	한국가정법률상담소	한부모가족 자녀 양육비 이행 법률지원 강화
	지역 교향악단	기타 업무협약

2) 건강가정지원센터의 자원연계 실적 현황

건강가정지원센터의 자원연계 실적 현황은 <표 9−2>에 제시되어 있다. 2017 가족지원사업 연간실적보고서(한국건강가정진흥원, 2018)에 보고된 건강가정지원센터의 자원연계는 2015년 10,091건에서 2016년에는 14,349건으로 42.2% 증가하였고, 2017년 15,775건으로 2016년에 비해 10% 가까이 증가한 것으로 나타난다. 그러나 자원연계의 현황을 구체적으로 분석해 보면 건강가정지원센터 내부 자원연계가 44.8%로 가장 높았고, 타 건가센터와의 연계는 0.6%, 그리고 외부 자원연계는 27.4%(고용 복지 16.9%, 보건 의료 1.1%, 교육 4.3%, 생활가사 서비스 관련 기관 0.8%, 행정기관 4.3%)에 불과하였다. 개인 및 기업의 지원 등의 기타 분류를 제외하면 직접 서비스 제공에 해당하는 내부 자원연계의 비율이 외부 자원연계에 비해 1.6배 가까이 높으며 매년 타 건가센터나 타 기관과의 연계가 지속적으로 줄어드는 것으로 나타났다. 반면 내부 자원연계의 비율은 2015년 27.2%에서 2017년에는 44.8%로 17.6%p나 높아져서 내부 자원연계에 의존하는 비율이 점차 높아지고 있음을 알 수 있다. 자원연계 건수의 증가는 내부 자원연계의 증가와 직접적인 관련이 있어서 2016년의 자원연계 증가 4,258건 중 내부 연계 건수의 증가는 2,796건으로 전체 증가건수의 65.7%에 달하며 2017년의 내부 연계 증가건수는 1,519건으로 전체 연계 증가 건수 1,426건보다 내부 연계가 더 많이 증가한 것을 알 수 있다. 따라서 건강가정지원센터의 최근 3년간 자원연계 증가는 외부 연계의 증가가 아닌 내부 서비스의 증가에 기인한 것으로 볼 수 있다. 지역사회 연계사업은 여성가족부에서 요구하는 시·군·구 건강가정지원센터의 5대 공통 수행사업 영역 중 하나로 강조되고 있는 분야(여성가족부, 2019)이고 개인과 가족이 직면하게 되는 다양하고 복합화된 욕구에 효과적으로 대응하기 위해서는 네트워크에 기반한 외부자원의 발굴 및 연계가 필수적임에도 불구하고 건강가정지원센터와 타 기관과의 연계가 계속해서 줄어들고 있는 것으로 나타남에 따라 외부자원의 연계와 활용을 위한 보다 적극적인 노력이 필요함을 알 수 있다.

〈표 9-2〉 건강가정지원센터 자원연계 실적 현황 (단위 : 건, %)

구분	내부	타건가 센터	행정 기관	고용 복지 관련 기관	교육 관련 기관	보건 의료 관련 기관	생활가사 서비스 관련 기관	기타*	계
2017년	7,061 (44.8)	96 (0.6)	679 (4.3)	2,671 (16.9)	676 (4.3)	179 (1.1)	131 (0.8)	4,282 (27.1)	15,775 (100)
2016년	5,542 (38.6)	106 (0.7)	723 (5.0)	2,357 (16.4)	751 (5.2)	247 (1.7)	393 (2.7)	4,230 (29.5)	14,349 (100)
2015년	2,746 (27.2)	146 (1.4)	573 (5.7)	2,340 (23.2)	828 (8.2)	185 (1.8)	45 (0.4)	3,228 (32.0)	10,091 (100)

* 기타는 후원단체 및 사기업과 연계 등

출처 : 한국건강가정진흥원(2018). 2017 가족지원사업 연간실적보고서.

6. 건강가정지원센터 네트워크 활성화를 위한 제언

건강가정지원센터의 네트워크를 활성화하기 위한 제언은 다음과 같다.

(1) 네트워크 활동을 위한 별도의 예산 배정과 인력 배치

여러 연구에 의하면 건강가정지원센터 구성원의 대부분이 지역사회 가족복지 사업을 위해 네트워크 활동이 중요하다고 인식을 하고 있고, 네트워크 활동을 통해 업무에 도움을 받고 있지만 센터 예산에서 네트워크 활동을 위한 별도 예산 및 인력이 배치되지 않아 활성화에 한계가 있는 것으로 나타났다(강기정 외, 2010; 최옥자 · 박현식, 2013). 지역사회연계는 건강가정지원센터의 공통사업영역 중 하나일 뿐만 아니라 건강가정지원센터의 사업영역인 생애주기별 부모교육이나 가족상담 그리고 다양한 가족을 위한 통합지원을 위해서는 건강가정지원센터의 인력만으로는 클라이언트인 가족들이 요구하는 복잡하고 다차원적인 욕구를 충족시키는 데 많은 어려움이 있을 수밖에 없다. 따라서 건강가정지원센터의 지역사회연계를 활성화하기 위해서는 전담인력의 배치와 예산이 선행되어야 한다.

(2) 건강가정지원센터에 대한 적극적 홍보

건강가정지원센터가 설립된 지 15년이 지나고 있음에도 일반 주민들 중에서는 건강가정지원센터와 보건소를 혼동한다는 우스갯소리가 나오고 있다. 건강가정지원센터가 지역사회의 건강가정 네트워크의 중심으로 자리매김하고 건강가정지원센터의 프로그램 참여자 동원을 보다 원활하게 하기 위해서는 건강가정지원센터에 대한 적극적인 홍보를 통해 지역사회의 가족복지 전문기관으로서의 위상을 확고히 하여 건강가정지원센터가 가족 관련 문제 해결의 창구라는 상징성을 획득할 필요가 있다. 상징적인 이미지를 만들기 위해서는 시 · 군 · 구 건강가정지원센터의 일관적인 홍보가 필요하고, 많은 자원이 필요하므로 한국건강가정진흥원이 중심이 되고 개별 건강가정지원센터도 건강가정지원센터, 보건복지가족부나 지방자치단체와 연계하여 적극적 홍보를 실시하는 것이 바람직하다(원소연 · 장진경, 2006).

(3) 지역주민의 욕구에 기반한 네트워크 형성

네트워크가 효율적으로 형성되기 위해서는 지역주민들이 가지고 있는 욕구를 파악하는 것이 우선적으로 필요하다. 심재호(2000)는 사회적 네트워크 구성의 핵심은 서로 연결된 사람이나 장소 또는 행위로서 이들이 구성의 핵심이 되며, 지역복지 네트워크라고 할 경우에는 그 구성의 핵심은 서로 연결된 지역사회 내의 복지대상자와 사회복지 관련기관이 된다고 하였다. Seed(1990)도 네트워크는 일상생활 속에서 지역사회의 복지기관들과 관계를 맺고 있는 클라이언트에 초점을 두어야 하며 네트워크가 클라이언트에게 서비스를 어떻게 전달할 것인지에 대한 대안이라고 제시하여 네트워크의 중심에는 클라이언트가 있음을 주장하고 있다(심재호, 2000 재인용). 그렇기 때문에 네트워크를 구축할 때도 가장 우선이 되는 것은 클라이언트이고 이들의 욕구를 정확하게 파악하는 것이 기본이 되어야 함을 잊지 말아야 한다.

현재 우리 사회는 다양한 가치와 빠른 사회변화를 겪으면서 전통적 가치관이 변화하고 있고 다양한 유형의 가족이 증가하면서 가족 고유의 문제뿐만 아니라 우리 사회의 가족이 보편적으로 경험하는 문제 또한 변화하고 있다(임효연 · 이사라, 2013). 따라서 지역사회 구성원들의 다양한 욕구 및 문제 해결을 보다 효과적이고 효율적으로 해결하기 위해서는 지역 가족들의 욕구를 기초로 하여 주민들이 필요로 하는 전문적인 이용자 중심의 서비스를 가장 효율적으로 제공할 수 있는 기관들과 네트워크를 형성할 필요가 있다.

(4) 공동사업 실시를 위한 지침 개발

현재 건강가정지원센터의 네트워크 연계활동을 살펴보면 관련 기관과의 협력체계 구축과 공동사업 개발 및 실시 등은 잘 이루어지고 있으나 공동사업 실시에 따른 지침 개발은 거의 이루어지고 있지 않은 것으로 나타났다(장진경 외, 2006). 건강가정지원센터는 교육 프로그램이나 상담 프로그램 등과 같은 직접적 서비스 전달의 역할과 함께 지역사회의 다양한 가족 관련 기관들과 가족의 욕구를 유기적으로 연결시키는 기능을 지녀야 통합적인 가족지원서비스를 제공할 수 있다. 통합적인 서비스의 제공을 위해서는 관련 기관과의 연계는 매우 중요한 의미를 지니며, 이를 위해 연계 협약서를 교부하거나 공통사업을 실시할 경우 양 기관의 역할과 일의 분담 정도에 따른 기준이 명시된 지침이 필요하다(장진경 외, 2006).

(5) 지역사회 교육기관과의 협력체계 구축

지역사회에서 가족관련 정보를 가장 많이 보유하고 있는 기관은 초 · 중 · 고등학교이며, 이들 기관과 정보를 공유하고 서비스를 제공하는 협력체계를 구축하는 것은 매우 효과적인 방안이 될 수 있다. 따라서 건강가정지원센터에 교육청 공무원이나 지역의 초 · 중 · 고등학교 교장을 운영위원으로 참여하도록 하고 건강가정지원센터가 지역의 유치원, 초 · 중 · 고등학교뿐 아니라 지역 교육청과도 다양한 협력체계를 형성할 필요가 있다.

(6) 주민참여와 주민조직 활성화

건강가정지원센터에서 실시하는 프로그램이 지역사회의 가족문제를 다루고 있고, 프로그램의 대상자는 지역주민이며, 수혜자도 주민이므로 센터에서 실시하는 프로그램에 대한 주민들의 정서적 공감이 절대적으로 필요하다. 네트워크 연계의 궁극적인 목적이 각 기관들이 자신들의 영역을 확보하려는 좁은 시야에서 벗어나 사회자원을 효율적으로 활용한다는 것인데(심재호, 2000) 이 같은 시각에서 볼 때 가장 효과적이고 기본적으로 활용되어야 할 자원은 지역사회의 주민이다. 지역주민의 자발적이고 능동적인 참여는 가족복지서비스의 질적 향상, 서비스의 효과성과 효율성 증진 및 자기결정권과 개인의 잠재력을 실현할 수 있는 기회의 보장은 물론 지역공동체형성에도 기여할 수 있다(김영숙 · 임효연, 2010). 따라서 건강가정지원센터가 주축이 되어 서비스 대상자로서뿐 아니라 지역사회 자원으로서 지역주민조직의 활성화를 위해 노력하고, 건강가정사들이 지역주민조직과 유기적인 협력관계를 유지한다면 효과적인 지역 네트워크 구축을 위한 기반을 마련하여 건강가정지원센터가 가족의 지역주민참여 복지의 구심점이 될 수 있을 것이다.

제4부

건강가정을 위한 과제와 전망

제10장 과제와 전망

김정옥

개요

과거 전통사회에서는 다른 사람들로부터 존경을 받는 일에 많은 가치를 두었다. 그러나 현대인들은 보다 내면적이고 자기중심적인 것에서 만족감을 느끼고 가치의 근원을 찾는 경향이 증가하고 있다. 즉, 인생의 의미를 '친밀한 인간관계에서 오는 순수한 기쁨'에서 찾는 경우가 늘고 있는 것이다. 이제 사회적 성공을 위해 비인간적인 삶을 선택하기보다는 개인의 행복과 보람을 위해 부와 명예 대신 소박한 삶을 선택하는 사람이 늘고 있는 상황에서 가정과 가족관계는 개인의 삶에 매우 중요한 의미를 부여해 주는 장이 되고 있다.

가족이 살아가는 모습은 같은 사회 안에서도 세대별로 다르고, 같은 가족 안에서도 성과 연령에 따라 다양하기 마련이며, 가족주기를 거치면서 가족 간의 역동적 관계 또한 끊임없이 변화하기 때문이다. 그런가 하면 가족의 사회계층적 지위에 따라 가족 성원들이 누리는 삶의 기회 또한 달라지며, 가족이 믿는 종교나 가족의 거주지역 등에 따라서도 가족 경험의 폭은 달라지게 되는 현실을 고려한다면, 가족(가정) 연구의 어려움은 막연한 상상으로부터 엄연한 현실로 다가오게 마련이다.

현대사회로 들어오면서 가정은 인간의 삶에서 더욱 중요하면서 의미 있는 삶의 공간으로 부상되고 있지만, 이를 건강하게 구축하는 것은 쉬운 일이 아니므로, 개인과 국가가 함께 특별한 노력을 기울여야 할 것이다. 본 장에서는 한국 가족의 현 주소를 개관하고 건강가정을 육성하기 위한 과제와 전망을 살펴보고자 한다.

1. 한국가족(가정)의 현주소

몇 년 전 한국가족학회와 KBS가 주관이 되어 실시한 한국 가족의 현주소에 대한 연구결과를 통해서 한국 가족의 현주소를 개관하고자 한다.

결혼해서 현재 배우자가 있는 전국의 남녀 표본 1,532명을 대상으로 조사한 결과, 한국가족의 현주소에 나타난 두드러진 특징을 요약해 보면 다음과 같다.

첫째, 우리 가족은 산업화 · 정보화 및 급격한 사회 변화 속에서 정치 · 경제 등 여타의 사회제도와 비교해 볼 때 심한 문화지체현상을 보이고 있다. 가족이야말로 이질적 성과 다양한 세대가 충돌하면서 화합과 단결 못지않게 긴장과 갈등을 빚어내는 집단이다.

가장 진보적인 가치관으로 무장한 채 낭만적 사랑을 꿈꾸는 20대 여자와, 가장 보수적 가치관을 내면화한 상태에서 현실과 이상 사이의 괴리로 인한 갈등과 불만으로 뭉쳐있는 50, 60대 여자가 가족의 이름으로 생활세계를 공유한 채 부대끼며 살아가고 있다. 이들은 시어머니-며느리로 한집에 동거하는 경우도 있고 가구를 달리하여 분가해서 사는 경우도 있으나, 어떤 상황이든 20대 여성과 50, 60대 여성은 모든 면에서 이질적인 두 세계에 살고 있기에, 이들의 부딪침은 기본적으로 충돌의 가능성과 불만의 누적을 안고 출발하게 마련이다.

세대뿐만 아니라 남자와 여자 또한 서로 다른 세계 속에서 살아가고 있다. 직장생활에 전심전력하고 있는 남자의 경우 가족에 대해서는 자신의 직장생활을 지원해 줄 보조적 역할을 기대한다. 반면 여자의 경우 가족은 자신의 인생의 주 무대이다. 이러한 상황에서 부부간 간극은 깊어만 가는데, 특히 현재 40, 50대 여성이 가족에 대해 느끼는 불만은 거의 위험수위에 근접하고 있다.

대개의 여자들은 남편을 사랑하기에 결혼을 선택한다. 그러나 막상 결혼생활에 들어가면 여자들은 여전히 전통적 가치관에서 별로 벗어나지 않는 남편에게 실망하게 된다. 점차 어려워져만 가는 자녀양육 및 교육문제에서도 부담만 더해 가고, 시댁식구와의 관계에서도 서로에 대한 엇갈린 기대로 인해 불만이 누적되면서 배우자는 물론이고 가족 자체에 대한 불만이 고조됨을 경험하고 있는 것이다.

둘째, 우리 가족은 겉으로는 견고해 보이나 실상은 속이 텅 비어있는 공동화 현상을 보이고 있다. 전통적으로 가족이 담당해 오던 기능이 상실된 자리에, 우애적 가족으로의 전환 또한 미미한 수준에서 전개됨으로써 우리의 가족은 심각한 아노미를 경험하고 있다.

가족은 이제 더 이상 식사를 함께하는 공간이 아니다. 이미 4명 가운데 1명은 주말 이외에는 가족과 식사를 하는 경우가 거의 없다고 답하고 있다. 그렇다고 자녀양육 및 부부간의 성적 기능이 확고히 유지되고 있는 것도 아니다. 특히 젊은 여성들을 중심으로 부부간의 정서적 유대를 기대하는 우애적 가족 징후가 나타나고 있으나, 이 기대가 현재 충족되고 있는 것 같지는 않다.

5명 가운데 1명이 집에 들어가기 싫다고 고백하는 상황에서, 남편들이 집에 들어가기 싫은 이유는 주로 부인의 잔소리가 듣기 싫어서, 더불어 '술을 먹고 싶거나 놀고 싶어서'로 나타나고 있어, 남자의 경우 바깥 사회의 유혹이 강하게 작용함을 알 수 있다. 반면 여자들은 남편이 싫어서, 자녀양육 역할이 짐스러워서, 집이 답답해서 집에 들어가고 싶지 않다고 답하고 있어, 이제 여성에게도 가정은 더 이상 여성을 끌어당기는 공간이 아니라는 사실을 느낄 수 있다.

한편 10명 가운데 6명이 살면서 이혼을 심각하게 고려해 보았다는 답을 하고 있다. 지금까지 6회 이상을 이혼을 심각하게 고려했다는 경우도 23%에 이른다. 특히 여자의 경우는 약 절반 정도가 이혼을 꿈꾸었다고 답하고 있다. 그럼에도 이혼하지 못한 이유는 자녀 때문이라 답하고 있다.

셋째, 형태상으로는 핵가족 속에 살고 있지만, 내용적으로는 명실공히 핵가족화에 이르렀다고 보기는 어렵다.

우리가 생각하는 가족의 범주에는 부모를 포함시키는 경우가 높은 편이다. 지리적으로도 양가 부모와 근접한 거리에 살고 있는 경우가 많고, 1주일에 1번, 혹은 2주일에 1번 정도는 부모를 찾아뵙고, 부모와 경제적, 정서적 도움을 주고받는 경우가 다반사이다. 반면 부부간 대화는 극히 제한되어 있고, 부부간 애정보다는 자녀가 부부를 묶어주는 끈으로 작용하며, 부부간 대화내용도 자녀가 주를 이루는 현실을 고려해 볼 때, 우리 가족을 핵가족이라 부르기에는 어려운 점이 많다.

넷째, 우리 가족은 여전히 자녀가 중심에 있긴 하지만, 과거와 비교해 볼 때는 점차 부부중심을 향해 이동해 가는 측면이 보이기도 한다.

우리의 부부는 자녀중심적 생활을 하고 있다. 자녀중심성은 남편보다는 아내에게서 두드러진다. 많은 아내들이 자신은 이혼을 꿈꾸나 현실에서는 자녀 때문에 결혼생활을 감수한다고 답한다. 그러나 20대 젊은 세대로 갈수록, 배우자와의 사랑에 대한 기대가 높아지면서 자녀보다 배우자를 더욱 중시하는 경향이 높아지고 있다. 이들 세대의 경우는 노후 준비도 자녀에게 의존하기보다는 개인적으로 책임질 준비를 하고 있으며, 부부간의 대화시간 및 함께 여가를 즐기는 시간도 다른 연령층에 비해 상당히 늘어났음을 보여주고 있다. 20대 가운데 부부가 함께 여행을 가거나 연극, 영화 등을 관람했다는 비율이 과반수에 이르고 있음은 주목할 만하다.

다섯째, 기본적으로는 부계혈연 중심의 친족제도를 유지하고 있으나, 양계제적 방향으로 변화하는 경향이 여러 곳에서 나타나고 있다.

친족 간 유대의 유형을 보면, 남자 쪽 부모와 가장 빈번한 관계를 가지고 있으나, 최근 들어서는 여자 쪽 부모와도 관계의 빈도가 증가하여 시부모와 비슷한 간격으로 관계를 유지하는 경우가 늘고 있다. 그뿐만 아니라 지리적으로도 양가 어느 편으로든 가까이 거주하는 경우가 늘고 있고, 아직까지는 남자 쪽 부모님께 드리는 도움이 상대적으로 많으나 점차 여자 쪽 부모님께 드리는 도움의 폭을 늘려가고 있다. 도움을 받는 경우는 남자 쪽 부모로부터는 주로 경제적 도움을 많이 받고 여자 쪽 부모로부터는 정서적 도움이나 일손을 도움받는 것으로 나타나고 있다. 나아가 86%의 응답자가 친정부모를 모실 수 있다는 데 동의하고 있다. 이러한 일련의 변화는 우리 가족의 친족관계에 의미 있는 변화가 진행되고 있음을 상징적으로 보여주는 지표라 생각된다.

여섯째, 결혼과 가족 가치관은 여전히 전통적 고정관념이 강하게 남아 있다. 그러나 남자보다는 여자로부터, 그리고 젊은 세대로부터 전통적 가족 가치관의 약화현상이 두드러지게 나타나고 있어, 가족 가치관 또한 변화의 무풍지대는 아님을 실감하게 한다.

조강지처, 일부일처제 고수와 같은 가족 가치관은 현재도 여전히 강하게 고수되고 있으나, 아들 선호 및 여성의 직업활동, 이혼과 재혼에 대한 태도에 있어서는 많은 변화가 진행되고 있다. 물론 자녀가 동성연애자나 장애인과 결혼하는 것에 대해서는 반대율이 매우 높고, 유색인종이나 백인, 혹은 이혼 경력이 있는 상대와의 결혼에 대해서도 탐탁지 않게 생각하는 비율이 높으며 반면, 홀어머니에 외아들이라든가 조실부모한 경우, 여자의 조건이 남자보다 좋은 경우, 지역감정과 같이 전통적으로 배우자 조건으로서 꺼려왔던 요인에 대한 고정관념은 상당 부분 완화되고 있는 것으로 나타나고 있다. 특별히 20대 젊은 여성을 중심으로 전통적 가족 가치관이 약화되고 있음은 주목할 만하다.

일곱째, 결혼생활의 성문화가 획기적으로 바뀌고 있다.

3쌍 가운데 1쌍이 혼전 성관계를 경험한 것으로 밝혀지고 있고, 특별히 20대 남자의 경우는 10명 중 7명(67%)이 혼전 성관계의 경험이 있는 것으로 나타났다.

결혼생활 중 실제로 외도를 했다고 응답한 경우가 남자 15%, 여자 3%로 대략 5명 가운데 1명 정도가 외도 경험이 있는 것으로 나타나고 있고, 배우자의 외도를 알게 될 경우 이혼하겠다는 응답은 남자 38%, 여자 19%로 나타나, 나머지 응답자들은 결과적으로는 배우자의 혼외관계가 현재의 결혼을 종결시키는 요인은 아니라고 생각함을 추측해 볼 수 있다.

현재 배우자 이외에 이성친구가 있다는 경우가 17%로 나타나고 있고, 배우자의 이성친구를 허용하겠다는 경우도 10명 중 6명에 이른다. 물론 이성친구를 허용하는 폭은 대부분 직장동료나 여러 사람이 함께 어울릴 수 있는 선이라 규정하고 있으나, 극히 소수이긴 하나 '나만 모른다면 육체적 관계를 가져도 상관없다'(2%)거나 '어떤 사이라도 상관없다'(1%)는 의견도 제시되고 있다.

여덟째, 한국 사회 특유의 성 격리 문화가 강하게 남아있는 가운데, 가족 간 정서적 유대와 결속이 여성을 중심으로 강화되고 있고, 이는 다시 여성과 남성을 각기 다른 세계에서도 살도록 강화하는 요인이 되고 있다.

우리 가족은 친족관계에서도 성 격리 문화가 전형적으로 표출되고 있어, 남자들은 형이나 남동생과 빈번한 교류를 갖고 있고, 여자들은 언니나 여동생과 가장 자주 만나고 있다. 동시에 친족 가운데 가장 마음이 편한 사람으로는 남녀 모두 어머니를 꼽고 있어 어머니에 대한 정서적 의존도가 상당히 높음을 엿볼 수 있다. 결국 우리의 가족은 어머니를 중심으로 엮어 가는 생활세계라 해도 과언이 아닐 것이다.

가정경제를 둘러싼 역할 분담 또한 성 격리 문화의 영향하에 들어가 있어, 남편은 주로 생활비를 벌어 오고, 관리는 주로 부인의 손에 의해 이루어지고 있다. 비자금도 부부가 따로 관리하고 있음은 물론이다.

우리의 가정은 남자들에게는 잠만 자는 하숙집으로 변하고, 여자들의 입장에서도 과거에 비해서는 여자를 가족 안으로 끌어들이는 매력적 요소가 감퇴되면서, '어느 누구의 잘못은 아니나, 아무도 행복하지 않은' 곳이 되어 가고 있다.

아홉째, 21세기에 들어선 한국사회에서는 다양한 가족들이 보편화되어 있다.

이렇듯 한국가정의 가족들의 생활 모습은 그 기능 면에서 상당한 변화를 겪고 있고, 그 구조 면에서도 다양한 모습으로 변화되고 있다. 즉, 무자녀 가족, 부모-자녀 가족, 한부모가족, 재혼가족, 다문화가족(국제결혼 가족), 미혼모가족, 동거가족, 조손가족, 독신가족 등의 다양한 형태의 가족이 등장하고 있다. 즉, 이제 더 이상 한국사회에서 가정은 한 형태의 가족(the family)만이 존재하지 않으며 다양한 가족들(families)이 존재하고 있다. 그리고 출산율 저하, 독신가구 증가, 높은 이혼율, 고령화 등 한국 가족을 걱정하는 담론이 언론을 장식하고 있다.

최근 가족의 의미가 급격하게 달라지고 있다. 통계청에 따르면 2015년 '부부+자녀 가구'가 전체 가구의 32.3%로 가장 많았다. 1인 가구(27.2%), 부부가구(21.2%)가 뒤를 이었다. 2045년엔 1인 가구 비중이 36.3%로 높아져 부부가구(21.2%), 부부+자녀가구(15.9%)보다 훨씬 많을 것으로 전망되었다.

혼자 산다는 것은 자유와 여유를 의미하기도 하지만 시간이 지나면 외로움에 봉착할 수 있다. 재롱떠는 아이, 함께 밥 먹는 식구(食口)와 함께 잔잔한 행복을 만들어 가지 않겠는가? 가족을 희망적이고 따뜻한 마음과 눈길로 바라보고자 한다.

참고 10-1] "돈으로 설명 못할 행복 있더라."

아이 둘 키우는 『88만원 세대』 저자, 경제학자 우석훈

나는 올해 쉰 살인 늦깍이 아빠다. 첫째 세중이는 일곱 살, 둘째 소중이는 다섯 살이다. 첫아이가 결혼 후 9년 만에 태어났다. 둘째는 40줄에 선물처럼 찾아와 준 아이였지만 선천적으로 호흡기가 약했다. 폐렴으로 거듭 입원을 하니 방법이 없었다. 나는 고정적인 일을 전부 접고 집에서 아이들을 돌보기 시작했다. 아이를 키우는 건 매일같이 전쟁이다. 두 아들을 직접 품에 안고 키우려고 간식도 만들고, 어린이집에도 데려다 주고, 작은아이가 앓는 기색을 보이면 병원에도 뛰어간다.

그래도 아내와 나는 아이가 태어나기 이전의 삶은 상상하지도 못한다. 아이를 낳는 것은 천국문과 지옥문을 동시에 여는 것과 같다. 힘들다. 그러나 가끔 '이게 천국이구나' 그런 생각이 든다. 아이를 낳아 키우는 일에는 돈으로만 설명하기 어려운 행복이 있다.

우리 부부는 아이 없이 9년 동안 결혼생활을 했다. 그땐 결혼했어도 서로가 적당한 선에서 실수하지 않으려고 조심하는 쿨한 관계였던 것 같다. 하지만 아이가 태어난 후 180도 달라졌다. 육아 전선에서 서로 믿고 돕지 않으면 꼼짝할 수 없다보니 부부애는 물론 끈끈한 동지애와 전우애까지 함께 생겼다.

"아이 없이 결혼생활도 오래 해봤지만, 역시 아이를 낳아 키워야 부부의 삶이 더 풍성해진다."

(조선일보, 2018. 2. 13)

2. 건강가정육성을 위한 과제와 전망

오늘날의 한국가족의 다양한 현재의 모습을 건강하게 육성할 수 있는 과제은 무엇이고 그 전망은 어떠한가?

(1) 가족(가정)정책으로서의 다양한 가족에 대한 가정의 건강성을 육성하여야 할 것이다

가족해체 자체를 가족의 소멸이라는 위기로 보는 관점이 있는가 하면, 이를 가족의 변화로 인식하는 관점이 있다. 가족의 해체는 외형적인 겉모습이 한부모가족, 형제가족, 독신가구 등의 외형적인 결손가족을 생각할 수 있고, 기능적인 측면에서의 결혼을 생각할 수 있다. 외형상의 겉모양은 온전한 가족의 모습이지만 실제 구성원 간의 거리가 있어 겉으로 보기에는 단단한 조개껍질도 뒤집어 보면 텅 비었듯이, 구조적으로 부부 및 자녀로 구성된 가족이라도 실제로 가족의 기능을 제대로 하지 못하고 있는 위기경향적인 가족이

허다하다. 준비 없이 결혼의 장으로 들어간 결혼 당사자들이 무엇이 문제인지 왜 이런 관계로 빠져 들었는지도 모른 채, 긴장과 갈등 속에서 결혼생활을 시작하며 급기야는 적대적인 관계 속에서 남남인 부부생활을 하고 있는 경우가 많다. 즉, 이혼은 하지 않은 상태에서 한 지붕 밑에서 남남으로 지내는 부부의 모습이다.

또 다른 관점에서는 가족의 해체를 가족의 변화로 인식하는 관점이다. 이혼과 재혼을 결혼에 대한 보다 더 높은 기대로 보고 있다. 급변하고 경쟁적인 사회환경으로 인해 가족 해체율이 높아가고 있으며, 편부모가족, 재혼가족, 조손가족, 독신가족 등이 증가하고 있다고 볼 수 있다. 물론 성격적인 갈등과 결혼생활에서의 다툼들은 명백히 결혼생활을 해체시키는 데 기여하는 바가 크다. 그리고 사회환경과 가치들도 내심의 행동에 영향을 미치게 된다. 미디어 또한 이혼문화에 일조를 가하고 있다. 최근의 가족구조는 이혼과 재혼, 그에 따른 새로운 친족관계 등을 통하여 보다 복잡해지고 있다.

그러나 한부모가족, 재혼가족, 독신가족, 무자녀가족 등을 가족의 트렌드로서 '변화하는 가족의 모습'으로도 볼 수 있을 것이다. 또 다문화사회로의 진입으로 다문화가족(국제결혼, 결혼이민자 가족)에 대한 관심과 함께 이에 대한 가족(가정)정책이 고려되어야 할 것이다.

결혼과 가족의 제도들은 수세기에 걸쳐 다양한 모습으로 변화를 거듭해 왔을지라도 이들 제도들은 여전히 남아 있다. 결혼과 가족은 우리들의 삶에서 안정성을 지속적으로 제공하고 있고, 결혼과 가족은 행복과의 상관관계가 높다고 지적되고 있다. 매우 행복한 사람들의 공통점은 좋은 관계와 유대이고 그리고 행복의 출발점은 화목한 가정이라는 사실이 강조되고 있다. 이 세상에서 인간의 생활을 행복하게 하는 것으로는 행복한 가정 · 건강한 가정 이상은 없다고 본다(Olson & Dufrain, 2003). 그리고 현재 한국 사회가 직면한 과제는 가족과 가정을 둘러싼 변화하는 모습의 지적과 함께 한국 사회가 이 변화에 어떻게 대응하느냐에 있다고 본다.

즉, 오늘날의 형태나 기능 면에서의 다양한 가족의 모습은 가족해체의 징후라고 하기보다 제환경적 변화와 함께 변화하는 가족의 모습으로 인식하면서 다양한 가족이 기능적으로 건강한 가족생활을 할 수 있도록 도와주는 작업을 하여야 할 것이다. 이러한 작업은 개인과 국가가 함께 가족정책을 통해서 가능할 것이다. 정책적 개입대상은 문제가족 중심에서 벗어나 일반가정을 대상으로 하는 광의의 보편주의적 가족정책이 확립되어야 할 것이다. 기혼여성의 취업증가와 인구의 고령화가 가져온 가족을 보호해야만 되는 보호기능은 이제 어느 특정 집단의 가족만이 아닌 보편적인 가족문제로 부상되고 있음을 명심해야 할 것이다. 그리고 일과 가족의 균형을 이루는 공공기관과 민간기업의 가족친화정책이 적극 고려되어야 할 것이다.

그리고 가족정책의 궁극적인 목적은 '가족의 역량강화'가 되어야 할 것이다. 가족의 역량강화를 위한 특별한 노력이 요구된다. 국가차원에서 이러한 특별한 노력의 일환으로 건강가정기본법이 제정(2004), 공포(2004), 시행(2005)되어 시·군·구의 건강가정지원센터에서 건강가정구축을 위한 사업이 시행되고 있다. 2014년에는 가족의 유형별로 이원화되어 있는 가족지원 서비스를 한 곳에서 다양한 가족에 대한 보편적이고 포괄적인 서비스제공의 필요성이 인식되어 통합서비스 운영기관으로 확대되고 있는 실정이다. 2019년에는 통합서비스 운영기관은 183개소이며, 건강가정지원센터로 운영되고 있는 곳은 24개소, 다문화가족지원센터는 44개소가 현존하고 있는 실정이다.

가정생활은 큰 기쁨을 가져오게 할 수도 있고 지독한 고통이 올 수도 있다. 결혼과 가족제도는 친밀감을 느껴 사랑의 감정이 생기기도 하나 불일치와 갈등으로 미움과 증오의 감정이 일어날 수도 있다. 이러한 어려움이 있을 때 가족의 회복력을 찾아 안정되고 행복감을 느끼는 성공적인 결혼·가정생활 구축에 건강가정사업은 크게 기여하여야 할 것이다.

(2) 건강한 결혼생활을 준비하는 것은 취업준비만큼 중요하다는 것을 인식해야 할 것이다

결혼식은 몇십 분 내에 할 수 있지만 결혼생활은 평생 동안 지속된다. 결혼식을 하는 것과 결혼생활을 유지해 나가는 것은 매우 다르다. 결혼생활을 유지하는 준비에 더 많은 시간과 에너지를 투자해야 한다. 결혼에 대한 준비는 직업을 위한 오랫동안의 계획적이고 치밀한 준비와는 매우 대조적이다. 교제를 하면서 서로를 사랑하게 된 커플들은 서로 '사랑한다'는 것을 전제로 결혼을 한다. 사람들은 결혼을 준비하기 위해 결혼 관련 연수과정을 선택하거나, 상담을 하거나, 책을 읽지 않는다. 다만, 부모나 주변 사람들에게서 얻은 정보만을 참고하여 결혼식 세부일정을 계획하는 데 전념한다. 많은 시간과 노력을 들인 결혼식이 잠깐 사이에 끝나고 달콤한 신혼기간이 지나가면 그 이후, 서로가 갈등을 겪으며 다툼이 일어나기 시작한다. 그때야 비로소 결혼에 대해 아무 생각도 없었던 두 사람은 무엇을 어떻게 해야 할지 당황하게 된다. 젊은이들이 결혼에 대한 준비 없이 결혼하는 것은 개인적인 비극일 뿐 아니라 사회의 비극이 될 수도 있다. 따라서 대학이나 민간단체 그리고 정부 차원에서 효과적인 결혼준비 프로그램을 개발·보급하여 보다 많은 젊은이들이 행복한 결혼생활을 할 수 있도록 도와주어야 하며 결혼을 앞둔 미혼남녀들은 가족생활교육 과정을 필수과정으로 선택하여야 할 것이다.

(3) 친밀하고 만족한 부부관계는 행복한 가정생활의 증표라는 것을 명심해야 될 것이다

두 사람의 관계가 친밀해질수록, 의견 차이와 갈등이 발생할 가능성이 더 많아진다. Schopenhauer의 고슴도치에 대한 비유는 이러한 상황을 잘 나타내고 있다.

"추운 겨울날 고슴도치들은 온기를 느끼기 위해 함께 모이지만, 가시가 상대를 찌르기 때문에 서로 떨어져야만 한다. 그러나 추우면 다시 모였다가 가시가 상대를 찌르게 되면 떨어지는 똑같은 일을 반복한다. 모이고 떨어지기를 반복한 뒤 마침내 그들은 서로 조금 거리를 두는 것이 최선이라는 사실을 깨닫게 된다.”

인간은 고슴도치와 매우 비슷한 면이 있다. 인간은 사회적 동물이므로, 편안함과 따뜻함을 얻기 위해 무리를 지으려는 강한 욕구를 가지고 있다. 가족은 인간에게 가장 친밀한 환경이다. 이러한 이유 때문에, 우리는 다른 어떤 관계보다도 부부관계와 가족관계에서 더 많은 갈등을 경험하게 된다.

갈등은 모든 인간관계에서 불가피하게 발생하며, 두 사람이 가까워질수록 그들이 갈등을 경험할 가능성은 더 높아진다. 우리는 겉보기에는 사소하고 중요하지 않은 것들이 커다란 문제를 야기시키는 것을 자주 보게 된다. 친밀한 관계에서 서로의 습관이나 차이는 더욱더 분명해지게 된다. 이런 상황을 긍정적으로 받아들이기 위해서는 서로 간의 차이가 두 사람의 관계를 독특하게 만든다는 점을 이해해야 된다. 서로의 차이를 인정하는 방법을 배우는 것이 차이 때문에 갈등을 겪는 것보다 훨씬 더 효과적이다.

갈등은 그 자체만으로는 부부관계에 위협이 되지 않는다. 중요한 것은 부부가 갈등을 어떻게 다루느냐 하는 것이다. 우리는 때때로 다른 사람들과의 갈등을 피하기 위해 부정적인 감정을 표현하지 않는다. 그러나 분노나 정신적 고통과 같은 부정적인 감정들이 해소되지 않으면, 이런 감정들은 계속 누적되어 나중에는 폭발하게 된다. 또한 누군가에 대한 부정적인 감정을 아주 오랫동안 억누르게 되면, 결국에는 그 사람에 대해 부정적이든 긍정적이든 아무런 감정도 갖지 않게 된다. 이런 상황은 활력이 없거나 혹은 황폐화된 부부관계를 만들게 될 것이다.

부부가 갈등을 회피와 과잉반응과 같은 두 가지 극단적인 방식으로 해결하려 하면 부부관계는 더욱 악화되게 된다. 어떤 부부는 갈등이 발생했을 때, 한 편이 소리를 지르거나, 물건을 던지거나, 심지어 구타를 하며 배우자에 대한 적대감을 드러내기도 한다. 반대로 상대방은 어떤 반응도 하지 않으며, 어떤 식으로든 논쟁을 거부하는 자세를 취할 수도 있다. 이런 경우 문제는 결코 해결되지 않을 것이다. 부부가 서로를 비난하거나 언어적 혹은 신체적 폭력을 사용하지 않고, 개방된 의사소통을 할 때 부부관계는 향상된다. 부부는 문제를 드러내어 함께 논의함으로써 문제를 해결할 수 있으며, 서로에 대해 훨씬 더 좋은 감정을 갖게 되어 더욱더 친밀한 관계로 발전될 수 있다.

자동차가 도로에서 갑자기 섰을 때, 당신은 그 자동차를 그대로 두고 떠났다가 며칠 후 다시 돌아와서 시동을 걸어 보지는 않을 것이다. 그 대신에 견인을 하든가, 스스로 고치든가 혹은 누군가를 불러서 차를 고칠 것이다. 마찬가지로, 부부관계에 문제가 생겼을 경우 아무런 조치도 취하지 않고 그대로 내버려 둔 채 시간이 흐르면 문제가 기적처럼 잘 해결되리라고 기대해서는 안 된다. 시간이 지난다 해도 문제는 저절로 해결되지 않는다. 오히려 부부관계에서 발생한 문제들은 부부가 문제해결을 위해 노력을 기울이지 않으면 더 심각해질 수 있고, 심각한 부부관계는 가정의 축을 흔들리게 한다. 따라서 고장 난 자동차를 수리하기 위해서 자동차 정비업소를 찾듯이, 고장 난 부부관계는 잠시 멈추어서 가정생활의 상담·교육을 통해 건강한 가정을 리모델링해 주는 건강가정지원센터의 도움을 구해야 할 것이다.

(4) 가족의 변화속도와 사회의 변화속도 간에 나타나는 지체현상을 인식해야 할 것이다

여기에는 가족이 사회변화에 미처 대응하지 못함으로써 나타나는 가족지체현상과 역으로 사회가 가족의 변화를 미처 수용하지 못하는 데서 나타나는 사회지체현상이 포함된다. 가족지체의 예로는 여성들의 취업률이 충분히 증가했음에도 불구하고 여전히 전통적인 성역할 이데올로기에 입각하여 가족 안에서 성역할 분업이 이루어짐으로써 여성이 이중역할의 부담을 지게 되는 것을 들 수 있다. 반면 사회지체의 예로는 이제 더 이상 현재 가족의 재원만으로는 노인부양을 책임지기 어려움에도 불구하고 사회는 여전히 전통적인 효 관념에 입각하여 '핵가족 책임론'을 고수하는 경우를 들 수 있다.

가족의 변화를 인정한다 하더라도, 변화를 긍정적으로 해석할 것이냐 부정적으로 평가할 것이냐 하는 문제가 또 남는다. 예를 들면, 지난 50여 년간 이혼율이 꾸준히 증가해 온 현상을 어떻게 해석할 것이냐를 놓고, 이를 가족의 해체로 보아 사회문제로 여길 것이냐 아니면 불행한 결혼의 해소로 보아 개인(특히 여성)의 권리가 신장되었다고 볼 것이냐 하는 문제는 판단하기가 매우 어려운 문제이다. 실제로 이혼은 가족 교과서에서 70년대까지는 가족문제의 하나로 다루어져 왔으나 80년대 중반 이후부터는 재혼과 더불어 규범적인 가족현상의 하나로 다루어지고 있음을 관찰할 수 있다. 이는 가족의 변화에 대한 해석이 사회구조적 상황의 변화에 따라 가변적일 수 있음을 보여주는 좋은 예라 하겠다.

(5) 가정의 건강성을 위한 프로그램 방향은 신체적, 정신적, 지적, 영적인 건강이 분리될 수 없는 매우 밀접하게 연결되어 있는 총체적 건강(Total Wellness)의 웰니스 패러다임의 관점에서 고려되어야 할 것이다

세계보건기구의 헌장서문에서 정의한 건강의 개념에서는 "건강이란, 단지 질병에 걸리거나 허약하지 않은 상태만이 아니라 정신건강은 신체적·정신적·사회적으로 양호한 상태(well-being)이다". 특히 중요한 관계를 맺고 있는 대상이 제공하는 지지는 어려운 상황을 지혜롭게 극복할 수 있는 힘을 준다. 노인의 안녕감에 노인을 둘러싼 환경변화, 즉 소득수준, 자녀와의 동·별거 등 사회적 요인과 식사, 운동, 규칙적 생활, 주거공간, 생활여건, 대인관계 등이 건강을 보호하고 증진시키는 요인으로 밝혀졌다(박희진, 1996).

건강가족 관련 선행연구에서 건강가족의 특성으로는 의사소통, 애정, 지지, 신뢰, 신체적 건강, 문제해결능력, 유대감, 신념체계, 수용, 헌신과 책임, 경제적 안정과 협력 등이 주목되고 있다. 모든 가정은 가족의 강점을 가지고 있으며 도진과 잠재적 역량을 가지고 있다. 이러한 건강한 가족의 강점들을 인시시켜 가족들의 긍정적 성장의 틀을 마련하는 데 가족의 강점들을 이용·개발할 수 있도록 건강가정 관련 사업은 진행되어야 할 것이다. 그리고 건강가족의 특성과 신체적, 정신적, 지적, 영적인 건강의 총체적 건강을 기반으로 하는 웰니스 패러다임 모델의 접근으로 가정의 건강성을 위한 프로그램의 방향을 제시하여야 할 것이며, 이러한 접근은 가정의 건강성을 수행하는 특성화 브랜드로서도 가능할 것이다(김정옥, 2008). 이는 사회복지기관 등 가족지원사업을 수행하고 있는 유사기관과의 차별성에도 기여할 수 있을 것이다. 진정한 차별화를 위해서는 프로그램에 대한 사용가치와 심리적 가치 모두를 충족시켜야 할 것이다. 또한 가정의 건강성을 유지, 회복하기 위한 프로그램은 수요자의 요구도 조사에 의한 반응과 함께 단순히 수요자의 요구에 부응하는 소극적 개념이 아닌 수요자의 요구를 새로이 창출해 낼 수 있는 적극적 개념의 건강가정을 위한 실천사업들이 수행되어야 할 것이다.

그리고 가정생활은 고정적인 것이 아니고 역동적이기 때문에 현재는 우리 가족에게 별문제가 없이 파란 신호가 켜져 있어도 어느 날 뒤로 후퇴할 수도 있고 앞으로 더 행복해질 수도 있다. 따라서 우리들의 가족생활은 항상 관리의 필요성을 느끼므로 건강가정지원센터의 기능은 더욱 중요하고 확대되어야 하겠다.

Newton에게 어떻게 만유인력을 발견했느냐고 물었을 때 그의 대답은 "내내 그 생각만 했으니까"였다. Einstein의 답도 다를 게 없었다. "나는 몇 달이고, 몇 년이고 생각하고 또 생각한다. 그러다 보면 99번은 틀리고 100번째가 되어서야 비로소 맞는 답을 얻어낸다"라고 했다(황농문, 2008).

따라서 '가정의 건강을 위한 해결에 우리 모두가 고민하는 과정을 반복하다 보면 곧 창의적인 경영발상으로 이어질 수 있을 것이다'라고 확신한다.

재계의 전설로 다가오는 Jack Welch(제너럴 일렉트릭 전 회장)는 글로벌 인재포럼(2008)의 위성토론에서 자신의 위대한 스승으로 어머니를 꼽았다. "어렸을 적 내가 말을 더듬을 때마다 어머니는 걱정하지 마라. 혀가 너의 빠른 머리 회전속도를 못 따라갔기 때문이다"라며 격려했다. 이것이 잭 웰치의 현재 자신을 있게 했으며 어머니가 격려해 준 자신의 단점보다 강점을 찾아 격려해 준 것을 우리는 기억해야 할 것이다.

모든 가정과 개인은 가족 및 개인의 강점을 가지고 있으며 도전과 잠재적 역량을 가지고 있다. 그러므로 건강가정사업은 개인이나 가족의 강점들을 인식시켜 가족·개인의 성장의 틀을 마련하는 방향으로 진행되어야 할 것이다.

1년 12달 중 꽃이 피고 녹음이 우거지는 가장 아름다운 계절인 5월이 가정의 달로 설정된 것은 아마도 가정이 우리 인간생활에서 가장 중요하기 때문이 아닐까?

부 록

부록 1. 건강가정지원센터 운영현황

부록 2. 건강가정기본법

부록1 건강가정지원센터 운영현황

1. 통합센터

	지역	센터명	주소	전화	대표메일
1	서울(25)	강남구 건강가정·다문화가족지원센터	서울시 강남구 개포로 617-8	02-3412-2222	kfwclove@hanmail.net
2		강동구 건강가정·다문화가족지원센터	서울시 강동구 양재대로 138길 41, 2층	02-471-0812	gdfsc1@daum.net
3		강북구 건강가정·다문화가족지원센터	서울시 강북구 한천로 129길 6	02-987-2567	gangbuk-hm@naver.com
4		강서구 건강가정·다문화가족지원센터	서울시 강서구 강서로 5길 50, 곰달래 문화복지센터 4층	02-2606-2017	gsfc79@hanmail.net
5		관악구 건강가정·다문화가족지원센터	서울시 관악구 신림로 3길 35 김삼준 문화복지기념관 3층 사무실	02-883-9383	gwanak_mfsc@naver.com
6		광진구 건강가정·다문화가족지원센터	1센터 : 서울시 광진구 능동로 30길 23, 새마을회관 2층 2센터 : 서울시 광진구 아차산로 24길 1, 자양공공힐링센터 5층	02-458-0622(1센터) 02-458-0666(2센터)	gwangjin@familynet.or.kr gwangjin0666@daum.net
7		구로구 건강가정·다문화가족지원센터	서울시 구로구 우마2길 35, 구로구 가족종합지원센터 2,3층	02-869-0317	gurocenter@hanmail.net
8		금천구 건강가정·다문화가족지원센터	서울시 금천구 금하로 11길 40 1층	02-803-7747	gcrainbow12@naver.com
9		노원구 건강가정·다문화가족지원센터	서울시 노원구 동일로 173가길 94 가온빌딩 3층	02-979-3501~2	no1mfc@gmail.com
10		도봉구 건강가정·다문화가족지원센터	서울시 도봉구 도봉로 552 도봉구민회관 2층	02-995-6800	dobongfamily@naver.com
11		동대문구 건강가정·다문화가족지원센터	서울시 동대문구 청계천로 521(용두동 다사랑행복센터), 7층	02-957-0760	ddmfc@daum.net
12		동작구 건강가정·다문화가족지원센터	1센터 : 서울시 동작구 동작대로 29길 63-26, 2, 3층 2센터 : 서울시 동작구 동작대로 13길 5, 2층	02-599-3301	5993260@naver.com
13		마포구 건강가정·다문화가족지원센터	서울시 마포구 양화로 19 홀트아동복지회 B2층	02-3142-5482	mapomc@holt.or.kr mapo@holt.or.kr
14		서대문구 건강가정·다문화가족지원센터	1센터 : 서울시 서대문구 증가로 244, 2층 2센터 : 서울시 서대문구 통일로 27길 19, 2층	02-322-7595 02-375-7530~1	sdmmcc@hanmail.net
15		서울중구 건강가정·다문화가족지원센터	서울시 중구 퇴계로 460 중구종합복지센터 10층	02-2279-3891	junggufamily@hanmail.net

16		서초구 건강가정·다문화가족지원센터	1센터 : 서울시 서초구 강남대로 201 서초문화예술회관 2층 2센터 : 서울시 서초구 사평대로 205 센트럴시티파미에스테이션 2층	02-576-2851~2(1센터) 02-6919-9745~50(2센터)	seochohfsc@hanmail.net
17		성동구 건강가정·다문화가족지원센터	서울시 성동구 무학로 6길 9(홍익동) 3층	02-3395-9445~7	sdfc@familynet.or.kr msdfc@hanmail.net
18		성북구 건강가정·다문화가족지원센터	서울시 성북구 안암로 145 고려대학교 라이시움 102호	02-3290-1660	sbfamily1660@daum.net
19		송파구 건강가정·다문화가족지원센터	서울시 송파구 양산로 5 송파구 보건지소 2층(제1센터) 서울시 송파구 마천로 41길 12(제2센터) 서울시 송파구 토성로 19길 37 토성경로당(공동육아나눔터)	02-443-3844 02-403-3844 070-7459-3844	songpafamily@hanmail.net songpada@hanmail.net
20		양천구 건강가정·다문화가족지원센터	1센터 : 서울시 양천구 중앙로 46길 57, 4층 2센터 : 서울시 양천구 남부순환로 88길 5-7	02-2065-3400 02-2699-6900	ychc@familynet.or.kr
21		영등포구 건강가정·다문화가족지원센터	서울시 영등포구 영등포로84길 24-5 4층	02-2678-2193	ydpfc@hanmail.net
22		용산구 건강가정·다문화가족지원센터	서울시 용산구 이태원로 224-19 3층	02-797-9184	yongsan@familynet.or.kr
23		은평구 건강가정·다문화가족지원센터	서울시 은평구 은평로21가길 15-17	02-376-3761	epmfsc@naver.com
24		종로구 건강가정·다문화가족지원센터	서울시 종로구 종로53길 29(창신동 197-17) 토월 2층	02-764-3524	jongno@familynet.or.kr
25		중랑구 건강가정·다문화가족지원센터	서울시 중랑구 용마산로 369	02-435-4142	jungnang4142@naver.com
26	부산(7)	금정구 건강가정·다문화가족지원센터	부산시 금정구 중앙대로 1992 2층(남산동)	051-513-2131	gjfc2131@naver.com
27		기장군 건강가정·다문화가족지원센터	부산시 기장군 기장읍 차성로 206 기장종합사회복지관 1층	051-792-4750	multiculture@gijangcmc.or.kr
28		동래구 건강가정·다문화가족지원센터	부산시 동래구 사직북로63번길 20-7, 사직종합사회복지관 2층	051-506-5766(센터) 051-506-5765(센터) 051-503-3530(아돌)	domufa@hanmail.net
29		사상구 건강가정·다문화가족지원센터	부산시 사상구 가야대로 196번길 51 다누림센터 4층	051-328-0042	sasang0990@hanmail.net
30		수영구 건강가정·다문화가족지원센터	부산시 수영구 황령산로 7번길 45(남천동, 헤리티지) 지하 1층	051-758-3073	suyeong@familynet.or.kr
31		연제구 건강가정·다문화가족지원센터	부산시 연제구 월드컵대로 46번길 11	051-851-5002	yeonje@familynet.or.kr
32		영도구 건강가정·다문화가족지원센터	부산시 영도구 하나길 448	051-414-9605	yeongdo@familynet.or.kr

33	대구 (8)	달서구 건강가정·다문화가족지원센터	대구시 달서구 야외음당로 13길 60	053-593-1511	5931511@naver.com
34		달성군 건강가정·다문화가족지원센터	대구시 달성군 화원읍 성천로 5 5층	053-636-7390 053-637-4374	dsgfc@familynet.or.kr
35		대구남구 건강가정·다문화가족지원센터	대구시 남구 이천로10	053-475-2324	minjane2324@hanmail.net
36		대구동구 건강가정·다문화가족지원센터	대구시 동구 안심로 300, 4~5층	053-961-2203	donggu2203@daum.net
37		대구북구 건강가정·다문화가족지원센터	대구시 북구 칠곡중앙대로 473, 2층 (관음동, 조은빌딩)	053-327-2994	dgbukgu@naver.com
38		대구서구 건강가정·다문화가족지원센터	대구시 서구 서대구로 330, 5~6층	053-355-8042 053-341-8312	dgsg8312@hanmail.net
39		대구중구 건강가정·다문화가족지원센터	대구시 중구 남산로 53-1, 2층	053-431-1230	dgjung0@naver.com
40		수성구 건강가정·다문화가족지원센터	대구시 수성구 들안로 16길 78, 두산문화센터 1층	053-795-4300	happy4300@familynet.or.kr
41	인천 (8)	강화군 건강가정·다문화가족지원센터	인천시 강화군 강화읍 북문길 11-1 강화드림스타트 2층	032-933-0980	ghfc07@hanmail.net
42		계양구 건강가정·다문화가족지원센터	인천시 계양구 계양산로 102번길 5 사회복지회관 3층	032-547-1015 032-541-2860	welve@hanmail.net
43		남동구 건강가정·다문화가족지원센터	인천시 남동구 소래로 645(남동구 평생학습관 2층)	032-467-3904	inamdonggu@daum.net
44		미추홀구 건강가정·다문화가족지원센터	1센터 : 인천시 미추홀구 인하로 100, 인하대학교 미래융합대학관 101호 2센터 : 인천시 미추홀구 소성로 189, 새암빌딩 5층	032-875-2993 032-875-1577	michu@familynet.or.kr
45		인천동구 건강가정·다문화가족지원센터	인천시 동구 박문로 8(송림동)	032-773-0297	icdonggu@familynet.or.kr
46		인천서구 건강가정·다문화가족지원센터	인천시 서구 경명대로 693번길6 (공촌동)	032-569-1560	icseogu@nate.com
47		연수구 건강가정·다문화가족지원센터	인천시 연수구 청능대로 109, 4층	032-851-2730	yeonsu@familynet.or.kr
48		인천중구 건강가정·다문화가족지원센터	인천시 중구 답동로 23, 천주교사회복지센터 3층	032-763-9337	icjung@familynet.or.kr
49	광주 (5)	광산구 건강가정·다문화가족지원센터	광주시 광산구 광산로57-1	062-954-8004	gscaritas09@naver.com
50		광주남구 건강가정·다문화가족지원센터	광주시 남구 군분로 155	062-351-9337	gjnamgu@familynet.or.kr
51		광주동구 건강가정·다문화가족지원센터	광주시 동구 남문로 693번길 14	062-234-5790	family5790@hanmail.net
52		광주북구 건강가정·다문화가족지원센터	광주시 북구 하서로 195	062-363-2963	ejufamily@hanmail.net
53		광주서구 건강가정·다문화가족지원센터	광주시 서구 상무대로 1224번길 18	062-369-0072	gjseogu@familynet.or.kr

54	대전 (2)	대전광역시 건강가정·다문화가족지원센터	대전시 유성구 테크노6로 40-17 (관평동)	042-932-9995	dj9989@hanmail.net
55		대전서구 건강가정·다문화가족지원센터	대전시 서구 배재로 155-40, 우남관 103-1호(도마동, 배재대학교)	042-520-5928	seogu5928@naver.com
56	울산 (5)	울산남구 건강가정·다문화가족지원센터	울산시 남구 대공원로 84 가족문화센터 A동 3층	052-274-3136	namguplus@hanmail.net
57		울산동구 건강가정·다문화가족지원센터	울산시 동구 대학길 59, 3층	052-232-3357	donggu2012@hanmail.net
58		울산북구 건강가정·다문화가족지원센터	울산시 북구 동대5길 31 (호계동 259-13)	052-286-0025	bkd71@hanmail.net
59		울주군 건강가정·다문화가족지원센터	울산시 울주군 범서읍 점촌5길 39-7 중부종합사회복지관 구영관 2층	052-229-9600	uljufamily@hanmail.net
60		울산중구 건강가정·다문화가족지원센터	울산시 중구 중앙길 162 4층	052-248-1103	junggu2014@hanmail.net
61	세종 (1)	세종시 건강가정·다문화가족지원센터	세종시 새롬로 14, 새롬종합복지센터 2층	044-862-9336~8	sejong@familynet.or.kr
62	경기 (24)	가평군 건강가정·다문화가족지원센터	경기도 가평군 가평읍 향교로 38 행정정보관 2층	070-7510-5870	gp9902@naver.com
63		과천시 건강가정·다문화가족지원센터	경기도 과천시 관악산길 58	02-503-0070	gchfsc@hanmail.net
64		광명시 건강가정·다문화가족지원센터	경기도 광명시 디지털로 34 철산별관 노둣돌 1동 2층	02-6265-1366	gmfc@familynet.or.kr
65		광주시 건강가정·다문화가족지원센터	경기도 광주시 통미로 52번길 19	031-798-7137, 7141	gggj@familynet.or.kr
66		구리시 건강가정·다문화가족지원센터	경기도 구리시 동구릉로 8 건영빌딩 3층	031-556-3873	guri@familynet.or.kr
67		군포시 건강가정·다문화가족지원센터	경기도 군포시 수리신로112, 군포새마을 슬기관 1층	031-392-1811	gunpo@familynet.or.kr
68		김포시 건강가정·다문화가족지원센터	경기도 김포시 김포한강4로 564, LH 한가람 2단지 내	031-996-5920	gimpo@familynet.or.kr
69		남양주시 건강가정·다문화가족지원센터	경기도 남양주시 경춘로 522 남양주시청 제2청사 2층, 4층	031-553-8211 031-556-8212	nyj8211@hanmail.net
70		동두천시 건강가정·다문화가족지원센터	경기도 동두천시 중앙로 249 두드림 희망센터 2층	031-863-3801	ddcgd@naver.com
71		시흥시 건강가정·다문화가족지원센터	경기도 시흥시 정왕천로 449번길 51	031-319-7997	shmfsc@hanmail.net
72		안성시 건강가정·다문화가족지원센터	경기도 안성시 산수유길 15 안성종합사회복지관 3층	031-677-7191~2 031-677-9336~7	6777191@hanmail.net
73		안양시 건강가정·다문화가족지원센터	경기도 안양시 동안구 동안로 158(비산동) 동안구청 별관 2층	031-8045-5572	anyang@familynet.or.kr
74		양주시 건강가정·다문화가족지원센터	경기도 양주시 평화로 1475번길 39 회천2동 행정복지센터 6층	031-858-5681 031-848-5622	yjmfsc@hanmail.net
75		양평군 건강가정·다문화가족지원센터	경기도 양평군 양평읍 양근로 302-1	031-775-5951, 5957	ypmc21@hanmail.net

76		여주시 건강가정·다문화가족지원센터	경기도 여주시 세종로61, 현대상가 3층	031-886-0321	yeojoo@familynet.or.kr
77		연천군 건강가정·다문화가족지원센터	경기도 연천군 전곡읍 전영로 11, 연천군종합복지관 5층	031-835-0093	ycfc10@naver.com
78		오산시 건강가정·다문화가족지원센터	경기도 오산시 성호대로 83(주사무소) 경기도 오산시 운암로 7 오산시자원봉사센터3층(부설사무소)	031-372-1335 031-378-9766	happycenter@empas.com
79		용인시 건강가정·다문화가족지원센터	경기도 용인시 수지구 법조로 230(용인시종합가족센터 3층)	031-323-7131, 7133	yongin-family1@hanmail.net
80		의왕시 건강가정·다문화가족지원센터	경기도 의왕시 덕장로 19 청계종합사회복지관 4층	031-429-8931	uiwang@familynet.or.kr
81		의정부시 건강가정·다문화가족지원센터	경기도 의정부시 둔야로 5번길 67	031-878-7117	ujbfc2@naver.com
82		이천시 건강가정·다문화가족지원센터	경기도 이천시 남천로 31 종합복지타운 여성회관 3층 이천시 건강가정·다문화가족지원센터	031-631-2260	2000mfsc@daum.net
83		파주시 건강가정·다문화가족지원센터	경기도 파주시 중앙로 229	031-949-9161~4	pmfsc@hanmail.net
84		평택시 건강가정·다문화가족지원센터	경기도 평택시 서정로 295(서정동) 북부복지타운1층	031-615-3952	ptmcf@hanmail.net
85		포천시 건강가정·다문화가족지원센터	경기도 포천시 호국로 1007 대진대학교 대진교육관 지하1층	031-532-2062	pcfc7100@naver.com
86	강원 (18)	강릉시 건강가정·다문화가족지원센터	강원도 강릉시 옥가로 48 2층	033-648-3019	oioi1981@naver.com
87		강원고성군 건강가정·다문화가족지원센터	강원도 고성군 간성읍 간성로 97. 여성회관 1층	033-681-9333	gsmfsc-13@hanmail.net
88		동해시 건강가정·다문화가족지원센터	강원도 동해시 천곡1길 20-3 동해시청 제 1별관	033-535-8377~8	dhfamilynet@hanmail.net
89		삼척시 건강가정·다문화가족지원센터	강원도 삼척시 원당로 2길 72-6번지 5층	033-576-0761~2 033-573-5434	1.samcheok@familynet.or.kr 2.samda5434@naver.com
90		속초시 건강가정·다문화가족지원센터	강원도 속초시 도리원길 5(경동대 속초캠퍼스 유아교육관2층)	033-638-3523 033-637-2680	mfsc3523@hanmail.net
91		양구군 건강가정·다문화가족지원센터	강원도 양구군 양구읍 장터길 43(양구행복나눔센터)	033-481-8663	yanggu@familynet.or.kr
92		양양군 건강가정·다문화가족지원센터	강원도 양양군 양양읍 안산1길 36 (여성회관 2층)	033-670-2943	jutro@korea.kr
93		영월군 건강가정·다문화가족지원센터	강원도 영월군 영월읍 단종로 12, 4층	033-372-4769 033-375-8400	ywmfc4769@hanmail.net
94		원주시 건강가정·다문화가족지원센터	강원도 원주시 판부면 매봉길 16-18	033-764-8612	wjfamily@hanmail.net
95		인제군 건강가정·다문화가족지원센터	강원도 인제군 인제읍 비봉로 44번길 100 하늘내린센터 2층	033-462-3651	injemfsc@hanmail.net

96		정선군 건강가정·다문화가족지원센터	강원도 정선군 정선읍 봉양7길 16 3층	033-562-3458	jsdamunh@hanmail.net
97		철원군 건강가정·다문화가족지원센터	강원도 철원군 갈말읍 삼부연로 22-1	033-452-7800	munhwa1647@hanmail.net
98		춘천시 건강가정·다문화가족지원센터	강원도 춘천시 공지로 305(홀트춘천복지센터 1층)	033-251-8014	chmf@hanmail.net
99		태백시 건강가정·다문화가족지원센터	강원도 태백시 해지개길 41	033-554-4003	tbdamunhwa@hanmail.net
100		평창군 건강가정·다문화가족지원센터	강원도 평창군 평창읍 평창중앙로 67 (문화복지센터 2층)	033-332-2063~4	pcmfsc@hanmail.net
101		홍천군 건강가정·다문화가족지원센터	강원도 홍천군 홍천읍 너브내길 123 3층	033-433-1915 033-433-1925 033-432-1935	hctmfcenter@hanmail.net
102		화천군 건강가정·다문화가족지원센터	강원도 화천군 화천읍 산천어길 212	033-442-2344 033-442-2342	oss0802@hanmail.net
103		횡성군 건강가정·다문화가족지원센터	강원도 횡성군 횡성읍 횡성로 379 횡성군종합보건복지타운 3층	033-344-3458	hsfamilynet@hanmail.net
104	충북 (7)	괴산군 건강가정·다문화가족지원센터	충북 괴산군 괴산읍 금산길 3	043-832-1078	goisan1078@hanmail.net
105		음성군 건강가정·다문화가족지원센터	충북 음성군 음성읍 음성천서길 103 여성회관2층(본점)	043-873-8731	gtes3800@hanmail.net
106		제천시 건강가정·다문화가족지원센터	충북 제천시 명륜로 13길 3 제천가톨릭복지관 2층	043-645-1995	jchome@familynet.or.kr
107		증평군 건강가정·다문화가족지원센터	충북 증평군 증평읍 문화로 75-1	043-835-3572	jpdmh3572@hanmail.net
108		진천군 건강가정·다문화가족지원센터	충북 진천군 진천읍 중앙북1길 11-10 2층	043-537-5435	jcmfsc@hamnail.net
109		청주시 건강가정·다문화가족지원센터	충북 청주시 서원구 무심서로 333 청주시 건강가정·다문화가족지원센터	043-263-1817	cjfc@familynet.or.kr
110		충주시 건강가정·다문화가족지원센터	충북 충주시 봉방9길 12	043-857-5960 043-856-2253	chungju@famliy.or.kr
111	충남 (12)	계룡시 건강가정·다문화가족지원센터	충남 계룡시 엄사면 엄사중앙로 94 4층 411호	042-551-1133	grff1133@naver.com
112		공주시 건강가정·다문화가족지원센터	충남 공주시 우금티로 753 유아교육관 2층 (공주대학교 옥룡캠퍼스)	041-856-0883	gjmcs@naver.com
113		금산군 건강가정·다문화가족지원센터	충남 금산군 금산읍 군청5길 35	041-750-3990	rainbow3990@hanmail.net
114		논산시 건강가정·다문화가족지원센터	충남 논산시 관촉로 277번길 23-13 2, 3층	041-733-7800	nonsan@familynet.or.kr
115		보령시 건강가정·다문화가족지원센터	충남 보령시 한내로 45 (문화빌딩 2층)	041-936-8506	brcenter@hanmail.net
116		부여군 건강가정·다문화가족지원센터	충남 부여군 부여읍 나성북로 17	041-830-2900	buyeo830@hanmail.net

117	충남 (12)	서산시 건강가정·다문화가족지원센터	충남 서산시 율지6로 10, 2층	041-664-2710	seosan123@hanmail.net
118		서천군 건강가정·다문화가족지원센터	충남 서천군 서천읍 서천로 38, 2층	041-953-3808 041-953-1911	tmfc1911@hanmail.net tmfc9531911@hanmail.net
119		아산시 건강가정·다문화가족지원센터	충남 아산시 시장길 29 시민문화복지센터 4층 충남 아산시 시민로 467-15, 글로벌가족센터 충남 아산시 온천대로 1496, 온양온천역 1층	041-548-9779 041-548-9772 041-546-9772	asanmf@naver.com
120		예산군 건강가정·다문화가족지원센터	충남 예산군 예산읍 산성공원2길 15 2층	041-334-1368 041-332-1366	yesan-gun@naver.com
121		태안군 건강가정·다문화가족지원센터	충남 태안군 태안읍 백화로 180 교육문화센터 內	041-670-2396 041-670-2523	taean041@hanmail.net
122		홍성군 건강가정·다문화가족지원센터	충남 홍성군 홍성읍 조양로 75번길 17	041-634-7432 041-631-9337 041-631-7432	hsc7432@naver.com
123	전북 (11)	고창군 건강가정·다문화가족지원센터	전북 고창군 고창읍 성산로 57 1층	063-561-1366	abcde1366@hanmail.net
124		김제시 건강가정·다문화가족지원센터	전북 김제시 요촌길 45, 지평성어울림센터 3층	063-545-8506	kjmct7@naver.com
125		남원시 건강가정·다문화가족지원센터	전북 남원시 용성로 43	063-635-5474	namwon5474@hanmail.net
126		무주군 건강가정·다문화가족지원센터	전북 무주군 무주읍 신교로 2길 17	063-322-1130	mujucenter@hanmail.net
127		순창군 건강가정·다문화가족지원센터	전북 순창군 순창읍 장류로 192 청소년수련관 3층	063-652-3844	dafamily3844@hanmail.net
128		완주군 건강가정·다문화가족지원센터	전북 완주군 용진읍 완주로 456-39 완주가족문화교육원 1층	063-261-1033 063-231-1037	wjct1037@naver.com
129		익산시 건강가정·다문화가족지원센터	전북 익산시 고현로 10-3	063-838-6046	ishfsc@hanmail.net
130		임실군 건강가정·다문화가족지원센터	전북 임실군 임실읍 운수로 27 2층	063-642-1837	isdmw@hanmail.net
131		장수군 건강가정·다문화가족지원센터	전북 장수군 장수읍 싸리재로 15	063-352-3362	jsg353362@daum.net
132		정읍시 건강가정·다문화가족지원센터	전북 정읍시 중앙2길 22	063-531-0309	jeongda2010@hanmail.net
133		진안군 건강가정·다문화가족지원센터	전북 진안군 진안읍 중앙로 28 3층	063-433-4888	jinan4888@hanmail.net
134	전남 (21)	강진군 건강가정·다문화가족지원센터	전남 강진군 강진읍 사의재길 41	061-433-9004	mf9004@hanmail.net
135		고흥군 건강가정·다문화가족지원센터	전남 고흥군 고흥읍 고흥로 1656 새마을회 3층	061-832-5399	gh5780@daum.net

136	전남 (21)	곡성군 건강가정·다문화가족지원센터	전남 곡성군 곡성읍 학정3길 6	061-362-5411	gokseong2009@hanmail.net
137		광양시 건강가정·다문화가족지원센터	전남 광양시 중마로 410(커뮤니티센터 6층)	061-797-6800	hope6893@hanmail.net
138		구례군 건강가정·다문화가족지원센터	전남 구례군 구례읍 구례로 508 청소년문화의집 2층	061-781-8003	gurye@familynet.or.kr
139		나주시 건강가정·다문화가족지원센터	전남 나주시 예향로 4075	061-331-0709	najudamun@hanmail.net
140		담양군 건강가정·다문화가족지원센터	전남 담양군 담양읍 완동길 10-5 담양군여성회관내 4층	061-383-3655~6	dymfc3655@hanmail.net
141		무안군 건강가정·다문화가족지원센터	전남 무안군 무안읍 무안로 511	061-452-1813	muan2009@hanmail.net
142		보성군 건강가정·다문화가족지원센터	전남 보성군 보성읍 송재로 186-5	061-852-2664	0618522664@hanmail.net
143		순천시 건강가정·다문화가족지원센터	전남 순천시 중앙로 255 순천대학교 평생교육원 B동 1층	061-750-5352~7	scfamily@hanmail.net
144		신안군 건강가정·다문화가족지원센터	전남 신안군 압해읍 천사로 1004 신안군청 보건소 3층	061-240-8710	hanadull03@korea.kr
145		여수시 건강가정·다문화가족지원센터	전남 여수시 좌수영로 369-1(건가) 전남 여수시 새터로 33(다가)	061-659-4167 061-659-5429	yeosu@familynet.or.kr
146		영광군 건강가정·다문화가족지원센터	전남 영광군 영광읍 중앙로 2길 35-7	061-353-7997 061-353-8880	dudrhkd2468@naver.com
147		영암군 건강가정·다문화가족지원센터	전남 영암군 삼호읍 세가래로 88 삼호종합복지회관 2층	061-463-2928~9	songyh42@naver.com
148		완도군 건강가정·다문화가족지원센터	전남 완도군 완도읍 개포로34-10 3층	061-554-3400	wando@familynet.or.kr
149		장성군 건강가정·다문화가족지원센터	전남 장성군 장성읍 충무5길 24 가정복지회관 1층	061-393-5420	jnjs5420@hanmail.net
150		장흥군 건강가정·다문화가족지원센터	전남 장흥군 장흥읍 흥성로 37-24 장흥종합사회복지관 4층	061-864-4810~5	jhfc@familynet.or.kr
151		진도군 건강가정·다문화가족지원센터	전남 진도군 진도읍 진도대로 7195 (여성플라자 1층 우)	061-544-9993	jdmfsc@hanmail.net
152		함평군 건강가정·다문화가족지원센터	전남 함평군 함평읍 들샘길 36, 함평천지종합복지관 4층	061-324-5431	hp3387@hanmail.net
153		해남군 건강가정·다문화가족지원센터	전남 해남군 해남읍 북부순환로 10 2층	061-534-0017	haenam@familynet.or.kr
154		화순군 건강가정·다문화가족지원센터	전남 화순군 화순읍 대교로 11(화순희망센터 2층)	061-375-1057	wsfsc@hanmail.net
155	경북 (15)	경산시 건강가정·다문화가족지원센터	경북 경산시 경산로 131	053-816-4071	ks-mfc@hanmail.net
156		경주시 건강가정·다문화가족지원센터	경북 경주시 북성로 87(북부동, 평생학습가족관 2층)	054-779-8709	kty1203@korea.kr
157		구미시 건강가정·다문화가족지원센터	경북 구미시 형곡동로5길 6-15 2층	054-464-0545	agm0575@hanmail.net

158	경북 (15)	김천시 건강가정·다문화가족지원센터	경북 김천시 공단로 152-32	054-439-8280	gc4317740@hanmail.net
159		문경시 건강가정·다문화가족지원센터	경북 문경시 매봉로 65, 4층	054-554-5591	554-5591@daum.net
160		봉화군 건강가정·다문화가족지원센터	경북 봉화군 봉화읍 거촌로 12-3	054-673-9023	lhjuny@naver.com
161		상주시 건강가정·다문화가족지원센터	경북 상주시 경상대로 3063-10	054-531-1342	sjf1341@hanmail.net
162		영덕군 건강가정·다문화가족지원센터	경북 영덕군 영덕읍 강변길 324 영덕군민체육센터 내 여성회관 2층	054-730-7383	ydgun1213@daum.net
163		영주시 건강가정·다문화가족지원센터	경북 영주시 명륜길 28번길 25	054-634-5431	yjm6345431@hanmail.net
164		영천시 건강가정·다문화가족지원센터	경북 영천시 운동장로 41 (교촌동) 3층	054-334-2881~2	ycc2882@naver.com
165		울릉군 건강가정·다문화가족지원센터	경북 울릉군 울릉읍 봉래2길 31	054-791-0205	dmh0205@hanmail.net
166		의성군 건강가정·다문화가족지원센터	경북 의성군 의성읍 후죽1길 21	054-832-5440	dmltjdekansghk@hanmail.net
167		청도군 건강가정·다문화가족지원센터	경북 청도군 화양읍 청려로 1846 청소년수련관 3층	054-373-8131~4 054-373-7421~4	family8131@hanmail.net
168		칠곡군 건강가정·다문화가족지원센터	경북 칠곡군 북삼읍 인평1길 54 새마을회관 2층	054-975-0833	cg_family@naver.com
169		포항시 건강가정·다문화가족지원센터	경북 포항시 북구 선착로 18-10 (대신동)	054-244-9702	phf9701@hanmail.net
170	경남 (14)	거제시 건강가정·다문화가족지원센터	경남 거제시 탑곡로 75, 근로자가족복지회관 2층(아주동)	055-682-4958	gjtmfc@daum.net
171		김해시 건강가정·다문화가족지원센터	경남 김해시 김해대로 2232, 여객터미널 4층	055-329-6349(다가) 055-329-6355(건가)	gfsc2@hanmail.net(다가) gimhae@familynet.or.kr(건가)
172		밀양시 건강가정·다문화가족지원센터	경남 밀양시 밀양대로 2089 1층	055-351-4404	mycenter@daum.net
173		사천시 건강가정·다문화가족지원센터	경남 사천시 용현면 부곡3길 90, 사천시여성회관 2층	055-832-0345	4000center@hanmail.net
174		산청군 건강가정·다문화가족지원센터	경남 산청군 산청읍 꽃봉산로 79번길 31-3	055-972-1018	sanda1078@naver.com
175		양산시 건강가정·다문화가족지원센터	경남 양산시 양주1길 7-1, 2층	055-382-0988	yfwh00@hanmail.net
176		의령군 건강가정·다문화가족지원센터	경남 의령군 의령읍 의병로 17길 6	055-573-8400	uiryeong@familynet.or.kr
177		창녕군 건강가정·다문화가족지원센터	경남 창녕군 창녕읍 창녕대로 172 사회복지타운 1층	055-533-1305~6 055-532-1606~7	cnmc1606@hanmail.net
178		창원시 건강가정·다문화가족지원센터	경남 창원시 성산구 대정로20번길 11, 1층(가음동, 여성회관 창원관)	055-225-3951	cwwomen@korea.kr

179	경남 (14)	창원시마산 건강가정·다문화가족지원센터	경남 창원시 마산합포구 중앙북5길 20. 마산YWCA 지하1층	055-244-8745	msdmh@naver.com
180		통영시 건강가정·다문화가족지원센터	경남 통영시 안개 4길 94, (통영시종합사회복지관 내 3층)	055-640-7740	tyfc@hanmail.net
181		하동군 건강가정·다문화가족지원센터	경남 하동군 섬진강대로 2214 종합사회복지관4층	055-880-6520	jinahan2@naver.com
182		함안군 건강가정·다문화가족지원센터	경남 함안군 산인면 가야로 217 산인면종합복지관 1층	055-583-5430	
183		함양군 건강가정·다문화가족지원센터	경남 함양군 함양읍 함양여중길 10 (함양문화원 1층)	055-963-2057	hyif2013@hanmail.net

2. 건강가정지원센터

No	지역	센터명	주소	전화	대표메일
1	서울 (1)	서울특별시건강가정지원센터	서울특별시 중구 소파로4길 6 서울시 건강가정지원센터	02-318-0227	sfamilyc@hanmail.net
2	부산 (4)	부산광역시건강가정지원센터	부산광역시 북구 효열로 256(금곡동) 부산여성가족개발원 3층 건강가정지원센터	051-330-3406	bsfc@familynet.or.kr
3		부산진구건강가정지원센터	부산광역시 부산진구 백양대로 160 (당감동) 부산진구여성가족문화센터 3층	051-802-2900	busanjinfamily@hanmail.net
4		사하구건강가정지원센터	부산광역시 사하구 하신중앙로 324 (하단동, 보해이브빌 2차 2층)	051-203-4588	saha@familynet.or.kr
5		해운대구건강가정지원센터	부산광역시 해운대구 중동1로 37번길 20 중1동주민센터 4층 해운대구건강가정지원센터	051 782 7002	haeundae@familynet.or.kr
6	인천 (1)	부평구건강가정지원센터	인천광역시 부평구 부영로 161 (산곡동) 주안빌딩 3층 301호	032-508-0121	icfamily0101@hanmail.net
7	경기 (8)	경기도건강가정지원센터	경기도 수원시 팔달구 효원로 308번길 34 경기도여성비전센터	031-8008-8008	ggfc@familynet.or.kr
8		고양시건강가정지원센터	경기도 고양시 덕양구 고양대로 1369번길 44-7 2층 고양시건강가정지원센터	031-969-4041	gofc2006@hanmail.net
9		부천시건강가정지원센터	경기도 부천시 원미구 부천로 122번길 60 1층 부천시건강가정지원센터	032-326-4212	bucheon@familynet.or.kr
10		성남시건강가정지원센터	경기도 성남시 수정구 복정로 96 30-1 (복정동) 3층	031-755-9327	snfc10@hanmail.net
11		수원시건강가정지원센터	경기도 수원시 팔달구 향교로 161 우림빌딩 6층	031-245-1310	suwon@familynet.or.kr
12		안산시건강가정지원센터	경기도 안산시 상록구 충장로 432 (성포동) 홈플러스 안산점 1층 별관	031-501-0033	ansan@familynet.or.kr
13		하남시건강가정지원센터	경기도 하남시 덕풍천서로 9 (신장동) 하남시종합사회복지관 별관 4층	031-790-2966	hanamfc@hanmail.net
14		화성시건강가정지원센터	경기도 화성시 태안로 145 유앤아이센터 4층	031-267-8789	hsfc@familynet.or.kr
15	충남 (2)	당진시건강가정지원센터	충청남도 당진시 시청1로 38 (수청동) 당진시종합복지타운 4층	041-360-3200	dangjinfc@hanmail.net
16		천안시건강가정지원센터	충청남도 천안시 서북구 동서대로 129-12 (성정동) 11층	070-7733-8300	chfsc1004@hanmail.net
17	전북 (2)	군산시건강가정지원센터	전라북도 군산시 축동1길 15-2 군산시건강가정지원센터	063-443-5300	gshfamily@hanmail.net
18		전주시건강가정지원센터	전라북도 전주시 완산구 서신로 61 전주시건강가정지원센터	063-231-0182	jeonju@familynet.or.kr
19	전남 (1)	목포시건강가정지원센터	전라남도 목포시 송림로41번길 11 (용해동) 목포대학교 목포캠퍼스 어울림관 2층	061-247-2311	mokpo@familynet.or.kr
20	경북 (1)	안동시건강가정지원센터	경상북도 안동시 제비원로 240-6 (안기동) 1층	054-823-6008	andong@familynet.or.kr

21	경남 (2)	경상남도건강가정지원센터	경상남도 창원시 마산회원구 봉암북7길 21 (봉암동) 경남테크노파크 정보산업진흥본부 4동 305호	055-716-2363	gsnd@familynet.or.kr
22		진주시건강가정지원센터	경상남도 진주시 진양호로 305 (신안동) 진주시건강가정지원센터	055-749-5445	happysupport@korea.kr
23	제주 (2)	서귀포시건강가정지원센터	제주특별자치도 서귀포시 서호남로 19-42 (서호동, 3호근린공원 방문자 센터) 서귀포시 서호남로 19-42	064-760-6488	a6318@korea.kr
24		제주시건강가정지원센터	제주특별자치도 제주시 중앙로14길 15 (삼도이동) 중앙신협 2.3.4층	064-725-8005	jeju@familynet.or.kr

3. 다문화가족지원센터

No	지역	센터명	주 소	전화번호	대표이메일
1	부산 (6)	부산동구 다문화가족 지원센터	부산 동구 중앙대로 248(초량동, 엘림빌딩 3층)	051-465-7171	pdm7172@hanmail.net
2		부산진구 다문화가족 지원센터	부산 부산진구 백양대로 160, 2층(당감동, 부산진구 여성가족문화센터)	051-817-4313	pdf4313@hanmail.net
3		부산남구 다문화가족 지원센터	부산 남구 수영로 356, 2층(대연동,부산광역시 여성회관)	051-610-2027	2f2354@hanmail.net
4		부산북구 다문화가족 지원센터	부산 북구 효열로 76(금곡동 1108)	051-365-3408	boosanbukgoo@hanmail.net
5		해운대구 다문화가족 지원센터	부산광역시 해운대구 양운로 91, 좌1동 주민센터 2층	051-702-8002	haedaji@daum.net
6		사하구 다문화가족 지원센터	부산광역시 사하구 신산로 177 (신평동)농협신평동지점 2층	051-205-8345	saha205@hanmail.net
7	인천 (1)	부평구 다문화가족 지원센터	인천 부평구 열우물로 103(십정1동 279-20) 열우물어울림센터 7층	032-511-1800~1, 9	bpmfc@hanmail.net
8	대전 (3)	동구 다문화가족지원센터	대전광역시 동구 동대전로 171 (자양동)우송도서관706호	042-630-9945	da9946@hanmail.net
9		중구 다문화가족지원센터	대전광역시 중구 대흥로 128 (대흥동445-1)	042-335-4566	jg4566@hanmail.net
10		대덕구 다문화가족 지원센터	대전광역시 대덕구 오정로 112 (오정동)대전가톨릭사회복지회관 2층	042-639-2664	ddmwctr@hanmail.net
11	경기 (7)	수원시 다문화가족 지원센터	경기 수원시 장안구 송원로 63 신성빌딩 3층	031-257-8504	mcsuwon@naver.com
12		성남시 다문화가족 지원센터	경기도 성남시 중원구 광명로395번길 1	031-740-1175	sncenter@hanmail.net
13		고양시 다문화가족 지원센터	경기도 고양시 일산서구 대산로 27 정원빌딩 4층	031-938-9801	goyangtmfc@hanmail.net
14		부천시 다문화가족 지원센터	경기도 부천시 조송로 68번가길 4(원미동)	032-327-1370	bcmfsc@hanmail.net
15		안산시 다문화가족 지원센터	경기도 안산시 단원구 화정로 26, 안산글로벌다문화센터 2층(초지동)	031-599-1700~16	ansantpsxj@hanmail.net
16		화성시 다문화가족 지원센터	경기도 화성시 태안로 145, 유앤아이센터 4층 (병점동 734)	031-267-8786	hmfc8791@naver.com
17		하남시 다문화가족 지원센터	경기도 하남시 신장로 130-5 (덕풍동)계명빌딩 7층	031-794-5158	hanammc@hanmail.net
18	충북 (5)	청원 다문화가족지원센터	충청북도 청주시 상당구 남일면 단재로 480 상당보건소 내 2층	043-293-8887	damhcw@hanmail.net
19		보은군 다문화가족 지원센터	충청북도 보은군 보은읍 남부로 4515, 거성상가 2층	043-544-5422	asinury@hanmail.net
20		옥천군 다문화가족 지원센터	충청북도 옥천군 옥천읍 중앙로 126다목적회관 2층	043-733-1915	okfamily043@hanmail.net

21		영동군 다문화가족 지원센터	충청북도 영동군 영동읍 성안길 8, 여성회관 1층	043-745-8489	7458489@hanmail.net
22		단양군 다문화가족 지원센터	충북 단양군 단양읍 별곡12길 5 여성발전센터 2층	043-421-6200	dydmh@daum.net
23	충남 (3)	천안시 다문화가족 지원센터	충남 천안시 동남구 은행길 15-1 3층	041-558-8653	15778653@hanmail.net
24		청양군 다문화가족 지원센터	충청남도 청양군 청양읍 칠갑산로9길 32 청양복지타운 2층	041-944-2333	cy2333@naver.com
25		당진시 다문화가족 지원센터	충남 당진시 시청 1로 38 수청동(1005, 당진시종합복지타운 4층)	041-360-3160	dangjinmf@hanmail.net
26	전북 (3)	전주시 다문화가족 지원센터	전라북도 전주시 완산구 태평5길 26 3층	063-243-0333	2430333@daum.net
27		군산시 다문화가족 지원센터	전북 군산시 축동1길 15-2(수송동) 군산시 다문화가족지원센터	063-443-0053	gsmf@hanmail.net
28		부안군 다문화가족 지원센터	전북 부안군 부안읍 오리정로 89 2층	063-580-3941	buan-mfsc@daum.net
29	전남 (1)	목포시 다문화가족 지원센터	전남 목포시 산정로 150번길 22	061-278-4222	mpcaritas@naver.com
30	경북 (8)	안동시 다문화가족 지원센터	경상북도 안동시 은행나무로 106-5, 안동종합사회복지관 3층 다문화북카페	054-853-3111	adfn3111@hanmail.net
31		군위군 다문화가족 지원센터	경북 군위군 군위읍 중앙길 31-10번지(군위군 구 보건소 2층)	054-383-2511	loveingunwi@hanmail.net
32		청송군 다문화가족 지원센터	경북 청송군 청송읍 금월로 244-30	054-872-4320	happy4322@hanmail.net
33		영양군 다문화가족 지원센터	경북 영양군 영양읍 군민회관길 36	054-683-5432	yyg5432@hanmail.net
34		고령군 다문화가족 지원센터	경북 고령군 고령읍 왕릉로 30 문화누리 3층	054-956-6336	9566336@hanmail.net
35		성주군 다문화가족 지원센터	경북 성주군 성주읍 성산9길 45 문화예술회관 2층	054-930-8245	master2230@korea.kr
36		예천군 다문화가족 지원센터	경북 예천군 예천읍 충효로 239, 2층(베스트프라자A)	054-654-4321	ycfamily@hanmail.net
37		울진군 다문화가족 지원센터	경북 울진군 울진읍 울진북로 496-11	054-783-8988	uljin5414@naver.com
38	경남 (5)	진주시 다문화가족 지원센터	경상남도 진주시 진양호로 305(신안동)	055-749-5443	dksskwh@korea.kr
39		고성군 다문화가족 지원센터	경남 고성군 고성읍 성내로135번길 10-1	055-673-1466	damunhwa11@hanmail.net
40		남해군 다문화가족 지원센터	경남 남해군 남해읍 망운로 32, 종합사회복지관 2층	055-864-6965	namdamoon2009@naver.com
41		거창군 다문화가족 지원센터	경남 거창군 거창읍 강남로1길 170번지	055-945-1365	gctmfc@daum.net
42		합천군 다문화가족 지원센터	경상남도 합천군 합천읍 중앙로63 합천군청 제2청사(별관)	055-930-4735	puk1178@korea.kr

43	제주 (2)	제주시 다문화가족 지원센터	제주특별자치도 제주시 중앙로 265 성우빌딩 6층	064-712-1140	mfsc1140@naver.com
44		서귀포시 다문화가족 지원센터	제주특별자치도 서귀포시 중앙로 81, 동산빌딩 3층	064-762-1141	sgp1141@naver.com

부록2 건강가정기본법

[시행 2018. 7. 17] [법률 제15350호, 2018. 1. 16, 일부개정]

제1장 총 칙

제1조(목적) 이 법은 건강한 가정생활의 영위와 가족의 유지 및 발전을 위한 국민의 권리·의무와 국가 및 지방자치단체 등의 책임을 명백히 하고, 가정문제의 적절한 해결방안을 강구하며 가족구성원의 복지증진에 이바지할 수 있는 지원정책을 강화함으로써 건강가정 구현에 기여하는 것을 목적으로 한다.

제2조(기본이념) 가정은 개인의 기본적인 욕구를 충족시키고 사회통합을 위하여 기능할 수 있도록 유지·발전되어야 한다.

제3조(정의) 이 법에서 사용하는 용어의 정의는 다음과 같다. <개정 2018. 1. 16.>

1. "가족"이라 함은 혼인·혈연·입양으로 이루어진 사회의 기본단위를 말한다.
2. "가정"이라 함은 가족구성원이 생계 또는 주거를 함께 하는 생활공동체로서 구성원의 일상적인 부양·양육·보호·교육 등이 이루어지는 생활단위를 말한다.

2의2. "1인가구"라 함은 1명이 단독으로 생계를 유지하고 있는 생활단위를 말한다.

3. "건강가정"이라 함은 가족구성원의 욕구가 충족되고 인간다운 삶이 보장되는 가정을 말한다.
4. "건강가정사업"이라 함은 건강가정을 저해하는 문제(이하 "가정문제"라 한다)의 발생을 예방하고 해결하기 위한 여러 가지 조치와 가족의 부양·양육·보호·교육 등의 가정기능을 강화하기 위한 사업을 말한다.

제4조(국민의 권리와 의무) ① 모든 국민은 가정의 구성원으로서 안정되고 인간다운 삶을 유지할 수 있는 가정생활을 영위할 권리를 가진다.

② 모든 국민은 가정의 중요성을 인식하고 그 복지의 향상을 위하여 노력하여야 한다.

제5조(국가 및 지방자치단체의 책임) ① 국가 및 지방자치단체는 건강가정을 위하여 필요한 제도와 여건을 조성하고 이를 위한 시책을 강구하여 추진하여야 한다.

② 국가 및 지방자치단체는 제1항의 시책을 강구함에 있어 가족구성원의 특성과 가정유형을 고려하여야 한다.

③ 국가 및 지방자치단체는 민주적인 가정형성, 가정친화적 환경조성, 양성평등한 가족가치 실현 및 가사노동의 정당한 가치평가를 위하여 노력하여야 한다.

제6조(다른 법률과의 관계) 국가는 건강가정사업과 관련되는 다른 법률을 제정 또는 개정하는 경우에는 이 법에 부합되도록 하여야 한다.

제7조(가족가치) 가족구성원은 부양・자녀양육・가사노동 등 가정생활의 운영에 함께 참여하여야 하고 서로 존중하며 신뢰하여야 한다.

제8조(혼인과 출산) ① 모든 국민은 혼인과 출산의 사회적 중요성을 인식하여야 한다.

② 국가 및 지방자치단체는 출산과 육아에 대한 사회적 책임을 인식하고 모・부성권 보호 및 태아의 건강보장 등 적절한 출산・육아환경을 조성하기 위하여 적극적으로 지원하여야 한다. <개정 2016. 5. 29.>

제9조(가족해체 예방) ① 가족구성원 모두는 가족해체를 예방하기 위하여 노력하여야 한다.

② 국가 및 지방자치단체는 가족해체를 예방하기 위하여 필요한 제도와 시책을 강구하여야 한다.

제10조(지역사회자원의 개발・활용) 국가 및 지방자치단체는 건강한 가정구현에 기여할 수 있도록 지역사회자원을 최대한 개발하고 활용하여야 한다.

제11조(정보제공) 국가 및 지방자치단체는 가족구성원에게 건강한 가정생활을 영위하는데 도움이 되는 정보를 최대한 제공하고 가정생활에 관한 정보관리체계를 확립하여야 한다.

제12조(가정의 날) 가정의 중요성을 고취하고 건강가정을 위한 개인・가정・사회의 적극적인 참여분위기를 조성하기 위하여 매년 5월을 가정의 달로 하고, 5월 15일을 가정의 날로 한다.

제2장 건강가정정책

제13조 삭제 <2011. 9. 15.>

제14조 삭제 <2011. 9. 15.>

제15조(건강가정기본계획의 수립) ① 여성가족부장관은 관계 중앙행정기관의 장과 협의하여 건강가정기본계획(이하 "기본계획"이라 한다)을 5년마다 수립하여야 한다. <개정 2005. 3. 24., 2008. 2. 29., 2010. 1. 18., 2011. 9. 15.>

② 기본계획에는 다음 각호의 사항이 포함되어야 한다. <개정 2018. 1. 16.>

1. 가족기능의 강화 및 가정의 잠재력개발을 통한 가정의 자립 증진 대책
2. 사회통합과 문화계승을 위한 가족공동체문화의 조성
3. 다양한 가족의 욕구충족을 통한 건강가정 구현
4. 민주적인 가족관계와 양성평등적인 역할분담
5. 가정친화적인 사회환경의 조성
6. 가족의 양육·부양 등의 부담완화와 가족해체예방을 통한 사회비용 절감
7. 위기가족에 대한 긴급 지원책
8. 가족의 건강증진을 통한 건강사회 구현
9. 가족지원정책의 추진과 관련한 재정조달 방안
10. 1인가구의 복지 증진을 위한 대책

③ 기본계획은 국무회의의 심의를 거쳐 확정한다.

④ 여성가족부장관은 확정된 기본계획을 지체없이 관계중앙행정기관의 장 및 지방자치단체의 장에게 통보하여야 한다. <개정 2005. 3. 24., 2008. 2. 29., 2010. 1. 18., 2011. 9. 15.>

제16조(연도별 시행계획의 수립·시행 등) ① 여성가족부장관, 관계중앙행정기관의 장 및 지방자치단체의 장은 매년 기본계획에 따라 건강가정시행계획(이하 "시행계획"이라 한다)을 수립·시행 및 평가하여야 한다. 이 경우 관계중앙행정기관의 장 및 지방자치단체의 장은 그 시행계획 및 추진실적을 매년 여성가족부장관에게 제출하여야 한다. <개정 2005. 3. 24., 2008. 2. 29., 2010. 1. 18., 2011. 9. 15.>

② 시행계획의 수립·추진 및 평가에 관하여 필요한 사항은 대통령령으로 정한다.

제17조(시·도별 시행계획의 조정 등) ① 여성가족부장관은 기본계획에 기초하여 지방자치단체별 시행계획을 조정하고 그 이행상황을 점검하여야 한다. <개정 2005. 3. 24., 2008. 2. 29., 2010. 1. 18., 2011. 9. 15.>

② 여성가족부장관은 지방자치단체별 시행계획이 기본계획 및 중앙행정기관의 시행계획에 위배되는 경우에는 해당 지방자치단체의 장에게 이를 변경하도록 요구할 수 있다. <개정 2005. 3. 24., 2008. 2. 29., 2010. 1. 18., 2011. 9. 15., 2016. 12. 20.>

제18조(계획수립의 협조) ① 여성가족부장관, 관계중앙행정기관의 장 및 지방자치단체의 장은 기본계획 또는 시행계획의 수립·시행을 위하여 필요한 때에는 관계 공공기관·사회단체 그 밖의 민간기업체의 장에게 협조를 요청할 수 있다. <개정 2005. 3. 24., 2008. 2. 29., 2010. 1. 18., 2011. 9. 15.>

② 제1항의 규정에 의하여 협조요청을 받은 자는 특별한 사유가 없는 한 이에 응하여야 한다.

제19조(교육·연구의 진흥) ① 국가 및 지방자치단체는 건강가정과 관련된 연구를 진흥하고 전문가를 양성하여야 한다.

② 국가 및 지방자치단체는 건강가정을 위한 교육프로그램을 지속적으로 개발·제공하여야 한다.

제20조(가족실태조사) ① 국가 및 지방자치단체는 개인과 가족의 생활실태를 파악하고, 건강가정 구현 및 가정문제 예방 등을 위한 서비스의 욕구와 수요를 파악하기 위하여 5년마다 가족실태조사를 실시하고 그 결과를 발표하여야 한다.

② 제1항에 따른 가족실태조사에는 1인가구의 연령별·성별·지역별 현황과 정책 수요 등에 관한 사항이 포함되어야 한다. <신설 2018. 1. 16.>

③ 제1항의 규정에 의한 가족실태조사를 위하여 필요한 사항은 여성가족부령으로 정한다. <개정 2005. 3. 24., 2008. 2. 29., 2010. 1. 18., 2018. 1. 16.>

제3장 건강가정사업

제21조(가정에 대한 지원) ① 국가 및 지방자치단체는 가정이 원활한 기능을 수행하도록 지원하여야 한다.

② 제1항의 규정에 의하여 지원하여야 할 사항은 다음 각호와 같다.

1. 가족구성원의 정신적·신체적 건강지원
2. 소득보장 등 경제생활의 안정
3. 안정된 주거생활
4. 태아검진 및 출산·양육의 지원
5. 직장과 가정의 양립
6. 음란물·유흥가·폭력 등 위해환경으로부터의 보호
7. 가정폭력으로부터의 보호
8. 가정친화적 사회분위기의 조성
9. 그 밖에 건강한 가정의 기능을 강화·지원할 수 있는 관련 사항

③ 국가 및 지방자치단체는 임신·출산·수유 및 육아와 관련된 모·부성권 보장을 위한 육아휴직 및 유급휴가시책이 확산되도록 노력하여야 한다. <개정 2016. 5. 29.>

④ 국가 및 지방자치단체는 한부모가족, 노인단독가정, 장애인가정, 미혼모가정, 공동생활가정, 자활공동체 등 사회적 보호를 필요로 하는 가정에 대하여 적극적으로 지원하여야 한다. <개정 2007. 10. 17.>

⑤ 제2항 및 제4항의 규정에 의한 국가 및 지방자치단체의 지원에 관한 세부적 사항은 관계법률이 정하는 바에 의한다.

제21조의2(위기가족긴급지원) ① 국가와 지방자치단체는 「재난 및 안전관리 기본법」 제3조 제1호에 따른 재난 중 대통령령으로 정하는 재난에 의하여 가족의 부양·양육·보호·교육 등 가족기능이 현저하게 저하된 경우 원활한 가족기능을 수행하는 데에 긴급하게 필요한 범위에서 지원(이하 "위기가족긴급지원"이라 한다)을 하여야 한다.

② 위기가족긴급지원의 종류 및 내용은 다음 각 호와 같다.

1. 아이돌봄지원, 가사돌봄지원 등 가족돌봄
2. 가족상담, 집단프로그램, 자조모임 운영 등 가족의 심리·정서지원
3. 법률구조, 의료지원, 복지서비스 등 연계
4. 그 밖에 여성가족부장관이 필요하다고 인정하는 지원

③ 제2항의 지원기간은 1년 이내로 한다. 다만, 제2항 제2호의 심리·정서지원의 지원기간은 3년 이내로 하되, 필요한 경우 1년의 범위에서 한 번 연상할 수 있다.

④ 위기가족긴급지원의 절차 및 방법 등에 필요한 사항은 대통령령으로 정한다.

⑤ 「긴급복지지원법」 등 다른 법률에 따른 이 법의 지원내용과 동일한 내용의 지원을 받고 있는 경우에는 이 법에 따른 지원을 하지 아니한다.

[본조신설 2016. 5. 29.]

제21조의3(위기가족긴급지원에 관한 정보의 이용) 여성가족부장관 또는 지방자치단체의 장은 위기가족긴급지원을 위하여 필요한 경우 국가 및 지방자치단체, 공공기관에서 확보하고 있는 위기가족긴급지원 관련 성명, 주소, 연락처 등의 정보를 요청할 수 있으며, 수집된 정보를 가공 또는 이용할 수 있다.

[본조신설 2016. 5. 29.]

제21조의4(위기가족긴급지원에 대한 비용의 지원) 국가와 지방자치단체는 위기가족긴급지원에 필요한 비용의 전부 또는 일부를 지원할 수 있다.

[본조신설 2016. 5. 29.]

제22조(자녀양육지원의 강화) ① 국가 및 지방자치단체는 자녀를 양육하는 가정에 대하여 자녀양육으로 인한 부담을 완화하고 아동의 행복추구권을 보장하기 위하여 보육, 방과후 서비스, 양성이 평등한 육아휴직제 등의 정책을 적극적으로 확대 시행하여야 한다. <개정 2011. 9. 15.>

② 국가 및 지방자치단체는 다양한 가족형태를 고려하여 아동양육지원사업 시책(아이돌보미 서비스를 포함한다. 이하 같다)을 수립·시행하여야 한다. <신설 2011. 9. 15.>

③ 국가 및 지방자치단체는 아동양육지원사업을 예산의 범위에서 지원할 수 있다. <신설 2011. 9. 15.>

④ 국가 및 지방자치단체는 가사노동의 가치에 대한 사회적 인식을 제고하고 이를 관련 법·제도 및 가족정책에 반영하도록 노력하여야 한다. <개정 2011. 9. 15.>

제23조(가족단위 복지증진) ① 국가 및 지방자치단체는 사회보험·공공부조 등 사회보장제도의 운용과 관련하여 보험료의 산정·부과, 급여 등을 운용함에 있어서 가족을 지지하는 시책을 개발·추진하여야 한다.

② 국가 및 지방자치단체는 경제·사회, 교육·문화, 체육, 지역사회개발 등 각 분야의 제도·정책 및 사업을 수립·추진함에 있어 가족을 우대하는 방안을 강구하여야 한다.

제24조(가족의 건강증진) 국가 및 지방자치단체는 영·유아, 아동, 청소년, 중·장년, 노인 등 생애주기에 따르는 가족구성원의 종합적인 건강증진대책을 마련하여야 한다. <개정 2011. 9. 15.>

제25조(가족부양의 지원) ① 국가 및 지방자치단체는 영·유아 혹은 노인 등 부양지원을 요하는 가족구성원이 있는 가정에 대하여 부양부담을 완화하기 위한 시책을 적극적으로 강구하여야 한다.

② 국가 및 지방자치단체는 질환이나 장애로 가족내 수발을 요하는 가족구성원이 있는 가정을 적극 지원하며, 보호시설을 이용할 수 있도록 전문보호시설을 확대하여야 한다.

③ 국가 및 지방자치단체는 가족구성원중 장기요양을 필요로 하는 질병이나 사고로 간병을 요할 경우 가족간호를 위한 휴가 등의 시책을 마련하여야 한다.

제26조(민주적이고 양성평등한 가족관계의 증진) ① 국가 및 지방자치단체는 부부 및 세대간에 가족갈등이 있는 경우 이를 예방·상담하고, 민주적이고 양성평등한 가족관계를 증진시킬 수 있도록 가족지원서비스를 확대하고, 다양한 가족생활교육·부모교육·가족상담·평등가족홍보 등을 추진하여야 한다.

② 국가 및 지방자치단체는 가정폭력이 있는 가정의 경우 가정폭력피해자와 피해자 가족에 대한 개입에 있어 전문가의 체계적인 개입과 서비스가 이루어지도록 노력하여야 한다.

제27조(가족단위의 시민적 역할증진) ① 국가 및 지방자치단체는 가족의 결속력과 가족구성원의 발전을 위하여 가족이 시민으로서의 역할을 증진할 수 있는 기회와 서비스를 제공하여야 한다.
② 국가 및 지방자치단체는 가족단위의 자원봉사참여가 확대되도록 노력하여야 한다.

제28조(가정생활문화의 발전) ① 국가 및 지방자치단체는 건강가정의 생활문화를 고취하고 그에 대한 지원정책을 수립하여야 한다.
② 국가 및 지방자치단체가 지원하여야 하는 건강가정의 생활문화는 다음 각호의 사항을 포함한다.

1. 가족여가문화
2. 양성평등한 가족문화
3. 가족단위 자원봉사활동
4. 건강한 의식주 생활문화
5. 합리적인 소비문화
6. 지역사회 공동체문화
7. 그 밖에 건강가정의 생활문화와 관련된 사항

제29조(가정의례) ① 개인과 가정은 건전한 가정의례를 확립하도록 노력하여야 한다.
② 국가 및 지방자치단체는 건전한 가정의례를 확립하기 위한 지원정책을 수립하여야 한다.

제30조(가정봉사원) ① 국가 및 지방자치단체는 건강한 가정을 유지하기 위하여 필요한 경우에는 가정을 방문하여 가사・육아・산후조리・간병 등을 돕는 가정봉사원(이하 "가정봉사원"이라 한다)을 지원할 수 있다.
② 가정봉사원은 여성가족부령이 정하는 바에 따라 교육을 받아야 한다. <개정 2005. 3. 24., 2008. 2. 29., 2010. 1. 18.>
③ 국가 및 지방자치단체는 가정봉사원에게 예산의 범위안에서 일정금액을 지급할 수 있다.
④ 가정봉사원의 지원에 관하여 필요한 사항은 여성가족부령으로 정한다. <개정 2005. 3. 24., 2008. 2. 29., 2010. 1. 18.>

제31조(이혼예방 및 이혼가정지원) ① 국가 및 지방자치단체는 이혼하고자 하는 부부가 이혼전 상담을 받을 수 있게 하는 등 이혼조정을 내실화 할 수 있도록 필요한 조치를 강구하여야 한다.
② 국가 및 지방자치단체는 이혼의 의사가 정해진 가족에 대하여 이들 가족이 자녀양육・재산・정서 등의 제반문제를 준비할 수 있도록 도움을 주는 지원서비스를 제공하도록 하여야 한다.
③ 국가 및 지방자치단체는 이혼한 가족에 대하여 양육비에 대한 집행력의 실효성을 강화하고 그 적용대상을 확대하도록 하여야 한다.

제32조(건강가정교육) ① 국가 및 지방자치단체는 건강가정교육을 실시하여야 한다.
② 제1항의 규정에 의한 교육내용에는 다음 각호의 사항이 포함되어야 한다.
1. 결혼준비교육
2. 부모교육
3. 가족윤리교육
4. 가족가치실현 및 가정생활관련 교육 등

③ 제1항의 규정에 의한 건강가정교육에 관하여 필요한 사항은 여성가족부령으로 정한다. <개정 2005. 3. 24., 2008. 2. 29., 2010. 1. 18.>

제33조(자원봉사활동의 지원) 국가 및 지방자치단체는 건강가정과 관련되는 자원봉사활동사업을 육성하고 장려하여야 한다.

제4장 건강가정전담조직 등

제34조(건강가정사업의 전담수행) 여성가족부 및 지방자치단체는 건강가정사업에 관한 업무를 전담하여 수행할 수 있도록 하여야 한다. <개정 2005. 3. 24., 2008. 2. 29., 2010. 1. 18., 2011. 9. 15.>

제34조의2(한국건강가정진흥원의 설립 등) ① 다양한 가족의 삶의 질 제고 및 가족역량 강화를 위한 가족정책을 효율적이고 체계적으로 지원하기 위하여 한국건강가정진흥원(이하 "진흥원"이라 한다)을 설립한다.
② 진흥원은 법인으로 한다.
③ 진흥원은 그 주된 사무소의 소재지에서 설립등기를 함으로써 성립한다.
④ 진흥원에는 정관으로 정하는 바에 따라 임원과 필요한 직원을 둔다.
⑤ 진흥원은 다음 각 호의 사업을 한다.
1. 가족상담 및 가족교육 사업

2. 가족친화 사회환경 조성사업
3. 아이돌봄 및 자녀양육지원 사업
4. 「양육비 이행확보 및 지원에 관한 법률」에 따른 양육비 이행 전담기관 운영
5. 다문화가족, 한부모가족, 조손가족 등 취약 가족의 역량강화 지원 사업
6. 다문화가족의 사회통합지원 사업
7. 제35조의 건강가정지원센터, 「다문화가족지원법」 제12조의 다문화가족지원센터 및 「가족친화 사회환경의 조성 촉진에 관한 법률」 제19조의 가족친화지원센터의 사업 관리 및 종사자 교육훈련
8. 가족사업 관련 대내외 교류 및 협력 사업
9. 가족정책 및 사업개발을 위한 조사, 연구
10. 제1호부터 제9호까지의 사업에 부수되는 사업 또는 이와 관련하여 국가기관 등으로부터 위탁받은 사업
11. 그 밖에 진흥원의 목적달성을 위하여 정관으로 정하는 사항

⑥ 정부는 예산의 범위에서 진흥원의 사업과 운영에 필요한 경비를 출연할 수 있다.

⑦ 진흥원은 「기부금품의 모집 및 사용에 관한 법률」에도 불구하고 자발적으로 기탁되는 금품을 사업목적에 부합하는 범위에서 접수할 수 있으며 접수 절차 등에 관한 사항은 진흥원의 장이 별도로 정한다. <신설 2016. 3. 2.>

⑧ 진흥원에 관하여는 이 법에서 규정한 것을 제외하고는 「민법」 중 재단법인에 관한 규정을 준용한다. <개정 2016. 3. 2.>

[본조신설 2014. 3. 24.]

제35조(건강가정지원센터의 설치) ① 국가 및 지방자치단체는 가정문제의 예방·상담 및 치료, 건강가정의 유지를 위한 프로그램의 개발, 가족문화운동의 전개, 가정관련 정보 및 자료제공 등을 위하여 건강가정지원센터(이하 "센터"라 한다)를 설치·운영하여야 한다. <개정 2011. 9. 15.>

② 센터에는 건강가정사업을 수행하기 위하여 관련분야에 대한 학식과 경험을 가진전문가(이하 "건강가정사"라 한다)를 두어야 한다.

③ 건강가정사는 다음 각 호의 요건을 모두 갖춘 사람이어야 한다. <개정 2018. 1. 16.>

1. 대학 또는 이와 동등 이상의 학교를 졸업할 것(법령에 따라 이와 같은 수준 이상의 학력이 있다고 인정되는 경우를 포함한다)
2. 제1호에 따른 학력 취득과정이나 그 밖에 여성가족부장관이 인정하는 방법으로 사회복지학·가정학·여성학 등 여성가족부령으로 정하는 관련 교

과목을 이수할 것

④ 센터의 조직·운영 및 건강가정사의 자격·직무에 관하여 필요한 사항은 대통령령으로 정한다.

⑤ 센터의 운영은 여성가족부령이 정하는 바에 의하여 민간에 위탁할 수 있다. <개정 2005. 3. 24., 2008. 2. 29., 2010. 1. 18.>

제35조의2(유사명칭의 사용금지) 이 법에 따른 센터가 아닌 자는 건강가정지원센터 또는 이와 유사한 명칭을 사용하지 못한다.
[본조신설 2011. 9. 15.]

제5장 보 칙

제36조(민간단체 등의 지원) 국가 및 지방자치단체는 건강가정사업을 수행하는 단체 또는 개인에 대하여 필요한 비용의 전부 또는 일부를 보조하거나 그 업무수행에 필요한 지원을 할 수 있다.

제37조(과태료) ① 제35조의2를 위반한 자에게는 300만원 이하의 과태료를 부과한다.

② 제1항에 따른 과태료는 대통령령으로 정하는 바에 따라 여성가족부장관 또는 지방자치단체의 장이 부과·징수한다.
[본조신설 2011. 9. 15.]

부 칙 <제15350호, 2018. 1. 16.>

이 법은 공포 후 6개월이 경과한 날부터 시행한다.

참·고·문·헌

강기정·송원영·이은정(2010). 건강가정지원센터 가족지원체계 구축모델 개발을 위한 탐색적 연구. 한국가정관리학회 학술발표대회 자료집, 332-332.

강기정·이무영·김영희(2002). 한부모가족 복지 지원체계로서의 가상공동체 활용에 관한 기초연구. 대한가정학회지, 40(10), 141-159.

강신천·김수동(2004). 교수학습센터의 인적 네트워크 실태 분석에 기초한 활성화 방안 연구. 교육정보미디어연구, 10(3), 183-207.

강창현(2006). 가족지원서비스 공급을 위한 건강가정지원센터 사업구조 연구. 가족과 문화, 18(2), 165-189.

건강가정기본법(2004).

경기연구원(2016). 경기도 다문화가정 미취학 아동 지원방안 연구.

경상북도(2007). 2007 경상북도 결혼이민자가족 실태조사와 정책과제.

경상북도여성정책개발원(2006). 국제결혼 가족 및 아동실태조사.

경지영(2000). 여성노인이 지각한 가족의 건강성 경향과 우울정도와의 관계. 경희대학교 대학원 석사학위논문.

경향신문(2006. 12. 15). 인류학자가 보는 세상 (21). 막국수와 '식탁 위의 다문화주의'.

공선영(2000). 모자가족의 경험과 적응에 관한 연구. 이화여자대학교 대학원 박사학위논문.

곽인숙(2003). 주말부부의 거주유형에 따른 심리적 비용과 보상에 관한 연구. 한국가정관리학회지, 21(2), 187-199.

_____(2013). 노인과 예비노인의 가정건강성과 행복에 관한 연구. *Family and Environment Research*, *51*(1), 1-16.

관계부처 합동(2006). 제1차 건강가정기본계획(2006-2010) : 함께 가는 가족 2010.

교육과학기술부(2008). 잠재인력정책과.

교육부(2019). 2019 다문화교육 지원계획.

구차순(2002). 한부모가족의 상호작용과 자녀의 학교생활적응과의 관계. 부산대학교 대학원 석사학위논문.

국가통계포털. http://kosis.kr

국민일보(2008. 2. 5). 시부모 모시며 명절 음식 '나홀로 준비' …… 50~60세 어머니, 설에 더 골병.

_______(2008. 5. 7). 祖孫가정 급증, 지원대책 절실 …… 월평균 소득 70만 원, 일반 근로자 5분의 1수준.

국회입법조사처(2018). 다문화학생의 현황과 시사점. 지표로 보는 이슈, 131(11월 14일).

권대희(2003). 청소년기 자녀가 지각한 가족의 건강성과 자아존중감에 대한 연구. 경희대학교 대학원 석사학위논문.

권양자(2000). 저소득 부자가족의 형황과 복지정책 방향. 대구대학교 대학원 석사학위논문.

글로벌 인재포럼(2008). 한국경제신문.

김경선(2012). 여성 한부모 가구주의 생활만족도에 영향을 미치는 요인. 대구한의대학교 대학원 박사학위논문.

김경호(2006). 새터민 정착지원체계의 대안적 모색. 대한정치학회보, 13(3), 331-346.

김계현(2003). 카운슬링의 실제. 학지사.

김기홍(2006). 지역네트워킹과 방과후 학교 활성화. 한국직업능력개발원 연구보고서.

김남국(2005). 다문화 시대의 시민 : 한국사회에 대한 시론. 국제정치논총, 45(4), 97-98.

김두섭(2015). 거주지역의 민족구성이 혼인이주여성의 차별경험과 주관적 건강인식에 미치는 주변효과, 가족과 문화, 27(4), 34-61.

김미숙(2000). 저소득 편부모 가족의 생활실태와 정책과제. 한국보건사회연구원.

김미숙 · 양심영(2007). 위기의 한국아동실태와 정책적 대응방안. 보건복지포럼, 6, 5-20.

김미혜 · 김혜선(2004). 조손가족 손자녀의 정서 · 행동에 영향을 미치는 조부모 관련 요인 연구. 한국노년학 추계학술대회 자료집, 196-219.

김승권(2004). 다양한 가족의 출현과 사회적 지원체계 구축방안. 보건사회연구원.

김승권 · 김연우 · 이성용 · 윤홍식 · 진미정(2013). 한국가족 변화의 특징과 전망 : 가족변화 대응 기본전략 수립. 경제인문 사회연구원.

김승준(2004). 가족원 특성 측면의 다양한 가족의 실태와 사회적 지원. 보건사회연구원.

김승희(2016). 사회적 자본의 관점에서 본 조손가족 조부모의 양육문제 해결방안. 육아정책연구, 10(1), 1-30.

김연수(2006). 정신장애인을 돌보는 어머니의 돌봄만족감에 영향을 미치는 요인 연구. 한국사회복지학, 8, 371-398.

김연옥(2004). 재혼가정의 가족기능향상 프로그램 개발을 위한 시론적 연구. 한국사회복지학, 56(2), 215-235.

김영란(2006). 한국사회에서 이주여성의 삶과 사회문화적 적응 관련 정책. 아시아여성연구, 45(1), 142-189.

김영수(2000). 북한이탈주민의 가족문제. 사회과학연구, 9(0), 102-117.

김영숙 · 임효연(2010). 주민참여복지 네트워크에 대한 질적 연구. 한국사회복지학, 62(4), 223-248.

김영희(1996). 빈곤층 편모의 스트레스, 사회적 지원 및 심리적 디스트레스가 역할수행에 미치는 영향. 서울대학교 대학원 박사학위논문.

김예성(2014). 조손가정 아동의 심리사회적 적응상태 및 심리사회적 적응에 영향을 미치는 요인. 청소년문화포럼, 37, 7-30.

_____(2017). 조손가정 손자녀의 성인역 부담이 외현화 문제에 미치는 영향 : 조부모 양육방식의 조절효과 검증. 청소년학연구, 24(2), 369-391.

김오남(2007). 손자녀를 양육하는 조부모의 부담과 보상감. 한국노년학연구, 16, 59-84.

김은경(1999). 맞벌이 주말부부의 역할갈등과 결혼만족도. 한국가족관계학회지, 4(1), 25-44.

_____(2001). 사회적 지원이 맞벌이 주말부부의 역할갈등과 결혼만족도에 미치는 영향에 관한

연구. 한국가정관리학회지, 19(3), 1-16.

_____(2007). 여성결혼이민자 가족의 현황과 가족친화적 정책방향. 2007 경남여성정책 세미나 자료집.

_____(2008a). 다문화가족을 위한 지원 방안-창원·마산 지역 여성결혼이민자가족을 중심으로. 경상남도결혼이민자가족지원센터 다문화정책포럼자료집.

_____(2008b). 중소도시 여성결혼이민자의 결혼만족도에 영향을 미치는 변인에 관한 연구. 한국가정관리학회지, 26(6), 83-94.

김영란·황정임·최진희·김은경(2016). 부자가족 역량 강화를 위한 지원방안 연구. 한국여성정책연구원.

김은지·장혜경·황정임·최인희·김소영·정수연·성 경(2015). 2015년 한부모가족 실태조사. 여성가족부.

김이선·김민정·한건수(2006). 여성결혼이민자의 문화적 갈등과 소통증진을 위한 정책과제. 한국여성개발원 경제·인문사회연구회 협동연구총서.

김이선·김영란·이해응(2016). 다문화가족의 구성변화와 정책 대응 다각화 방안.

김이선·이아름·이은아(2013). 여성결혼이민자의 사회통합 진전 양상과 정책수요 문화에 관한 연구. 한국여성정책연구원.

김이선·정해숙·송연숙(2013). 다부처관련 정책 현황조사-다문화가족 지원. 경제·인문사회연구회.

김정옥(2008). 가정의 건강성 강화 프로그램 개발을 위한 웰니스 패러다임적 접근. 한국 가족관계학회지, 13(2), 37-56.

김정은(2002). 손자녀를 양육하는 빈곤지역 조부모의 심리·정서적 안녕과 영향을 미치는 요인. 충남대학교 대학원 석사학위논문.

김정휘·김태욱(2006). 교사의 직무 스트레스와 탈진. 박학사.

김지혁(2004). 만병의 근원 스트레스 원인과 퇴치. 가림출판사.

김태성(2007). 사회복지정책 입문. 청목출판사.

김태완·이주미(2017). 아동빈곤의 특성과 청년기 영향. 보건복지포럼, 254, 95-110.

김태현·박숙자(1992). 한국의 비동거 가족연구. 가족학논집, 4, 45-74.

김혜경·김성수(2019). 의료기관 종사자의 직무만족 및 직무성과에 미치는 직무스트레스 영향요인. 한국보건정보통계학회지, 44(1), 41-52.

김혜선(2004). 조손가족 조부모의 양육태도와 양육 스트레스가 손자녀 적응에 미치는 영향 연구. 한국아동복지학, 18, 85-117.

김혜영 외(2006). 이혼 후 자녀양육실태에 관한 연구. 여성가족부.

김효순(2005). 재혼가족의 적응에 관한 문헌고찰 : Bronfenbrenner의 모형을 중심으로. 가족과 문화, 17(1), 191-230.

_____(2010). 새부모의 양육태도유형과 재혼가족 청소년자녀의 심리사회적 적응에 관한 연구. 한국가족복지학, 30, 245-268.

_____(2015). 재혼가족 관계향상을 위한 프로그램 개발방향-새부모·새자녀관계를 중심으로. 한국콘텐츠학회논문지, 15(2), 262-280.

______(2016). 재혼가족 관계향상을 위한 프로그램 효과 : 청소년기 자녀를 둔 재혼자를 중심으로. 보건사회연구, 36(3), 239-269.

김효순·엄명용(2006). 재혼가족의 가족결속에 영향을 미치는 요인에 관한 연구 – 역할긴장 변수를 중심으로 –. 가족과 문화, 18(4), 127-155.

김희연·한인숙(2002). 네트워크 이론에서 본 지역사회복지–지방정부와 사회복지관의 관계를 중심으로. 한국지방자치학회보, 14(1), 99-122.

김희정(2001) 부자가정 부의 우울 및 불안에 관한 연구. 가톨릭대학교 대학원 석사학위논문.

남도일보(2018. 12. 12). 사설–다문화가정·학생에 관심과 배려를.

노정자·강기정(2012). 한부모 이혼 남성의 홀로서기과정. 한국가족자원경영학회지, 16(2), 145-163.

노컷뉴스(2008. 10. 15). 경기도 '아이돌보미' 서비스 지원 확대.

농민신문(2008. 10. 15). 다문화가정 자녀교육에 2012년까지 700억 지원 : 교육과학기술부, 내년부터 16개 시·도교육청과.

뉴스메이커(2008. 2. 19). 762호. 늘 조부모와 함께한 88만원 세대.

다이애너 기틴스(1985). 가족은 없다. 일신사.

동아사이언스(2017). 5월 7일. 할머니 할아버지 날은 왜 없을까?

류재중 외(2007). 조손가족 청소년의 학교 적응유연성 모형 적합도 검증 연구. 청소년학연구, 14(2), 49-69.

매일경제(2018. 9. 3). 홍철호 "지방 혁신도시 나 홀로 이전 절반 넘어".

문은영(2011) 서울시 한부모가족 실태조사를 통해 본 부자가족의 현황과 문제점. 공공사회연구, 1(2), 135-174.

문은영·김보람(2010). 서울시 한부모가족 생활실태 및 지원방안 연구. 서울시 여성가족재단.

민소영(2011). 지역기반 정신보건서비스 조직의 네트워크 결정요인 연구. 정신보건과 사회사업, 34, 5-29.

민소영·임선영(2014). 사례관리 수행의 영향요인 분석 : 정신보건실천 현장을 중심으로. 한국지역사회복지학, 48, 223-247.

박경숙(2003). 참여정부 초기의 지방분권화 및 참여복지 정책방향과 사회복지전달체계 개편과제. 사회복지정책, 16, 151-172.

박경애(2007). 사회적 지지가 조손가족 조부모의 손자녀 돌봄 보상감에 미치는 영향. 한국가족복지학, 12(3), 25-45.

박광덕(1999). 우리나라 지역사회복지 전달체계의 모형정립. 한국행정학회 1998년도 하계학술대회 발표논문집.

박미석·이종남(1999). 탈북가족의 남한사회 적응 시 겪는 어려움과 그에 따른 대처 방안. 통일논총, 17(1), 3-74.

박미자·이창식(2008). 조손가족 청소년의 사회적 지지 및 자아존중감과 문제행동 간의 관계. 청소년복지연구, 10(1), 93-114.

박복순·박선영·황정임·이세정(2016). 건강가정·다문화가족지원센터 통합서비스 운영을 위한 법적 기반 마련 연구. 한국여성정책연구원 연구보고서.

박숙영・박소연(2018). 지방공무원의 직무스트레스가 직무만족도에 미치는 영향 : 우울증상 매개효과. 지방정부연구, 21(4), 123-142.

박숙자(1994). 직업과 가족, 현대가족과 사회. 한국가족학회 편. 교육과학사. 212-231.

박신규・이성희(2015). 여성결혼이민자의 가족해체과정 분석 및 지원방안 : 전북 지역 사례를 중심으로. 다문화와 평화, 9(2), 112-137.

박정윤(2008). 건강가정지원센터의 건강가정문화 사업평가에 관한 연구. 한국가정관리학회지, 26(3), 25-36.

박종보・조용만(2006). 다문화가족지원법 마련을 위한 연구. 여성가족부 연구보고.

박지은(2009). 조손가정 조부모의 생활만족도에 영향을 미치는 요인에 관한 연구. 서울시립대학교 대학원 석사학위논문.

박창기(2002). 농촌지역 조부모-손자녀가족의 가족기능에 관한 연구. 대구카톨릭대학교 대학원 석사학위논문.

박화옥(2013). 대리양육 조부모의 우울감과 양육의지에 영향을 미치는 요인 연구. 사회과학연구, 39(1), 1-28.

박희선(1999). 주말부부의 양육스트레스와 양육죄책감에 관한 연구. 경희대학교 대학원 석사학위논문.

박희진(1996). 노인들의 환경 디자인 요소와 낙상위험 인지도의 관계 및 주거 내에서 낙상위험으로 줄이기 위한 디자인 지침. 대한 가정학회지, 24(6), 45-55.

배종필(2012). 손자녀의 발달단계에 따른 조손가족 조부모의 양육스트레스와 우울감에 관한 연구. 명지대학교 대학원 석사학위논문.

법원행정처(2008). 협의이혼 안내.

법제처 시이트. http://www.moleg.go.kr/main/main.do.

변복수(2014). 재혼가정 성인 자녀들의 적응 과정 연구. 숭실대학교 대학원 박사학위논문.

변수정・박종서・오신휘・김혜영(2017). 다양한 가족의 제도적 수용성 제고 방안. 한국보건사회연구원.

보건복지가족부 가족정책과(2008). 2009년도 건강가정지원센터 세부운영지침.

______________________(2008). 건강가정사 자격요건에 관한 지침 개정안.

보건복지가족부(2007). 보건복지가족 백서.

____________(2008). 다문화가족 생애주기별 맞춤형 지원 강화대책.

____________(2009). 2010년 최저생계비 4인기준 1,363,091원, 2.75% 인상.

보건복지부(2008). 2008년도 건강가정지원센터 세부운영지침.

_________(2017). 3월 2일. 도움 필요한 조손가정, 빨리 발견하고 세심하게 배려.

보건복지부 홈페이지(2009). http://www.mw.go.kr/front/sg/ssg0101mn.jsp?PAR_MENU_ID=05&MENU_ID=050101

북한인권정보센터(2005). 2005 새터민 정착실태 연구.

서병숙(1994). 건강가정 육성을 위한 실천적 과제 : 가족의 기능적 측면에서의 접근. 한국가정관리학회 제17차 총회 및 학술자료대회집.

서종선(2007). 건강가정 및 건강가정실천방안에 대한 인식연구. 제주대학교 대학원 석사학위논문.

서지은(2011). 손자녀를 양육하는 조부모의 양육부담감 및 만족감에 관한 연구 : 대전광역시 어린이집 이용 조부모를 대상으로. 한남대학교 대학원 석사학위논문.

설동훈 · 김윤태 · 김현미 · 윤홍식 · 이혜경 · 임경택 · 정기선 · 주영수 · 한건수(2005). 국제결혼 이주여성 실태조사 및 보건 · 복지 지원 정책방안. 보건복지부.

설동훈 · 이혜경 · 조성남(2006). 결혼이민자 가족실태조사 및 중장기 지원 정책방안 연구. 여성가족부 연구보고서.

성미애 · 이현아(2004). 건강가정사의 역할, 자격 및 양성방안. 한국가정관리학회지, 22(5), 345-355.

성정현(2007). 이혼 공동체의 현황과 특징 : 온라인 · 오프라인 공동체를 중심으로. 한국가족복지학, 20, 5-36.

성지혜(2001). 빈곤한 조부모손자녀세대 아동의 우울 및 불안에 관한 연구-지역사회복지관 서비스 대상자를 중심으로. 이화여자대학교 대학원 석사학위논문.

송근원 · 김태성(2001). 사회복지정책론. 나남.

송다영(2006). 한부모가족 여성가구주를 위한 심리 · 정서적 지원 프로그램 실태와 임파워먼트 대안. 한국가족복지학, 11(1), 131-154.

송정아(1995). 한국 도시부부의 건강한 결혼 관련 변인 연구. 한국가정관리학회지, 13(1), 69-78.

송혜림 · 성미애 · 진미정 · 이승미(2007). 건강가정 개념에 대한 논의. 한국가정관리학회지, 23, 6, 179-190.

송혜림 · 김소영(2006). 건강가정지원센터 활성화를 위한 지역사회 자원개발의 가능성-주민조직화를 중심으로. 한국가족자원경영학회지, 10(2), 1-18.

송혜림 · 장진경(2004). 건강가정지원센터의 조직과 운영방안. 한국가정관리학회지, 22(5), 303-318.

시민일보(2008. 8. 17). 한국 자원봉사센터 '테마가족봉사프로 공모전' 강동구 '토요가족봉사 프로' 선정.

신미숙(2013). 부모의 양육태도가 의사소통 및 자존감에 미치는 영향. 아세아연합신학대학교 교육대학원 석사학위논문.

심재호(2000). 지역복지네트워크 구축에 관한 연구-주민자치센터와 사회복지관을 중심으로. 한국사회복지행정학, 3, 151-171. 한국사회복지행정학회.

아시아경제(2015. 5. 13). 돌싱남여 재혼 망설이는 이유 "이혼 가능성 자녀 때문".

__________(2018. 4. 23). 아이와 함께하는 재혼, '혈연 없는 가족애' 받아들여라.

안연진(2002). 북한이탈주민가족의 가족문화 특성에 관한 질적 연구. 가톨릭대학교 대학원 석사학위논문.

양순미 · 유영주(2002). 농촌가족의 건강성에 관한 연구. 한국가정관리학회지, 20(2), 69-81.

양순미 · 유영주 · 정현숙(2001). 한국 농촌의 건강가족 집단 분류 및 특성에 관한 연구. 한국가정관리학회지, 19(4), 31-48.

양옥경 · 김연수(2003). 가족탄력성 증진을 위한 부모역할 프로그램 개발연구. 사회과학연구논총, 11, 115-147.

양옥경 외(2007). 가족복지의 정책과 실천. 공동체.

어은주·유영주(1995). 가족의 건강도 측정을 위한 척도개발에 관한 연구. 한국가정관리학회지, 13(1), 145-155.

_____________(1997). 한국 도시가족의 건강성 및 관련변인 연구. 한국가정관리학회지, 15(4), 269-285.

엄명용·조성우·박지영·임은혜(2006). 사회복지관의 경쟁력 강화를 위한 핵심역량모델 컨설팅 결과보고. 성균관대학교 사회복지연구소.

여성가족부(2006). 결혼이민자 가족 실태조사 및 중장기 지원정책 방안 연구.

_________(2011). 2010 조손가족 실태조사.

_________(2013). 2013년도 건강가정지원센터 사업안내.

_________(2013). 2012년 전국 다문화가족 실태조사 연구.

_________(2015). 국민 다문화수용성 조사 연구.

_________(2016). 2015 전국다문화가족실태조사 분석.

_________(2017). 2017년도 건강가정지원센터 사업안내.

_________(2018). 2018년 한부모가족 실태조사.

_________(2019). 2019년 가족사업안내(Ⅰ).

_________(2019). 2019년 가족사업안내(Ⅱ).

연합뉴스(2008. 10. 16). 여자 체중은 남자 하기 나름 …… 5단계 변화.

_______(2008. 9. 3). 아기돌보기 서비스 확대 실시.

_______(2008. 1. 29). 외국인 며느리 한국서 '선생님'된다.

염동훈 외(2007). 조손가족 실태조사 및 지원방안 연구. 여성가족부, 12.

오경석 외(2007). 한국에서의 다문화주의. 도서출판 한울.

오혜성(1995). 귀순 북한 동포의 남한 사회 적응 실태. 북한, 5, 36-49.

옥경희(1999). 맞벌이 주말부부의 부모역할 갈등. 한국가족관계학회지, 4(1), 45-66.

_____(2005). 조부모-손자녀가족 조부모의 손자녀 양육. 한국가정관리학회지, 23(3), 103-114.

옥선화(1995). 가족의 위기와 전망. 한국가족문제－진단과 전망. 한국가족학회 편. 도서출판 하우.

옥선화 외(2006). 이혼자들의 이혼 인식에 관한 질적 연구. 한국가정관리학회지, 24(1), 223-235.

원소연·장진경(2006). 건강가정지원센터의 사업 및 홍보 활성화 방안. 대한가정학회지, 44(8), 1-16.

유계숙(2004a). 건강가족의 요소에 관한 연구. 한국가족관계학회지, 9(2), 25-42.

_____(2004b). 건강가족을 위한 가족의 기능과 특성에 관한 성인의 인식. 한국가정관리학회지, 22(4), 173-180.

유계숙·장보현·한지숙(2006). 이혼 전·후 가족상담 운영 모형 및 전략에 관한 연구. 한국가족관계학회지, 11(2), 59-96.

유영주(1991). 건강가정육성을 위한 가족복지 프로그램 개발에 관한 연구. 한국가정관리학회지, 9(1), 45-63.

_____(1994). 건강한 가족을 위한 가족원의 역할. 제16차 한국아동학회 추계학술대회자료집.

_____(1995). 건강한 가정. 건강한 사회. 공보처.

_____(1999). 건전가정과 건강가족의 개념설정에 대한 논의. 한국가정관리학회지, 17(3), 93-102.

______(2000). 현대 결혼과 가족. 신광출판사.

______(2001). 건강가족연구. 교문사.

______(2004). 한국 건강가정의 의미와 방향 모색. 한국건강가족실천운동본부. UN 세계가정의 해 10주년 기념 심포지엄 자료집.

유영주 · 이인수 · 김순기 · 홍성례 · 최희진(2009). 건강가족의 이해. 교문사.

유영주 · 이인수 · 김순기 · 최희진(2013). 한국형 가족건강성척도 Ⅱ (KFSS-Ⅱ) 개발 연구. 한국가정관리학회지, 31(4), 113-129.

유영준 · 이성희 · 김민경 · 조금랑 · 홍우정 · 오봉욱(2018). 건강가정론. 정민사.

유정이 외(2006). 이혼경험에 대한 질적 분석－부모의 경험과 부모자녀 관계를 중심으로－. 한국심리학회지 : 상담 및 심리치료, 18(1), 157-176.

유태균 · 김자옥(2001). 서울시 소재 종합사회복지관의 네트워크 특성 및 네트워크상에서의 중심자적 역할정도 결정요인에 관한 연구. 사회보장연구, 17(2).

유희정(2005). 미국의 이혼 후 부모교육 프로그램의 현황과 평가에 대한 고찰. 대한가정학회지, 43(6), 81-96

윤경자(2008). 건강가족을 위한 한국가족정책 패러다임의 전환 : 건강가정기본법과 건강가정지원센터를 중심으로. 한국가정관리학회지, 26(4), 85-101.

윤여상(2006). 국내 북한이탈주민 문제와 적응실태. 북한, 7.

윤인진(1999). 탈북자의 남한사회 적응실태와 정착지원의 새로운 접근. 한국사회학, 33, 511-549.

윤홍식(2007). 한국 가족정책의 기본법으로 건강가정기본법의 주요 쟁점과 가족복지정책의 과제. pp. 197-216. 가족복지의 정책과 실천. 양옥경 외 12인. 공동체.

이광자(1988). 우리나라 친족관계의 지속과 변화에 관한 연구; 도시중산층 핵가족을 중심으로. 연세대학교 대학원 박사학위논문.

이기숙(1999). 맞벌이 주말가족의 성격분석을 위한 시론. 한국가족관계학회지, 4(1), 1-24.

이기숙 · 공미혜 · 김득성 · 김은경 · 손태홍 · 오경희 · 전영주(2001). 결혼의 기술. 신정.

이기영(2006). 북한이탈주민의 사회통합을 위한 지역복지실천의 모색. 아산재단 연구총서 제212집. 집문당.

이기영 · 윤경애(2003). 북한이탈주민의 지방정착지원을 위한 지역사회 자원동원전략 : 부산지역의 사례를 중심으로. 한국사회복지학, 55, 103-130.

이기영 · 성향숙(2001). 탈북자 가족 구성원의 가족관계 인식에 관한 조사연구－탈북자 가구주 및 그 배우자의 인식을 중심으로. 47(11), 243-271.

이기춘 외(2000). 탈북인을 통한 북한의 소비생활 및 남한과의 이질화 연구. 한국가정관리학회지, 18(4), 57-74.

이관률 · 도묘연(2015). 비영리 민간단체 네트워크의 형성요인과 한계 : 천안 · 아산지역을 중심으로. 지역발전연구, 24(2), 79-109.

이만수 · 김익균(2008). 건강가정론. 동문사.

이명신(2006). 진주지역 여성결혼이민여성의 생활실태 및 결혼안정성. 평택대학교 다문화가족센터 추계학술대회자료집.

이명용 · 김승희(2014). 조손가정 조부모의 손자녀 양육유형에 따른 사회적 지원방안 모색. 한국아동가족복지학회(구 한국가족복지학회), 19(3), 549-572.

이봉주(2005). 통합적 복지서비스 전달체계 구축 전략과 모델 : 사례관리와 지역 사회복지 네트워크를 중심으로. 2005년 한국사회복지행정학회 추계공동학술대회 자료집.

이선미(2011). 성인남녀의 가족건강성 관련변인. 대한가정학회지, 49(5), 129-142.

이선형 · 임춘희 · 강성옥(2018). 새로운 건강가정론. 학지사.

이소영 · 옥선화(2002). 자녀의 정서적 지원과 모-자녀 간 의사소통 특성 지각에 따른 저소득층 여성 가장의 생활만족도 및 우울감. 대한가정학회지, 40(7), 53-68.

이소우 · 허봉렬 · 최성재 · 옥선화 · 황인실(2003). 한국가족의 건강성 척도개발 연구.

이수경(2003). 한부모가족에 대한 사회적 지지가 생활만족도에 미치는 영향 연구. 동국대학교 대학원 석사학위논문.

이수연(2008). 새터민 청소년의 학교적응에 관한 질적 분석. 청소년학 연구, 15(1), 81-113.

이애재(2000). 편부모 가족 청소년의 부모-자녀관계와 심리 사회적 적응에 관한 연구. 청소년학 연구, 17(1), 69-93.

_____(2006). 사회복지실천기술론. 양서원.

이용표(2005). 지역사회네트워크와 지역복지조직의 활동방향. 사회복지리뷰, 10, 113-132.

이윤정 · 정은희(2007). 건강가정지원센터 종사자 직무현황과 인적 자원 개발 방안 : 직무 및 역량 도출을 중심으로. 중앙건강가정지원센터 보고서.

___________(2008). 건강가정지원센터의 건강가정사 직무분석을 위한 기초연구 : 표준직무 도출을 중심으로. 한국가정관리학회지, 26(5), 177-194.

이윤희(2002). 서평-한국재혼가족의 실상과 고충에 관한 현장 보고서. 가족과 문화, 14(3), 185-190.

이진숙(2017). 가족의 다양화에 따른 가족 서비스 지원 체계 효율화 방안 모색. 보건복지포럼, 252, 78-91.

이태희(2008). 건강가정론. 형지사.

이향규(2007). 남한사회의 학교체계 내에서 북한학생. 무지개청소년센터.

이현주(2001). 공공복지 전달체계에 대한 새로운 대안 모형의 모색. 사회복지연구, 18, 가을, 161-183.

_____(2007). 조손가족의 가족기능 강화를 위한 서비스 모형 개발 : 아동의 성인역할 부담 완화를 중심으로. 부산대학교 대학원 박사학위논문.

이혜경 · 남춘연(2015). 직장인의 직무스트레스, 우울, 심리적 행복감이 직무만족도에 미치는 영향. 한국간호교육학회지, 21(4), 490-498.

이화영(2006). 조손가족의 가족기능에 영향을 미치는 요인. 노인복지연구, 32, 327-355.

이훈구(2004). 이혼이 자녀에게 미치는 효과에 관한 개관 연구. 한국심리학회지 : 사회문제, 10, 47-53.

이희섭(2004). 조손가족 조부모의 가족기능에 영향을 미치는 요인에 관한 연구. 한림대학교 대학원 석사학위논문.

인사이트(2017. 12. 19). '혼밥하기 싫어서' '돌싱'들이 재혼을 꿈꾸는 이유.

임을출(2007). 새터민 정착지원을 위한 신 상생협력모델의 모색 : 사회적 기업 모델의 창조적 적용. 새터민 1만 명 시대, 한국사회의 과제와 합의 모색 세미나 자료집. 영통포럼.

임춘희(1996). 재혼가족의 계부모-자녀관계에 관한 小考 -계모가족을 중심으로-. 아동·가족복지연구, 1, 121-138.

______(2006) 재혼가족 청소년의 친부모관계와 새부모관계에 대한 연구-재혼가족에 대한 고정관념과 재혼가족신화와의 관계를 중심으로. 인간발달연구, 13, 79-102

임효연·이사라(2013). 가족복지실천을 위한 종합사회복지관과 건강가정지원센터의 기능 및 관계에 대한 질적연구. 한국보육지원학회지, 9(2), 75-95.

장덕희·황동섭(2010). 이혼으로 인한 부자가정자녀의 학교적응에 미치는 가족 보호요인의 영향. 복지행정논총, 20(2), 63-83.

장연진(2013). 사회복지조직의 특성과 네트워크 수준이 조직효과성에 미치는 영향 : 여성복지조직의 자원확보능력을 중심으로. 사회복지연구. 44(3), 147-175.

장임숙(2013). 지역의 다문화가족지원을 위한 협력네트워크에 관한 사회네트워크분석. 한국행정논집, 25(3), 693-716.

장진경·오제은·한은주·류진아·원소연(2006). 건강가정지원센터에 대한 전문가 및 실무자의 역할인식 조사연구 - 중앙, 광역(시·도), 시·군·구 센터를 구분하여 -. 대한가정학회지, 44(10), 21-34.

______________________________(2006). 건강가정지원센터의 운영과 사업에 관한 연구. 한국가정관리학회지, 24(6), 1-16.

장혜경(2006). 여성결혼이민자가족의 실태와 정책과제. 한국자치행정연구, 96-110.

장혜경·김영란(2000). 북한이탈주민 가족의 가족안정성 및 사회적응과 여성의 역할. 한국여성개발원.

장혜경·김혜경·이진숙·김현숙·장화경(2002). 외국의 가족정책과 한국의 가족정책 및 전담부서의 체계화 방안연구. 한국여성개발원.

장혜경·민가영(2001). 재혼가족의 적응실태와 지원방안에 관한 연구. 한국여성개발원 연구보고서, 6, 95-158.

____________(2002). 이혼여성의 부모역할 및 자녀양육지원방안에 관한 연구. 한국여성개발원.

장혜경·박경아(2002). 당당하게 재혼합시다. 조선일보사.

장혜경·송다영·김영란·김정훈(2001). 여성 한부모가족을 위한 사회적 지원방안. 여성부 정책자료.

_________________________(2001). 한부모가족 및 실질적인 여성가장가족의 여성을 위한 가족정책방향과 과제. 여성과 가족정책 세미나. 한국여성개발원

전북일보(2018. 8. 5). 혁신도시 시즌2 완성 위해선 금융 농생명 공공기관 더 옮겨와야.

전영자(1997). 전문직 취업주부의 스트레스와 대처방안, 심리적 결과에 관한 연구. 대한가정학회지, 35(1), 339-355.

전우택(2000). 사람의 통일을 위하여. 오름.

전우택·민성길(1996). 탈북자들의 심리와 적응상의 문제. 이영선·전우택 공편. 탈북자의 삶 : 문제와 대책. 오름, 16-60.

정경희 외(2005). 2004년도 전국노인생활실태 및 복지욕구조사. 한국보건사회연구원.

정경희 · 이윤경 · 박보미 · 이소정 · 이윤환(2012). 2011년도 노인실태조사 심층분석. 한국보건사회연구원.

정다겸(2007). 저소득층 조손가족 조모의 경험 연구. 서울대학교 대학원 석사학위논문.

정민자(2006). 지역사회네트워크와 건강가정사업. 제3기 건강가정사 양성교육자료집, 391-412.

정은미(2005). 건강가정을 위한 가정경영 실천전략. 원광대학교 대학원 박사학위논문.

정은지(2012). 조손가정에 대한 생애사 연구 : 도시거주 저소득층 가정을 중심으로. 중앙대학교 대학원 석사학위논문.

정지연 · 한유진 (2007). 저소득층 이혼가정 아동의 사회적지지 및 문제해결이 문제행동에 미치는 영향. 한국생활과학학회지, 16(3), 491-504.

정지영 · 송정애 · 임혜경 · 조성은 · 황희숙(2012). 건강가정론. 양서원.

정혜영 · 오윤자(2005). 기혼 여교사의 가족건강성과 교사효능감에 대한 연구. 한국가정관리학회지, 23(6), 25-37

정현숙(1993). 부모의 이혼에 따른 자녀들의 적응. 아동학회지, 14(1), 59-75.

조성혜(1999). 편부모가족의 재혼 지지를 위한 프로그램 개발. 사회복지연구, 9, 81-103.

조영아 · 전우택(2005). 탈북 여성들의 남한 사회 적응 문제 : 결혼 경험자를 중심으로. 한국심리학회지 : 여성, 10(1), 17-35.

조옥라 외(2006). 다문화 개방사회를 위한 사회정책 연구. 대통령자문 빈부격차 · 차별시정위원회.

조 은(2004). 세계화의 최첨단에 선 한국의 가족－신글로벌 모자녀 가족사례 연구. 경제와 사회, 64, 148-171.

조추용 · 오정옥 · 한성심 · 이채식(2007). 가족복지론. 창지사.

조흥식 · 김인숙 · 김혜란 · 김혜련 · 신은주(1997). 가족복지학. 학지사.

조흥식 · 김인숙 · 김혜란 · 신은주(2010). 가족복지학. 학지사.

조희금 외(2002). 가정생활복지론. 신정.

조희금 · 김경신 · 정민자 · 송혜림 · 이승미 · 성미애 · 이현아(2005). 건강가정론. 신정.

조희금 · 박미석(2004). 건강가정기본법의 이념과 체계. 한국가정관리학회지, 22(5), 331-344.

조희금 · 송혜림 · 공인숙 · 이승미 · 이완정(2007). 가정생활복지론. 신정.

조희선(1991). 모자가족과 부부가족의 가족스트레스에 관한 비교 연구. 성신여자대학교 대학원 박사학위논문.

중 유(2014). 조손가족 아동 청소년의 삶의 만족도에 영향을 미치는 요인에 관한 연구. 서울대학교 대학원 석사학위논문.

주 정(2014). 가족서비스 전달체계의 효율적인 개선방안에 관한 연구. 젠더와 문화, 7(2), 245-285.

중앙건강가정지원센터(2008). 건강가정지원센터 운영가이드북.

__________________(2009). 2009년 건강가정지원센터 공통필수사업 운영안내.

중앙일보(2008. 9. 8). '1인 가구'가 대한민국을 바꾼다.

지방행정국(2008). 2008년 지방자치단체 외국인주민 실태조사 결과.

지영숙(1994). 건전가정 육성을 위한 실천적 과제－가정윤리적 측면에서의 접근. 한국가정관리학회지, 12(2), 281-287.

지영숙・이영호(1996). 가정교육에 대한 태도와 가정건전도. 한국가정관리학회지, 14(3), 77-90.

_____________(1998). 한국가정의 건전도 측정을 위한 척도 개발. 한국가정관리학회지, 16(4), 233-250.

진미정・이순형(2006). 새터민의 자아존중감 및 내적귀인성향에 따른 사회문화적 적응. 대한가정학회지, 44(7), 141-152.

_____________(2007). 가족 특성에 따른 새터민의 사회문화적 적응. 대한가정학회지, 45(5), 63-74.

채옥희(1998). Commuter marriage 가정경영 실태와 문제. 대한가정학회지, 36(9), 153-166.

최대헌 외(2007). 새터민 아동・청소년의 적응력 향상을 위한 부모교육 프로그램 개발. 아동교육, 16(2), 277-291.

최돈민・윤여각・강대중・현영섭・이세정(2013). 한국가족 변화의 특징과 전망 : 가족변화의 교육적 영향과 정책적 시사점. 경제인문 사회연구원

최명선 외(2007). 한부모가족 여성가장의 경험에 대한 연구 － 심리・정서적, 사회・경제적 경험을 중심으로 －. 한국가족복지학, 12(3), 75-95.

최선희(1999). 한국인의 가족건강성 영역에 관한 연구. 연세대학교 대학원 박사학위논문.

최성재・남기민(2004). 사회복지행정론(개정판). 나남출판.

최양숙(2006). 부부분거경험의 성별차이를 중심으로 본 기러기가족 현상. 가족과 문화, 18(2), 37-65.

최영자(2005). 한국의 신 가족 정책에 관한 연구. 단국대학교 대학원 석사학위논문.

최연실・조은숙・남영주・송명숙・권희경(2012). 건강가정사가 인식한 가족과 건강가정에 대한 이미지. 한국가족관계학회지, 16(4), 3-38.

최옥자・박현식(2013). 건강가정지원센터의 네트워크 특성이 사업성과에 미치는 영향 연구. 한국가족자원경영학회지, 17(4), 85-100.

최은경(2011). 다문화가정 구성원의 가족건강성에 영향을 미치는 요인. 경북대학교 대학원 석사학위논문.

최재규(1989). 한국사회복지행정 전달체계에 관한 연구. 한국토지행정학회보, 2, 3-30.

최정혜(2002). 주말부부의 가족 스트레스 및 대처전략에 관한 연구. 한국가정관리학회지, 20(6), 49-60.

______(2004). 주말부부의 가족 스트레스, 대처전략 및 가족건강성 연구. 한국가정관리학회지, 22(2), 69-83.

______(2005). 주말부부의 결혼만족도와 가족건강성－주말부부 남편과 아내의 비교－. 대한가정학회지, 43(3), 11-26.

최해경(1997). 사회적 지지망구조가 편부모가족의 심리적 복지에 미치는 영향 연구. 한국사회복지학, 33, 377-395.

______(2002). 저소득층 조손가정 여성노인의 우울감과 관련 요인 연구. 한국노년학, 22(3), 207-222.

최해진(2004). 갈등의 구조와 전략. 도서출판 두남.

최희경・이인숙(2005). 비정형가족의 특성과 가족복지에의 함의. 한국가족복지학, 15, 245-283.

최희진・유영주(1999). '가족기능도 척도' 개발에 관한 연구 － Tavitian, Lubiner, Green, Grebstein, Velincer의 가족기능도 척도(FFS)에 기초하여 －. 한국가정관리학회지, 17(1), 57-71.

통계청 마이크로 데이터(2019). https://mdis.kostat.go.kr/index.do
통계청 인구동향조사(2019). 인구동향조사, 외국인과의 이혼건수.
통계청(2006). 2006 사회통계 결과.
______(2007). 2007 고령자 통계.
______(2008a). 2007년 혼인통계 결과.
______(2008b). 2007년 이혼통계 결과.
______(2016). 2016년 사회조사. http://kostat.go.kr.
통일부(2008). 인도협력국 블로그(http://blog.naver.com/unicul).
크란웰-워드 저, 장현갑 · 강성군 역(1998). 현대인의 스트레스 관리. 학지사.
파이낸셜뉴스(2018). 2월 21. 할머니와 손자의 명절은 차가웠다. 조손가정 빈곤위기.
프레시안(2006. 6. 14). 여성 결혼이민자 정책, 인권보호가 먼저다.
한건수(2006). 농촌지역 결혼이민자여성의 가족생활과 갈등 및 적응. 한국문화인류학, 39(1), 195-243.
한경혜(2007). 한국사회의 조손가족의 삶의 질. 한국가족복지학회 추계학술대회 자료집.
한경혜 외(2004). 성인 남녀의 이혼 과정 각 단계에서의 성별 차이. 한국가족관계학회지, 9(2), 93-118.
한경혜 · 주지현 · 이정화(2008). 조손가족 조모가 경험하는 손자녀 양육의 보상과 비용. 한국노년학, 28(4), 1147-1164.
한정원(2014). 한부모가족 지원사업 효과성에 관한 연구. 여성학 연구, 24(2), 159-195
한국가정법률상담소(2018). 통계로 본 현대 한국 가족의 제문제 2, 2018.
한국건강가정진흥원(2013). 2013 건강가정지원센터 운영가이드북.
한국경제신문(2008. 11. 27).
한국한부모가정지원센터 www.hanbumocenter.org
한유미(2003). 주말부부와 일반부부의 자녀양육 비교 연구. 한국가정관리학회지, 21(2), 175-185.
함철호(2001). 재가장애노인을 위한 지역복지실천에 있어서 기관 간 협력에 관한 사례 연구. 노인복지연구, 14(1), 217-250.
행정안전부(2008). 2008 지방자치단체 외국인 주민 실태조사 결과.
허봉열(1996). 건강한 가족이란 어떤 가족인가? 제3회 가정의 날 기념행사. 한국건강가족 실천운동본부.
허영숙(1994). 주말에 남편을 만나는 맞벌이 교사의 역할갈등과 결혼만족도. 한국교원대학교 대학원 석사학위논문.
현은민(1998). 재혼가족 발달을 위한 가족 FIRO 모델. 한국가정관리학회지, 16(3), 53-65.
______(2007). 한부모가족의 적응 : 가족탄력성의 완충효과. 한국가정관리학회지, 25(5), 107-126.
현은민 · 신상숙(2008). 부자가정 부의 경험에 관한 질적 연구. 사회과학연구, 7(2), 1-21.
현은민 · 임보래 · 장경문(2006). 한부모가족의 건강성 관련 특성과 변인에 관한 연구. 대한가정학회지, 44(4), 23-38.
홍성희 외(2008). 건강가정을 위한 가정자원관리. 도서출판 신정.

황농문(2008). 몰입. 랜덤 하우스.

황명진(2011). 조손가족 조부모의 양육스트레스 및 조손의 환경적응이 가족관계 만족도에 미치는 영향 연구, 한국아동복지학, 35, 7-35.

황미진 · 정혜정(2014). 조손가족 조모의 심리적 적응에 영향을 미치는 요인. 한국가정관리학회지, 32(4), 1-22.

황은숙(2007). 모자가정과 부자가정 고충 비교연구. 한부모가정연구, 2(1), 1-20.

황인실(2004). 가족건강성과 중 · 장년기 성인남녀의 자아정체감. 서울대학교 대학원 석사학위논문.

황정임 · 정가원 김유나 이호택(2015). 한부모가족 지원 강화를 위한 협력적 네트워크 운영 방안. 한국여성정책연구원.

Abbott, D. A., & Brody, G. H.(1985). The relation of child age, gender, and number of children to the marital satisfaction of wives. *Journal of Marriage and the Family*, 47, 77-91.

Abramovich, R., Corter, C., & Pepler, D. J.(1980). Observations of mixed-sex sibling dyads. *Child Development*, 51, 1268-1271.

Abruzzese, R. A.(1996). *Nursing Staff Development : Strategies for Success*(2nd ed.). St. Louis : Mosby.

Ahron, C.(1979). The binuclear family : Two households, one family. *Alternative Lifestyles*, *2*, 499-515.

Ainsworth, M. D. S.(1979). Attachment as related to mother-infant interaction. In J. S. Rosenblatt, R. A. Hinde, C. Beer, & M. Busnel(Eds.), *Advanced in the Study of Behavior*(Vol. 9). New York : Academic Press.

Aizenberg, R., & Treas, J.(1985). The family in laterlife : Psychosocial and demographic considerations. In J. E. Birren & K. W. Schaie(Eds.), *Handbook of the Psychology of Aging*(2nd ed.). New York : Van Nostrand Reinhold.

Aldous, J.(1985). Parent-adult child relations as affected by the grandparent status. In V. L. Bengtson & J. F. Robertson(Eds.), *Grandparenthood*. Beverly Hills, CA : Sage.

Amato, P. R.(2000). The consequences of divorce for adults and children. *Journal of Marriage and Family* 62, 1269-1287.

American Psychological Association(2018). Making stepfamilies work. (http://www.apa.org/helpcenter/stepfamily).

Anderson, B. A.(1994). *Single-parent Family Strength : A Phenomenological Study*. Ph.D Dissertation University of Utah.

Arcus, M. E., Schvaneveldt, J. D., & Moss, J. J.(1993). *Handbook of Family Life Education : The Practice of Family Life Education*. Vol. 2. California : Sage Publications.

Baily, D., & Koney, K. M.(1996). Interorganizational community-based collaboratives : A strategic response to shape the social work agenda. *Social Work*, *41*(6), 602-611.

Balswick, J. O., & Macrides, C.(1975). Parental stimulus for adolescent rebellion. *Adolescence*, *10*, 253-266.

Barnes, J. A.(1972). *Social Networks*. Reading : Addison Wesley.

Barnett, R. C., & Baruch, G. K.(1987). Determinants of father's participation in family work. *Journal of Marriage and the Family*, *49*, 29-40.

Barnhill, L. R.(1979). Healthy family systems. *Family Coordinator*, *28*, 94-100.

Baskett, L. M., & Johnson, S. M.(1982). The young child's interaction with parents versus siblings : A behavioral analysis. *Child Development*, *53*, 643-650.

Baumrind, D.(1967). Child care practices anteceding three patterns of preschool behavior. *Genetic Psychology Monographs*, *75*, 43-88.

__________(1977, March). Socialization determinants of personal agency. Paper presented at the biennial meeting of the Society for Research in Child Development, New Orleans.

Beaver, W. R., & Hampson, R. B.(2003). Measuring family competence : The Beaver systems model. In F. Walsh(Ed.), *Normal Family Processes*(3rd ed.)(pp. 549-580). New York : Guilford.

______________________(1993). Measuring family competence : The Beavers systems model. In F. Walsh(Ed.), *Normal Family Processes*(2nd ed.), New York : Guilford Press.

Becker, W. C.(1964). Consequences of different kinds of parental discipline. In M. L. Hoffman & L. W. Hoffman(Eds.), *Review of Child Development Research*(Vol. 1). New York : Russell Sage Foundation.

Bekkers, R.(2007). Intergenerational transmission of volunteering. *Acta Sociologica*, *50*(2), 99-114.

Belsky, J. K.(1990). *The Psychology of Aging*. Pacific Grove, CA : Brooks/ Cole.

Belsky, J.(1981). Early human experience : A family perspective. *Developmental Psychology*, 17, 3-23.

Belsky, J., & Isabella, R. A.(1985). Marital and parent-child relationships in family of origin and marital change following the birth of a baby : A retrospective analysis. *Child Development*, 56, 342-349.

Belsky, J., Gilstrap, B., & Rovine, M.(1984). The Pennsylvania infant and family development project, I : Stability and change in mother-infant and father-infant interaction in a family setting at one, three, and nine months. *Child Development*, 55, 692-705.

Belsky, J., Lang, M. E., & Rovine, M.(1985). Stability and changing marriage across the transition to parenthood : A second Study. *Journal of Marriage and the Family*, 47, 855-865.

Bertalanfy(1968). 재인용. *Marriages and families*.

Billings, D. W., & Halstead, J. A.(2005). *Teaching in Nursing : A Guide for Faculty*(2nd ed.). St. Louis : Elsevier Saunders.

Billingsley, A.(1986). *Black Families in White America*.

Boughner, S., Davis, A. Spencer, & Mims, G. A.(1998). Social construction : A family perspective for the 21st century. In J. D. West, D. L. Bubenzer, & J. R. Bitter(Eds.), *Social Construction in Couple and Family Counseling*. Alexandria, VA : American Counseling Association.

Bradley, R. H., Caldwell, B. M., & Elardo, R.(1979). Home environment and cognitive development in the first 2 years : Across-lagged panel analysis. *Developmental Psychology*, 15, 246-250.

Breger, R., & Hill, R.(1998). Introducing mixed marriages. In R. Breger & R. Hill(Eds.), *Cross Cultural Marriage : Identity and Choice*(pp. 129-152). Oxford, U.K. : Berg.

Brian, S. T.(2000). A Cross-cultural Study of the School Performance of Children Raised by their Grandparents. Ph. D. Dissertation. Arizona University.

Brody, E. M.(1981). "Women in the middle" and family help to older people. *Gerontologist*, *21*, 471-480.

___________(1985). Parent care as a normative family stress. *Gerontologist*, *25*, 19-29.

Brody, E. M., Johnsen, P. T., & Fulcomer, M. C.(1984). What should adult children do for elderly parents? Opinions and preferences of three generations of women. *Journal of Gerontology*, *39*, 736-746.

Brooks-Gunn, J., Zahaykevich, M.(1989). Parent-daughter relationships in early adolescence : A developmental perspective. In K. Kreppner & R. M. Lerner(Eds.), *Family Systems and Life-span Development*. Hillsdale, NJ : Erlbaum.

Burgess, E. W., & Wallin, P.(1943). Homogamy in social characteristics. *American Journal of Sociclogy*, *49*(2), 109-124.

Burton, L. M.(1992). Black grandparents rearing children of drug-addicted parents : Stressors, outcomes, and social needs. *The Gerontologist*, *32*(6), 744-751.

Caffarella, R.(2001). *Planning Programs for Adult Learners : A Practical Guide for Educators, Trainers, and Staff Developers*(2nd ed.). San Francisco : Jossey-Bass.

Campbell, A.(1981). *The Sense of Well-being in America. Recent Patterns and Trends*. New York : mcGraw-Hill.

Carl Whitaker(1979). 재인용. *Marriages and Families*.

Cassidy, J.(1986). The ability to negotiate the environmnt : An aspect of infant competence as related to quality of attachment. *Child Development*, *57*, 331-337.

Cavanaugh, J. C.(1990). *Adult Development and Aging*. Belmont, CA : Wadsworth.

Cherlin, A., & Furstenberg, F. F., Jr.(1986). *The New American Grandparent. A Place in the Family, a Life Apart*. New York : Basic Books.

Cherniss, C.(1990). Impact of stress on career adaptation in teachers : A long-term follow-up study. Paper presented at the annual conference of the American Education Research Association, Chicago, IL.

Cicirelli, V. G.(1982). Sibling influence throughout the life span. In M. E. Lamb & B. Sutton-Smith(Eds.), *Sibling Relationships : Their Nature and Significance across the Lifespan*. Hillsdale, NJ : Erlbaum.

___________(1989). Feeling of attachment to sibling and well-being in later life. *Psychology and Aging*, *4*, 211-216.

Clingempell, W. G., & Segal, S.(1986). Parenting apart : Patterns of childrearing after marital disruption. *Journal of Marriage and the Family*, *47*, 893-904.

Cohen, R., Singh, N. N., Hosick, J., & Tramaine, L.(1992). Implementing a responsive system of mental health services for children. *Clinical Psychological Review*, *12*, 819-828.

Coverman, S., & Sheley, J. F.(1986). change in men's housework and child-care time, 1965-1975. *Journal of Marriage and the Family*, *48*, 413-422. change. *Journal of Family Issues*, 5, 7-26.

Crnic, K. A., Greenberg, M. T., Ragozin, A. S., Robinson, N. M., & Basham, R. B.(1983). Effects of stress and social support on mothers and premature and full-term infants. *Child Development*, *54*, 209-217.

Curran, D.(1983). *Traits of a Healthy Family*. Minneapolis : Winston Press.

Dainton, M.(1993). Myths and misconceptions of the Stepmother identy. *Family Relations*, *42*, 93-78.

Davis, M., Koroloff, N. & Johnsen, M.(2012). Social network analysis of child and adult interorganizational connections. *Psychiatric Rehabilitation Journal*, *35*(3), 265-272.

DeFrain, J., & Stinnett, N.(2002). family strengths. In J. J. Ponzetti et al(Eds.). *International Encyclopedia of Marriage and Family*(2nd ed.) New York : Macmillan Reference Group.

Dunn, J.(1984). Sibling studies and the development impact of critical incidents. In P. B. Baltes & O. G. Brim, Jr.(Eds.), *Life-span Development and Behavior*(Vol. 6). New York : Academic.

Dunn, J., & Kendrick, C.(1982). *Siblings : Love, Envy, and Understand*. Cambridge, MA : Harvard University Press.

Dunn, J., & Munn, P.(1985). Becoming a family member : Family conflict and the development of social understanding in the second year. *Child Development*, *56*, 480-492.

Duvall, E. M.(1977). *Marriage and Family Development*(5th ed.). Philadelphia : J. B. Lippincott.

Duvall, E. M., & Miller, B. C.(1985). *Marriage and Family Development*(6th ed.). Englewood Cliffs, NJ : Prentice Hall

Elkind, D.(1990). *Grandparenting : Understanding Today's Children*. Rosement, NJ : Nodern Learning.

Farber, B. A.(1991). *Crisis in Education : Stress and Burnout in American Teacher*. San Francisco, CA : Josseu-Baso.

Feldman, R. S., Devin-Sheehan, L., & Allen, V. L.(1976). Children tutoring children : A critical review of research. In V. L. Allen(Ed.), *Children as Teachers : Theory and Research on Tutoring*. New York : Academic.

Feldman, S. S., & Gehring, T. M.(1988). Changing perceptions of family cohesion and power across adolescence. *Child Development*, *59*, 1034-1045.

Fine, M. A., Donnelly, B. W. & Voydanoff, P.(1986). Adjustment and satisfaction of parents : a comparison of intact, single-parent, and step-parent families. *Journal of Family Issues*, 7(4), 391-404.

Fine, M., & Schwebe, A.(1992). Stepparent stress. *Journal of Divorce and Remarriage*, *17*, 1-15.

Franklin, C., & Streeter, C. L.(1995). School reform : Linking public school with human service. *Social Work*, *40*(6),

Freudenberger, H. J.(1975). "The Staff Burnout Syndrome in Alternative Institutions". *Psychotherapy : Theory, Research and Practice*, *12*, 73-82.

Furman, W., & Buhrmester, D.(1985a). Children's perceptions of the personal relationships in their social networks. *Developmental Psychology*, *21*, 1016-1024.

____________________(1985b). Children's perceptions of the qualities of sibling relationships. *Child Development*, *56*, 448-461.

Gergen, K. J.(1982). *Toward Transformation in Social Knowledge*. New York : Springer-Verlag.

___________(1985). The social constructionist movement in modern psychology. *American Psychologist*, 40, 266-275.

Gerstel, N. R.(1979). Marital alternatives and the regulation of sex : Commuter couples as a test case. *Alternative Lifestyles*, 2(2), 145-176.

Gerstel, N. R. & Gross, H.(1982). Commuter marriages : A review. *Journal of Marriage and Family Review*, 5, 71-93.

Gerstel, N. R., & Gross, H.(1984). *Commuter Marriage : A Study of Work and Family*. N. Y. : Guilford Press.

Gibbs, M.(1990). Shameful bequests to the next generation. *Time*, October, 42-47.

Gilbert, N., & Terrell, P.(2005). *Dimensions of Social Welfare Policy*. Allyn and Bacon.

Gjerde, P. F.(1986). The interpersonal structure of family interaction settings: arent-adolescent relations in dyads and triads. *Developmental Psychologym*, 22, 297-304.

Glass, J., Bengtson, V, L., & Dunham, C. C.(1986). Attitude similarity in threegeneration families : Socialization, status inheritance, or reciprocal influence. *American Sociological Revies*, 51, 685-698.

Glenn, N. D.(1975). Psychological wellbeing in the postparentalstage : Some evidence from national surveys. *Journal of Marriage and the Family*, 37, 105-110.

Glick, P. C.(1984b). *Marriage, Divorce, and Living Arrangements : Prospective*.

Globe2Go(2016). Sep. 26. When it comes to marriage, the third time's not often the charm. https://www.theglobeandmail.com/life/relationships/ valentines-day/when-it-comes-to-marriage-the-third-times-not-often-the-charm/article32125001/

Goetting, A.(1986). The developmental tasks of siblingship over the life cycle. *Journal of Marriage and the Family*, 48, 703-714.

Gold, D. T.(1989). Sibling relationships in old age : A typology. *International Journal of Aging and Human Development*, 28, 37-51.

Graddy, E. A., & Chen, B.(2006). Influences on the size and scope of networks for social service delivery. *Journal of Public Administration Research and Theory*, 16(4), 533-552.

Greene, A. L., & Boxer, A. M.(1986). Daughters and sons as young adults : Restructuring the ties that bind. In N. Datan, A. L. Greene, & H. W. Reese(Eds.), *Life-span Developmental Psychology. Intergenerational Relations*. Hillsdale, NJ : Erlbaum.

Greene, J. G., Fox, N. A., & Lewis, M.(1983). The relationship between neonatal characteristics and three-monthe mother-infant interactions in highrisk infants. *Child Development*, 54, 1286-1296.

Grolnick, W. S., & Ryan, R. M.(1989). Parent styles associated with children's self-regulation and competence in school. *Journal of Educational Psychology*, 81, 143-154.

Gross, H. E.(1980). Dual-career couples who live apart : Two types. *Journal of Marriage and the Family*, 42(3), 567-576.

Grossman, F. K., Eichler, L. S., Winickoff, S. A., & Associates(1980). *Pregnancy, Birth, and Parenthood : Adaptations of Mothers, Fathers, and Infants*. San Francisco : Jossey-Bass.

Grotevant, H. D., & Cooper, C. R.(1986). Individuation in family relations. A perspective on individuation in family relations. A perspective on individual differences in the development of identity and role-taking skills in adolescence. *Human Development*, *29*, 82-100.

Groves, M. M., & Horm-Wingerd, D. M.(1991). Commuter marriages : personal, family and career issues. *Sociology and Social Research*, *7*(4), 212-217.

Gulati, R.(1995). Does familiarity breed trust? The implication of repeted ties for contractual choices in alliances. *Academy of Management Journal*, *38*, 85-112.

Hagestad, G. O.(1985). Continuity and connectedness. In V. L. Bengtson & J. F. Robertson(Eds.), *Grandparenthood*. Beverly Hills, CA : Sage.

Hagestad, G. O., & Burton, L., M.(1986). Individuation in family relations. A perspective on individual differences in the development of identity and role-taking skills in adolescence. *Human Development*, *29*, 82-100.

Hanson, S. M. H.(1986). Healthy single parent families. *Family Relations*, *35*, 125-132.

Harkins, E. B.(1978). Effects of empty nest transition on self-report of psychological and physical well-being. *Journal of Marriage and the Family*, *40*, 549-556.

Hawkins, V. E., & Sherwood, G, D.(1999). The pyramid model : An integrated approach for evaluating continuing education programs and outcomes. *The Journal of Continuing Education in Nursing*, *30*(5), 203-212.

Hawley, D. R., & Dehaan, L.(1996). Toward a definition of family resilience : Integrating life-span and family perspectives. *Family Processes*, *35*, 283-298.

Hawley, D. R., & Olson, D. H.(1995). Enriching newlyweds : An evaluation of three enrichment programs. *American Journal of Family Therapy*, *23*, 129-147.

Hawley, D.(2000). Clinical Implication of Family Resilience. *The American Journal of Family Therapy*, *28*, 101-116.

Heller, P. E., & Wood, B.(2000). The influence of religious and ethnic differences on marital intimacy : Intermarriage versus intramarriage. *Journal of Marital and Family Therapy*, *26*, 241-252.

Helmreich, R. L., Spence, J. T., & Gibson, R. H.(1982). Sex-role attitudes : 1972-1980. *Personality and Social Psychology Bulletin*, *8*, 656-663.

Hetherington, E. M., & Frankie, G.(1967). Effect of parental dominance, warmth, and conflict on imitation in children. *Journal of Personality and Social Psychology*, *6*, 119-125.

Hetherington, E. M., & Stanley-Hagan, M.(1999). Stepfamilies as settings for child development. In Booth, A. & Dunn J.(Eds), *Stepfamilies : Who Benefits, Who Does not?*(pp. 55-79). Hillsdale, NJ : Lawrence Earlbaum.

Hill, J. P., Holmbeck, G. N., Marlow, L., Green, T. M., & Lynch, M. E.(1985). Menarcheal status and parent-child relations in families of seventh-grade girls. *Journal of Youth and Adolescence*, *14*, 301-316.

Hoffman, L. W., & Manis, J. D.(1979). The value of children in the United States : A new approach to the study of fertillity. *Journal of Marriage and the Family*, *41*, 583-596.

Ho, M. K.(1990). *Intermarried Couples in Therapy*. Springgield, IL : Thomas.

Huston, T. L., McHale, S. M., & Crouter, A. C.(1986). When the honeymoon's over : Changes in the marriage relationship over the first year. In R. Gilmour & S. Duck(Eds.), *The Emerging Field of Personal Relationships*. Hillsdale, NJ : Erlbaum.

Kalter, N.(1977). Children of divorce in an outpatient psychiatric population. *American Journal of Orthopsychiatry*, *47*, 40-51.

Kandel, D. B., & Lesser, G. S.(1972). *Youth in Two World : United States and Denmark*. San Francisco : Jossey-Bass.

Kihlstrom, A., & Wikstrom, E.(2008). Towards network and citizen : collaborative care for drug abusers. International Journal of Health and Planning and Management, DO I : 10.1002/hpm.916 (published online in Wiley Interscience).

Kim, S.(2001). Weekend couples among Korean professionals: An ethnography of living apart on weekdays. *Korea Journal*, *41*(4), 28-47.

Kreppner, K., Paulsen, S., & Schuetze, Y.(1982). Infant and family development : From triads to tetrads. *Human Development*, *25*, 373-391.

Krysan, M., Moore, K. A., & Zill, N.(1990). *Identifying Successful Families : An Overview of Constructs and Selected Measures*. Washington, DC : Child Trends, Inc.

Lamb, M. E.(1981). *The Role of the Father in Child Development*. New York : Wiley. Academic.

Lamb, M. E., & Elster, A. B.(1985). Adolescent mother-infant-father relationships. *Developmental Psychology*, *21*, 768-773.

Lansford, J. E.(2009) Parental Divorce and Children's Adjustment. *Perspect Psychological Science*, *4*(2), 140-152

Lauer, R. H., & Lauer, J. C.(1986). Factors in long-term marriages. *Journal of Family Issues*, *7*, 382-390.

Lee, G. R.(1988). Marital satisfaction in later life : The effects of nonmarital roles. *Journal of Marriage and the Family*, *50*, 775-783.

Lee, E. W. Y. & Liu, H. K.(2012). Factors influencing network formation among social service nonprofit organizations in Hong Kong and implications for comparative and China studies. *International Public Management Journal*, *15*(4), 454-478.

Lewis, J. M.(1989). *How's Your Family?* NY : Brunner/ Mazel.

Lewis, R. A., Freneau, P. J., & Roberts, C. L.(1979). Fathers and the postparental transition. *Family Coordinator*, *28*, 514-520.

Lightburn, A., & Kemp, S. P.(1994). Family-support programs : Opportunities for community-based practice. *Families in Society*, 16-26.

Litwak, E.(1960). Geographic mobility and extended family cohesion. *American Sociological Review*, *25*, 385-394.

Luthar. S. S., Cicchetti, D., & Becker., B. E.(2000). The construct of resilience : A critical evaluation and guidelines for future work. *Child Development*, 71, 543-562.

Maccoby, E. E., & Martin, J. A.(1983). Socialization in the context of the family : Parent-child interaction. In E. M. Hetherington(Ed., P. H. Mussen, General Ed.), *Handbook of Child Psychology : Vol. 4. Socialization, Personality, and Social Development*(4th ed.). New York : Wiley.

MacKlin, E. D.(1987). Nontraditional family forms. In Sussman, M. B., & Steinmetz, S. K.(Eds.) *Handbook of Marriage and the Family*, 317-353, Springer.

Main, M., & Weston, D. R.(1981). The quality of the toddler's relationship to mother and to father : Related to conflict and the readiness to establish new relationships. *Child Development*, *52*, 932-940.

Markids, K. S., Boldt, J. S., & Ray, L. A.(1986). Sources of helping and intergenerational solidarity : A three-generations study of Mexican Americans. *Journal of Gerontology*, *41*, 506-511.

Maslach, C., & Jackson, S. E.(1981). The measurement of experienced burnout. *Journal of Occupational Behavior*, *2*, 99-113.

Matejcek, Z., Dytrych, Z., & Schuller, V.(1979). The Prague study of children born from unwanted pregnancies. *International Journal of Mental Health*, 7, 63-74.

Matthews, S. H., & Sprey, J.(1985). Adolescents' relationships with grandparents : An empirical contribution to conceptual clarification. *Journal of Gerontology*, *40*, 621-626.

McCubbin, H. I., & McCubbin, M. A.(1988). Typologies of resilient families : Emerging roles of social class and ethnicity. *Family Relations*, *37*, 247-254

____________________(1993). Family coping with health crises : The resiliency model of family stress, adjustment and adaptation(21-64). In C. Danielson, B. Hamel-Bissell, & P. Winstead-Fry(Eds.), *Families, Health and Illness*. St. Louis MO : C. V. Mosby.

McCubbin, H. I., Thompson, A. I., & Fromer, J. E.(Eds.).(1998). *Resiliency in Native American and Immigrant Families*. Thousand Oaks, CA : Sage.

McGowan, J.(1991). *Postmodernism and Its Critics*. Ithaca, NY : Cornell University Press.

McLanahan, S. S., & Sorenson, A. B.(1985). *Life Events and Psychological Well-being over the Life Course*. In G. H. Trajectories and transitions, 1968-1980. Ithaca, NY : Cornell University Press.

Melissa, A. B.(1994). *Family Functioning and Children's Household Responsibilities in Divorced Single-parent Families*. ph D Dissertation, University of Kansas.

Menaghan, E.(1983). Marital stress and family transitions : A panel analyses. *Journal of Marriage and the Family*, *45*, 371-386.

Minkler, M.(1999). Intergenerational households headed by grandparents : Contexts, realities, and implications. *Journal of Aging Studies*, *13*, 199-218.

Minkler, M., Roe, K., & Price, M.(1992). The physial and emotional health of grandmothers raising grandchildren in the crack cocaine epidemic. *The Gerontologist*, *32*, 752-761.

Minkler, Roe(1993). *Grandmothers as caregivers : Raising children of the crack cocaine epidemic.* Sage Publications.

__________(1996). Grandparents as surrogate parents. *American Society on Aging*, *20*, 34-38.

Montemayor, R.(1982). The relationship between parent-adolescent conflict and the amount of time adolescent spend alone and with parents and peers. *Child Development*, *53*, 1512-1519.

Moore, D.(1987). Parent-adolescent separation : The construction of adulthood by late adolescents. *Developmental Psychology*, *23*, 298-307.

Murdock, G. P.(1949). *Social Structure*. NY : Free Press.

Myers-Walls, J. A.(1984). Balancing multiple roles responsibilities during the transition to parenthood. *Family Relation*, *33*, 267-271.

National Network for Family Resiliency(1996). *Understanding Resiliency*.

Neugarten, B. L.(1970). Adaptation and the life cycle. *Journal of Geriatric Psychiatry*, *4*, 71-87.

Neugarten, B. L., & Weinstein, K.(1964). The changing American grandparent. *Journal of Marriage and the Family*, *26*, 199-204.

Nielsen, L.(1999). Stepmothers : Why so much stress? A review of the research. *Journal of Divorce and Remarriage*, *30*(1), 115-148.

Nock, S. L.(1987). *Sociology of the Family*. Englewood Cliffs, NJ : Prentice-Hall.

Norman-Jackson, J.(1982). Family interactions, language development, and primary reading achievement of Black chidren in families of low income. *Child Development*, *53*, 349-358.

Norris, C.(1990). *What's Wrong with Postmodernism : Critical Theory and the Ends of Philosophy*. Baltimore : Johns Hopkins University Press.

Norton, A. J., & Moorman, J. E.(1987). Current trends in marriage and divorce among American women. *Journal of Marriage and the Family*, *49*, 3-14.

O'Donnell, J., & Giovannoni, J. M.(2006). Consumer perceptions of family resource center service delivery strategies. *Families in Society*, *87*(3), 377-384.

Offer, D., Ostrov, E., & Howard, K. I.(1981). *The Adolescent. A Psychological Self-portrait*. New York : Basic Books.

Ogbu, J. U.(1981). Origins of human competence : Acultural-ethological perspective. *Child Development*, *52*, 413-429.

Okraku, I. O.(1987). Age and attitudes toward multigenerational residence, 1973 to 1983. *Journal of Gerontology*, *42*, 280-287.

Olson, D. H., & DeFrain, J.(2003). *Marriage and Families-intimacy, Diversity and Strengths*. McGrawhill Company.

Olson, D. H.(1993). Circumplex model of marital and family systems, In F. Walsh(Ed.), *Nomal Family Processes*(2nd ed.) New York : Guilford Press.

Olson, D. H., & Fowers, B. J.(1993). Five types of marriage : An empirical typology based on ENRICH. *The Family Journal*, *1*(3), 196-207.

Olson, D. H., & Lavee, Y.(1989). Family systems and family stress : A family life cycle perspective. In K. Kreppner & R. M. Lerner(Eds.), *Family Systems and Life-span Development*. Hillsdale, NJ : Erlbaum.

Olson, D. H., McCubbin, H. I., Barnes, H., Larsen, A., Muxen, M, & Wilson, M.(1989). *What Makes them Work?*(2nd Ed.), CA : Sage.

Olson, M. R., & Haynes J. A.(1993). Successful single parents. *Families in Society*, *74*, 259-267.

Orthner, D. K.(1975). Leisure activity patterns and marital satisfaction over the marital career. *Journal of Marriage and the Family*, *37*, 91-102.

Otto, H. A.(1962). What is a strong family? *Marriage and Family Living, 24*.

Parke, R. D.(1979). Perspectives on father-infant interaction. In J. Osofsky(Ed.), *Handbook of Infant Development*. New York : Wiley.

Parke, R. D., & Sawin, D. B.(1976). The father's role in infancy : A reevaluation. *Family Coordinator*, *25*, 365-371.

Parke, R. D., & Tinsley, B. R.(1984). Fatherhood : Historical and contemporary perspectives. In K. A. McCluskey & H. W. Reese(Eds.), *Life-span Developmental Psychology*. Historical and generational effects. Orlando, FL.

Patterson(1991). Family resilience to the challenge of a child's disability. *Pediatric Annals*, *20*(9) 491-500.

Patterson, G. R., & Stouthamer-Loeber, M.(1984). The correlation of family management practices and delinquency. *Child Development*, *55*, 1299-1307.

Paulhus, D., & Shaffer, D. R.(1981). Sex differences in the impact of number of older and number of younger siblings on scholastic aptitude. *Social Psychology Quarterly*, *44*, 363-368.

Peterson, J. L., & Zill, N.(1986). Marital disruption, parent-child relationships, and behavior problems in children. *Journal of Marriage and the Family*, *48*, 295-307.

Powell, D. S., Batsche, C. J., Ferro, J,. Fox, L., & Dunlap, G.(1997). A strength-based approach in support if multi-risk families : Principles and issues. *Topic in Early Childhood Special Education*, *17*, 1-26.

Pruchno, R.(1999). Raising grandchildren : The experiences of black and white grandmothers. *The Gerontologist*, *39*, 752-761.

Pulkkinen, L.(1982). Self-control and continuity from childhood to adolescence. In P. B. Baltes & O. G. Brim, Jr.(Eds.), *Life-span Development and Behavior*(Vol. 4). New York : Academic.

Rebelsky, F., & Hanks, C.(1971). Father verbal interaction with infants in the first three months of life. *Child Developmen*, *42*, 63-68.

Richard, L. N., Bengtson, V. L., & Miller, R. B.(1989). The "generation in the middle" : Perceptions of changes in adults' intergenerational relationships. In K. Kreppner & R. M. Lerner(Eds.), *Family Systems and Life-span Development*. Hillsdale, NJ : Erlbaum.

Rico, L.(1964). Organizational Conflict : A Framework for Reappraisals. *Industrial Management Review*, fall, 67.

Rodger, K. B., & Rose, H. A.(2002). Risk and resiliency factors among adolescence who experience marital transition. *Journal of Marriage and the Family*, *64*(4), 1024-1038.

Rodgers, R. H., & White, J. M.(1993). Family development theory. In P. G. Boss, W.J. Doherty, R. Larossa, W. R. Schumm, & SK. K. Steinmetz(Eds.), *Sourcebook of Family Theories and Methods*(pp. 99-116). New York : Plenum.

Roe, K. M.,& Minkler, M.(1999). Grandparents raising grandchildren : Challanges and responses. *Generations*, *22*(4), 25.

Roer-Strier, D., & Ezra, D. B.(2006). Intermarriages between Western women and Palestian men : Multidirectional adaptation processes. *Journal of Marriage and the Family*, *68*, 41-55.

Rollins, B. C., & Feldman, H.(1970). Marital satisfaction over the family life cycle. *Journal of Marriage and the Family*, *32*, 20-28.

Ross, H. G., & Milgram, J. I.(1982). Important variables in adult sibling relationships : A qualitative study. In M. E. lamb & B. Sutton-Smith(Eds.), *Sibling Relationships : Their Nature and Significance across the Lifespan*. Hillsdale, NJ : Erlbaum.

Rossi, A. S.(1986). Gender and parenthood. In A. S. Rossi(Ed.), *Gender and the Life Course*. New York : Aldine.

Rossi, P. H., & Freeman, H. E.(1993). *Evaluation : A Systematic Approach*. Thousand Oaks, CA : Sage.

Rotolo, T., & Wilson, J.(2006). Substitute or complement? Spousal influence on volunteering. *Journal of Marriage and Family*, *68*(2), 305-319.

Ryan, R. M., & Lynch, J. H.(1989). Emotional autonomy versus detachment : Revisiting the vicissitudes of adolescence and young adulthood. *Child Development*, *60*, 340-356.

Saleebey(1992). Introduction : Power in the people. In Saleebey(Ed.), *The Strength Perspectives in Social Work Practice*. NY : Longman Press.

Sands, R. G., & Goldberg-Glen, R. S.(2000). Factors associated with stress among grandparents raising their grandchildren. *Family Relations*, *49*. 97-105.

Santrock, J. W., & Warshak, R. A.(1979). Father custody and social development in boys and girls. *Journal of social Issues*, *35*, 112-125.

Schaefer, E. S.(1959). A circumplex model for maternal behavior. *Journal of Abnormal and Social Psychology*, *59*, 226-235.

Schaefer, E. S., & Bayley, N.(1963). Maternal behavior, child behavior, andtheir intercorrelations from infancy through adolescence. *Monographs of the Society for Research in Child Development*, *28*(3, Serial No. 87).

Seaward, B. L.(2002). *Managing Stress Principles and Strategies for Health and Wellbeing*. Jones and Bartlett Publishers.

Seed, P.(1990). *Introducing Network Analysis in Social Work*. London : Jessica Kingsley.

Shanas, E.(1980). Older people and their families : The new pioneers. *Journal of Marriage and the Family*, *42*, 9-15.

Silliman, B.(1994). *Rational for Resilient Families Concept Paper*. National Network for Family Resiliency.

Simons, R. L., & Chao, W.(1996). Conduct problems. In Simons R. L., & Associates, *Understanding Difference between Divorced and Intact Families*(pp. 25-144). Thousand Oaks, CA : Sage.

Singer, G. H., & Power, L. E.(1993). *Families, Disability and Empowerment*. Paul H. Brooks Publishing Co.

Sirignano, S. W., & Lachman, M. E.(1985). Personality change during the transition to parenthood : The role of perceived infant temperament. *Developmental Psychology*, *21*, 558-567.

Skeen, P. R., Covi, B., & Robinson, B. E.(1985). Stepfamilies : A review of the literature with suggestions for practitioners. *Journal of Counseling and Development*, *64*, 121-125.

Skolnick, A.(1981). Married lives : Longitudinal perspectives on marriage. In D. H. Eichorn, J. A. Clausen, N. Haan, M. P. Honzik, & P. H. Mussen(Eds.), *Present and Past in Middle Life*. New York : Academic.

Snow, M. E., Jacklin, C. N., & Maccoby, E. E.(1983). Sex-of-child differences in father-child interaction at one year of age. *Child Development*, *54*, 227-232.

Steinberg, L.(1981). Transformations in family relations at puberty. *Developmental Psychology*, *17*, 833-840.

__________(1985). *Adolescence*. New York : Knopf.

__________(1988). Reciprocal relation between parent-child distance and pubertal maturation. *Developmental Psychology*, *24*, 122-128.

Stemp, P. S., Turner, J., & Noh, S.(1986). Psychological distress in the postpartum period : The significance of social support. *Journal of Marriage and the Family*, *48*, 271-277.

Stevenson, M. R., & Black, K. N.(1988). Paternal absence and sex-role development : Ameta-analysis. *Child Development*, *59*, 793-814.

Stewart, M., Reid, G., & Mangham, C.(1997). Fostering children's resilience. *Journal of Pediatric Nursing*, *12*, 21-31.

Stewart, R. B., Mobley, L. A., Van Tuyl, S. S., & Salvador, M. A.(1987). The firstborn's adjustment to the birth of a sibling : A longitudinal assessment. *Child Development*, *58*, 341-355.

Stinnett, N., & Sauer, K. H.(1977). Relationship characteristics of strong families. *Family Perspectives*, *11*.

Stinnett, N., & DeFrain, J.(1985). *Secrets of Strong Families*. Boston : Little, Brown.

Stone, M. M.(2000). Exploring the effects of collaborations on member organizations: Washington County's welfare-to-work partnership. *Nonprofit and Voluntary Sector Quarterly*, *29*(1), 98-119.

Stoneman, Z., & Brody, G. H.(1981). Two's company, three makes a difference : An examination of mothers' and fathers' speech to their young children. *Child Development*, *52*, 705-707.

Storm, R., & Storm, S.(2000). Goals for grandparent caregivers and support groups. In B. Hayslip & R. Goldberg-Glen(Eds.), *Grandparents Raising Grandchildren : Theoretical, Empirical, and Clinical Perspectives*(pp. 171-218). New : Springer.

Sullivan, C., & Cottone, R. R.(2006). Culturally based couple therapy and intercultural relationships : A review of the literature. *The Family Journal : Counseling and Therapy for Couples and Families*, *14*(3), 221-225.

Summers, M.(1987, Aprill). *Imitation, Dominance, Agonism and Prosocial Behavior : A Meta-analysis of Sibling Behavior*. Paper presented at the biennial meeting of the Society for Research in Child Development, Baltimore, MD.

Sweet, J. A., & Bumpass, L. L.(1987). *American Families and Households*. New York : Russell Sage Foundation.

Thomas, J. L.(1986). Gender differences in satisfaction with grandparenting. *Psychology and Aging*, *1*, 215-219.

Tietjen, A. M., & Bradley, C. F.(1985). Social support and maternal psychosocial adjustment during the transition to parenthood. *Canadian Journal of Behavioral Science*, *17*, 109-121.

Tseng, W., McDermott, J. F. & Maretzki, T. W.(1977). *Adjustment in Intercultural Marriage*. Honolulu : University Press of Hawaii.

Turner, S. G.(2001). Resilience and social work practice : Three case studies. *Families in Society*, *82*(5), 441-448.

Valentine, L, & Feinauer, L. L.(1993). Resilience factors associated with female survivor of childhood sexual abuse. *American Journal of Family Therapy*, *21*, 216-224.

Walsh, F.(1996). The concept of Family Resilience : Crisis and Challenge. *Family Process 35*, 261-281.

_______(1998). *Strengthening Family Resilience*. NY : The Guilford Press.

_______(1998). The resilience of the field of family therapy. *Journal of Marital and Family therapy*, *24*(3), 269.

_______(2002). Family resilience framework : Innovative practice applications. *Family Relations*, *51*(2), 130-137.

Waters, E., Wippman, J., & Sroufe, L. A.(1979). Attachment, positive affect, and competence in the peer group : Two studies in construct validation. *Child Development*, *50*, 821-829.

Weisner, T. S., & Gallimore, R.(1977). My brother's keepe : Child and sibling caretaking. *Current Anthropology*, *18*, 169-190.

Weissbound, B.(1990). Family resource and support programs : Changesand challenges in human services. *Prevention in Human Services*, *9*(1), 69-85.

Weissbound, B., & Kagan, S. L.(1989). Family support programs : Catalysts for change. *American Journal of Orthopsychiatry*, *59*(1), 20-31.

Whitbourne, S. K.(1986). *The Me I Know : A Study of Adult Identity*. New York : Springer-Verlag.

White, K., Speisman, J. C., & Costos, D.(1983). Young adults and their parents : Individuation to mutuality. In H. D. Grotevant & C. R. Cooper(Eds.), *Adolescent Development in the Family* (new Directions for Child Development, No. 22). San Francisco : Jossey-bass.

Wilkie, C. F., & Ames, E. W.(1986). The relationship of infant crying to parental stress in the transition to parenthood. *Journal of Marriage and the Family*, *48*, 545-550.

Winfield, F. E.(1985). *Commuter Marriage : Living Together, apart*. NY : Columbia University Press.

Wright, P. J., Henggeler, S. W., & Craig, L.(1986). Problems in paradise? : A longitudinal examination of the transition to parenthood. *Journal of Applied Developmental Psychology*, 7, 277-291.

Youniss, J., & Smollar, J.(1985). *Adolescent Relations with Mothers, Fathers, and Friends*. Chicago : University of Chicago Press.

찾·아·보·기

인 명

내 용

저/자/약/력

■ **윤경자**

부산대학교 가정관리학과 학사
Kansas State University, Department of Human Development and Family Studies 석사
Kansas State University, Department of Human Development and Family Studies 박사
한국가족관계학회 회장
부산진구건강가정지원센터 센터장
부산지방법원 가정지원 가사조정위원
현 동의대학교 보육・가정상담학과 교수
가족상담 전문가, 가족상담 슈퍼바이저

〈주요 논문〉
결혼만족도와 결혼안정성에 대한 고찰 : 심층적인 개념적 연구, 건강가족을 위한 한국가족정책 패러다임의 전환 : 건강가정기본법과 건강가정지원센터를 중심으로, 기혼남녀의 레질리언스(Resillience) 예측성 연구 : 부부폭력을 중심으로

■ **김정옥**

이화여자대학교 학사
효성여자대학교 석사
영남대학교 박사
경북 여성정책개발원 원장
한국가족관계학회 회장
칠곡군 건강가정지원센터장
전 대구가톨릭대학교 가족상담복지학과 명예교수

〈주요 저역서 및 논문〉
새로 보는 결혼과 가족, 행복한 결혼생활 만들기(역), 행복한 결혼생활의 일곱 가지 비밀(역) 외 다수, 한국 도시부부의 폭력에 관한 연구(논문) 외 다수

■ **현은민**

대구가톨릭대학교 가정학사
대구가톨릭대학교 가정학 석사
미국 University of Minnesota Department of Family Social Science 석사
미국 University of Minnesota Department of Family Social Science 박사
안동대학교 생활과학대학장
전 안동대학교 생활복지학과 교수
안동시 건강가정지원센터장

〈주요 저서 및 논문〉
노인학대전문상담 공저, 결혼과 가족 공저, 한부모가족의 적응 : 가족탄력성의 완충효과, 경제적 스트레스와 결혼불안정성과의 관계 : 부부 상호작용을 중심으로, 한부모가족의 건강성 관련 특성과 변인에 관한 연구

저/자/약/력

■ **전영자**

서울대학교 가정관리학과 학사
서울대학교 대학원 교육학과(가정교육 전공) 석사
미국 이스턴미시간 대학원 아동가족학과 석사
경희대학교 대학원 가정학과 박사
인제대학교 학생생활연구소장
현실치료 기초실습과정 상담수퍼바이저
김해시 건강가정지원센터장
전 인제대학교 소비자가족학과 교수

〈주요 논문〉
전문직 취업주부의 스트레스와 대처방안, 심리적 결과에 관한 연구, RT를 적용한 부부관계향상 프로그램 개발, 노인의 종교성, 자아존중감과 생활만족도 간의 관계

■ **유계숙**

연세대학교 생활과학대학 아동학과 학사
연세대학교 대학원 아동학과 석사
미국 Purdue University(Ph.D. 가족학 전공) 박사
현 경희대학교 생활과학대학 아동가족학과 교수

〈주요 저서〉
가족정책론(2008), 이혼상담과 이혼법(2008), 만들면서 배우는 세계의 다문화(2008)

■ **김은경**

이화여자대학교 가정관리학과 석사
Iowa State University, Department of Human Development and Family Studies 석사
Iowa State University, Department of Human Development and Family Studies 박사
미국 Stanford University, Stanford Center for Research in Disease Prevention 연구원
미국 University of Texas, Austin Dept. of Social Welfare 교환교수
현 창원대학교 가족복지학과 교수

〈주요 논문〉
중소도시 여성결혼이민자의 결혼만족도에 영향을 미치는 변인에 관한 연구
The hidden population : The rural elderly in Korea and their economic status.
The factors related to the remarriage attitudes of the Korean elderly by gender.

[제2판]

건강가정론

|공저자| 윤경자 · 김정옥 · 현은민 · 전영자 · 유계숙 · 김은경

|1판 1쇄| 발행 2009년 2월 23일
|1판 10쇄| 발행 2018년 7월 31일
|2판 1쇄| 발행 2019년 8월 30일
|2판 2쇄| 발행 2020년 3월 20일
|2판 3쇄| 발행 2021년 2월 25일
|2판 4쇄| 발행 2021년 7월 15일
|2판 5쇄| 발행 2022년 7월 25일
|2판 6쇄| 발행 2023년 9월 5일

|발행인| 김 동 훈
|발행처| 공 동 체

|주소| 경기도 고양시 일산동구 호수로 358-39, 동문타워 I 905호(백석동)
|전화| 031) 814-3000(대표)
|팩스| 031) 814-3100
|홈페이지| http://www.compub.co.kr
|전자우편| compub@naver.com
|출판등록| 2005년 10월 6일
|등록번호| 제396-2005-36호

|ISBN| 979-11-6105-495-7
정가 20,000원